전산응용기계제도 CAD 도면집

- 2D도면작업부터 3D모델링까지 한 권으로 끝내는 도면집
- 전산응용기계제도기능사 실기
- 기계설계산업기사 실기
- 일반기계기사 및 건설기계설비기사 실기

| 김석민 최장기 이현문

지오북스

저자소개

김석민	공학박사 現 중앙대학교 기계공학부 교수
최장기	공학박사 現 숭실대학교 기계공학부 겸임교수
이현문	現 인하공업전문대학 기계공학과 겸임교수 現 대림대학교 기계공학과 겸임교수

전산응용기계제도
CAD 도면집

발 행	2024년 2월 8일
저 자	김석민, 최창기, 이현문
펴낸곳	지오북스
등 록	2016년 3월 7일 제395-2016-000014호
전 화	02)381-0706 / 팩스　02)371-0706
이메일	emotion-books@naver.com
홈페이지	www.geobooks.co.kr
ISBN	979-11-91346-83-1
정 가	29,000 원

무단으로 카피 또는 복제는 범죄행위입니다.
이 책은 저작권법으로 보호받는 저작물이고
내용을 전부 또는 일부를 무단복제·복사를 금하며
행위 시 법적 처벌을 받을 수 있습니다.

머릿말

Computer Aided Design (CAD) 기술의 발전에 기인하여, 3D CAD가 산업 및 교육 분야에서 보편적으로 사용되고 있으며, 인공지능을 활용한 자동 설계 기술이 도입되고 있다. 이러한 첨단 CAD 기술이 활용되는 현재에도 전통적인 2차원 기계제도는 설계, 제조, 검사 엔지니어 간의 소통을 위해 필수적으로 사용된다. 2차원 기계제도와 관련된 다양한 규칙들은 과거 연필과 자를 사용한 수기 제도 시기에 한정된 도면 내에 다양한 정보를 효과적이고 명확하게 표기하기 위해 도입되었으나, 컴퓨터를 이용하여 다양한 색상과 주석을 표기할 수 있는 현재에도 기계제도는 그 간결성과 효율성을 바탕으로 엔지니어들 간의 소통에 있어 가장 중요한 도구이다. 이에 기계제도는 구시대의 유물이 아닌, 여전히 살아 숨쉬는 언어규칙으로서 그 의미를 갖고 있으며, 기계공학 및 관련 학과 전공자들이 필수적으로 습득해야할 기술이다.

2차원 기계제도는 단순히 기계 부품의 치수와 형상 정보뿐만 아니라, 재료 및 표면 처리 정보, 제조 및 조립 구성 정보 등을 포함하고 있으며, ISO 및 ANSI 등 국제 표준에 맞추어 작성된 도면은 전 세계 엔지니어들이 서로 소통할 수 있는 공통 언어와 같은 성격을 지닌다. 국내에서도 국제 표준에 따라 국가표준(KS B 0001 - 기계제도)을 제정하고 있으며, 일반기계기사 작업형 실기시험에서 기계제도 역량을 평가하고 있다. 또한, 대부분의 기계공학 유관 학과에서 기계제도(CAD) 수업을 통해 학생들이 기계제도 역량을 학습할 수 있도록 교육하고 있다.

이 교재는 국가 기술 자격시험의 작업형 실기시험을 준비하는 수험생과 대학의 기계공학 관련 학과에서 기계제도 (CAD) 과목을 수강하는 학생들이 다양한 기계 부품에 대한 설계 도면을 경험하고 스스로 제도할 수 있도록 구성되었다. 교재의 특징으로는 첫째, 도면을 보기 전에 알아야 할 기본적인 제도 이론을 요약하였으며, 특히 도면 해독 전 반드시 알아야 할 부분을 강조했다. 둘째, AutoCAD 처음 사용자가 도면 제도를 쉽게 할 수 있도록 AutoCAD 환경 설정 예시를 제시했다. 셋째, 일반기계기사 실기 시험에 자주 출제되는 문제를 엄선하여 수록했으며, 어떤 도면이 나오더라도 해독할 수 있는 기초를 잡는데 중점을 두었다. 넷째, 도면마다 KS 규격 찾기와 독도하는 법을 소개하여 채점 치수에 대한 이해를 쉽게 할 수 있도록 했다.

"국가 기술 자격시험의 수험생과 대학에서 처음 기계제도를 접하는 학생 여러분, 도면이라는 무언의 언어에 너무 당황하지 마시고 본 교재로 대화의 문을 열어보시기 바랍니다."

책을 준비하는 과정에서 여러 차례 검토를 수행했으나, 미비한 점이 있을 수 있으니 미리 양해를 부탁드리며, 본 교재는 향후 기계제도 규격의 변경과 관련 시험 경향에 맞추어 지속적으로 보완할 것이다.

마지막으로, 이 책이 나오기까지 도움을 주신 여러분들께 감사드리며, 지오북스 임직원 여러 분들께도 감사의 말씀을 전한다.

2024년 1월
저자 일동

전산응용기계제도
CAD 도면집

목차

제1장 도면 해독을 위한 이론
1. 도면의 기초 ··· 4
2. 투상법 ·· 9
3. 단면도 ·· 15
4. 치수 기입법 ··· 21
5. 표면거칠기와 면의 지시기호 ··· 30
6. 치수공차와 끼워맞춤 ·· 33
7. 요소의 제도 ··· 39

제2장 CAD 기초
1. CAD 환경설정 ··· 59
2. AutoCAD 주요 단축키 ··· 64

제3장 CAD 실습
1. 2D CAD
1. 기본투상도 ··· 67
2-1. 각도연습 ··· 98
2-2. 각도스케치 ··· 101
3. 원의 접선 ··· 107
4. 응용 스케치 ·· 111
5. 등각투상도 ··· 126

2. 3D CAD
1. 도출 ··· 157
2. 회전 ··· 166
3. 기초형상모델링 ·· 173
4-1. 응용형상모델링1 ·· 192
4-2. 응용형상모델링2(스윕&로프트) ····································· 214
5. 래크&피니언(스퍼기어) ·· 218
6. V-벨트 풀리, 스프로킷 ·· 225
7. 본체 ··· 232
8. 일반기계기사 및 건설기계설비기사 ································· 241

부록
1. KS 기계제도규격 ··· 264
2. 표제란 공개문제 ·· 298
3. 3D Assembly sample ··· 305

제 1 장

도면 해독을 위한 기초 이론

1. 도면의 기초
2. 투상법
3. 단면도
4. 치수 기입법
5. 표면거칠기와 면의 지시기호
6. 치수공차와 끼워맞춤
7. 요소의 제도

1. 도면의 기초

제품이나 구조물 등을 만들 때에는 그 사용 목적에 알맞은 모양, 기능, 구조, 크기 및 가공법 등을 합리적으로 설계하여 제품의 치수, 다듬질 정도, 재료, 공정 등을 도면에 나타내는 것을 제도(drawing)라 하며, 선과 문자 및 기호로 구성되어 있다.

한국공업규격 (KS)의 제도통칙(KS A 0005)을 기본으로 하고, 기계제도통칙(KS B 0001)에 관한 규격이 제정되어 있다.

1-1 도면의 크기

- 도면의 크기는 표 1에 의한 A열 사이즈를 사용한다. 다만, 연장하는 경우에는 연장 사이즈를 사용한다.
- 도면은 긴 쪽을 좌우 방향으로 놓고서 사용한다. 다만 A4는 짧은 쪽을 좌우 방향으로 놓고서 사용하여도 좋다.
- 도면에는 치수에 따라 굵기 0.5 mm 이상의 윤곽선을 그린다.
- 도면에는 그 오른쪽 아래 구석에 표제란을 그리고, 원칙적으로 도면번호, 도명, 기업(단체)명, 책임자 서명(도장), 도면작성 년 월 일, 척도 및 투상법을 기입한다.
- 도면에는 KS A 0106 (도면의 크기 및 양식)에 따라 중심마크를 설치한다.
- 복사한 도면을 접을 때는 그 크기는 원칙적으로 210×297 mm(A4 의 크기)로 한다.
- 원도는 접지 않는 것이 보통이다. 원도를 말아서 보관하는 경우에는 그 안지름은 40 mm 이상으로 하는 것이 좋다.
- 도면의 가로. 세로 비율은 $1:\sqrt{2}$로 한다.

A열 사이즈					연장 사이즈	
호칭 방법	치수 a×b	c (최소)	d(최소) 철하지 않을때	철할 때	호칭 방법	치수 a×b
—	—	—	—	—	A0×2	1189×1682
A0	841×1189	20	20	25	A1×3	841×1783
A1	594×841				A2×3	594×1261
					A2×4	594×1682
A2	420×594	10	10		A3×3	420×891
					A3×4	420×1189
A3	297×420				A4×3	297×630
					A4×4	297×841
					A4×5	297×1051
A4	210×297				—	—

[표 1] 도면의 크기와 종류 및 윤곽의 치수

1-2 도면의 양식

핵심
윤곽선 : 0.5mm 이상의 실선 표제란 : 척도 및 투상법 중심마크: 0.5mm 굵기의 직선

도면에 반드시 마련하는 사항

① 윤곽(테두리선) : 도면의 윤곽에 사용하는 윤곽선은 굵기 0.5mm 이상의 실선으로 한다.

② 표제란 : 도면의 오른쪽 아래 구석에 표제란을 그리고 원칙적으로 도면번호, 도명, 기업(단체)명, 책임자 서명(도장), 도면작성 년 월 일, 척도 및 투상법을 기입한다.

③ 중심 마크 : 도면의 마이크로 필름 촬영, 복사 등의 편의를 위하여 도면에 0.5mm 굵기의 직선으로 긋는다.

도면에 마련하는 것이 바람직한 사항

① 비교눈금 : 도면의 축소 또는 확대복사의 작업 및 이들의 복사도면을 취급할 때의 편의를 위하여 도면에 비교 눈금을 마련하는 것이 바람직하다.

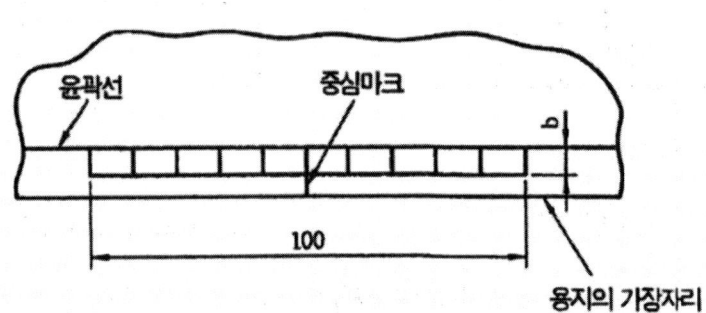

[그림 1] 비교눈금

② 도면의 구역: 도면 중의 특정부분의 위치를 지시하는 편의를 위하여 도면의 구역을 표시하는 것이 좋다.

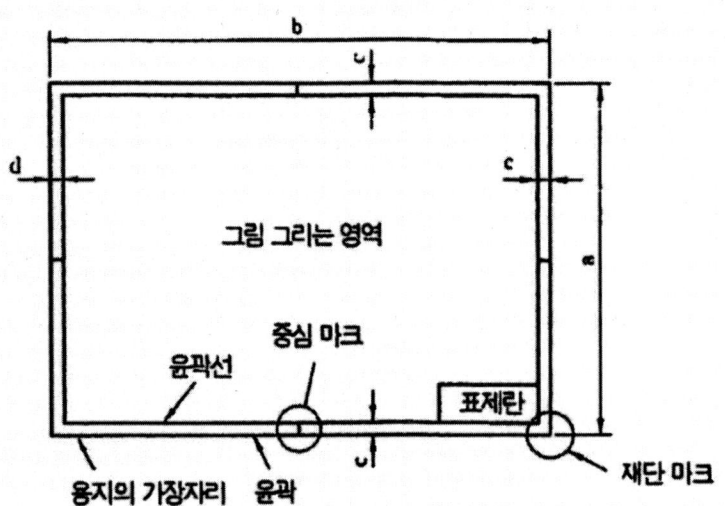

[그림 2] 도면의 구역

③ 재단 마크 : 복사한 도면의 재단하는 경우의 편의를 위하여 원도에 재단 마크를 마련하는 것이 바람직하다.

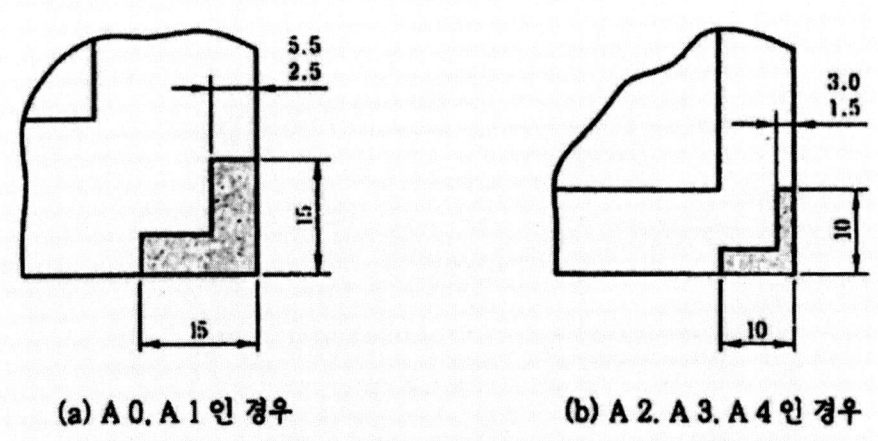

[그림 3] 재단 마크

1-3 척 도

물체의 실제 크기와 도면에서의 크기와의 비율을 말한다.
표시방법은 A:B이다.

> **핵심**
> 여기서,
> A: 도면에서의 크기
> B: 물체의 실제 크기

척도의 종류	란	값
축 척	1	1:2, 1:5, 1:10, 1:20, 1:50, 1:100, 1:200
	2	$1:\sqrt{2}$, 1:2.5, $1:2\sqrt{2}$, 1:3, 1:4, $1:5\sqrt{2}$, 1:25, 1:250
현 척	-	1:1
배 척	1	2:1, 5:1, 10:1, 20:1, 50:1
	2	$\sqrt{2}$:1, 2.5 2:1, 100:1

[표 2] 축척. 현척. 배척의 값

> **핵심**
> [참고)1란의 척도를 우선으로 사용한다.
> ※ N.S(Non Scale) 비례척이 아닌 것을 뜻하며. 치수 밑에 밑줄을 긋기도 한다. (예 : 30)

① 척도는 도면의 표제란에 기입하는 것이 원칙이며, 같은 도면에 다른 척도를 사용할 때는 필요에 따라 그 그림 부근에도 기입한다.

② 척도의 표시는 잘못 볼 염려가 없을 경우에는 기입하지 않아도 좋다.

1-4 선의 종류와 용도, 문자

◆ 선

① 선의 굵기의 기준

　　0.18mm, 0.25mm, 0.35mm, 0.5mm, 0.7mm, 1mm로 한다.

② 선의 굵기의 비율

일 반 제 도			C A D 제 도		
가는 선	굵은 선	아주 굵은 선	가는 선	굵은 선	아주 굵은 선
1	2	4	1	2.5	5

③ 선의 종류에 의한 용도

용도에 의한 명칭	선의 종류		선의 용도
외형선	굵은 실선	———————	대상물이 보이는 부분의 모양을 표시하는데 쓰인다.
치수선	가는 실선		치수를 기입하는데 쓰인다.
치수 보조선			치수를 기입하기 위하여 도형으로부터 끌어내는데 쓰인다.
지시선		———————	기술·기호 등을 표시하기 위하여 끌어내리는데 있다.
회전 단면선			도형 내에 그 부분의 끊은 곳을 90° 회전하여 표시하는데 쓰인다.
중심선			도형의 중심선을 간략하게 표시하는데 쓰인다.
수준면선			수면, 유면 등의 위치를 표시하는데 쓰인다.
숨은선	가는 파선 또는 굵은 파선	- - - - - - - -	대상물의 보이지 않는 부분의 모양을 표시하는데 쓰인다.
중심선	가는 1점 쇄선	—·—·—·—·—	• 도형의 중심을 표시하는데 쓰인다. • 중심이 이동한 중심 궤적을 표시하는데 쓰인다.
기준선			특히 위치 결정의 근거가 된다는 것을 명시할 때 쓰인다.
피치선			되풀이하는 도형의 피치를 취하는 기준을 표시하는데 쓰인다.
특수 지정선	굵은 1점 쇄선	—·—·—·—·—	특수한 가공을 하는 부분 등 특별히 요구사항을 적용할 수 있는 범위를 표시하는데 사용한다.
가상선	가는 2점쇄선	—··—··—··—	• 인접부분을 참고로 표시하는데 사용한다. • 공구, 지그 등의 위치를 참고로 나타내는데 사용한다. • 가동부분을 이동중의 특정한 위치 또는 이동한계의 위치로 표시하는데 사용한다. • 가동 전 또는 가공 후의 모양을 표시하는데 사용한다. • 되풀이하는 것을 나타내는데 사용한다. • 도시된 단면의 앞쪽에 있는 부분을 표시하는데 사용한다.
무게 중심선			단면의 무게 중심을 연결한 선을 표시하는데 사용한다.
파단선	불규칙한 파형의 가는 실선 또는 지그재그선		대상물의 일부를 파단한 경계 또는 일부를 떼어낸 경계를 표시하는데 사용한다.
절단선	가는 1점 쇄선으로 끝부분 및 방향이 변하는 부분을 굵게 한 것	—·⌐—·—⌐—·—	단면도를 그리는 경우, 그 절단 위치를 대응하는 그림에 표시하는데 사용한다.
해칭	가는 실선으로 규칙적으로 줄을 늘어 놓는 것	▨	도형의 한정된 특정 부분을 다른 부분과 구별하는데 사용한다. 예를 들면 단면도의 절단된 부분을 나타낸다.
특수한 용도의 선	가는 실선	———————	(1) 외형선 및 숨은선의 연장을 표시하는데 사용한다. (2) 평면이란 것을 나타내는데 사용한다. (3) 위치를 명시하는데 사용한다.
	아주 굵은 실선	━━━━━━━	얇은 부분의 단선도시를 명시하는데 사용한다.

④ 선의 중복시 그리는 우선 순위

도면에서 2종류 이상의 선이 같은 장소에 겹치게 될 경우에는 다음에 나타낸 순위에 따라 우선되는 종류의 선으로 그린다.

외형선 > 숨은선 > 절단선 > 중심선 > 무게 중심선 > 치수 보조선

선 중복시 우선순위
외형선〉숨은선〉절단선〉중심선〉무게중심선〉치수보조선

◆ 문 자

① 글자는 명백히 쓰고 글자체는 고딕체로 하여 수직 또는 15° 경사로 씀을 원칙으로 한다.
② 국문 글자의 크기는 호칭 2.24mm, 3.15mm, 4.5mm, 6.3mm 및 9mm의 5종류로 한다.
③ 글자의 굵기
   - 한자 : 글자의 높이 1/12.5
   - 한글, 숫자, 영자 : 글자의 높이 1/9

국문 글자의 크기
호칭 2.24mm가 가장 적당

2. 투상법

핵심
투상법은 제3각법에 따름

하나의 물체에 광선을 비추어 투상면에 씌혀시는 물체의 그림자로서 그 형상을 표시하는 화법을 투상법(projection)이라 하며, 이때 광선을 나타내는 선을 투시선(projection line), 그림이 찍혀지는 평면을 투상면(plane of projection), 그려진 그림을 투상도(projection drawing)라 한다. 투상도는 눈의 위치나 물체의 놓는 방법에 따라 도면의 형태가 크게 달라진다.

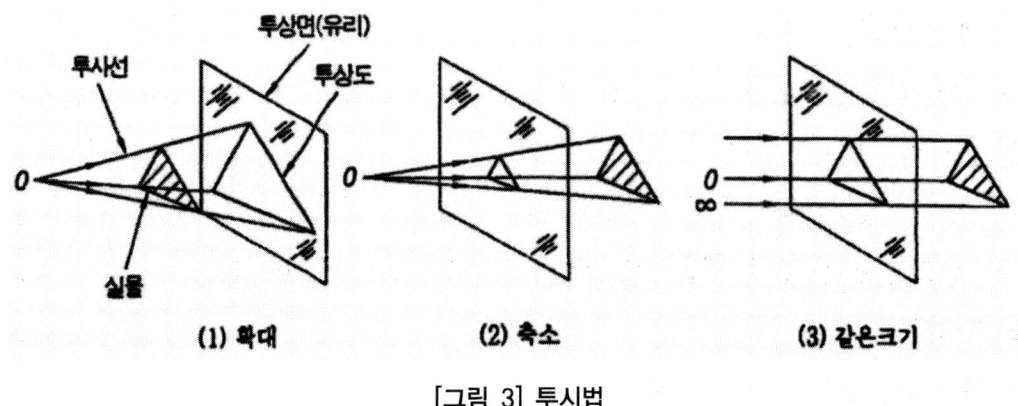

[그림 3] 투시법

투상의 수단인 제 1각법 (lst~angle projection) 과 제3각법 (3rd~angle projection)의 시용은 국가에 따라 다르나 우리나라에서는 한국공업규격 (KS)에 의거 제3각법올 사용하는 것을 원칙으로 한다. 또한 같은 도면에서 제1각법과 제3각법을 혼용해서는 안되며, 혼용시 도면이 알기 쉽게 될 때에는 같이 사용할 수 있다.

투시도
원근감을 갖도록 그리는 방법으로 건축이나 토목 제도에 주로 사용되는 도법이다.

2-1 정투상도

◆ 제3각법(3rd~angle projection)

물체를 제3각내에 두고 투상하는 방식으로 투상면의 뒤쪽에 물체를 놓는다. 각 그림의 배열은 정면도를 중심으로 위쪽에 평면도. 오른쪽에 우측면도. 왼쪽에 좌측면도가 배치된다.

◆ 제1각법(1rd-angle projection)

물체를 제1각내에 투상하는 방식으로 투상면의 앞쪽에 물체를 두는 경우이며 각 그림의 배치는 정면도를 중심으로 아래쪽에 평면도, 왼쪽에 우측면도. 오른쪽에 좌측면도가 배치된다.

[그림 4] 정투상도

◆ 도형의 표시 방법

도형의 표시는 우선 보는 사람이 알기 쉽고, 작업이 쉬워야 하며, 제도 및 설계자에게는 간단해야 한다.

① 그 물체의 모양이나 특징을 가장 잘 나타내는 면을 정면도로 하고. 평면도, 측면도들을 그린다.

② 물체는 될 수 있는 대로 자연, 안정, 사용의 상태로 표시한다.

③ 물체의 중요한 면은 될 수 있는 대로 투상면에 나란 또는 수직이 되도록 표시한다.

④ 서로 관련되는 그림의 배치는 될 수 있는 대로 숨은선을 사용하지

투상도의 선택방법
서로 관련되는 그림의 배치는 숨은 선을 쓰지 않음. 다만 비교 대조하기 불편한 경우는 예외.

않고, 대조가 어려운 경우는 예외로 한다.
⑤ 제작도에는 그 물체에서 가장 가공량이 많은 공정을 기준으로 하며, 가공할 때 놓여지는 상태와 같은 방향으로 물체를 놓고 그린다.
⑥ 전체 중 일부분만 도시하여도 충분한 경우, 필요한 부분만 그린다.

2-2 보조 투상도

물체의 평면이 투상면에 평행한 경우에는 물체의 길이와 방향이 실제와 같이 나타난다. 그러나 경사면의 경우 물체의 길이와 면이 단축되어 실제 길이와 모양이 나타나지 않는다.

실제로 물체는 부분적으로 경사면을 갖는 것이 많고, 실제 모양을 표시하기 위해서는 경사면에 나란한 별도의 투상면을 설정하여 이 면에 투상하면 물체의 실제 모양이 그려지게 된다.

이와 같이 별도로 추가한 투상면을 보조 투상면, 투상도를 보조 투상도라 한다. 경사면부가 있는 대상물에서 그 경사면의 실형을 표시할 필요가 있는 경우에 보조 투상도로 표시한다.

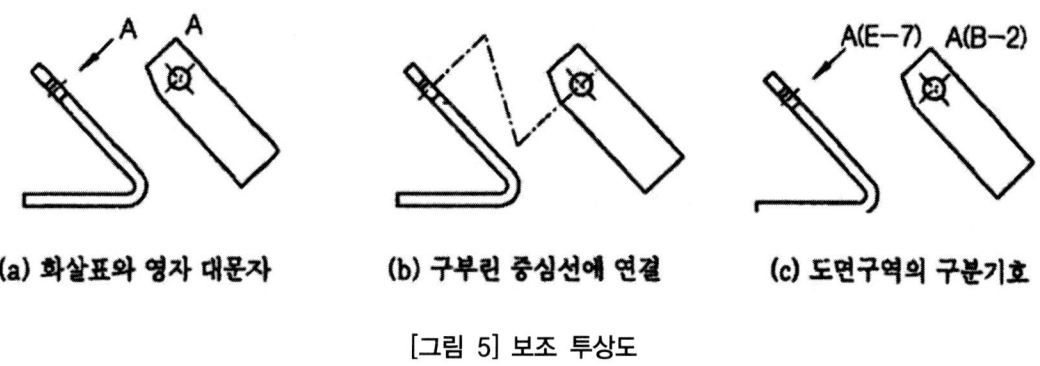

(a) 화살표와 영자 대문자   (b) 구부린 중심선에 연결   (c) 도면구역의 구분기호

[그림 5] 보조 투상도

2-3 회전 투상도

투상면이 어느 각도를 가지고 있기 때문에 그 실형을 표시하지 못할 때에는 그 부분을 회전해서 그 실형을 도시할 수 있다. 또한, 잘못 볼 우려가 있을 경우에는 작도에 사용한 선을 남긴다.

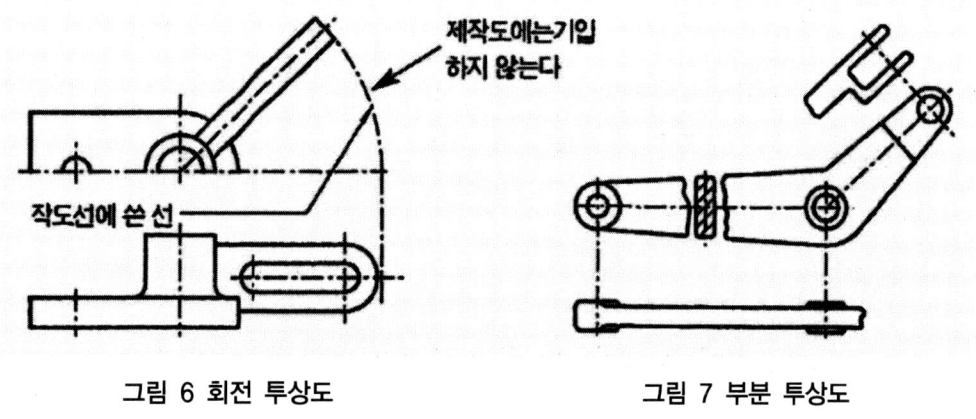

그림 6 회전 투상도   그림 7 부분 투상도

2-4 부분 투상도

그림의 일부를 도시하는 것으로 충분한 경우에는 그 필요 부분만을 부분 투상도로서 표시한다. 이 경우에는 생략한 부분과의 경계를 파단선으로 나타낸다. 다만, 명확한 경우에는 파단선을 생략하여도 좋다.

2-5 국부 투상도

대상물의 구멍, 홈 등 한 국부만의 모양을 도시하는 것으로 충분한 경우에는 그 필요한 부분을 국부 투상도로서 나타낸다. 투상 관계를 나타내기 위하여 원칙적으로 주된 그림에 중심선, 기준선, 치수보조선 등으로 연결한다.

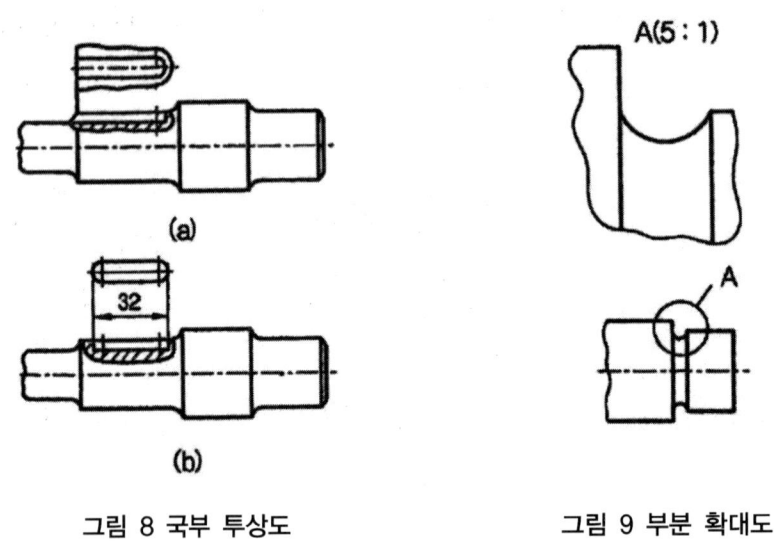

그림 8 국부 투상도   그림 9 부분 확대도

2-6 부분 확대도

특정 부분의 도형이 작은 까닭으로 그 부분의 상세한 도시나 치수 기입을 할 수 없을 때는 그 부분을 가는 실선으로 에워싸고. 영자의 대문자로 표시함과 동시에 그 해당 부분을 다른 장소에 확대하여 그리고 표시하는 글자 및 척도를 부기한다. 다만. 확대한 그림의 척도를 나타낼 필요가 없는 경우에는 척도 대신 "확대도"라고 부기하여도 좋다.

2-7 요점 투상도

보조적인 투상도에 보이는 부분을 모두 표시하면 도면이 복잡해져서 오히려 알아보기가 어려운 경우가 있다. 이 때에는 요점 부분만 투상도로 표시한다.

2-8 복각 투상도

복각 투상도
우측면에서 좌측반은 제1각법으로 우측반은 제3각법으로 그린 투상도

도면에 물체의 앞면과 뒷면을 동시에 표시하는 방법으로 정면도를 중심으로 우측면에서 좌측반은 제1각법으로 우측반은 제3각법으로 그린 투상도를 복각투상도라 한다.

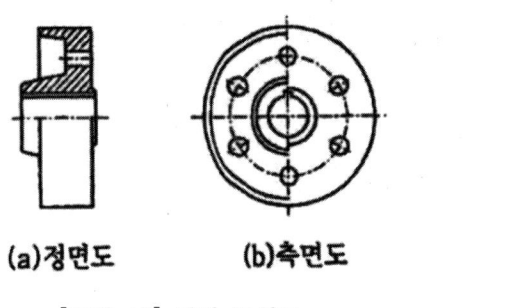

(a)정면도 (b)측면도

[그림 10] 복각 투상도

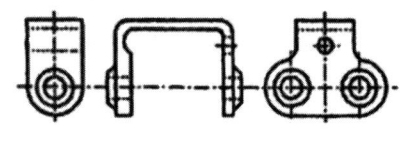

[그림 11] 요점 투상도

2-9 도형의 생략

◆ 대칭도형의 생략

도형이 대칭인 경우에는 대칭 중심선의 한쪽을 생략할 수 있다.

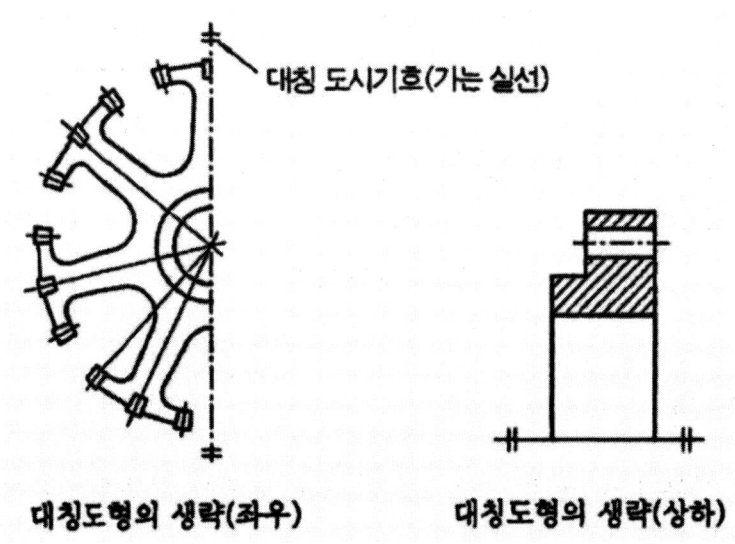

대칭도형의 생략(좌우)   대칭도형의 생략(상하)

[그림 12] 대칭도형의 생략

◆ 반복도형의 생략

같은 종류, 같은 모양의 것이 다수 줄지어 있는 경우에 반복도형을 생략할 수 있다. (볼트, 볼트 구멍, 관, 관구멍, 사다리의 횡목 등)

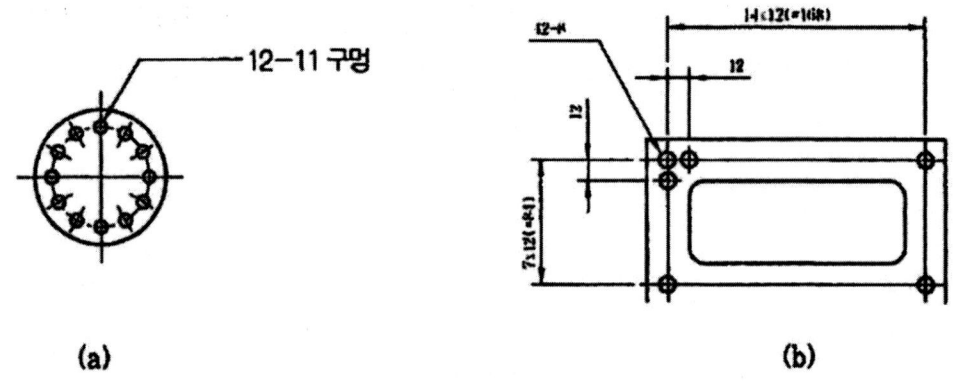

[그림 13] 반복도형의 생략

2-10 리브의 도시법

리브 등을 표시하는 선의 끝부분은 직선 그대로 멈추게 한다. 또한, 관련 있는 둥글기의 반지름이 현저하게 다를 경우에는 끝부분을 안쪽 또는 바깥쪽으로 구부려서 멈추게 한다. 또한 단면도에서 리브 부분은 절단하여 도식하지 않는다

리브 도식법
둥글기의 반지름이 현저하게 다를 경우 끝부분을 안쪽 또는 바깥쪽으로 구부려서 멈추게 함.

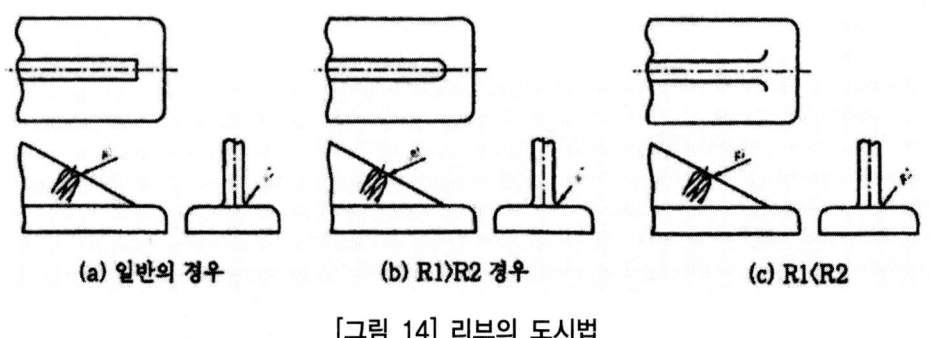

[그림 14] 리브의 도시법

2-11 평면의 도시법

도형 내의 특정한 부분이 평면이란 것을 표시할 필요가 있을 경우에는 가는 실선으로 대각선을 기입한다.

◆ 평면

가는 실선으로 대각선을 기입.

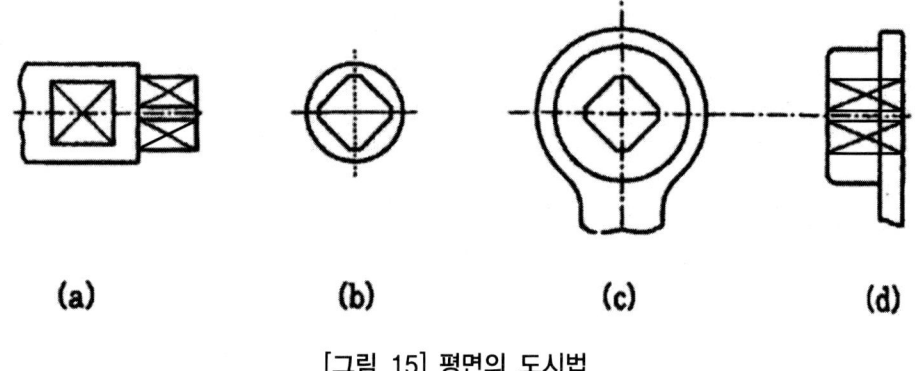

[그림 15] 평면의 도시법

2-12 특정한 모양을 가진 것을 도시하는 방법

어떤 부분에 특정한 모양을 갖는 물체는 될 수 있는 대로 그 부분이 도면의 위쪽에 표시되도록 도식한다 (예 : 키홈이 있는 보스구멍, 벽에 구멍이 있는 홈이 있는 관, 쪼개짐을 가진 링).

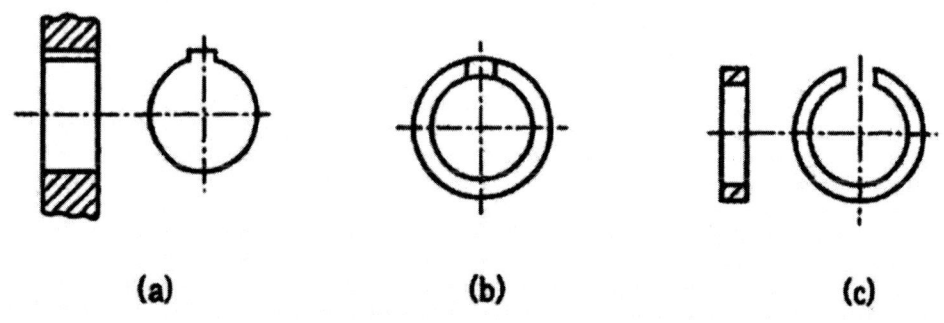

[그림 16] 특정한 모양을 가진 것을 도시하는 방법

3. 단면도

물체 내부의 보이지 않는 부분은 숨은 선으로 표시하여도 좋으나. 구조가 복잡한 경우와 조립도 등에서는 많은 숨은 선으로 인하여 오히려 도면의 이해가 어려워진다. 이와 같은 경우, 필요한 부분을 절단한 것으로 가상하여 그 단면 모임을 외형선으로 표시하면 물체의 형상을 뚜렷이 나타낼 수 있는데, 이렇게 그려진 도면을 단면도라 한다.

3-1 단면 표시법

① 단면은 원칙적으로 기본 중심선에서 절단한 면으로 표시한다. 이때 절단선은 기입하지 않는다.
② 기본 중심선이 아닌 곳에서 절단면을 표시해야 할 경우는 절단위치를 표시해 놓아야 한다.
③ 단면을 표시할 경우 대개의 경우 해칭(hatching) 또는 스머징(smudging)을 한다.
④ 숨은선은 단면에 되도록 기입하지 않는다.
⑤ 관련도는 단면을 그리기 위하여 제거했다고 가정한 부분도 그린다.

3-2 단면도해칭

절단면에 해칭 (또는 스머징)을 할 경우에는 다음에 따른다.

- 기본 중심선에 대하여 45°(또는 30°, 60°)의 가는 실선을 등간격(2~3mm)으로 그린다.
- 동일 부품의 단면은 떨어져 있어도 해칭의 방향과 간격등을 같게 한다.
- 서로 인접하는 단면의 해칭은 선의 방향 또는 각도(30°, 45°, 60°임의의 각도) 및 그 간격을 바꾸어서 구별한다.
- 경사진 단면의 해칭선은 경사진 면에 수평이나 수직으로 그리지 않고, 재질에 관계없이 기본 중심에 대하여 45°경사진 각도로 그린다.
- 절단 자리의 면적이 넓을 경우에는 그 외형선을 따라 적절한 범위에 해칭 (또는 스머징)을 한다.
- 해칭을 하는 부분 속에 문자, 기호 등을 기입하기 위해 필요한 경우에는 해칭을 중단한다.
- 단면도에 재료 등을 표시하기 위하여 특수한 해칭(또는 스머징)을 해도 좋다.

단면도해칭
• 해칭: 기본중심선에 대하여 45°로 가는 실선을 이용
• 동일 부품의 단면 : 떨어져 있어도 해칭의 방향과 간격등을 같게 함.
• 경사진 단면 : 기본 중심에 대하여 45° 경사진 각도
• 문자, 기호 등을 기입하기 위해 해칭을 중단

3-3 단면도의 종류

단면도의 종류
전단면도
한쪽 단면도
부분 단면도
회전 도시 단면도

◆ **전단면도(온단면도: full section view)**

물체 전체를 둘로 절단해서 그림 전체를 단면으로 나타낸 것을 전단면도라 한다.

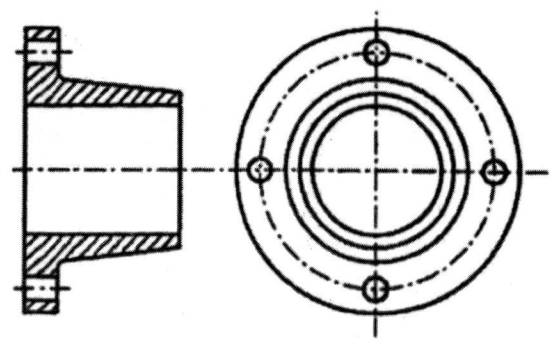

[그림 17] 전단면도

◆ 한쪽 단면도(반 단면도: half section view)

상하 또는 좌우 대칭인 물체는 1/4을 잘라낸 것으로 보고, 기본 중심선을 경계로 하여 1/2은 외형, 1/2은 단면으로 동시에 나타낸 것으로 대칭중심의 우측 또는 위쪽을 단면한다.

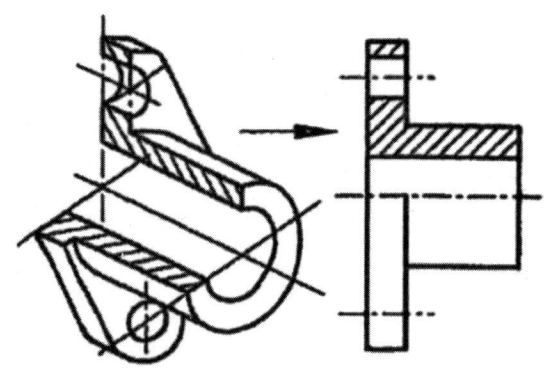

[그림 18] 한쪽 단면도

◆ 부분 단면도(partial section)

외형도에서 필요로 하는 일부분만을 도시할 수 있다. 이때 파단한 곳은 자유실선의 파단선(가는 실선)으로 표시하고 프리핸드로 외형선의 1/2 굵기로 그린다.

부분 단면도의 적용
① 단면으로 나타낼 필요가 있는 부분이 좁을 때.
② 원칙적으로 길이 방향으로 절단하지 않는 것을 특별히 나타낼 때.
③ 단면의 경계가 애매하게 될 염려가 있을 때.

도면 해독을 위한 기초이론

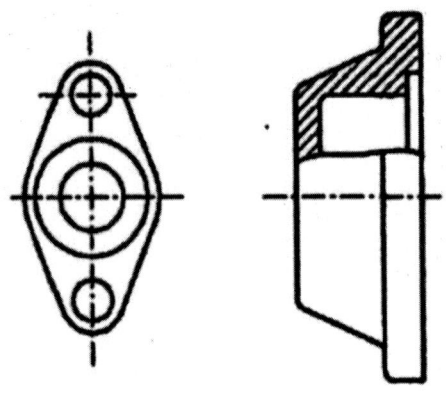

[그림 19] 부분 단면도

◆ 회전 도시 단면도

핸들이나 바퀴 등의 암 및 림, 리브, 훅. 축, 구조물의 부재 등의 절단면은 90° 회전하여 표시한다.

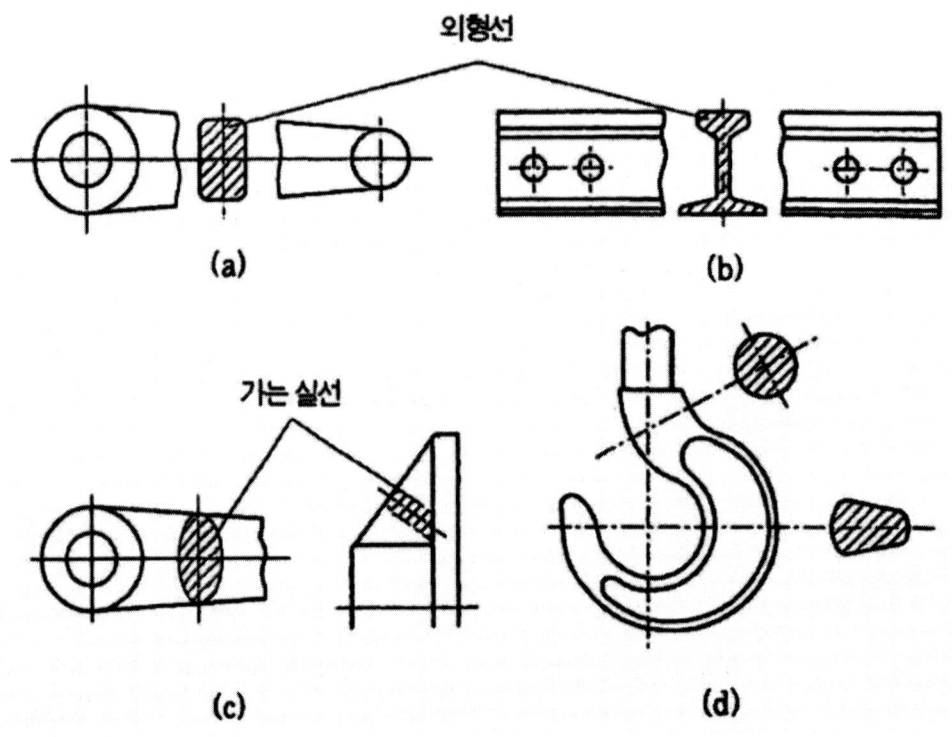

[그림 20] 회전 단면도

◆ 인출 회전 단면도

단면의 모양이 여러 개로 표시되어 도면내에 회전 단면을 그릴 여유가 없는 경우에 절단선과 연장선상이나 임의의 위체에 단면 모양으로 빼내어 그린다.

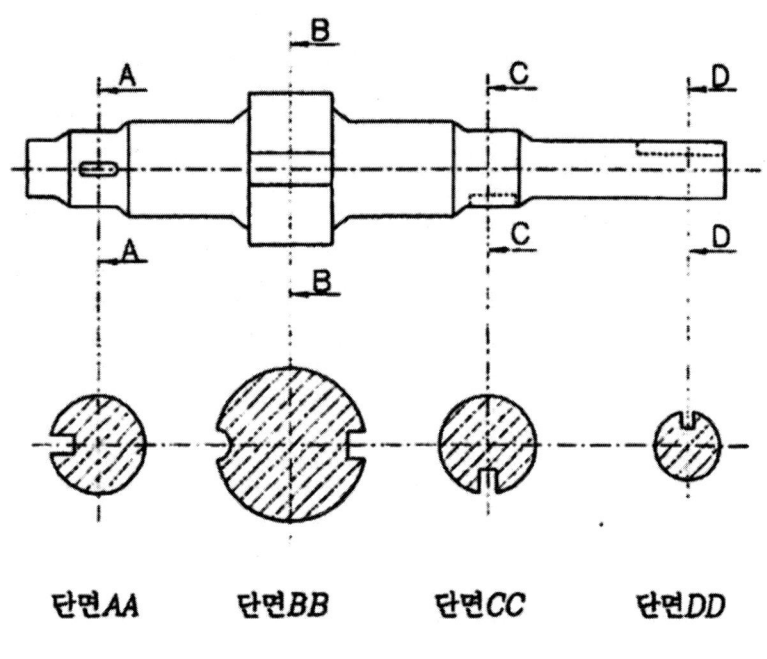

[그림 21] 인출 회전 단면도

◆ 조합에 의한 단면도

2개 이상의 절단면에 의한 단면도를 조합하며 단면을 도시할 때에는 다음에 따른다. 또한, 이와 같은 경우 필요에 따라서 단면을 보는 방향을 나타내는 화살표와 글자 기호를 붙인다.

① 서로 교차하는 두 평면으로 절단하는 경우

대칭형 또는 이에 가까운 모양의 대상물인 경우에는 대칭의 중심선을 경계로 하여 그 한쪽을 투상면에 평행하게 절단하고, 다른 쪽을 투상면과 어느 각도로 이루어 절단할 수 있다(그림 22(a)).

② 평행한 두 평면으로 절단하는 경우

단면도는 평행한 두 평면으로 절단하여 나타낼 수 있다. 이 경우 절단선에 의하여 절단의 위치를 표시하고, 조합에 의한 단면도라는 것을 나타내기 위해 2개의 절단선을 임의의 위치에서 이어지게 한다(그림 22(b)).

③ 구부러짐에 따른 중심면으로 절단하는 경우

구부러진 관 등의 단면도는 그 구부러진 중심을 포함하는 평면으로 절단하고, 그대로 투상할 수 있다(그림 22(c)).

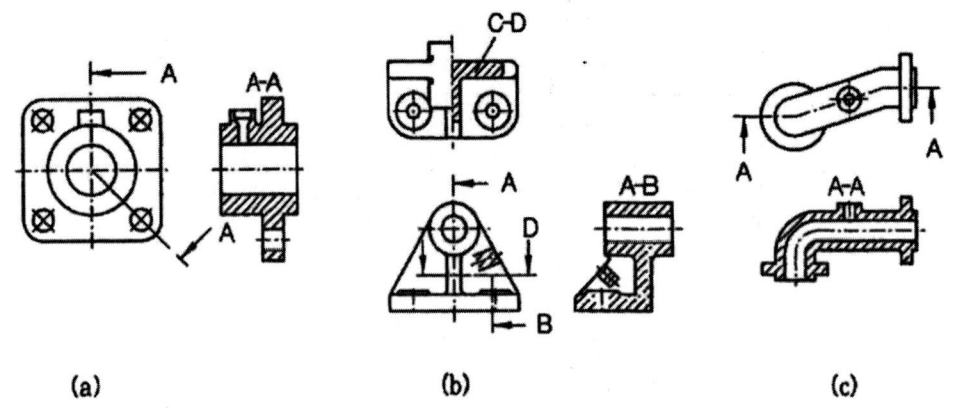

[그림 22] 조합에 의한 단면도

◆ 단면으로 표시하지 않는 부품

① 길이 방향으로 절단하지 않는 부품
- 축, 스핀들 종류
- 볼트, 너트, 와셔 종류
- 작은 나사(machine screw), 세트 스크루 종류
- 키, 핀, 코터, 리벳종류

② 세로 방향으로 절단하지 않는 부품 : 리브 바퀴의 암, 기어의 이(치), 핸들 등

③ 얇은 부분 : 리브, 웨브

④ 베어링의 볼, 롤러 등

◆ 얇은 부분의 단면도

패킹, 박판, 형강 등에서 절단자리의 두께가 얇은 경우

① 절단자리는 검게 칠한다.

② 실제의 치수에 관계없이 1개의 굵은 실선으로 표시하고, 이들의 절단자리가 인접하고 있는 경우 틈새 0.7mm 이상을 둔다.

4. 치수기입법

치수는 도면에 표시된 것 중에 가장 중요한 것이다. 도형이 올바르게 그려져도 치수기입이 잘못되면 완전한 제품을 만들 수 없다. 즉, 치수기입은 단순히 물체의 치수만을 표시하는 것이 아니고 가공법, 재료 등에도 관계되기 때문에 올바르지 못한 치수기입은 작업능률에 큰 영향을 주고 제품을 잘못 만드는 원인이 된다.

4-1 치수기입의 원칙

- 대상물의 기능, 제작, 조립 등을 고려하여 필요한 치수를 명료하게 도면에 기입한다.
- 치수는 대상물의 크기, 위치 등을 가장 명확하게 표시하는데 필요하고 충분한 것을 기입한다.
- 도면에 나타내는 치수는 특별히 명시하지 않는 한 도시한 대상물의 마무리 치수를 표시한다.
- 치수에는 기능상 필요한 치수의 허용한계를 기입한다. 다만, 이론적인 정확한 치수는 제외한다.
- 치수는 되도록이면 주투상도에 기입한다.
- 치수는 되도록이면 계산할 필요가 없도록 기입하고, 중복되지 않게 기입한다.
- 치수는 각 투상도간에 비교, 대조가 용이하게 기입한다.
- 치수는 필요에 따라 기준이 되는 점, 선 또는 면을 기준으로 하여 기입한다.
- 관련되는 치수는 되도록 한곳에 모아서 기입한다.
- 치수는 되도록 공정마다 배열을 분리하여 기입한다.
- 치수 중 참고 치수에 대하여는 치수 수치에 괄호를 붙인다.

4-2 치수보조기호의 표시

(KS A 0113)

구 분	기호	읽기	사 용 법	예
지름	ø	파이	치수보조기호는 치수 수치 앞에 붙이고, 치수 수치와 같은 크기로 쓴다.	ø5
반지름	R	아르		R10
구의지름	Sø	에스파이		Sø5
구의반지름	SR	에스아르		SR10
정사각형의변	□	사각		□10
판의두께	t	티		t2
45°의 모따기	C	시		C2
실제의반지름	실R	실아르		실R30
전개상의반지름	전개R	전개아르		전개R10
원호의길이	⌒	원호	치수 수치 위에 붙인다.	30
이론적으로 정확한 치수	□	테두리	치수 수치를 둘러싼다.	30
참고치수	( )	괄호	치수 수치의 치수보조기호를 둘러싼다.	(30)

[표 4] 치수보조기호

4-3 치수기입방법의 일반형식

◆치수선

치수선에 치수를 기입하며 치수선은 0.25mm 이하의 가는 실선을 치수보조선에 직각으로 긋는다. 치수선은 외형선에서 10~15mm쯤 띄워서 긋는다.

① 많은 치수선을 평행하게 그을 때는 간격이 서로 같게 한다(8~10mm).
② 외형선, 은선. 중심선 및 치수보조선은 치수선으로 사용하지 않는다.

차수선
• 0.25mm 이하의 가는 실선
• 외형선에서 10~11mm 쯤 띄워서
• 평행하게 그을 때는 간격이 같게

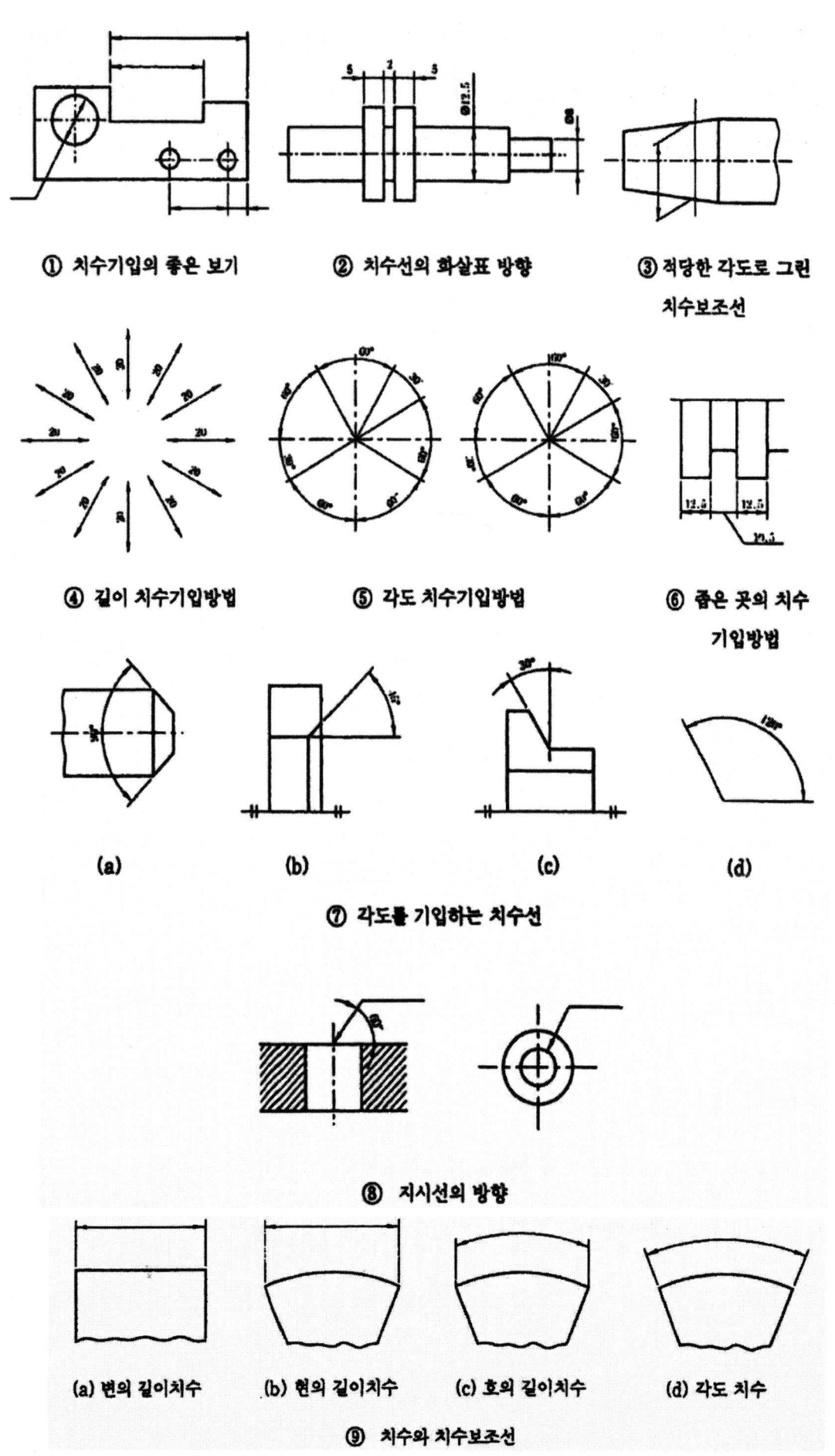

[그림 23] 치수기입방법의 예

◆ **치수보조선**

치수선에 직각으로 긋는다. 치수보조선이 외형선과 접근해서 구별하기 어려운 경우(테이퍼 부분 등), 또는 치수기입의 관계로 특히 필요한 경우에는 치수선에 대하여 적당한 각도(60°)로 그을 수 있다.

> **핵심**
> 치수보조선은 치수선 위치에서 2~3mm 까지 연장한다.

◆ **화살표**

길이와 폭의 비율은 2.5~3 : 1이며, 화살표의 각도는 30°이다.

① 화살표는 원칙적으로 치수선의 바깥쪽으로 향하여 붙인다. 다만, 화살표를 기입할 여유가 없을 때에는 치수선을 연장하여 긋고, 화살표를 안쪽으로 향하여 그리고 치수 수치를 기입해도 좋다.

② 치수 보조선의 간격이 좁아 화살표를 기입할 여유가 없을 때에는 화살표 대신에 흑점 또는 사선을 사용해도 좋다.

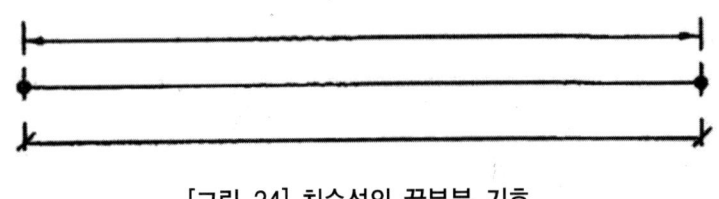

[그림 24] 치수선의 끝부분 기호

◆ **지시선**

구멍의 치수, 가공법, 품번 등을 기입할 때 사용하며, 수평선에 대하여 60°나 45°등의 직선으로 인출하여 수평선을 붙여 그리고 이수평선의 위쪽에 치수, 가공법등 기타 필요사항을 기입한다.

4-4 치수의 배치

◆ **직렬 치수기입방법**

직렬로 나란히 연속되는 개개의 치수가 계속되어도 상관없는 경우에 쓰인다.

◆ **병렬 치수기입방법**

한곳을 중심으로 치수를 기입하는 방법으로, 각각의 치수공차는 다른 치수의 공차에는 영향을 주지 않는다.

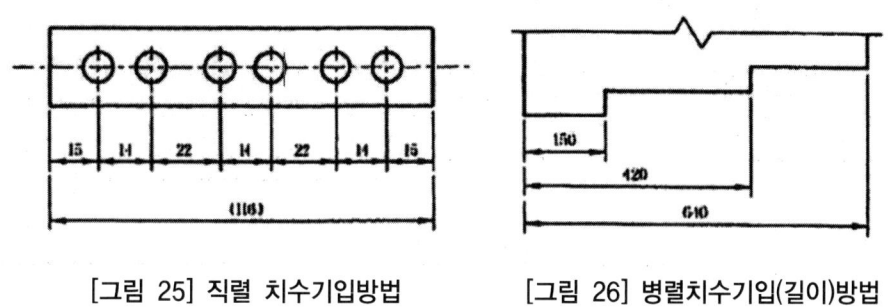

[그림 25] 직렬 치수기입방법   [그림 26] 병렬치수기입(길이)방법

◆ 누진 차수기입방법

이 방법에 따르면 병렬 치수기입방법과 같이 치수공차에는 영향을 주지 않으며, 하나의 연속된 치수선으로 간편하게 표시할 수 있다. 이때의 치수의 기점 위치는 ○기호로 표시하고. 치수선의 다른 끝은 화살표로 표시한다. 치수는 치수보조선에 나란히 기입하거나 화살표 부근 치수선의 위쪽을 따라 기입한다.

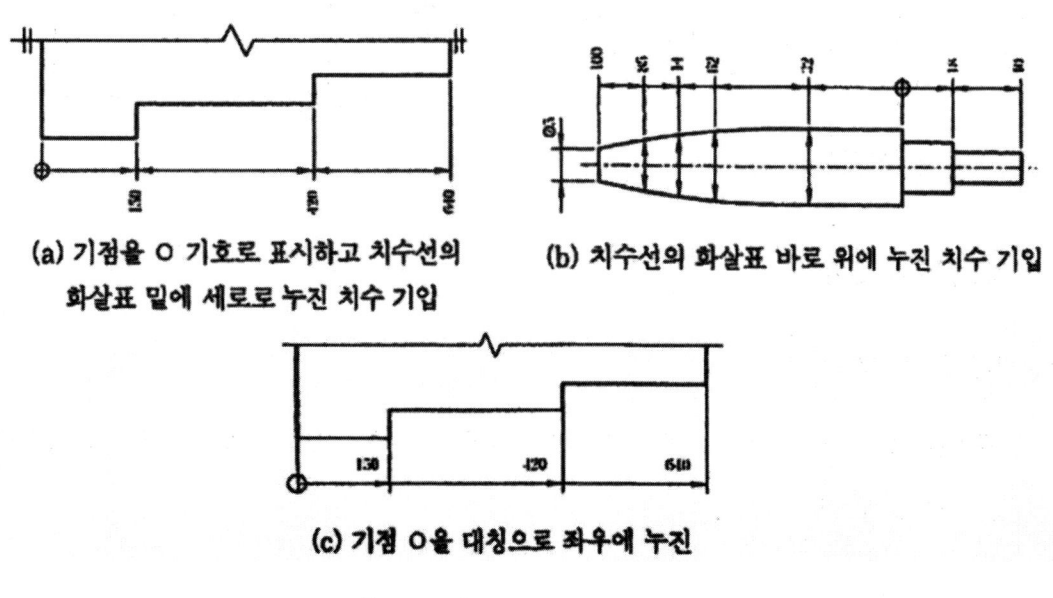

[그림 27] 누진 치수기입방법

◆ 여러 개의 같은 치수의 볼트 구멍, 작은나사 구멍, 핀 구멍, 리머 구멍 등의 치수기입

구멍으로부터 지시선을 끌어내어 그 전체 구멍수를 표시하는 숫자 다음에 짧은 선을 긋고, (그림 (28))과 같이 치수를 기입한다.

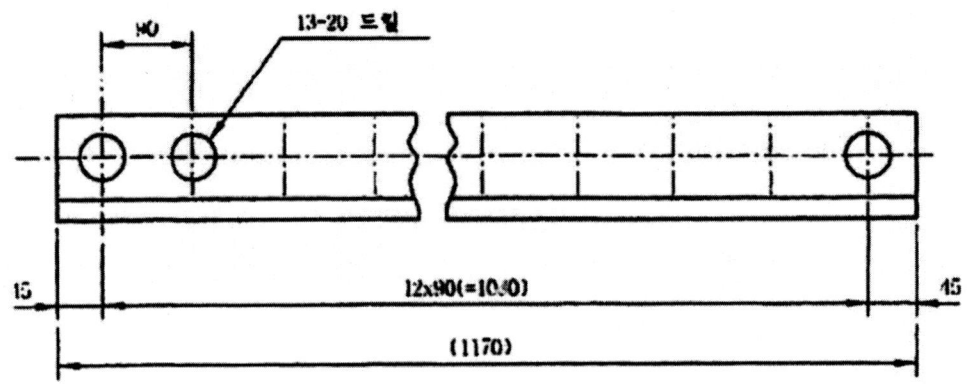

[그림 28] 여러 개의 같은 구멍의 치수 기입

◆ 테이퍼 · 기울기의 표시 방법

테이퍼는 원칙적으로 중심선에 연하여 기입하고, 기울기는 변에 연하여 기입한다.

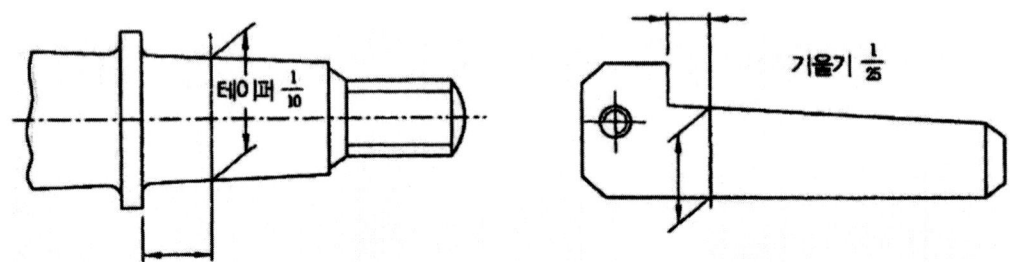

4-5 기계재료 표시법

◆ 재료 기호의 구성

한국공업규격(KS)의 금속부문(D)에는 재료의 종류별로 화학성분, 기계적 성질 및 용도에 따라 재료 기호를 지정해 놓았다.

① 처음부분 (제1위 문자) : 재질을 나타내는 부분으로 영어의 머리문자나 원소기호를 표시.
② 중간부분 (제2위 문자) : 규격명, 제품명, 형상별 종류나 용도를 나타내는 부분.
③ 끝부분 (제3위 문자) : 재질의 종류 번호, 최저 인장강도를 숫자나 영문자로 표시.

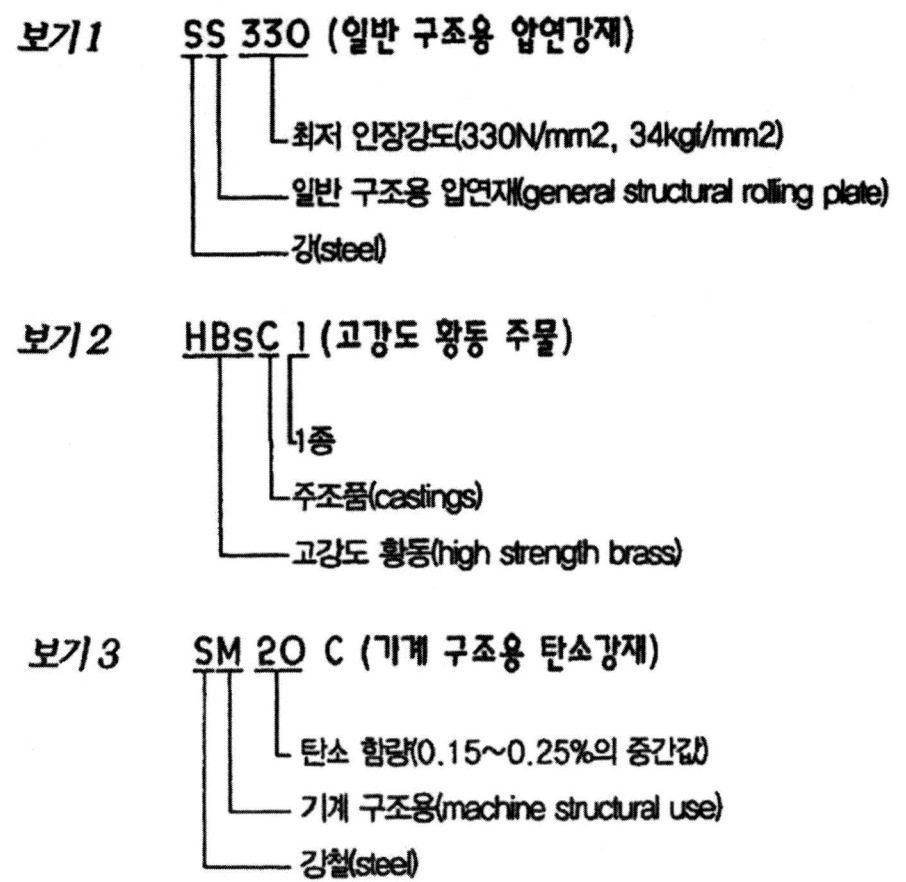

기호	재질명	영문	기호	재질명	영문
Al	알루미늄	aluminium	HBs	고강도 황동	high strength brass
AlB	알루미늄 청동	aluminium bronze	HMn	고망간	high manganese
B	청동	bronze	PB	인청동	phosphor bronze
Bs	황동	brass	S	강	steel
C	구리	copper	ST	스테인리스강	stainless steel
Cr	크롬	chromium	WM	화이트 메탈	white metal

[표 5] 처음 부분의 기호

기호	재질명	기호	재질명
B	봉(bar)	MC	가단주철품(malleable iron casting)
C	주조품(castings)	P	판(plate)
CD	구상 흑연주철	PS	일반 구조용 판
CP	냉간 압연강판	PW	피아노선
CS	냉간 압연강대	S	일반 구조용 압연재
DC	다이 캐스팅(die castings)	SW	강선(steel wire)
F	단조품(forgings)	T	판(tube)
HG	고압 가스용기	TC	탄소공구강
HP	열간 압연강판	W	선(wire)
HR	열간 압연	WR	선재(wire rod)
HS	열간 압연강대	WS	용접구조용 압연강
K	공구강		

[표 6] 중간 부분의 기호

◆ 재료의 종류와 기호

KS분류번호	명 칭	KS기호	KS분류번호	명 칭	KS기호
KS D 3503	일반 구조용 압연 강재	SS	KS D 3752	기계 구조용 탄소 강재	SM
KS D 3507	일반 배관용 탄소 강관	SPP	KS D 3753	합금공구강(주로 절삭, 내충격용)	STS
KS D 3508	아크 용접봉 심선재	SWRW	KS D 3753	합금 공구 강재 (주로 내마멸성 불변형용)	STD
KS D 3509	피아노 선재	PWR	KS D 3753	합금공구 강재 (주로 열간 가공용)	STF
KS D 3512	냉간 압연 강판 및 강재	SCP	KS D 4101	탄소 주강품	SC
KS D 3515	용접 구조용 압연 강재	SWS	KS D 4102	스테인리스 주강품	SSC
KS D 3517	기계 구조용 탄소강 강판	STKM	KS D 4301	회주철품	GC
KS D 3522	고속도 공구 강판	SKH	KS D 4302	구상 흑연 주철	DC
KS D 3522	연강선재	MSWR	KS D 4303	흑심 가단 주철	BMC

KS분류번호	명 칭	KS기호	KS분류번호	명 칭	KS기호
KS D 3559	경강 선재	HSWR	KS D 4305	백심 가단 주철	WMC
KS D 3560	보일러용 압연 강재	SBB	KS D 5504	구리판	CuS
KS D 3566	일반 구조용 탄소 강관	SPS	KS D 5516	인청동봉	PBR
KS D 3701	스프링강	SPS	KS D 6001	황동 주물	BsC
KS D 3707	크롬 강재	SCr	KS D 6002	청동 주물	BrC
KS D 3708	니켈-크롬 강재	SNC	KS D 5003	쾌삭 황동봉	MBsB
KS D 3710	탄소강 단조품	SF	KS D 5507	단조용 황동봉	FBsB
KS D 3711	크롬-몰리브덴 강재	SCM	KS D 5520	고강도 황동봉	HBsR
KS D 3751	탄소 공구강	STC			

◆ 기계재료의 열처리 표시

부품 전체에 열처리를 할 때에는 부품란에 재질과 함께 열처리 방법을 표시하거나 주기란에 기입한다. 부품의 면 일부분에 열처리를 할 때에는 그림 29과 같이 범위를 외형선에 평행하게 약간 떼어서 굵은 1점 쇄선을 긋고 열처리 방법을 기입한다.

> **기계재료의 열처리 표시**
> 굵은 1점 쇄선을 긋고 열처리 방법을 기입

종 류	뜻	표 시 예
노멀라이징(불림) (normalizing)	Ac₁ 점 또는 Aom점 이상의 적당한 온도로 가열한 후, 공기 중에서 냉각하는 조작	노멀라이징 830~880℃ 공기 중 냉각
어닐링(풀림) (annealing)	적당한 온도로 가열하여 그 온도로 둔 다음 서냉하는 조작	어닐링 약 820℃ 이상 노속 냉각
담금질 (quenching)	오스테나이트화 온도에서 급랭하여 경화시키는 조작	담금질 H♭)401
침 탄 (carburizing)	강 표면층의 탄소량을 증가시키기 위하여 침탄제 속에서 가열 처리하는 조작	침탄 표면 H♭)610 심부 HB 262~34 깊이 0.7~1
고주파 담금질	고주파 전류에 의한 유도 가열로 하는 담금질	고주파 표면 H♭)577
질 화	철강의 표면층에 질소를 확산시켜 표면층을 경화시키는 조작	질화 표면 H♭)700 깊이 2~3

[표 7] 열처리 표시

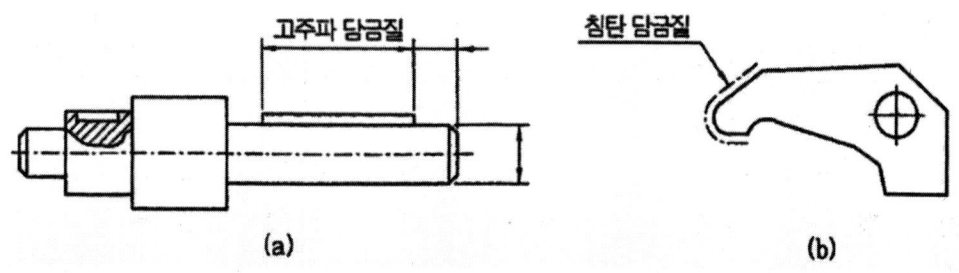

[그림 29] 열처리 표시 방법

5. 표면거칠기와 면의 지시기호

5-1 표면거칠기

제품의 표면에 생긴 작은 구간에서의 요철(凹凸)을 표면거칠기(suef aceroughness)라 한다. 또한 표면거칠기보다 큰 간격으로 반복되는 기복의 상태를 파상도라 하며 이것은 공작기계나 비트(bit)의 변형, 진동 등에 의하여 생긴다.

표면거칠기 표현 방법
중심선 평균거칠기(Ra)
최대 높이(Rmax)
10점 평균거칠기 (Rz)

표면거칠기를 나타내는 방법에는 여러 가지가 있으나 KS에서는 중심선 평균 거칠기(Ra), 최대 높이 (Rmax) 및 10점 평균 거칠기(Rz, ten point height)의 세 가지 방법을 규정하고 있다.

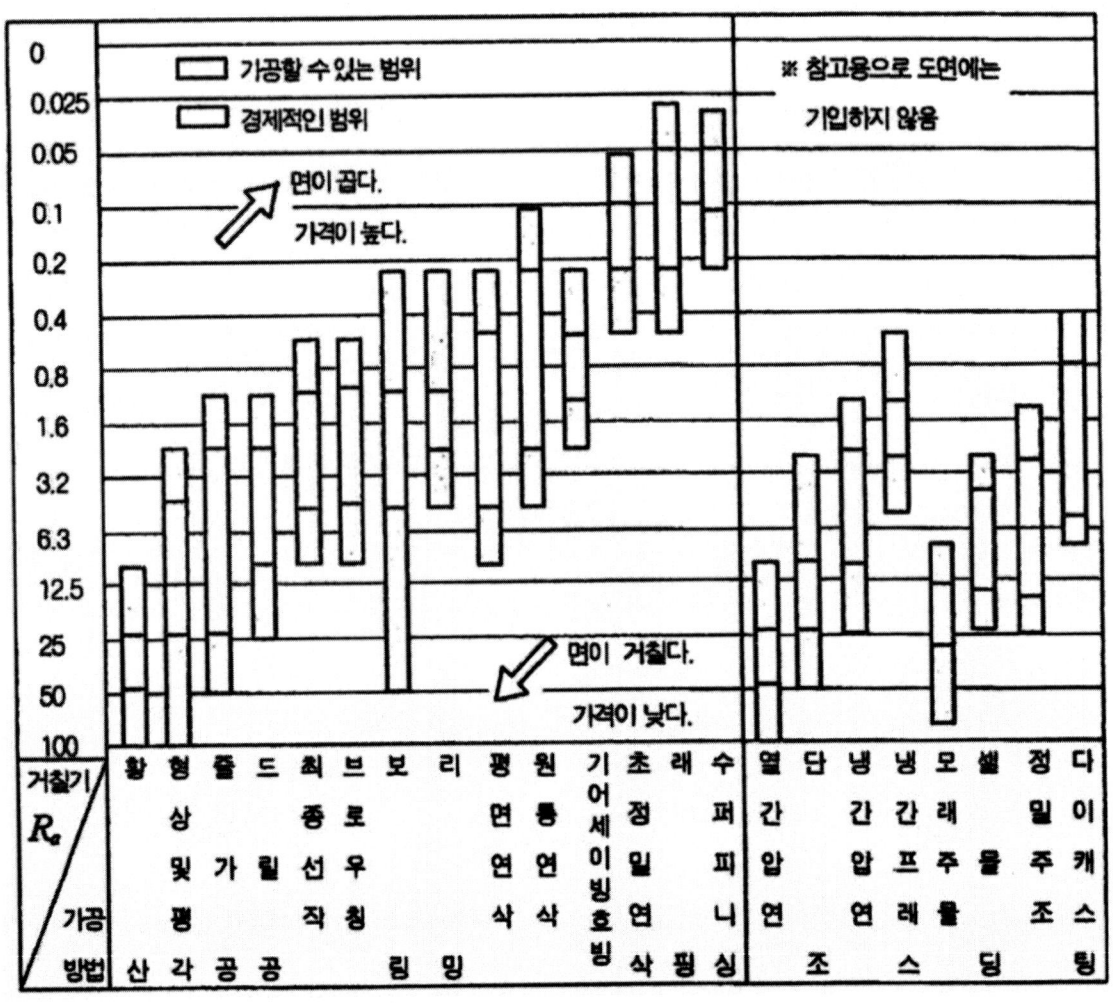

[그림 30] 가공 방법에 따른 거칠기의 범위

5-2 표면거칠기의 표시

◆ 대상면을 지시하는 기호

① 절삭 등 제거가공의 필요 여부를 문제 삼지 않는 경우에는 면에 지시 기호를 붙여서 사용 (그림 31(a)).

② 제거가공을 필요로 한다는 것을 지시할 때에는 면의 지시 기호의 짧은쪽의 다리 끝에 가로선을 부가(그림 31(b)).

③ 제거가공해서는 안 된다는 것을 지시할 때에는 면의 지시 기호에 내접하는 원을 그린다 (그림 31(c)).

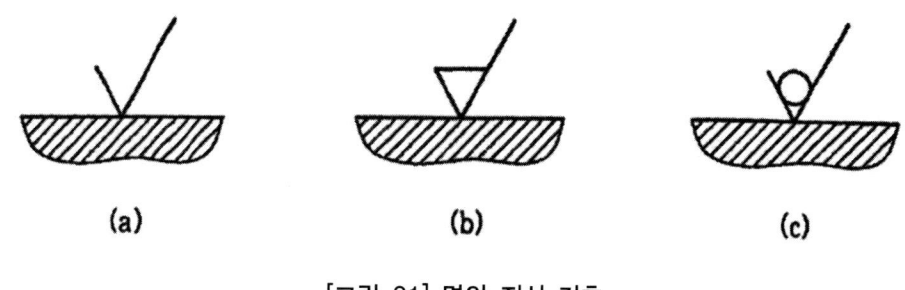

[그림 31] 면의 지시 기호

◆ 표면거칠기값의 지시

① 표면거칠기의 최대값만을 지시하는 경우(그림 32(a)), 구간으로 지시하는 경우(그림 32(b)).

② 컷오프값을 지시하는 경우(그림 32(c)), 최대높이를 지시하는 경우(그림 32(d)).

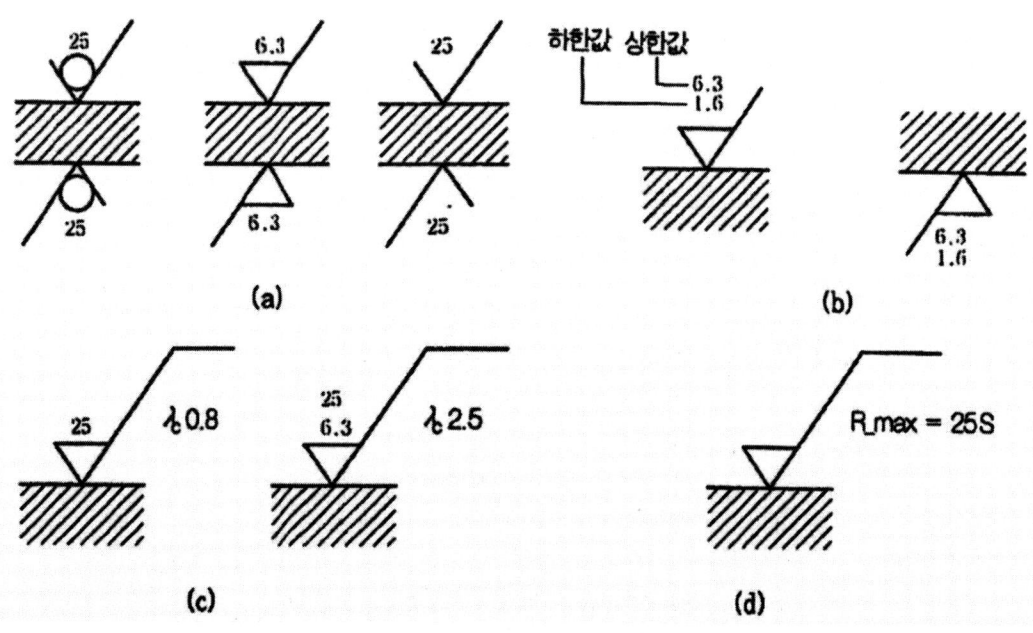

[그림 32] 표면거칠기값의 지시

③ 면의 지시 기호에 대한 각 지시 사항의 기입 위치

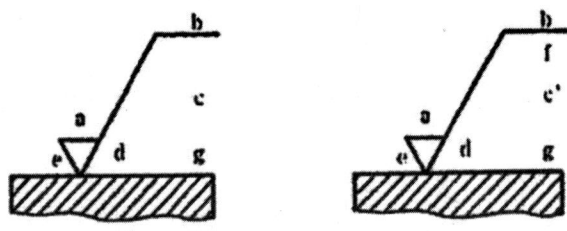

a : 중심선 평균 거칠기값
b : 가공 방법
c : 컷오프값
c' : 기준 길이
d : 줄무늬 방향 기호
e : 다듬질 여유 기입
f : 중심선 평균 거칠기 이외의 표면거칠기값
g : 표면 파상도

[그림 33] 표면거칠기값의 기입 위치

(가) 줄무늬 방향의 기호(가공모양의 기호)

기호	=	⊥	X	M	C	R
설명도	(평행 줄무늬)	(수직 줄무늬)	(교차 줄무늬)	(다방향 줄무늬)	(동심원)	(방사상)
의미	가공으로 생긴 앞 줄의 방향이 기호를 기입한 그림의 투상면에 평행	가공으로 생긴 앞 줄의 방향이 기호를 기입한 그림의 투영면에 직각	가공으로 생긴 선이 두 방향으로 교차	가공으로 생긴 선이 여러 방면으로 교차 또는 방향이 없음	가공으로 생긴 선이 거의 동심원	가공으로 생긴 선이 거의 방사상
보기	세이핑면	세이피면(옆으로 보는 상태)선삭·원통 연삭면	호닝 다듬질면	래핑 다듬질면 슈퍼 피니싱 가로이송을 준 정면 밀링 또는 엔드밀 절삭면	끝면 절삭면	

(나) 가공방법의 기호

가공방법	약호 I	약호 II	가공방법	약호 I	약호 II
선반가공	L	선반	호닝가공	GH	호닝
드릴가공	D	드릴	액체호닝다듬질	SPL	액체호닝
보링머신가공	B	보링	배럴연마가공	SPBR	배럴
밀링가공	M	밀링	버프다듬질	FB	버프
플레이닝가공	P	평삭	브러스트다듬질	SB	브러스트
셰이핑가공	SH	형삭	래핑다듬질	FL	래핑
브로치가공	BR	브로칭	줄다듬질	FF	줄
리머가공	FR	리머	스크레이퍼다듬질	FS	스크레이퍼
연삭가공	G	연삭	페이퍼다듬질	FCA	페이퍼
벨트샌드가공	GB	포연	주조	C	주조

5-3 다듬질 기호 및 표면거칠기의 표준값

다듬질 기호	정 도(精度)	사 용 보 기	분 류	Rmax	Rr	Ra
	일체의 가공이 없는 자연면	압력에 견뎌야 하는 곳	자연면	특히 규정 않음		
	고운 자연면을 그대로 두고 아주 거친 곳만 조금 가공	스패너자루, 핸들, 휠의 바퀴	주조면,단조면			
	가공 흔적이 남을 정도의 막다듬질	드릴가공면, 샤프트의 끝면	거친 다듬면	100S	100Z	25a
	가공 흔적이 거의 없는 중 다듬질	기어와 크랭크의 측면	보통(중간)다듬면	25S	25Z	6.3a
	가공 흔적이 전혀 없는 상 다듬질	게이지의 측정면, 공작 기계의 미끄럼면	고운 다듬면	6.3S	6.3Z	1.6a
	광택이 나는 고급 다듬질	래핑, 버핑에 의한 특수 용도의 고급 플랜지면	정밀 다듬면	0.8S	0.8Z	0.2a

5-4 다듬질 기호의 기입 방법

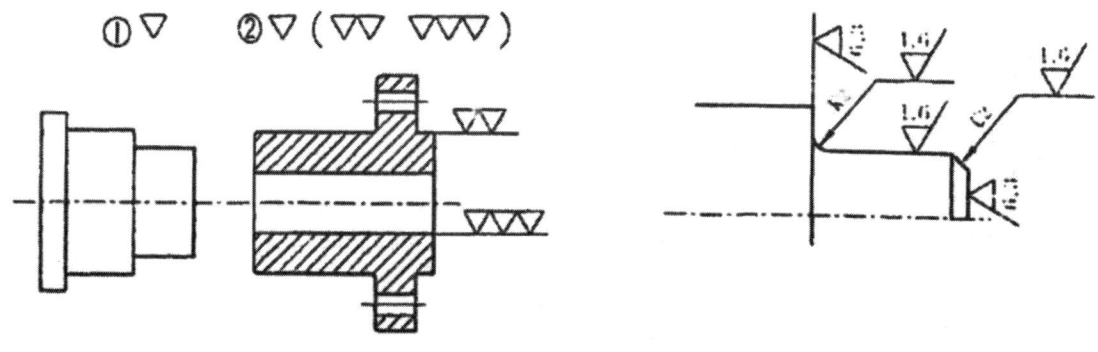

(a) 전체 또는 대부분이 같은 경우   (b) 둥글기, 모따기에서의 면의 지시

[그림 34] 다듬질 기호의 기입 방법

6. 치수공차와 끼워맞춤

6-1 치수공차

어떤 제품을 제작하고자 할 때 치수를 정확히 만들기는 대단히 곤란하며, 아주 작은 양이지만 오차가 발생한다. 실제 이와 같은 제품을 사용할때는 오차가 전혀 문제가 되지 않는 경우가 많다.

대량 생산의 경우 제품의 기능상의 요구를 만족시키고 가공상 편리하게 하기 위하여 대소(大小) 2개의 한계를 주며, 이 대소 2개의 한계를 치수공차라 한다.

◆ 치수공차의 용어

① 구멍 : 주로 원통형 부분의 내측 부분

② 축 : 주로 원통형 부분의 외측 부분

③ 실치수 : 두 점 사이의 거리를 실제로 측정한 치수(예 : $30^{+0.2}_{-0.1}$)

④ 허용한계치수 : 실치수가 그 사이에 들어가도록 정한 대·소의 허용치수이며, 최대허용치수(30.2)와 최소허용치수(29.9)가 있다(예 : $30^{+0.2}_{-0.1}$)

⑤ 기준치수 : 치수허용한계의 기준이 되는 치수

⑥ 기준선 : 허용한계치수 또는 끼워맞춤을 도시할 때 치수허용차의 기준이 되는 선으로, 치수허용차가 0인 직선으로 기준치수를 나타낼 때에 사용한다.

⑦ 치수허용차 : 허용한계치수에서 그 기준치수를 뺀 값으로, 위치수 허용차와 아래 치수허용차가 있다.

⑧ 치수공차 : 최대허용한계치수와 최소허용한계치수의 차이다. 또는 위치수 허용차와 아래치수 허용차의 차를 의미하기도 하며, 공차라고도 한다.

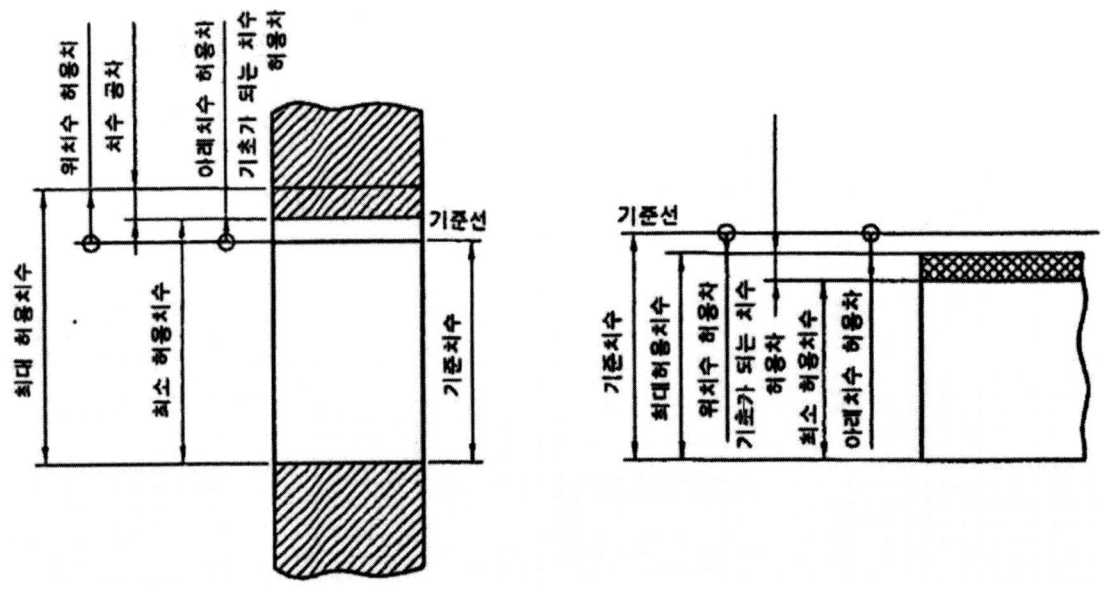

[그림 35] 치수공차의 용어

◆ 보기1　$30^{+0.05}_{-0.02}$ 에서 최대허용치수와 최소허용치수 그리고 치수공차는 다음과 같다.

① 최대허용치수=기준 치수+위치수 허용차=30+0.05=30.05mm

② 최소허용치수=기준 치수+아래치수 허용차=30+(-0.02)=29.98mm

③ 치수공차=최대허용치수-최소허용치수=30.05-29.98=0.07mm

◆ 기본 공차

IT 기본 공차는 치수공차와 끼워맞춤에 있어서 정해진 모든 치수공차를 의미하는 것으로, 국제 표준화 기구(ISO) 공차 방식에 따라 분류하며, IT 01부터 IT 18까지 20등급으로 구분하여 KS B 0401에 규정되어 있다.

① 기본 공차의 적용

용 도	게이지 제작 공차	끼워맞춤 공차	끼워맞춤 이외 공차
구멍	IT 01~IT 5	IT 6~IT 10	IT 11~IT 18
축	IT 01~IT 4	IT 5~IT 9	IT 10~IT 18

② IT 공차의 수치

기준치수가 500 이하인 경우와 500을 초과하여 3150까지 기본 공차의 수치를 나타낸다.

6-2 끼워맞춤

◆ 끼워맞춤의 종류

① 헐거움 끼워맞춤

구멍의 최소 치수가 축의 최대 치수보다 큰 경우의 끼워맞춤으로 미끄럼운동이나 회전운동이 필요한 기계부품 조립에 적용한다.

핵심
틈새: 구멍의 치수가 축의 치수보다 클 때의 치수차(헐거움 끼워맞춤)
죔새: 구멍의 치수가 축의 치수보다 작을 때의 치수차(억지 끼워맞춤)

⟨예 1⟩

40 H ~ 7은 $40^{+0.025}$ 또는 $\frac{40.025}{40.000}$

40 g ~ 6은 $40^{-0.009}_{+0.025}$ 또는 $\frac{39.991}{39.975}$

∴ 최소 틈새   = 구멍의 최소허용치수 − 축의 최대허용치수
                 = 40.000 − 39.991 = 0.009

최대 틈새   = 구멍의 최대허용치수 − 축의 최소허용치수
                 = 40.025 − 39.975 = 0.050

끼워맞춤의 종류

헐거움 끼워맞춤
중간 끼워맞춤
억지 끼워맞춤

② 중간 끼워맞춤(정밀 끼워맞춤)

구멍과 축의 실제 치수에 따라 죔새와 틈새가 생기는 끼워맞춤으로 베어링 조립에 주로 쓰인다.

〈예 2〉

40 H ~ 7은 $40 \, ^{+0.025}_{0}$ 또는 $\frac{40.025}{40.000}$

40 n ~ 6은 $40 \, ^{+0.033}_{+0.017}$ 또는 $\frac{40.033}{40.017}$

∴ 최소 죔새 = 축의 최대 허용치수 − 구멍의 최소 허용치수
= 40.033 − 40.000 = 0.033

최대 죔새 = 축의 최소 허용치수 − 구멍의 최대 허용치수
= 40.017 − 40.025 = 0.008

③ 억지 끼워맞춤

구멍의 최대 치수가 축의 최소 치수보다 작은 경우이며, 항상 죔새가 생기는 끼워맞춤으로 동력 전달장치의 분해조립이 반영구적인 곳에 적용된다.

◆ 끼워맞춤 방식

① 구멍기준식 끼워맞춤 : H6~H10(아래치수 허용차가 0인 H 기호구멍)
② 축기준식 끼워맞춤 : h5~h9(위치수 허용차가 0인 h 기호 축)

기준 구멍	축의 종류와 등급															
	헐거운 끼워맞춤							중간 끼워맞춤					억지 끼워맞춤					
	b	c	d	e	f	g	h	js	k	m	n	p	r	s	t	u	x
H5						4	4	4	4	4							
H6					5	5	5	5	5	5							
				6	6	6	6	6	6	6	6(1)	6(1)					
H7				6	6	6	6	6	6	6	6	6(1)	6(1)	6	6	6	6
			7	7	(7)	7	7	(7)	(7)	(7)	(7)	(7)	(7)	(7)	(7)	(7)	(7)
H8				7	7												
			8	8	8												
		9	9														
H9			8	8	8												
	9	9	9	9													
H10	9	9	9	9													

[비고] 이들의 끼워맞춤은 치수의 구분에 따라 예외가 생긴다. 표 중 괄호를 붙인 것은 될 수 있는 대로 사용하지 않는다.

[표 8] 상용하는 구멍기준 끼워맞춤 공차

〈보기 1〉

① ∅50 H7 g6 : 구멍기준식 헐거운 끼워맞춤
② ∅40 H7 P5 : 구멍기준식 억지 끼워맞춤
③ ∅30 G7 h5 : 축기준식 헐거운 끼워맞춤

◆ 기하 공차 (gemetrical tolerancing)

기계 제품은 보다 높은 정밀도를 필요로 함에 따라 제품의 호환성이 더욱 요구되고 따라서 치수 허용차뿐만 아니라 형상과 위치정도도 도면상에 명확히 지정할 필요가 요구됨에 따라 KS에서도 ISO를 참고로 제정하여 사용하고 있으며, 도면에 있어서 대상물의 모양, 자세, 위치 및 흔들림 공차의 표시기호 및 도시 방법은 KS에서 규정한다.

① 기하 공차의 종류와 기호

적용하는 형체	구 분	기 호	공차의 종류
단독 형체	모양 공차	─	진직도 공차(straightness)
		▱	평면도 공차(flatness)
		○	진원도 공차(roundness)
		⌭	원통도 공차(cylindricity)
단독 형체 또는 관련 형체		⌒	선의 윤곽도 공차(line profile)
		⌓	면의 윤곽도 공차(surface profile)
관련형체	자세공차	∥	평행도 공차(parallelism)
		⊥	직각도 공차(sguarness)
		∠	경사도 공차(angularity)
	위치공차	⊕	위치도 공차(position)
		◎	동축도 공차 또는 동심도 공차(concentricity)
		═	대칭도 공차(symmetry)
	흔들림공차	↗	원주 흔들림 공차
		↗↗	온 흔들림 공차

[표 9] 기하 공차의 종류와 기호

표시하는 내용		기 호
공차붙이 형체	직접 표시하는 경우	
	문자기호에 의하여 표시하는 경우	
데이텀	직접 표시하는 경우	
	문자기호에 의하여 표시하는 경우	
데이텀 타깃 기입틀		Ø2/A1
이론적으로 정확한 치수		50
돌출 공차역		Ⓟ
최대 실체 공차 방식		Ⓜ

[표 10] 기하 공차 부가기호

표 시 하 는 내 용		기 호
데이텀 표적(target) 기입틀		Ø2/A1
이론적으로 정확한 치수	직각 테두리로 표시	50
돌출 공차역	돌출된 부분까지 포함하는 공차 표시	Ⓟ
최대 실체 공차 방식	최대 질량의 실체를 갖는 조건	Ⓜ
형체 치수 무관계	규제기호로 표시되지 않음	Ⓢ

② 기하 공차의 기입 방법

(가) 기하공차에 대한 표시사항은 공차 기입틀을 두구획 또는 그 이상으로 한다.

〈보기 1〉

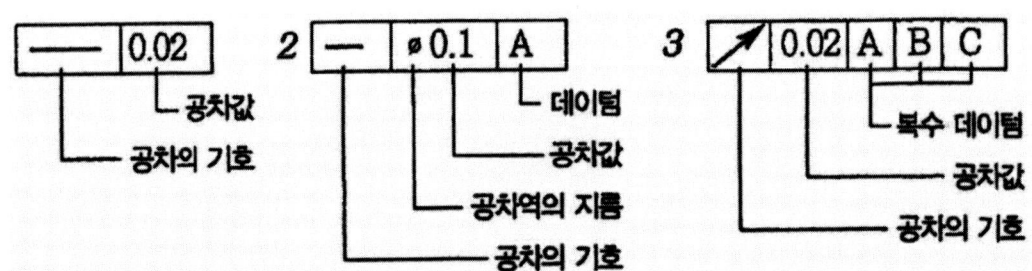

(나) "6구멍", "4면"과 같은 공차붙이 형체에 연관시켜서 지시하는 주기는 공차 기입틀의 위쪽에 쓴다(그림 36(a)).

(다) 한 개의 형체에 두 개 이상의 종류의 공차를 지시할 필요가 있을 때(그림 36(b))

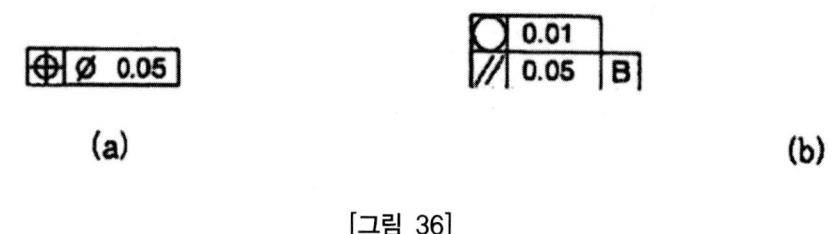

[그림 36]

(라) 원주 흔들림 공차와 온 흔들림 공차의 표시

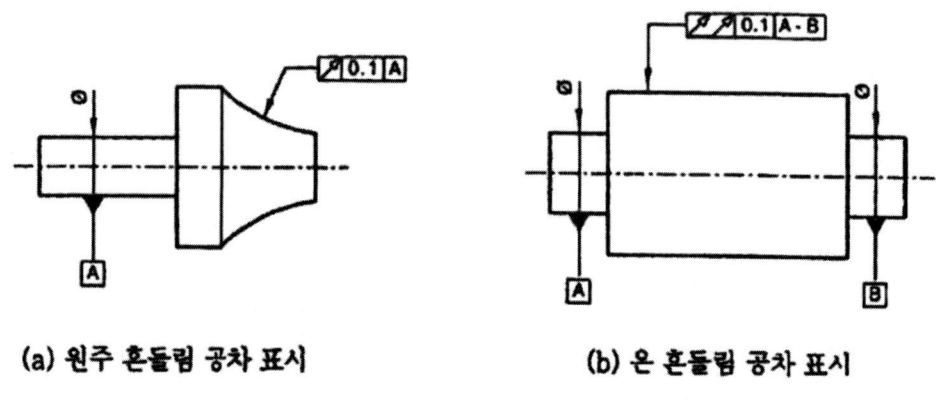

(a) 원주 흔들림 공차 표시   (b) 온 흔들림 공차 표시

[그림 37] 원주 흔들림 공차와 온 흔들림 공차의 표시

(마) 공차역에 쓰이는 선

- 굵은 실선 또는 파선 : 형체
- 굵은 1점 쇄선 : 데이텀
- 가는 실선 또는 파선 : 공차역
- 가는 1점 쇄선 : 중심선
- 가는 2점 쇄선 : 보충하는 투상면 또는 절단면
- 굵은 2점 쇄선 : 투상면 또는 절단면에의 형체의 투상

7. 요소의 제도

기계 부품에 공통으로 사용되는 것을 기계요소(machine elements)라 하고, 기계요소에는 결합용 기계요소, 축용 기계요소, 전동용 기계요소, 관용 기계요소 및 그 밖의 기계요소 등이 있는데 이에 관련된 제도를 기계요소 제도라 한다.

7-1 나사의 제도

나사는 볼트, 너트, 나사못 등에 응용되어 기계부품 등을 결합시키거나 조이는데 사용이 될 뿐만 아니라 바이스(vise)나 잭(jack)등에 응용되어 힘을 전달시키는데 사용되며, 위치의 조정 및 회전운동을 직선운동으로 변환하는데도 쓰여지고 있다.

◆ 나사의 표시방법

① 나사의 종류와 기호 및 호칭법

구 분		나사의 종류		나사의 종류를 표시하는 기호	나사의 호칭에 대한 표시방법의 보기
일반용	ISO규격에 있는 것	미터 보통 나사		M	M 8
		미터 가는 나사			M 8 × 1
		미니추어 나사		S	S 0.5
		유니파이 보통 나사		UNC	3/8-16 UNC
		유니파이 가는 나사		UNF	No. 8-36 UNF
		미터 사다리꼴 나사		Tr	Tr 10×2
		관용 테이퍼 나사	테이퍼 수나사	R	R 3/4
			테이퍼 암나사	Rc	Rc 3/4
			평행 암나사	Rp	Rp 3/4
		관용평행나사		G	G 1/2
	ISO규격에 없는 것	30° 사다리꼴 나사		TM	TM 18
		29° 사다리꼴 나사		TW	TW 20
		관용테이퍼 나사	테이퍼 나사	PT	PT 7
			평행 암나사	PS	PS 7
		관용 평행나사		PF	PF 7

구 분	나사의 종류		나사의 종류를 표시하는 기호	나사의 호칭에 대한 표시방법의 보기
특수용	후강 전선관 나사		CTG	CTG 19
	박강 전선관 나사		CTC	CTC 19
	자전거 나사	일반용		BC 3/4
		스포크용	BC	BC 2.6
	미싱 나사		SM	SM 1/4. 산 40
	전구 나사		EE 10	
	자동차용 타이어 밸브 나사		TV	TV 8
	자전거용 타이어 밸브 나사		CTV	CTV 8 산 30

〈보기 1〉

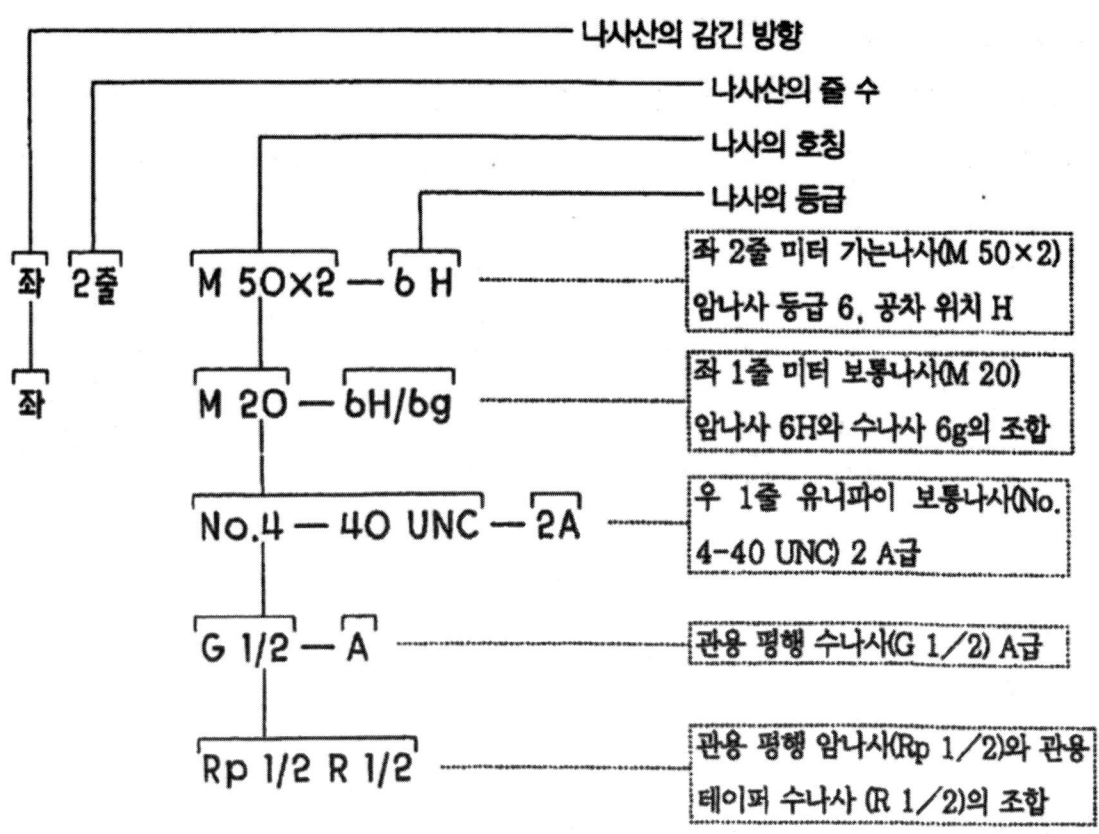

〈보기 2〉

호칭 지름 40mm, 리드 14mm, 피치가 7mm인 경우, 수나사의 등급이 7인 경우

나사산의 종류를 표시하는 기호	나사산의 호칭		리드	(피치)		나사의 등급
Tr	40×		14	(P 7)	—	7e

단, 미터사다리꼴 왼나사의 경우: Tr 40×14 (P7) LH-7e

◆ 나사 도시방법

① 수나사의 바깥지름과 암나사의 안지름을 표시하는 선은 굵은 실선으로 그린다.

수나사와 암나사의 골표시
가는 실선

② 수나사와 암나사의 골을 표시하는 선은 가는 실선으로 그린다.
③ 완전 나사부와 불완전 나사부의 경계선은 굵은 실선으로 그린다.
④ 불완전 나사부의 골을 나타내는 선은 축선에 대하며 30의 가는 실선으로 그리고, 필요에 따

라 불완전 나사부의 길이를 기입한다.

⑤ 암나사의 단면 도시에서 드릴 구멍이 나타날 때에는 굵은 실선으로 120이 되게 그린다.

⑥ 보이지 않는 나사부의 산마루는 보통의 파선으로, 골은 가는 파선으로 그린다.

⑦ 수나사와 암나사의 결합부의 단면은 수나사로 나타낸다.

⑧ 수나사와 암나사의 측면 도시에서 각각의 골지름은 가는 실선으로 약 3/4 원으로 그린다.

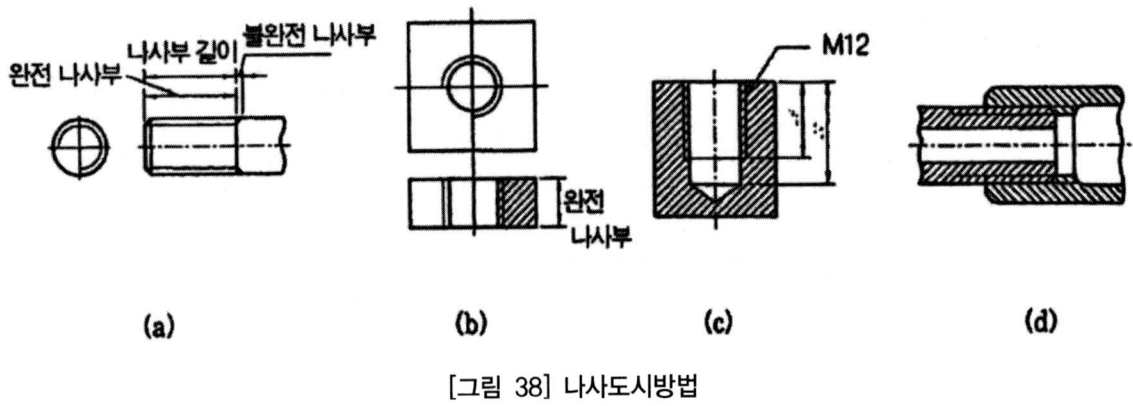

[그림 38] 나사도시방법

◆ 6각 볼트의 호칭법

규격번호	종 류	부품 등급	나사의 호칭 ×호칭길이	강도구분	재료	지정사항
KS B 1002	6각 볼트	A	M 12×90	8.8	MFZn2	c

7-2 키, 핀

키는 회전축에 벨트 푸리나 기어 등을 고정하며 회전력을 전달할 때 쓰이는 기계요소로서 일반적으로 축보다 강한 재료를 쓴다.

◆ 키(key)의 호칭방법

규격번호 또는 명칭	종류 및 호칭 치수	×	길이	끝 모양의 특별 지정	재 료
KS B 1311	평행키		25×14×19	양쪽 둥금	SM 20 C
	반달키 B종		5×22		SM 45 C
	미끄럼키		36×20×140	양쪽 둥금	SM 45 C

◆ 핀(pin)의 호칭방법

핀은 작은 힘이 걸리는 곳의 기계 부품을 고정할 때 사용한다.

명 칭	호칭 방법	사 용 예
평행 핀	규격 번호 또는 명칭, 종류, 형식, 호칭 지름×길이, 재료	KS B 1320 m 6 A-6×45 SB 41평행 핀 h 7 B-5×32 SM 45 C
테이퍼 핀	명칭, 등급 d×l, 재료	테이퍼 핀 1 급 2×10 SM 50 C
슬롯 테이퍼 핀	명칭, d×l, 재료, 지정 사항	슬롯 테이퍼 핀 6×70 SM 35 C핀 갈라짐의 깊이 10
분할 핀	규격 번호 또는 명칭, 호칭 지름 ×길이, 재료	분할 핀 3×40 SWRM 12

1) 종류는 끼워맞춤 기호에 따른 m6, h7의 두 종류이다.
   형식은 끝면의 모양이 납작한 것이 A, 둥근 것이 B이다.
2) 등급은 테이퍼의 정밀도 및 다듬질 정도에 따라 1급, 2급의 두 종류가 있다

7-3 리벳과용접이음

◆ 리벳(rivet)

리벳 이음 (rivet joint)은 철판, 형강 등을 접합할 때 리벳을 사용하는 접합으로, 교량이나 보일러 탱크 등에 사용되며, 영구적으로 접합하는데 사용된다.

① 리벳의 호칭 방법

	규격번호	종 류	d×l	재 료	지정사항
사 용 예	KS B 1101	둥근머리 리벳	6×18	MSWR 10	끝불이
		냉간 냄비머리	3×8	동	
	KS B 1002	둥근머리 리벳	16×40	SV 34	
		열간 접시머리 리벳	20×50	SV 34	
		보일러용 둥근머리 리벳	13×30	SV 41 B	

(가) 리벳의 호칭 길이: 접시머리 리벳은 머리부를 포함한 전체 길이로 호칭을 표시하고, 둥근머리 리벳, 납작머리 리벳, 얇은 납작머리 리벳, 냄비머리 리벳은 머리부를 제외한 길이로 호칭을 나타낸다.

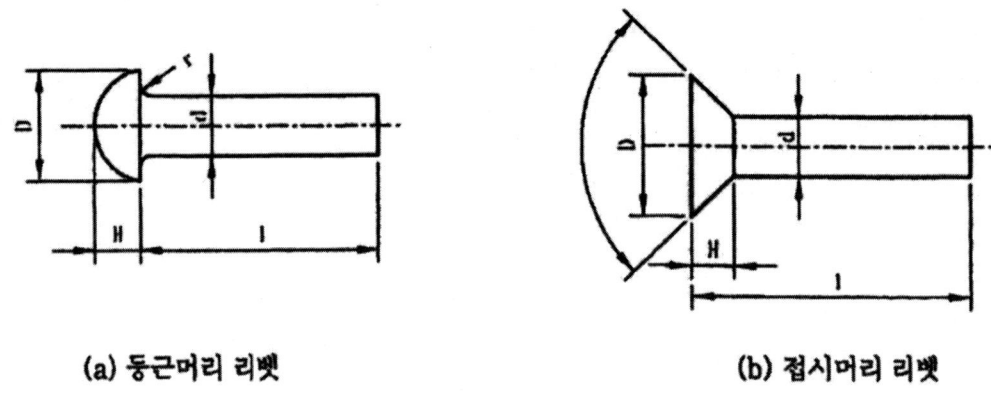

(a) 둥근머리 리벳   (b) 접시머리 리벳

[그림 39] 리벳의 호칭길이

(나) 리벳의 기호

- ○ : 양면 둥근머리 공장리벳
- ○̸ : 앞면 접시머리 공장리벳
- ○ : 양면 접시머리 공장리벳
- ● : 양면 둥근머리 현장리벳
- ○ : 뒷면 접시머리 공장리벳

② 리벳이음의 도시 방법

피치의 수 × 피치의 간격 = 합계 치수

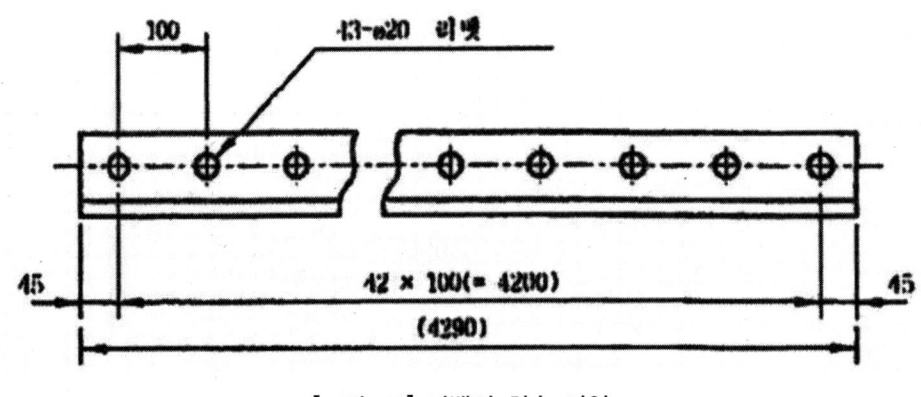

[그림 40] 리벳의 치수 기입

◆ 용접(welding)

용접 (welding)은 물체의 국부를 전기나 가스 등의 열원을 이용하여 용융시켜 영구적으로 접합시키는 방법을 말하며 용접법에는 융접(fusion weld), 압접(pressure weld), 절단(cutting), 접착(cementing) 등이 있다.

① 용접기호의 도시 방법

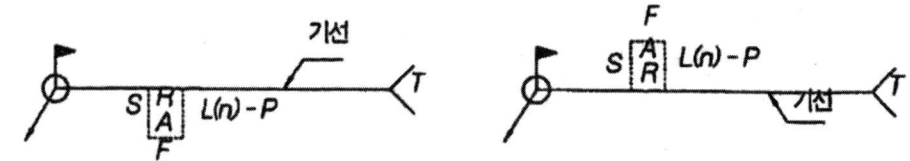

(a) 용접하는 곳이 화살표쪽 또는 앞쪽일 때   (b) 용접하는 곳이 화살표 반대쪽 또는 맞은쪽일 때

□ : 기본 기호
S : 용접부의 단면 치수 또는 강도(홈 깊이, 필릿의 다리 길이, 플러그 구멍의 지름, 슬롯 홈의 나비, 심의 나비, 점 용접의 너깃 지름 또는 단접의 강도 등)
R : 루트 간격
A : 홈 각도
L : 단속 필릿 용접의 용접 길이, 슬롯 용접의 홈 길이 또는 필요할 경우에는 용접 길이
n : 단속 필릿 용접, 플러그 용접, 슬롯 용접, 점 용접 등의 수
P : 단속 필릿 용접, 플러그 용접, 슬롯 용접, 점 용접 등의 피치
T : 특별 지시 사항(J형, U형 등의 루트 반지름, 용접 방법, 비파괴 시험의 보조 기호, 기타)
F : 다듬질 방법

[그림 41] 용접기호의 도시 방법

② 용접부의 기본 기호

이 름	기 호	이 름	기 호
양쪽 플랜지형	人	플레어 V형·플레어 X형	ㅅ
한쪽 플랜지형	ㄥ	플레어 V형·플레어 K형	ㅣㄷ
I형	‖	필릿	△
V형, 양면 V(X형)	∨	플러그	ㄇ
V형, 양면 V형(K형)	V	비드	⌒
J형, 양면 J형	⌴	덧붙임	∞
U형, 양면 U형(H형)	Y	점, 프로젝션	* (o)
		심	** (o)

③ 보조기호

구 분		보조 기호	비 고
용접부의 표면 모양	평탄	—	
	볼록		기선의 밖으로 향하여 볼록하게 한다.
	오목		기선의 밖으로 향하여 오목하게 한다.
용접부의 다듬질 방법	치핑	C	
	연삭	G	그라인더 다듬질일 경우
	절삭	M	기계 다듬질일 경우
	지정없음	F	다듬질 방법을 지정하지 않을 경우
현장 용접			온 둘레 용접이 분명할 때에는 생략해도 좋다.
온 둘레 용접		O	
온 둘레 현장 용접		O	
비파괴시험방법	방사선 투과 시험 일반	RT	일반적으로 용접부에 방사선 투과 시험 등 각 시험 방법을 표시할 뿐 내용을 표시하지 않을 경우 각 기호 이외의 시험에 대하여는 필요에 따라 적당한 표시를 할 수 있다. [예] 누설 시험 LT 　　　변형 측정 시험 ST 　　　육안 시험 VT 　　　어코스틱 에미션 시험 AET 　　　와류 탐상 시험 ET
	방사선 투과 시험 2중벽 촬영	RT-W	
	초음파 탐상 시험 일반	UT	
	초음파 탐상 시험 수직 탐상	UT-N	
	초음파 탐상 시험 경사각 탐상	UT-A	
	자기 분말 탐상 시험 일반	MT	
	자기 분말 탐상 시험 형광탐상	MT-F	
	침투 탐상 시험 일반	PT	
	침투 탐상 시험 형광 탐상	PT-F	
	침투 탐상 시험 비형광 탐상	PT-D	
전체선 시험		O	각 시험의 기호 뒤에 붙인다.
부분 시험(샘플링 시험)		△	

7-4 축 (shaft)

축(shaft)은 막대 모양의 부품으로서 주로 회전운동에 의하여 동력을 전달하는데 쓰이며, 작용하중에 따라서 주로 휨을 받는 축(차축)과 휨과 비틀림을 동시에(공작기계의 주축, 전동축, 프로펠러축)이 있고, 단면은 주로 원형이 많고 속에 구멍이 뚫려 있는 중공축(hollow shaft)과 중실축(solid shaft)으로 나누어진다.

◆ 축의 도시 방법

① 축은 길이방향으로 단면도시를 하지 않는다. 단, 부분단면은 허용한다.
② 긴축은 중간을 파단하여 짧게 그릴 수 있으며, 실제치수를 기입한다.

③ 축 끝에는 모따기 및 라운딩을 할 수 있다.

④ 축에 있는 널링(knurling)의 도시는 빗줄인 경우는 축선에 대하여 30으로 엇갈리게 그린다.

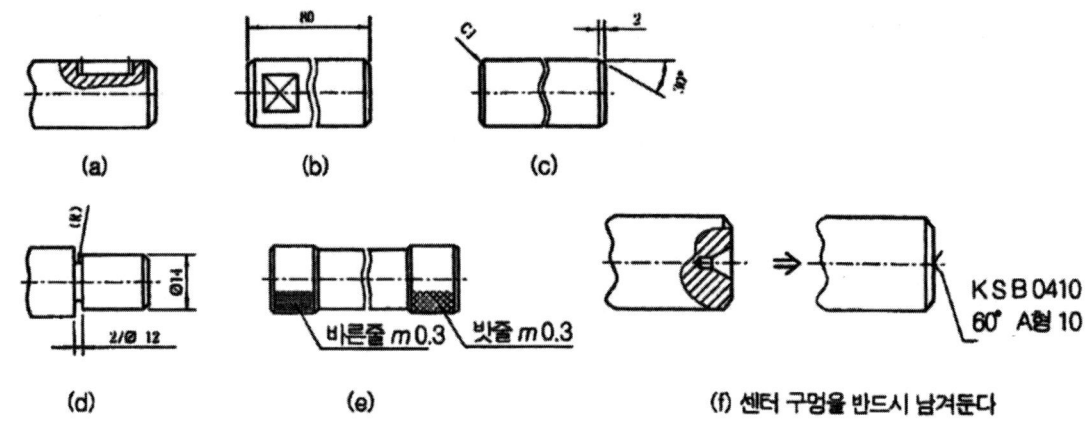

[그림 42] 축의 도시 방법

7-5 베어링

핵심

기본 기호
베어링 계열번호, 안지름 번호, 접촉각 기호
보조 기호
리테이너 기호, 시일드 기호, 틈새 기호, 등급기호

회전이나 왕복운동을 하는 축을 받쳐 하중을 받는 구실을 하는 기계요소를 베어링(bearing)이라 하며, 축 중에서 베어링과 접촉하여 받쳐지고 있는 축부분을 저널(journal)이라 한다.

◆ 구름 베어링의 호칭법

① 베어링 계열 기호

베어링 계열 기호는 베어링의 형식과 치수 계열을 나타낸다.

(가) 형식(첫 번째 숫자)

1	복식자동 조심형
2.3	복식 지동 조심형(큰 나비)
6	단식 홈형
7	단식 앵글러 볼형
N	원통롤러형

(나) 치수계열(둘째 번 숫자) : 폭(높이) 계열과 지름계열을 조합한 것으로 같은 베어링의 안지름에 대한 폭과 바깥지름과의 계열을 나타낸다.

도면 해독을 위한 기초이론 **47**

② 안지름 번호(세째번. 넷째번 숫자)

안지름 번호 1에서 9까지는 안지름 번호와 안지름이 같고 안지름 번호의 안지름 20mm이상 480mm미만은 안지름을 5로 나눈 수가 안지름 번호(2자리)이다.

    00 안지름 10mm 01 안지롤 12mm
    02 안지름 15mm 03 안지롬 17mm

③ 호칭 번호의 표시

(가) 60008CP6

〈보기 1〉

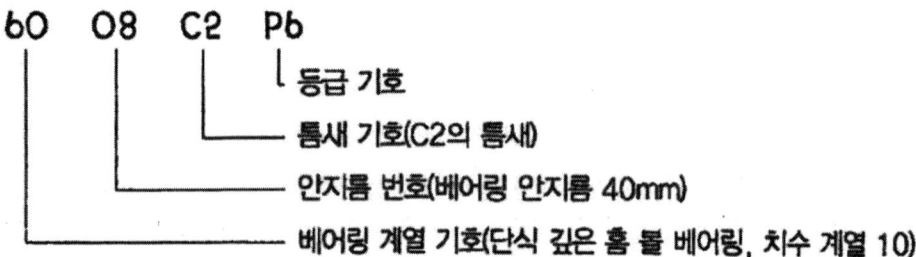

(나) 6312ZNR

〈보기 2〉

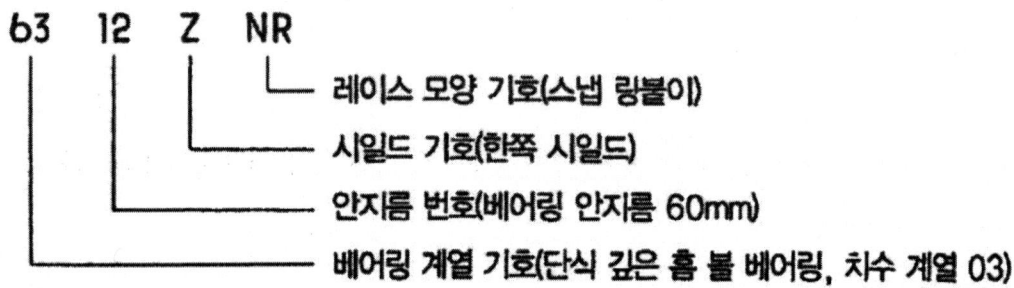

(다) NA4916V

〈보기 3〉

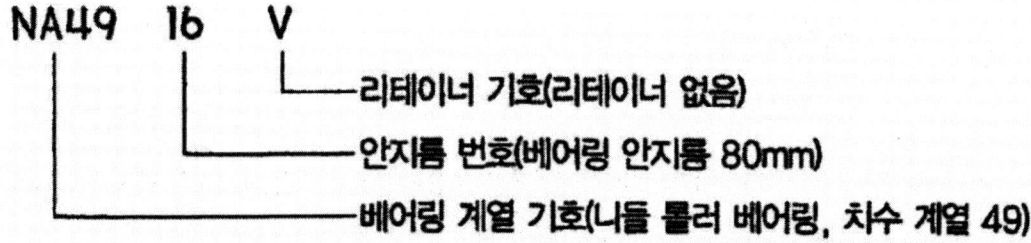

◆구름베어링의 약도 도시 기호

구름 베어링 호칭 번호 예	깊은 홈 볼 베어링 6204	앵귤러 볼 베어링 7003	자동 조심 볼 베어링 1306K	원통 롤러 베어링				
				NJ NJ 204	NU NU 1005	NF NF 204	N N 204	NN NN 3005

NA NA4900	RNA RNA 4900	테이퍼 롤러 베어링 32012	자동조심 롤러 베어링 23022	평면지리형 스러스트 베어링		스러스트 자동조심 롤러 베어링 29240	깊은 홈 볼 베어링
				51100	52204		

[참고] 베어링의 간략도시법에서 축은 굵은 실선으로 표시한다.

7-6 기어(치차: gear)

한 쌍의 마찰차의 접촉면에 치형을 만들어 차례로 맞물리는 이에 의하여 운동을 전달시키는 기계요소를 기어(치차, gear, toothed wheel)라 한다. 기어는 그 축간의 중심거리가 비교적 짧은 경우에, 한 개의 축으로부터 다른 축에 일정한 속도비로 연속한 회전운동을 확실하게 전달하는 경우에 사용되며, 잇수를 바꾸면 여러가지 회전속도비를 얻을 수 있으므로, 작은 시계에서부터 선박용 터빈에 이르기까지 사용 범위가 매우 넓다.

◆ 기어 제도

① 항목표에는 원칙적으로 이 절삭, 조립, 검사 등에 필요한 사항을 기입한다.
② 재료, 열처리, 경도 등에 관한 사항은 필요에 따라 표의 비고란 또는 그림 속에 적당히 기입한다.
③ 이끝원은 굵은 실선으로 그리고 피치원은 가는 1점 쇄선으로 그린다.
④ 이뿌리원은 가는 실선으로 그린다[단, 축에 직각인 방향으로 본 그림(이하 주투상도라 한다)의 단면으로 도시할 때에는 이뿌리원은 굵은 실선으로 그린다. 또, 베벨기어와 웜 휠에서는 이뿌리원은 생략해도 좋다].
⑤ 잇줄 방향은 보통 3개의 가는 실선으로 그린다(단, 외접 헬리컬 기어의 주투상도를 단면으로 도시할 때에는 잇줄방향 도시는 3개의 가는 2점 쇄선으로 그린다).
⑥ 맞물리는 한 쌍 기어의 도시에서 맞물림부의 이끝원은 모두 굵은 실선으로 그리고, 주투상도를 단면으로 도시할 때에는 맞물림부의 한쪽 이끝원을 표시하는 선은 가는 파선 또는 굵은 파선으로 그린다.

> **핵심**
> 이끝원 : 굵은실선
> 이뿌리원 : 가는 실선(단면도시일 경우는 굵은 실선)
> 외접 헬리컬 기어의 주투상도를 단면으로 도시할 때에는 잇줄방향 도시는 3개의 가는 2점 쇄선

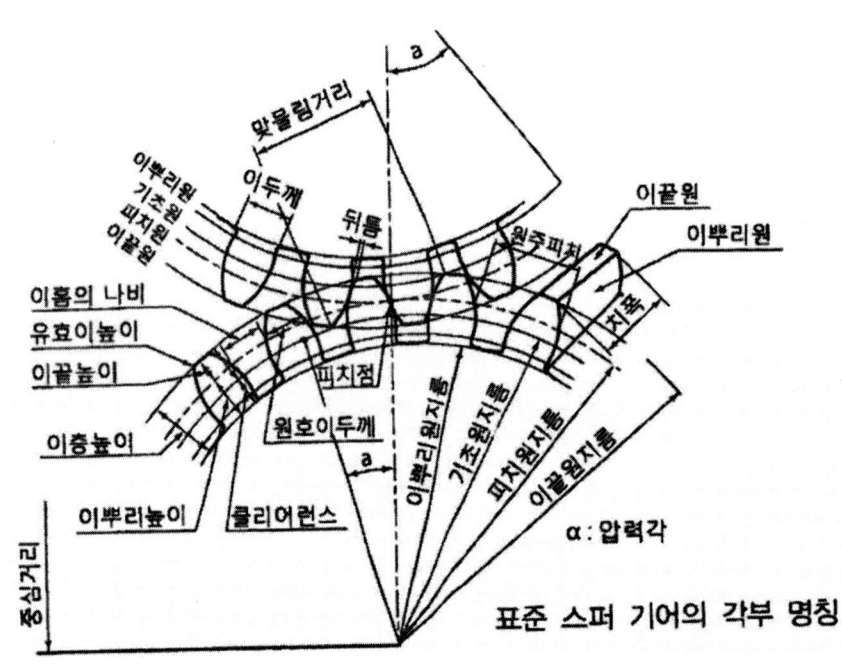

표준 스퍼 기어의 각부 명칭

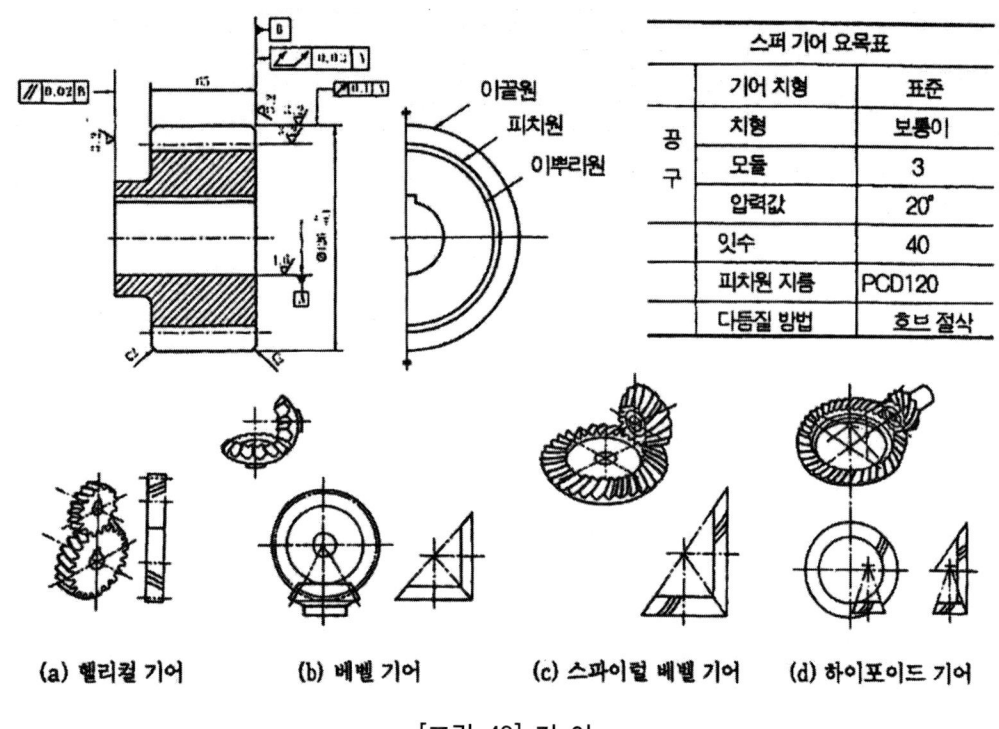

[그림 43] 기 어

◆ 기어의 이의 크기

① 원주피치 (circular pitch) : p

$$p = \frac{\pi D}{Z} \text{mm} \quad \text{or} \quad P = \pi m$$

여기서, p : 원주 피치

D : 피치원의 지름(mm)

Z : 잇수

② 모듈 (module): m

$$m = \frac{D}{Z}$$

③ 지름 피치 (diametral pitch)

인치식 기어의 크기를 나타낸 것으로, 피치원의 지름 1인치에 해당하는 잇수이다.

$$D \cdot p = \frac{D}{Z(inch)} = 25.4 \ \frac{D}{Z(mm)} = \frac{25.4}{m} mm$$

명 칭	기 호	m 기준 (mm)	P 기준 (in)
피치원의 지름	D	mZ	Z/p
바깥지름	D_o		$(Z+2)/P$
잇수	Z	D/m	$D \cdot P$
중심거리	C	$Z(Z_1+Z_2)m/2$	$(Z_1+Z_2)/2P$
		$(D_1+D_2)/2$	$(D_1+D_2)/2$

7-7 벨트 풀리(belt pulley)

◆ 평벨트 풀리의 호칭법

〈보기 1〉

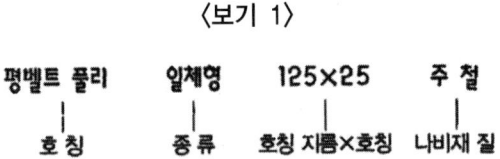

◆ 평벨트풀리의 도시법

① 벨트 풀리는 축 직각 방향의 투상을 정면도로 한다.
② 모양이 대칭형인 벨트 풀리는 그 일부분만을 도시한다.
③ 방사형으로 되어 있는 암(arm)은 수직 중심선 또는 수평 중심선까지 회전하여 투상한다.
④ 암은 길이 방향으로 절단하여 단면을 도시하지 않는다.
⑤ 암의 단면형은 도형의 안이나 밖에 회전단면을 도시한다.
⑥ 암의 테이퍼 부분 치수를 기입할 때 치수보조선은 경사선(수평과 60 또는 30)으로 긋는다.

◆ V 벨트 풀리의 호칭법

V 벨트의 종류에는 M형 및 A, B, C, D, E형 등의 6종류가 있으며, M형이 가장 작고 E형이 가장 크다(벨트의 각(θ)은 약40°이다).

〈보 기〉

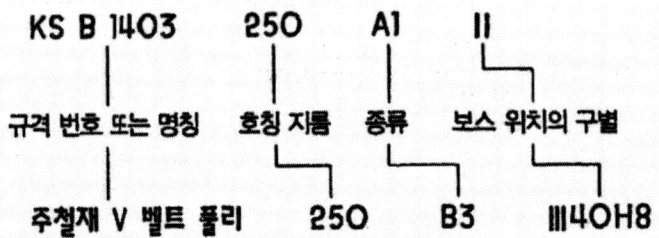

7-8 스프로킷 휠(sprocket wheel)

◆ 스프로킷 휠의 도시방법

① 스퍼 기어와 같은 방법으로 바깥지름은 굵은 실선, 피치원은 가는 1점 쇄선, 이 뿌리 원은 가는 실선 또는 굵은 파선으로 표시한다.

② 축에 직각 방향으로 본 그림을 단면으로 도시할 때에는 톱니를 단면으로 하지 않고, 이뿌리의 위치에서 절단하여 이뿌리선은 굵은 실선으로 한다.

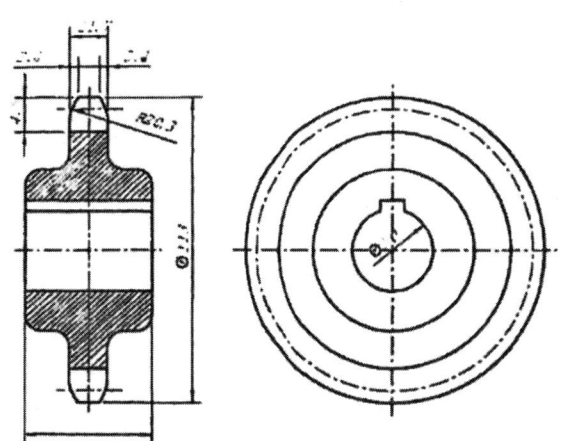

요 목 표		
롤러체인	호칭번호	90
	피치	19.05
	바깥지름	11.91
	잇수	17
스프로킷	치형	S
	피치 원지름	103.67
	바깥지름	113
	이뿌리 원지름	91.76
	이뿌리 원길이	91.32

[그림 44] 스프로킷의 도시

7-9 스프링(spring)

일반적으로 탄성체는 하중을 받으면 하중에 따른 만큼 변위를 하게 되고, 그 변위를 탄성 에너지로 흡수하며 재료 내부에 축적하는 특성을 가진다. 이러한 특성과 기능을 이용하며 하중에 비하여 탄성 변형이 큰 재료 및 형상을 선택하여 에너지를 흡수, 축척시키기 위하여 사용되는 기계요소를 스프링(spring)이라 한다.

◆ 스프링의 도시법

① 코일 스프링의 제도

(가) 스프링은 원칙적으로 무하중인 상태로 그린다. 만약, 하중이 걸린 상태에서 그릴 때에는 선도 또는 그때의 치수와 하중을 기입한다.

(나) 하중과 높이(또는 길이) 또는 처짐과의 관계를 표시할 필요가 있을 때에는 선도 또는 항목표에 나타낸다.

(다) 특별한 단서가 없는 한 모두 오른쪽 감기로 도시하고, 왼쪽 감기로 도시할 때에는 '감긴 방향 왼쪽'이라고

표시한다.

(라) 코일 부분의 중간 부분을 생략할 때에는 생략한 부분을 가는 1점 쇄선으로 표시하거나, 또는 가는 2점 쇄선으로 표시해도 좋다.

(마) 스프링의 종류와 모양만을 도시할 때에는 재료의 중심선만을 굵은 실선으로 그린다.

(바) 조립도나 설명도 등에서 코일 스프링은 그 단면만으로 표시하여도 좋다.

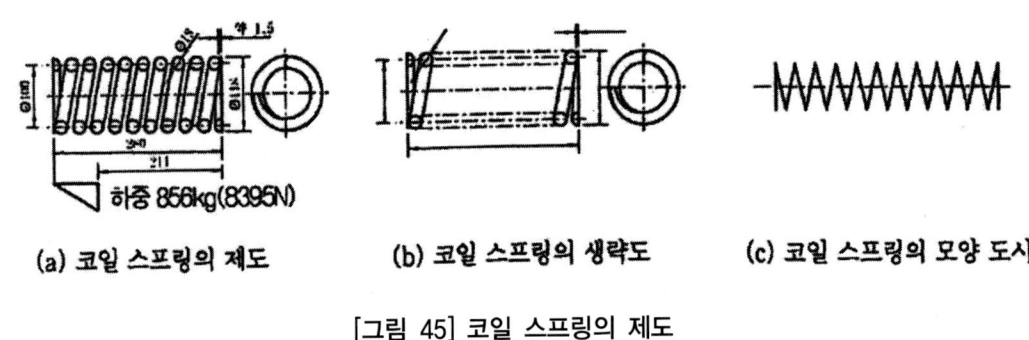

(a) 코일 스프링의 제도   (b) 코일 스프링의 생략도   (c) 코일 스프링의 모양 도시

[그림 45] 코일 스프링의 제도

② 겹판 스프링의 제도

(가) 겹판스프링은 원칙적으로 판이 수평인 상태에서 그린다. 하중이 걸린 상태에서 그릴 때에는 하중을 명기한다.

(나) 무하중의 상태로 그릴 때에는 가상선으로 표시한다.

(다) 모양만을 도시할 때에는 스프링의 외형을 실선으로 그린다.

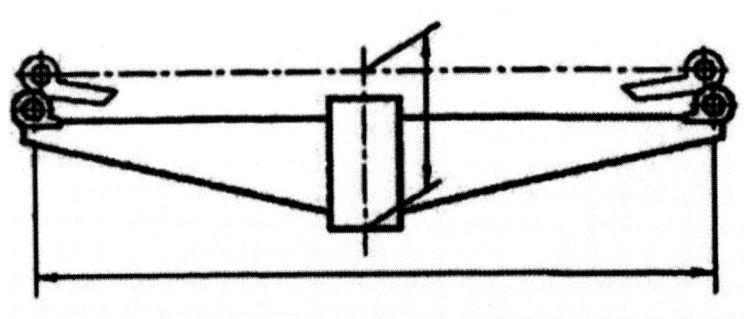

[그림 46] 겹판 스프링의 간략도

7-10 파이프

배관용의 관은 수송하는 유체의 종류, 압력, 사용하는 온도 및 설치 장소에 따라 알맞은 것으로 선택하여 사용한다.

◆ 파이프의 도시기호 및 방법

일반 광·공업에서 사용하는 계획도, 설계도 등의 도면에 배관 및 부속품을 기호로써 나타낸다.

① 파이프는 1줄의 실선으로 표시하고, 같은 도면에서 같은 굵기로 표시한다.
② 유체의 종류와 기호표시는 공기: A, 가스: G, 유류: O, 수증기: S, 물: W, 증기 : V이다.
③ 유체의 흐름방향은 관을 표시하는 실선에 화살표의 방향으로 표시한다.
④ 파이프의 접속 및 계기표시는 다음과 같다.

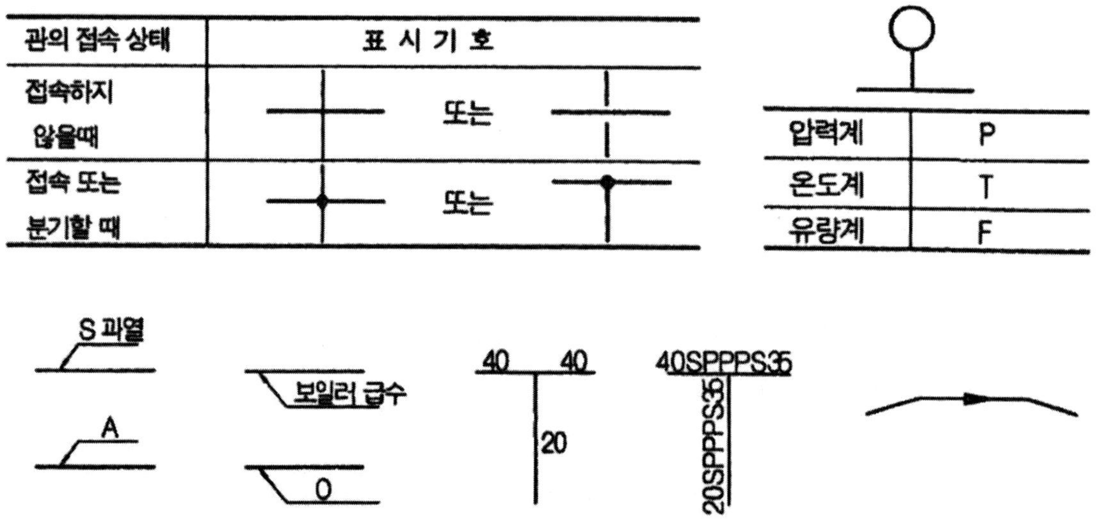

관의 접속 상태	표 시 기 호	
접속하지 않을때	─┼─ 또는	─┼
접속 또는 분기할 때	─●─ 또는	─●─

압력계	P
온도계	T
유량계	F

(c) 파이프의 도시기호 및 방법

[그림 47] 파이프의 도시기호 및 방법

◆ 파이프 이음의 도시기호

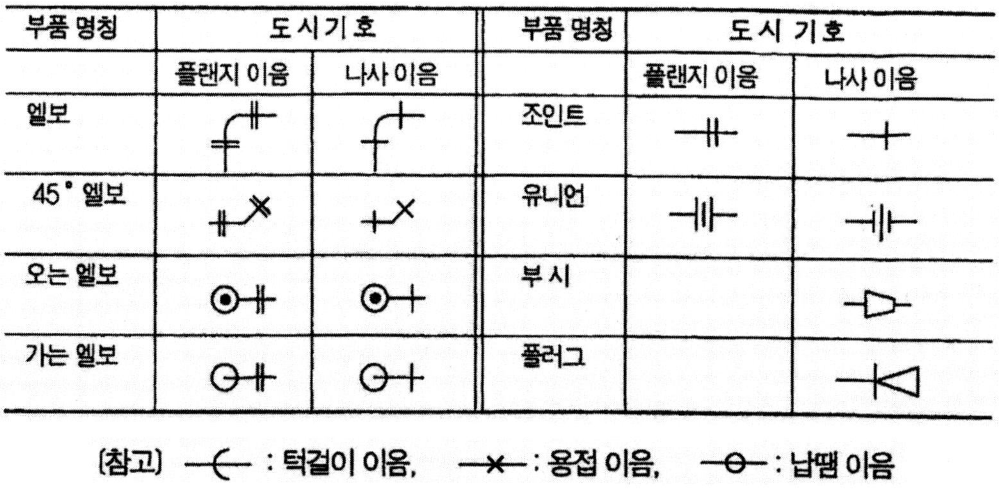

부품 명칭	도 시 기 호		부품 명칭	도 시 기 호	
	플랜지 이음	나사 이음		플랜지 이음	나사 이음
엘보	┡╂	┡┼	조인트	─╂╂─	─┼─
45° 엘보	┼╳	┼╳	유니언	─╢╟─	─╢╟─
오는 엘보	⊙╂	⊙┼	부시		─▷─
가는 엘보	⊖╂	⊖┼	플러그		─◁

[참고] ─(─ : 턱걸이 이음, ─╳─ : 용접 이음, ─⊙─ : 납땜 이음

◆ 신축이음의 종류 및 도시기호

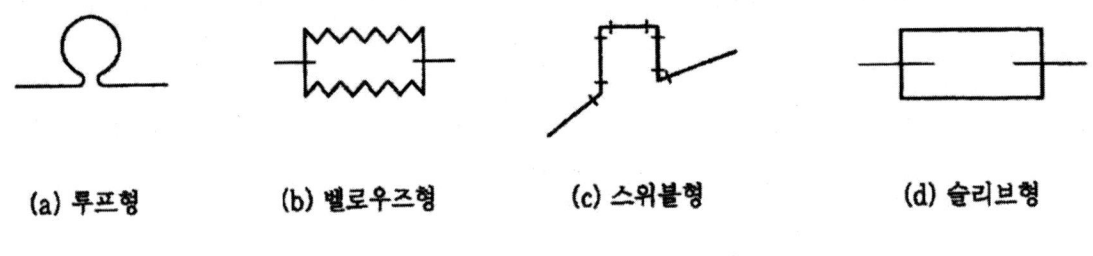

(a) 루프형   (b) 벨로우즈형   (c) 스위블형   (d) 슬리브형

[그림 48] 신축이음의 종류 및 도시기호

7-11 밸브

관속에 흐르는 유체의 유량, 압력, 온도를 제어하기 위하여 사용한다.

명칭	도시기호		명칭	도시 기호	
	플랜지 이음	나사 이음		플랜지 이음	나사 이음
밸브일반			글로브밸브		
앵글밸브			콕		
체크밸브			전동슬루스밸브		
게이트밸브			다이어그램밸브		
안전 밸브					

7-12 배관의 높이 표시방법

◆ EL(elevation) 표시

배관의 높이를 관의 중심을 기준으로 표시한다(EL을 먼저 표시하고 뒤에 치수기입).

① BOP(bottom of pipe): 서로 지름이 다른 관의 높이를 나타낼 때 적용되는 것으로 관 바깥지름의 밑면까지를 기준으로 하여 표시한다.

② TOP(top of pipe) : 지하의 매설 배관 작업과 같은 시공시 BOP와 같은 목적으로 사용되나 관 윗면을 기준으로 표시한다.

제 2 장

CAD 기초

1. CAD환경설정
2. AutoCAD 주요 단축키

1. CAD환경설정
(개인적인 성격에 따라 설정하기)

1. D (ISO25)

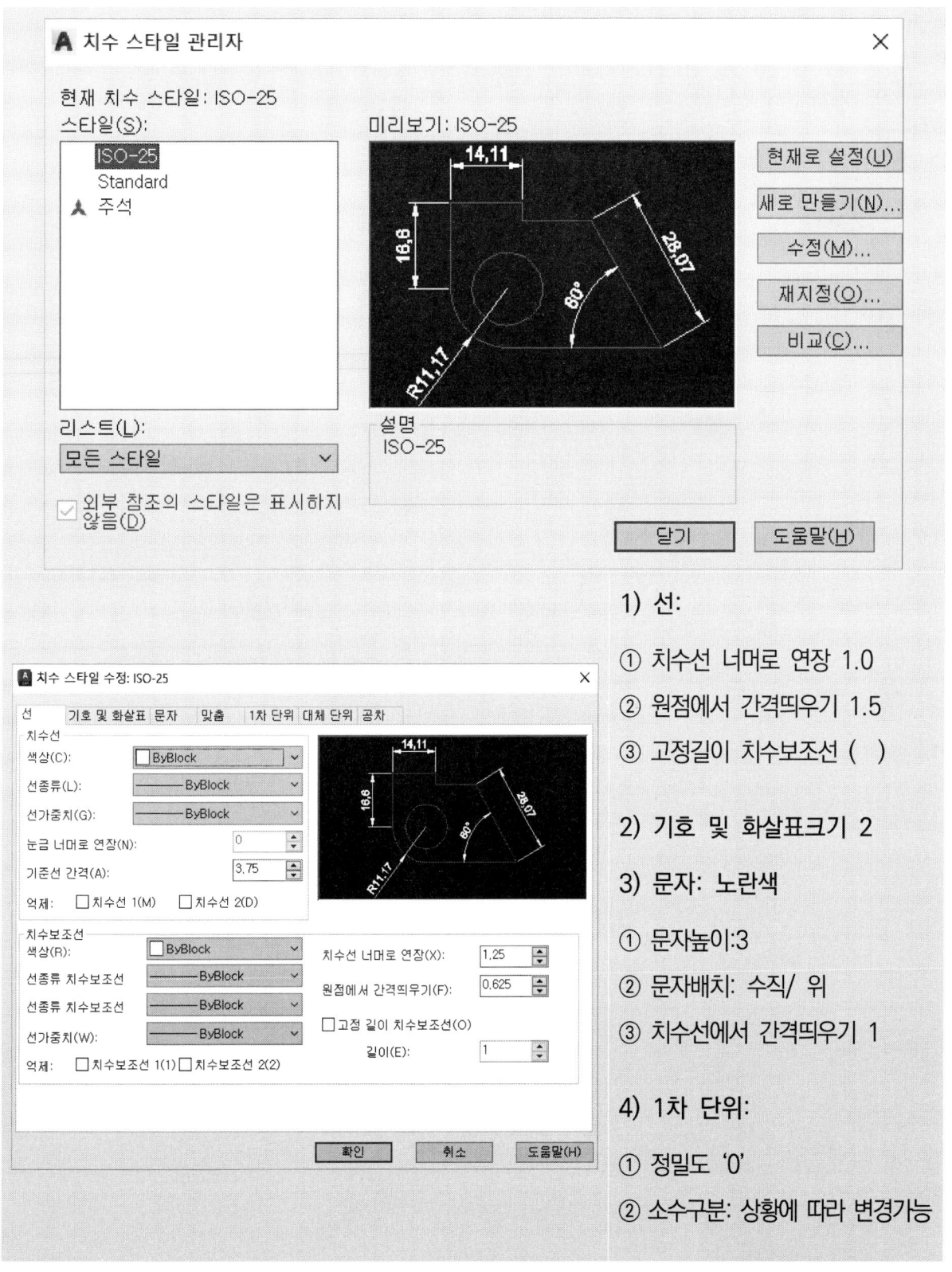

1) 선:

① 치수선 너머로 연장 1.0

② 원점에서 간격띄우기 1.5

③ 고정길이 치수보조선 ( )

2) 기호 및 화살표크기 2

3) 문자: 노란색

① 문자높이:3

② 문자배치: 수직/ 위

③ 치수선에서 간격띄우기 1

4) 1차 단위:

① 정밀도 '0'

② 소수구분: 상황에 따라 변경가능

2. OP

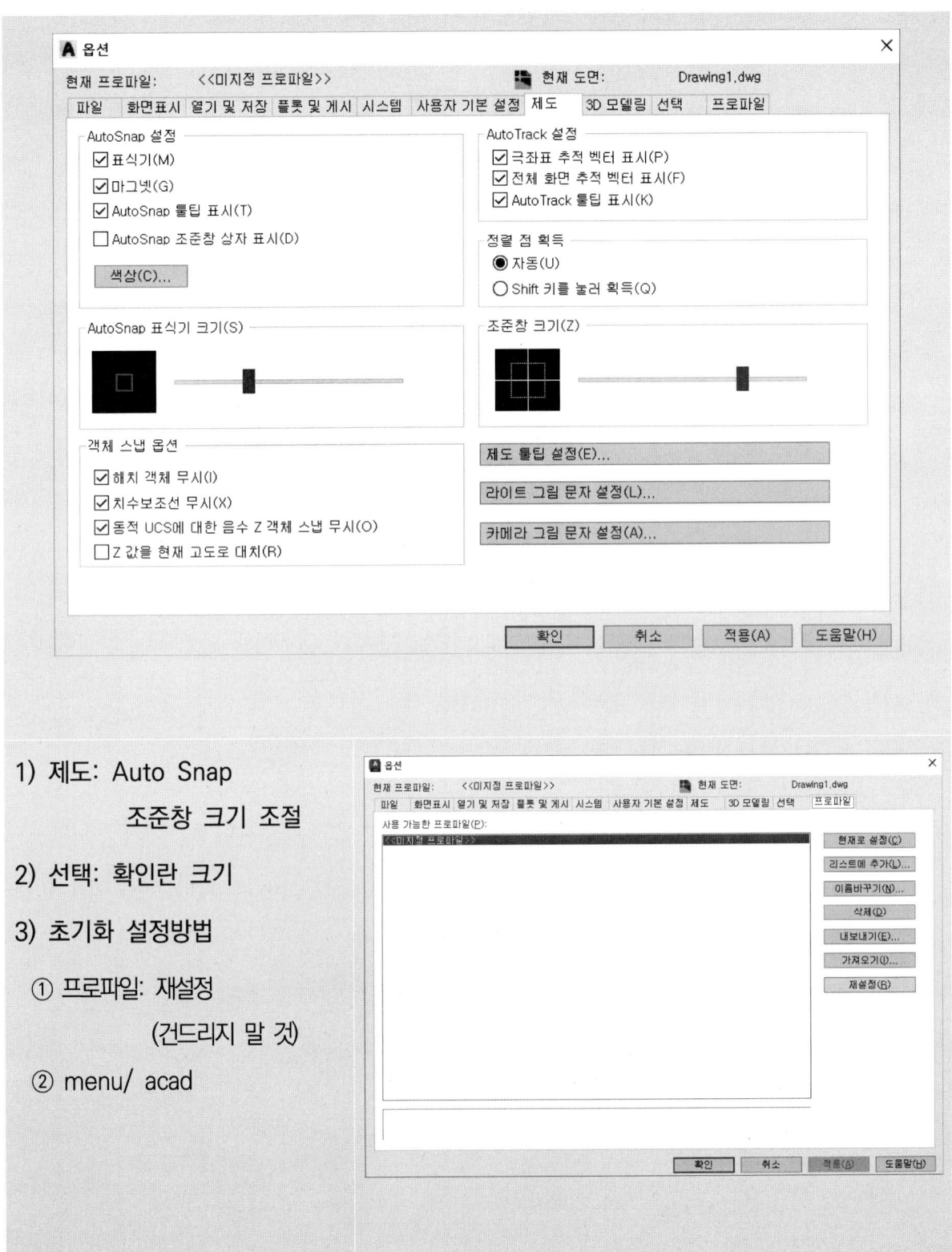

1) 제도: Auto Snap 조준창 크기 조절

2) 선택: 확인란 크기

3) 초기화 설정방법

   ① 프로파일: 재설정

   (건드리지 말 것)

   ② menu/ acad

3. OS

*객체스냅/ 중간점, 사분점, 접점(상황에 따라)

4. 각종 기능들

① ST : 굴림, 굴림체
② 뷰: View Cube 확인여부(평면도)
③ LTSacle: 0.7
④ grid: 7

5. 표제란 만들기

LA

rec: A2 594 X 420
A3 420 X 297
A4 297 X 210

① 굵은선: 하늘색
   Continuous, 0.7
② 외형선: 녹색 0.5
③ 숨은선: 노랑색 0.35
   hidden2
④ 문자: 노랑색
⑤ 치수선: 빨강색 or 흰색 0.25
⑥ 가상선(치수보조선):
   빨강색 or 흰색
   phantem2
⑦ 중심선: 빨강색 or 흰색
   center2
⑧ 해칭: 빨강색 or 흰색

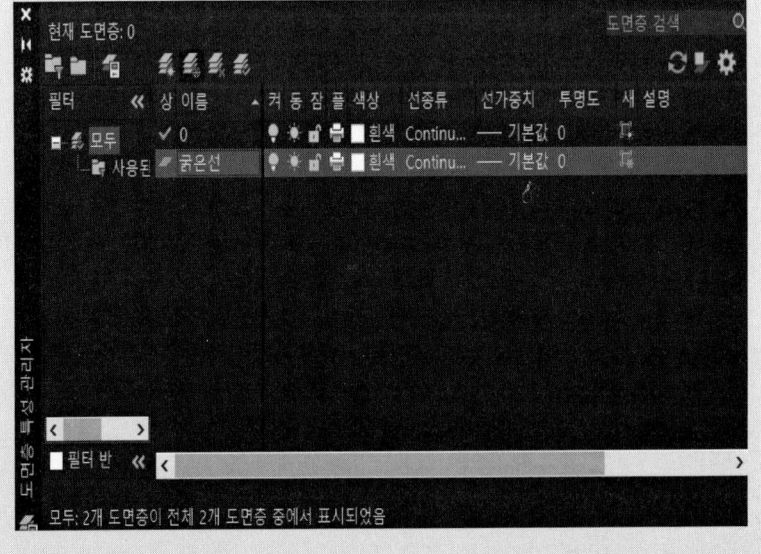

6. 단축키

단축키	KEYWORD	설명
F1	도움말	도움말 창이 뜨고 목차와 색인으로 구성.
F2		입력하고 실행된 모든 명령 내용들이 담긴 문자 윈도우가 열림.
F3	객체 스냅 on/off	원하는 지점을 정확하게 잡아주는 기능인 객체(Osnap)기능을 설정.
F4	3D 객체 스냅 on/off	3D 객체 스냅의 사용 여부를 설정.
F5	등각 평면 on/off	등각 평면의 지정을 설정.
F6	동적 UCS on/off	동적 UCS를 설정(on/off), (3D에서 필요한 기능)
F7	그리드 표시 on/off	격자(grid) 기능을 설정(on/off).
F8	직교(Ortho) 표시 on/off	커서 이동을 수평 또는 수직으로 잠금
F9	스냅(snap) 기능을 설정(on/off).	
F10	극좌표 추적 on/off	지정된 각도로 커서가 이동되도록 함.
F11	객체 스냅 추적(Otrack) on/off	객체 스냅 위치에서 수평 및 수직으로 커서를 추적함.
F12	동적 입력 on/off	주위 거리와 각도, line의 치수 및 각도 표기 유무.

*가장 많이 쓰이는 기능: F3, F7, F8, F11, F12

2. AutoCAD 주요 단축키

단축키	내용	명령어	단축키	내용	명령어
L	선	line	E	지우기	erase
C	원	circle	REC	직사각형	rectarang
POL	다각형	polygon	A	호	arc
EL	타원	ellipse	O	간격 띄우기	offest
CHA	모따기	chamfer	F	모깎기	fillet
MI	대칭	mirror	M	이동	move
PL	폴리선	pline	AR	배열	array
MT	다중 행 문자	mtext	SC	축적	scale
H/BH	해치	hatch	B	블록	block
I	삽입	insert	EX	연장	extent
RO	회전	rotate	BR	끊기	break
X	분해	explode	J	선 잇기	join
Z	줌	zoom	DIV	등분할	divide
ME	길이 분할	measure	LEN	길이 조정	lengthen

■ **가장 많이 쓰이는 기능**

제 3 장

CAD 실습

1. 2D CAD
2. 3D CAD

1. 기본 투상도

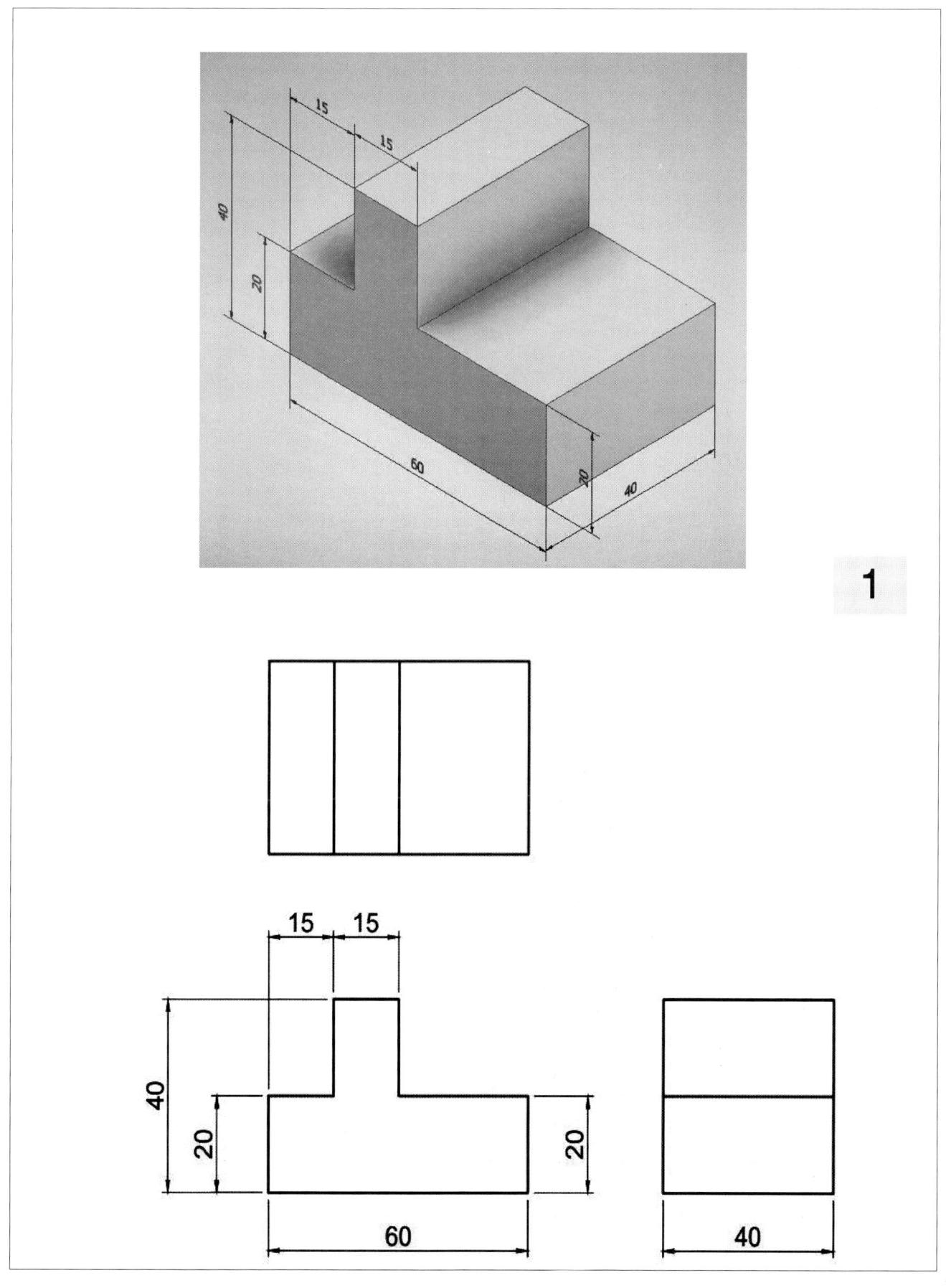

1. 기본투상도

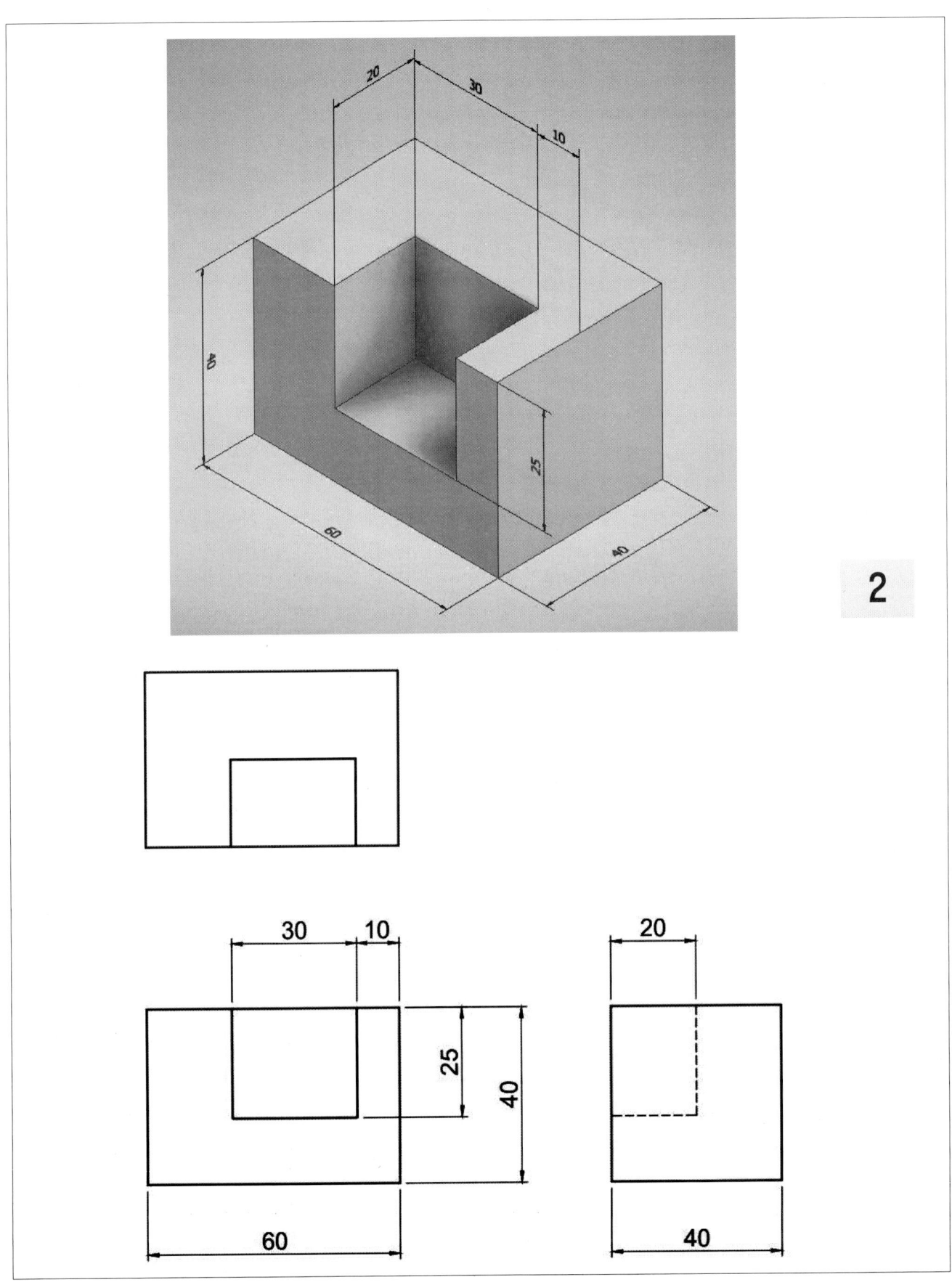

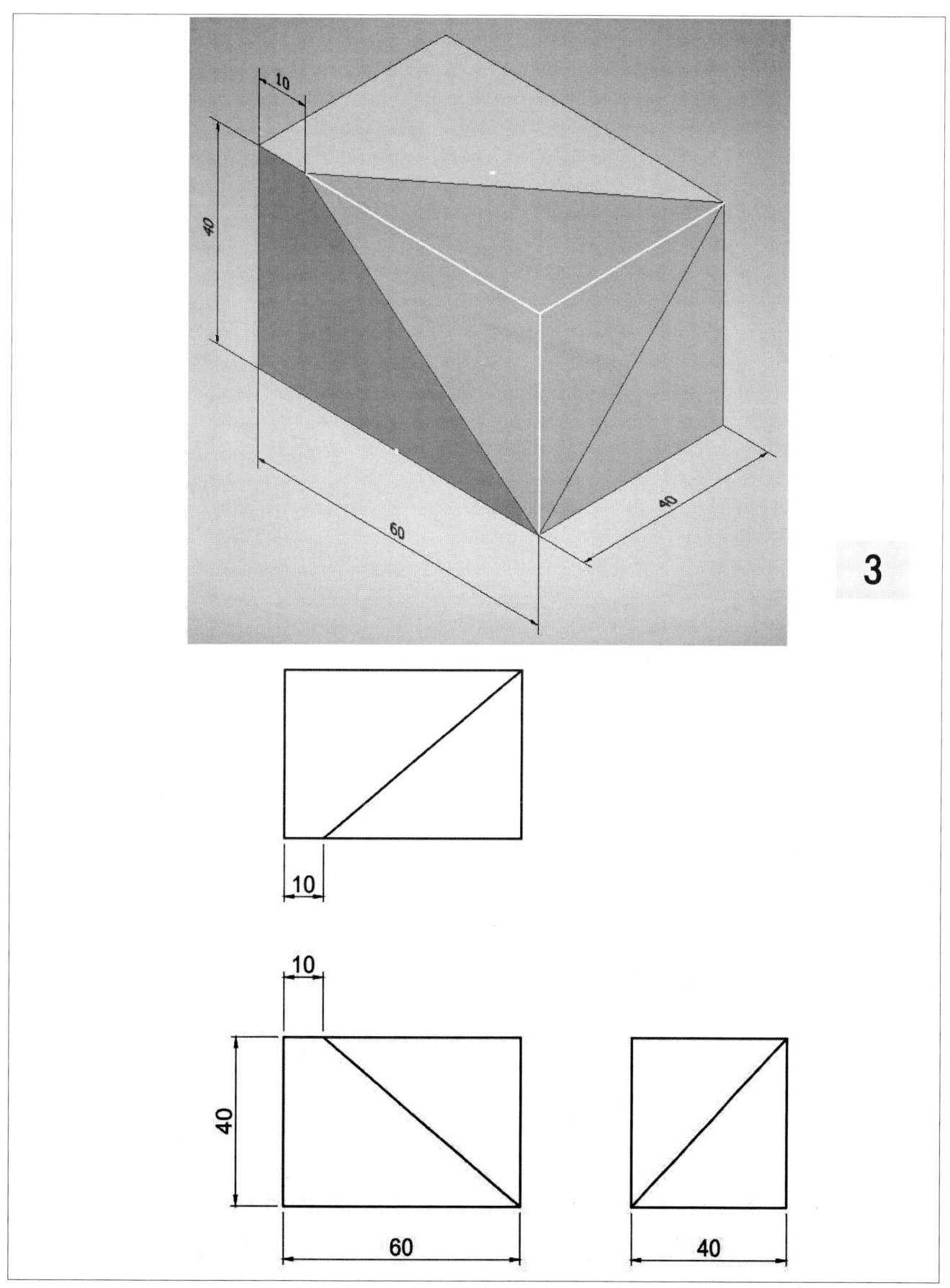

1. 기본투상도

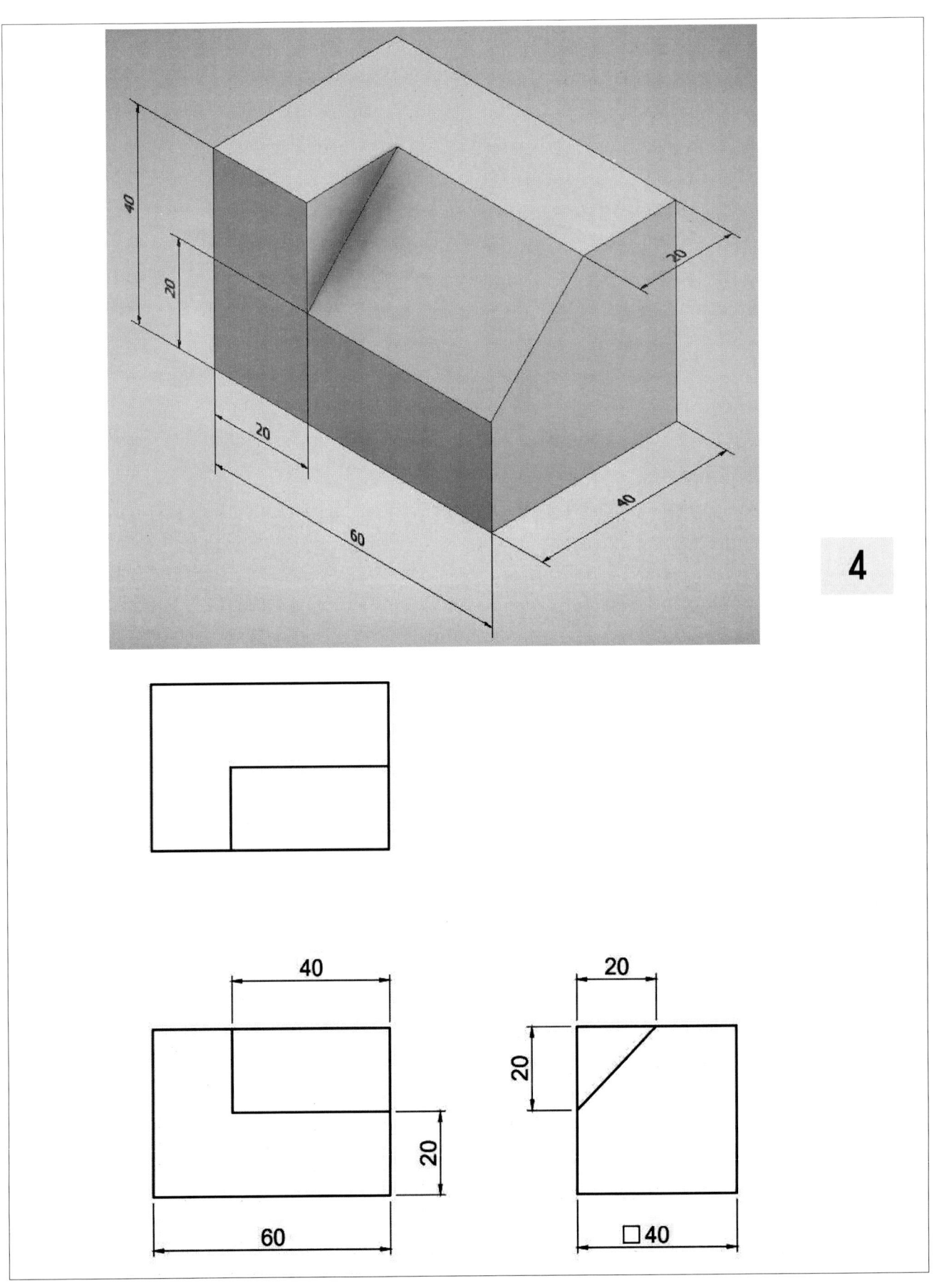

2D CAD

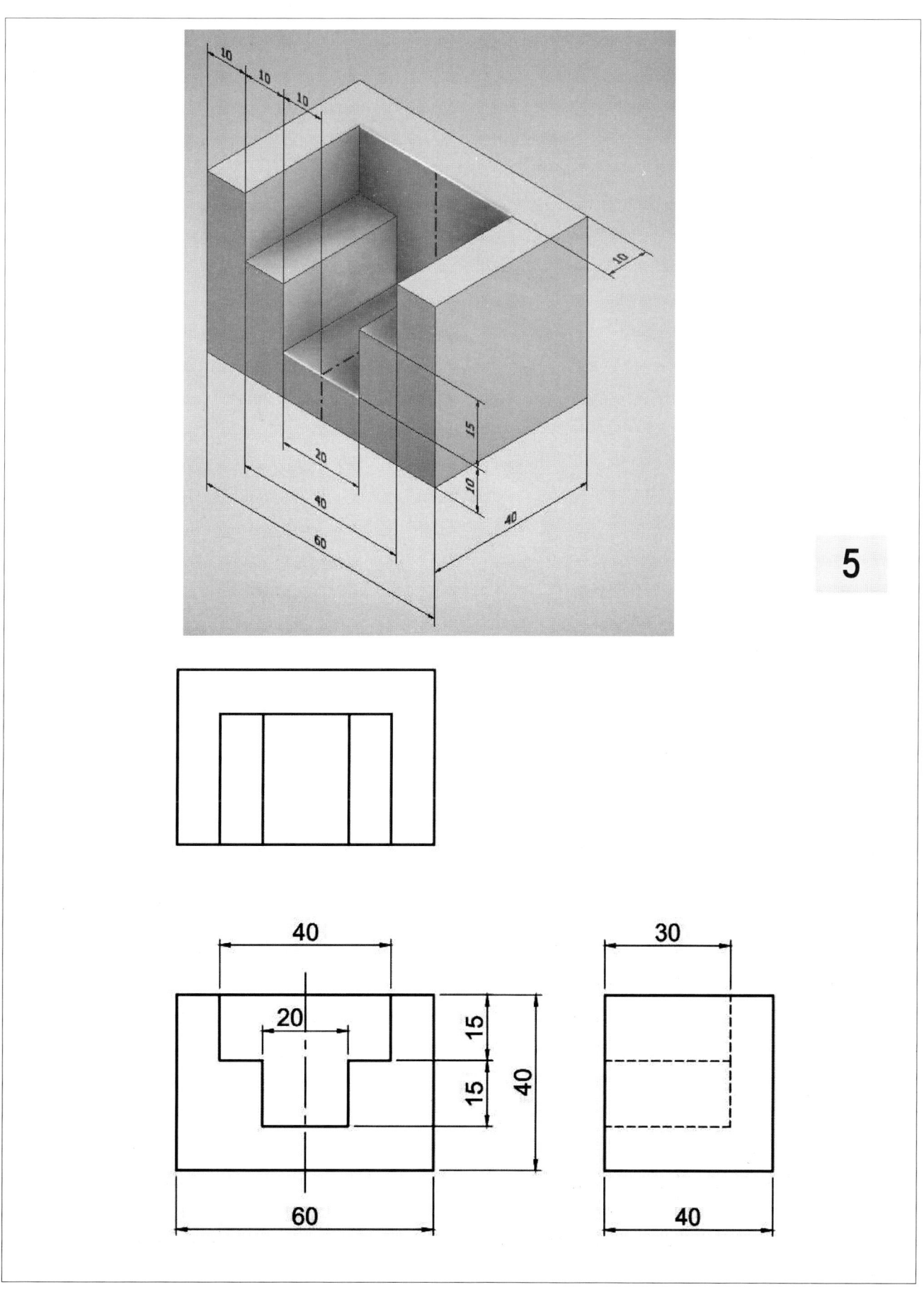

1. 기본투상도

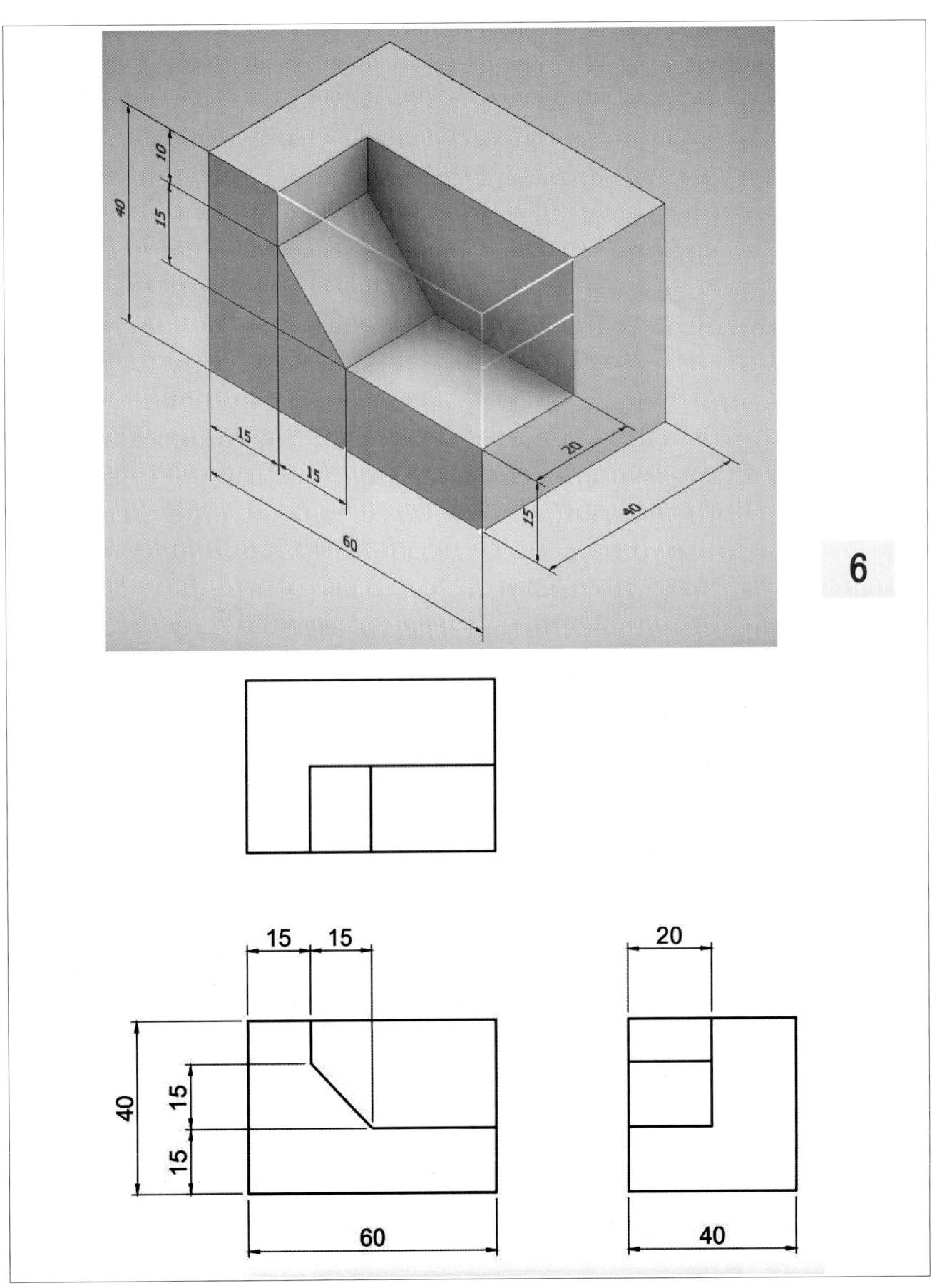

2D CAD

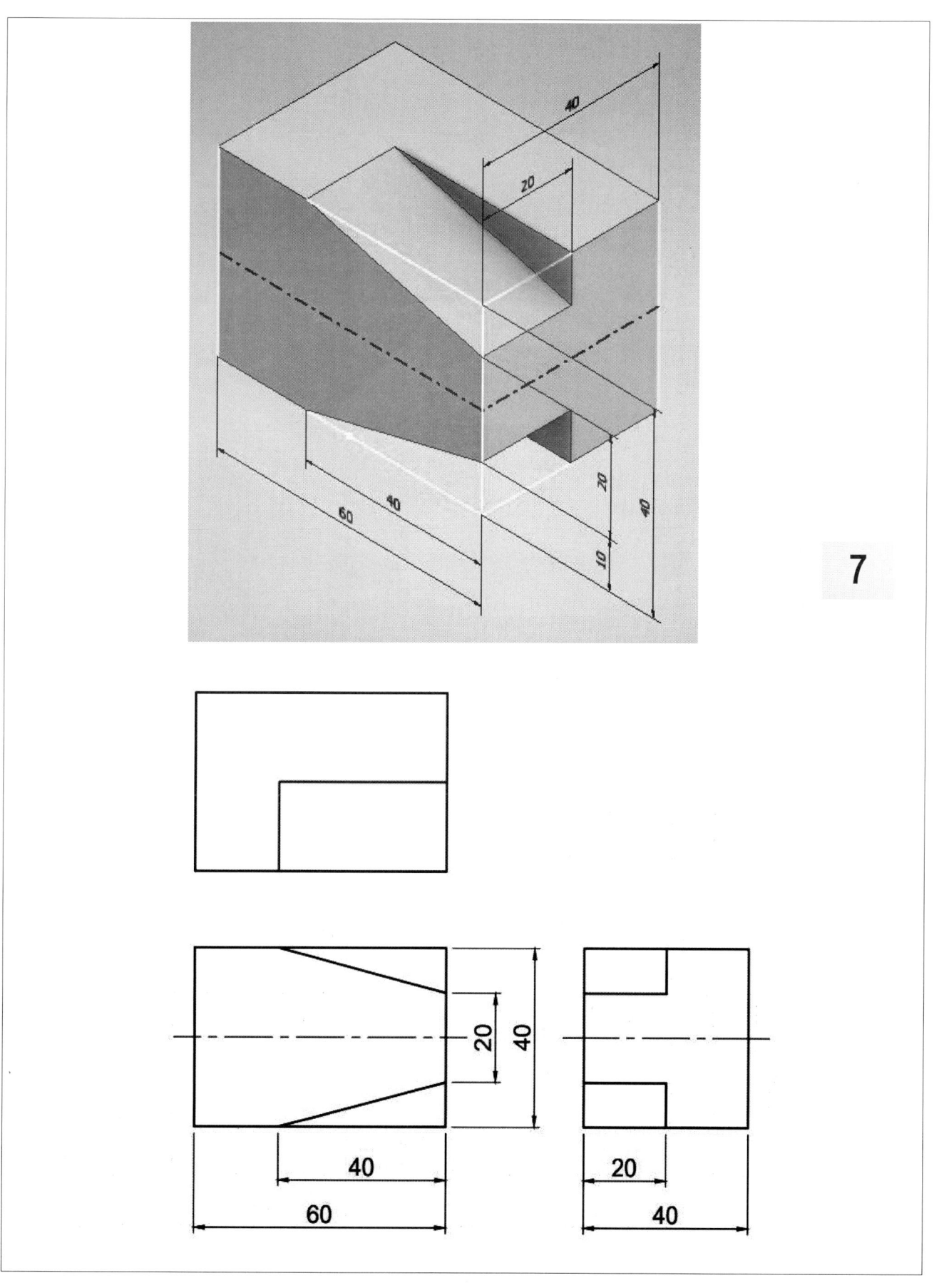

1. 기본투상도

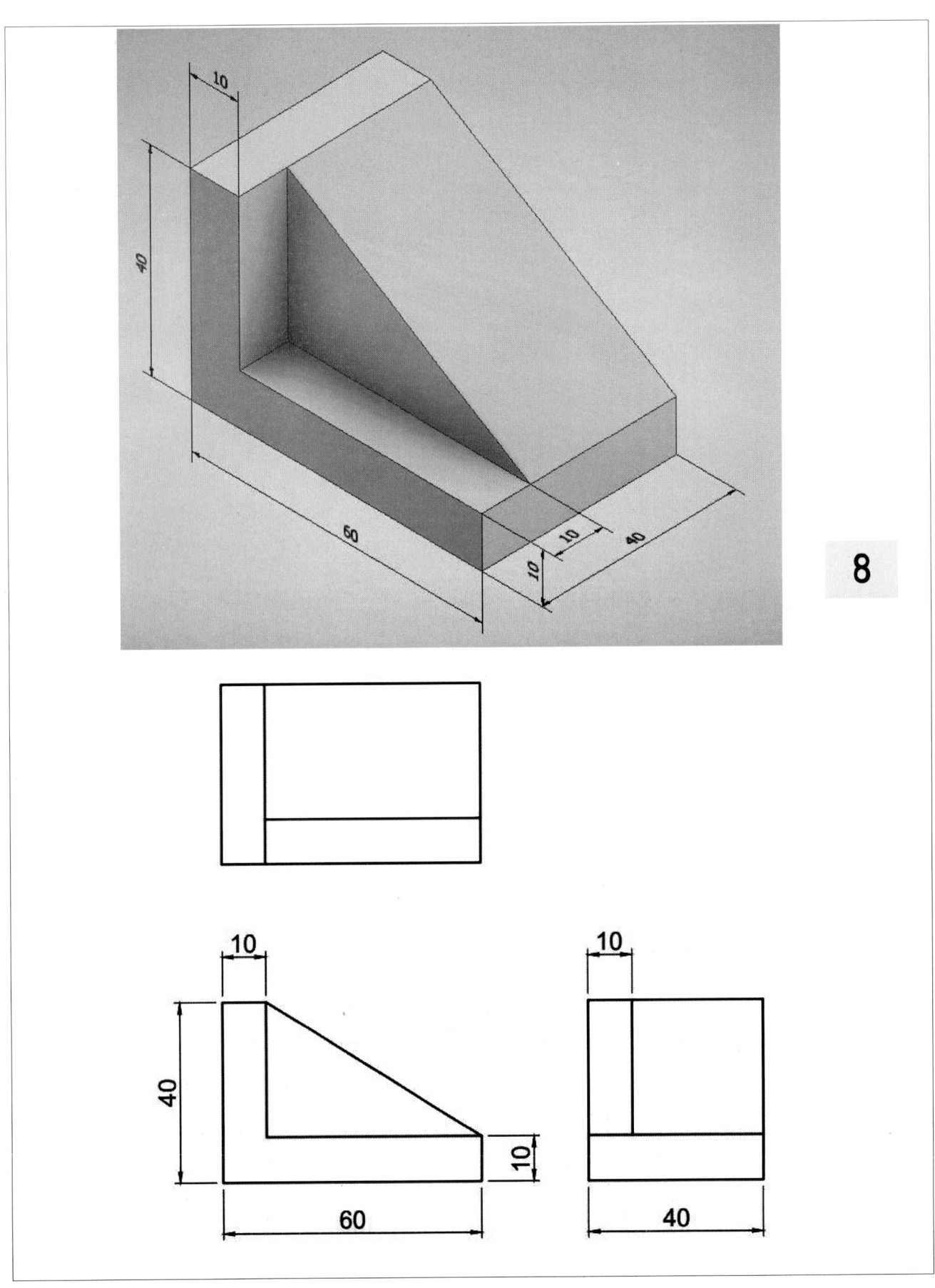

2D CAD

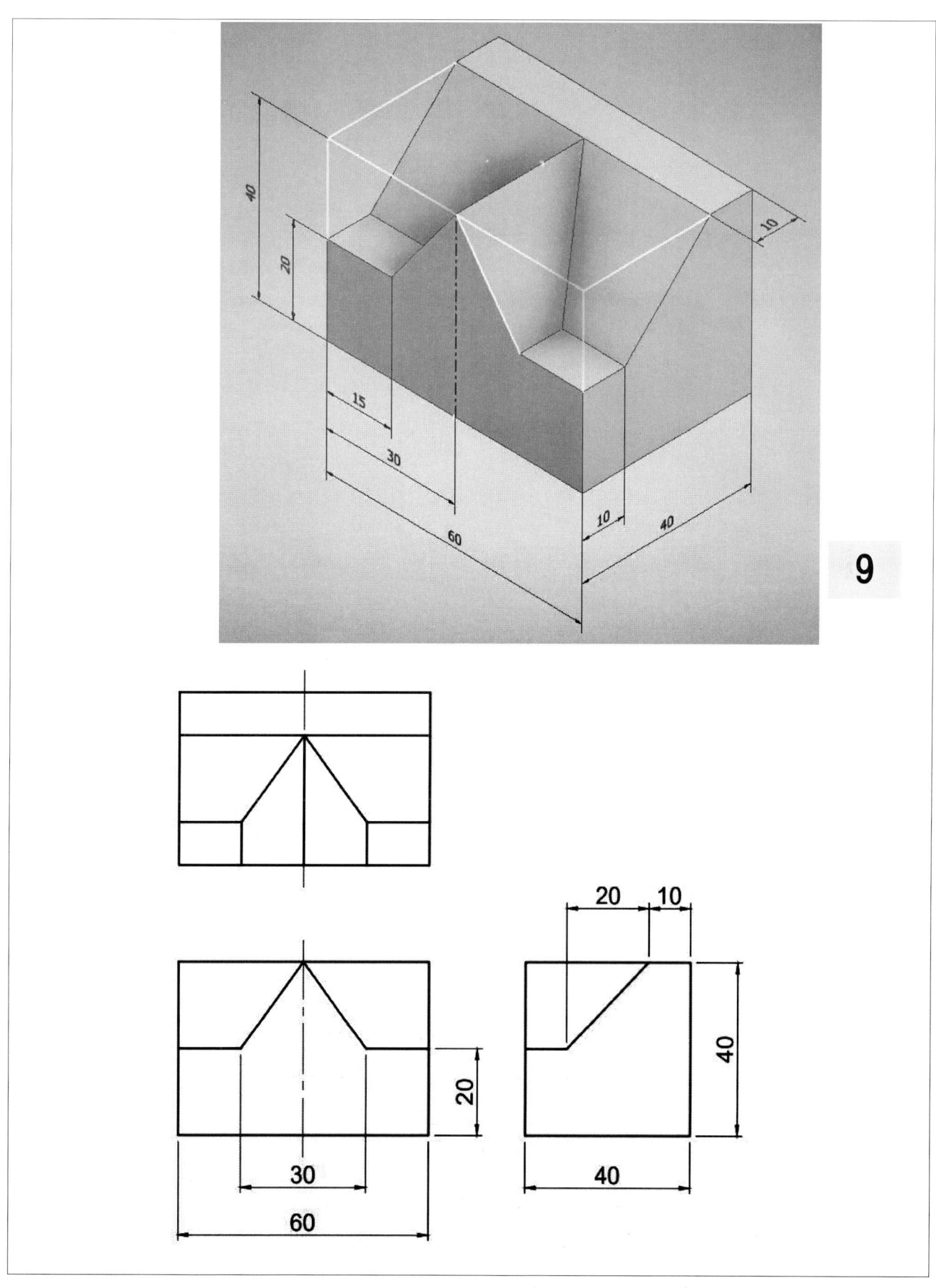

1. 기본투상도

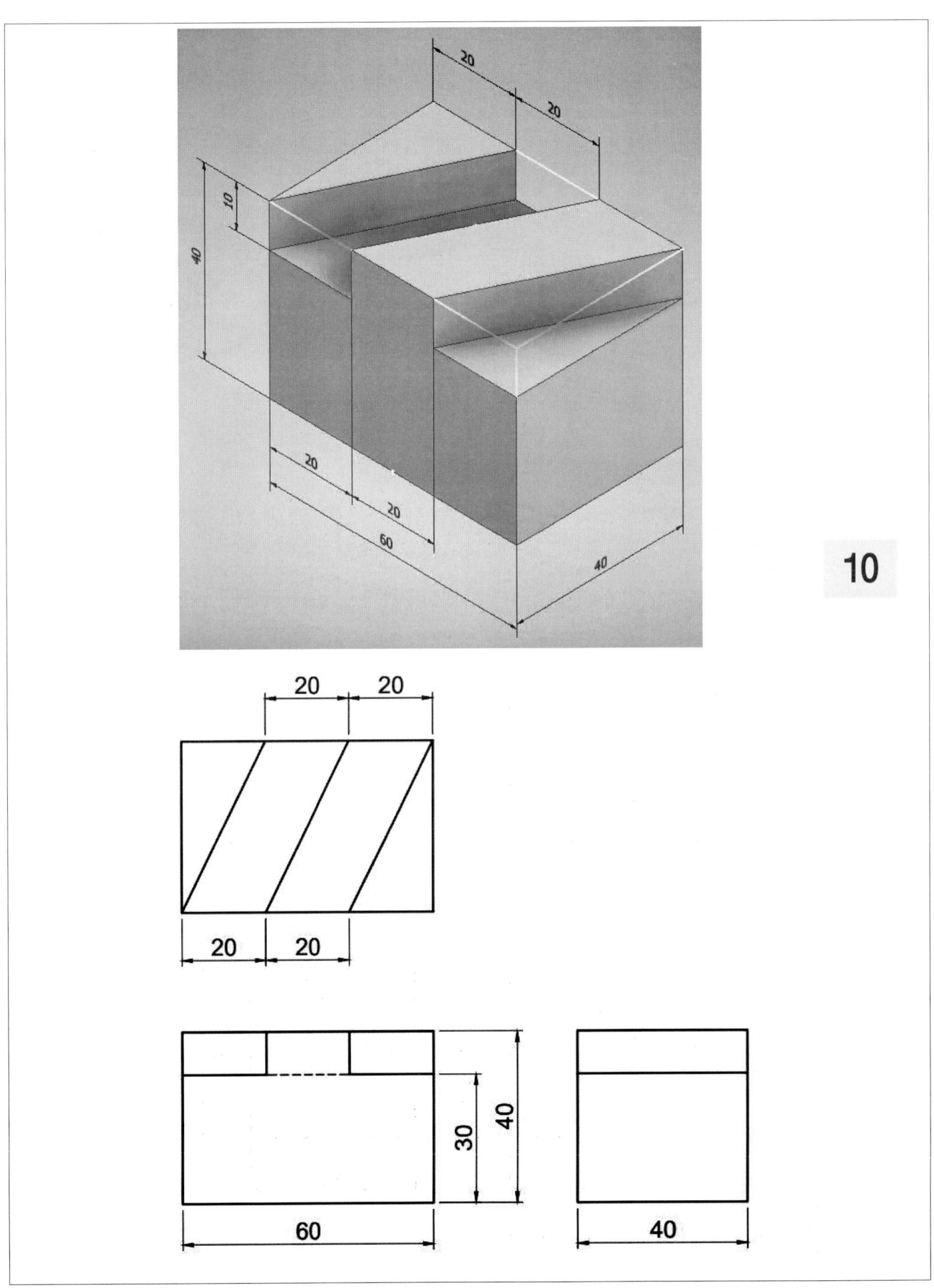

2D CAD

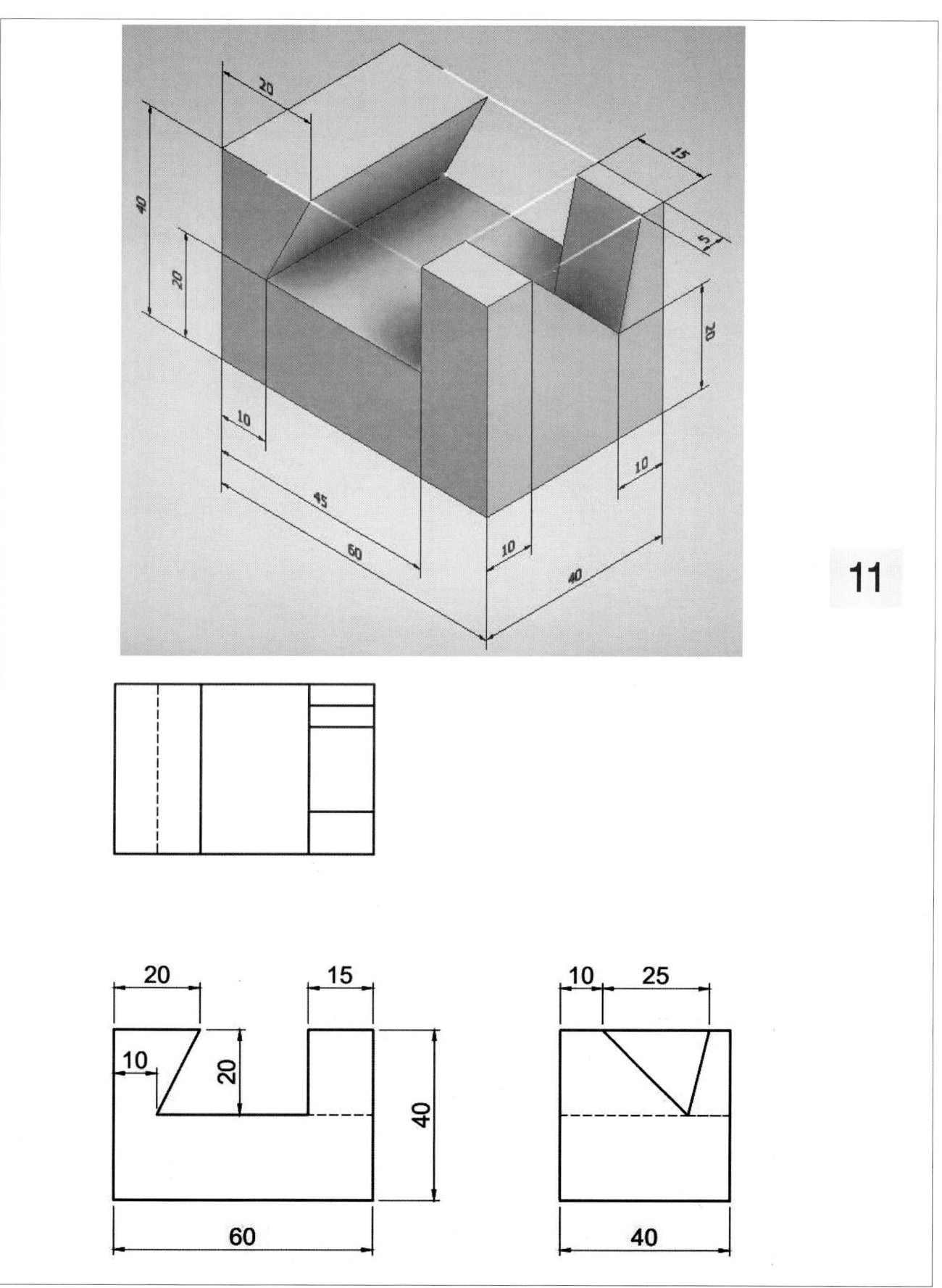

1. 기본투상도

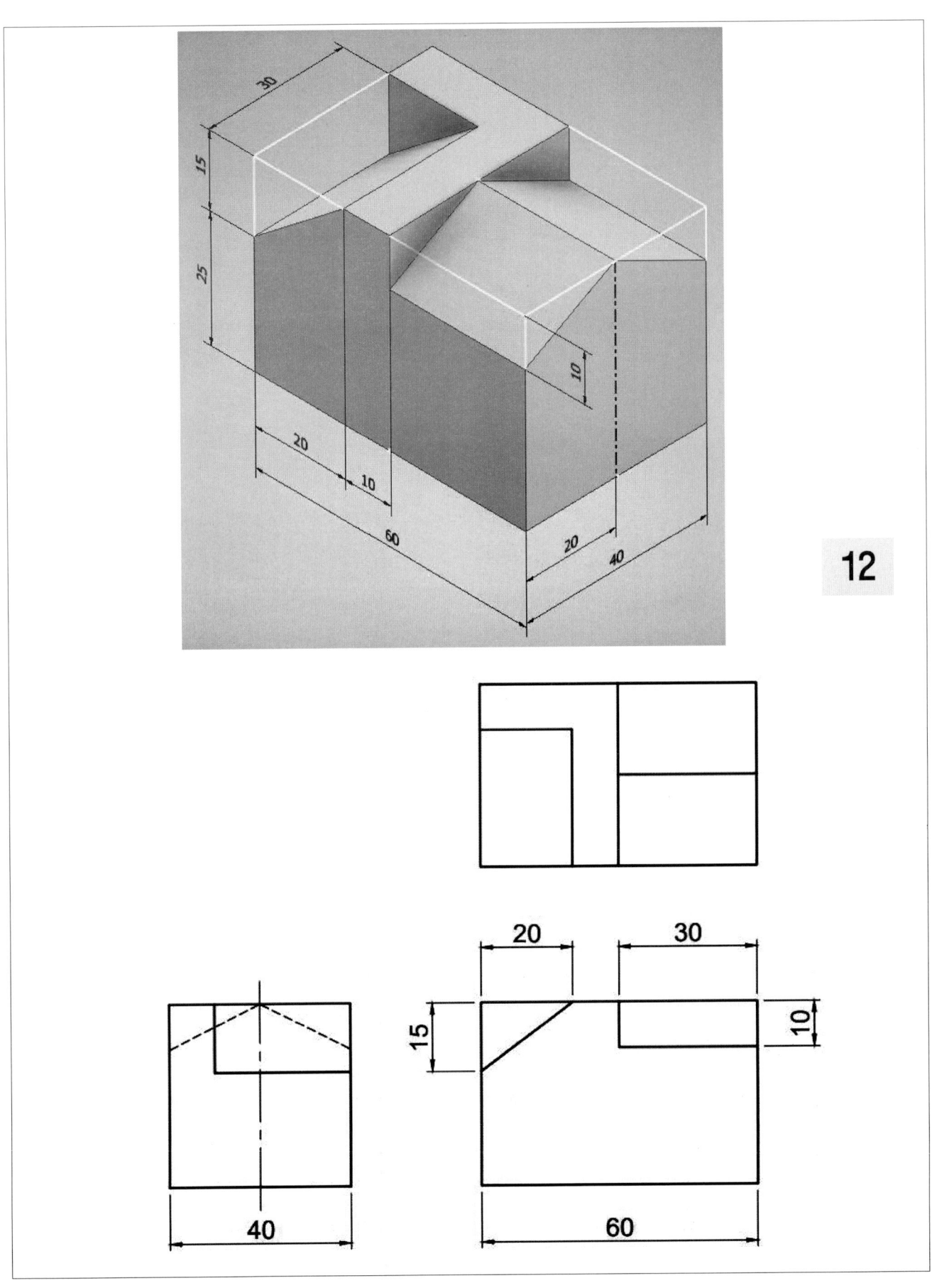

2D CAD

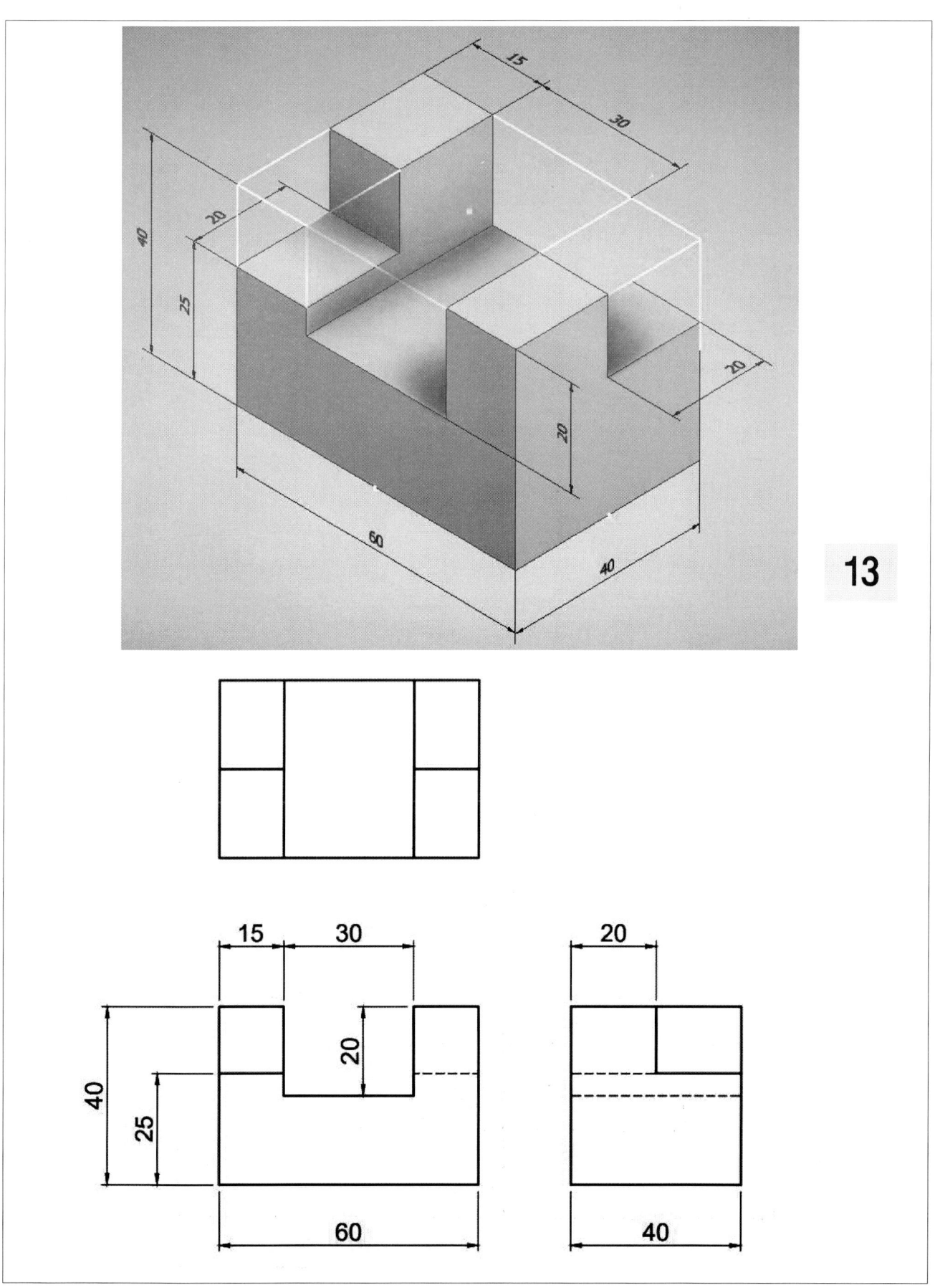

1. 기본투상도

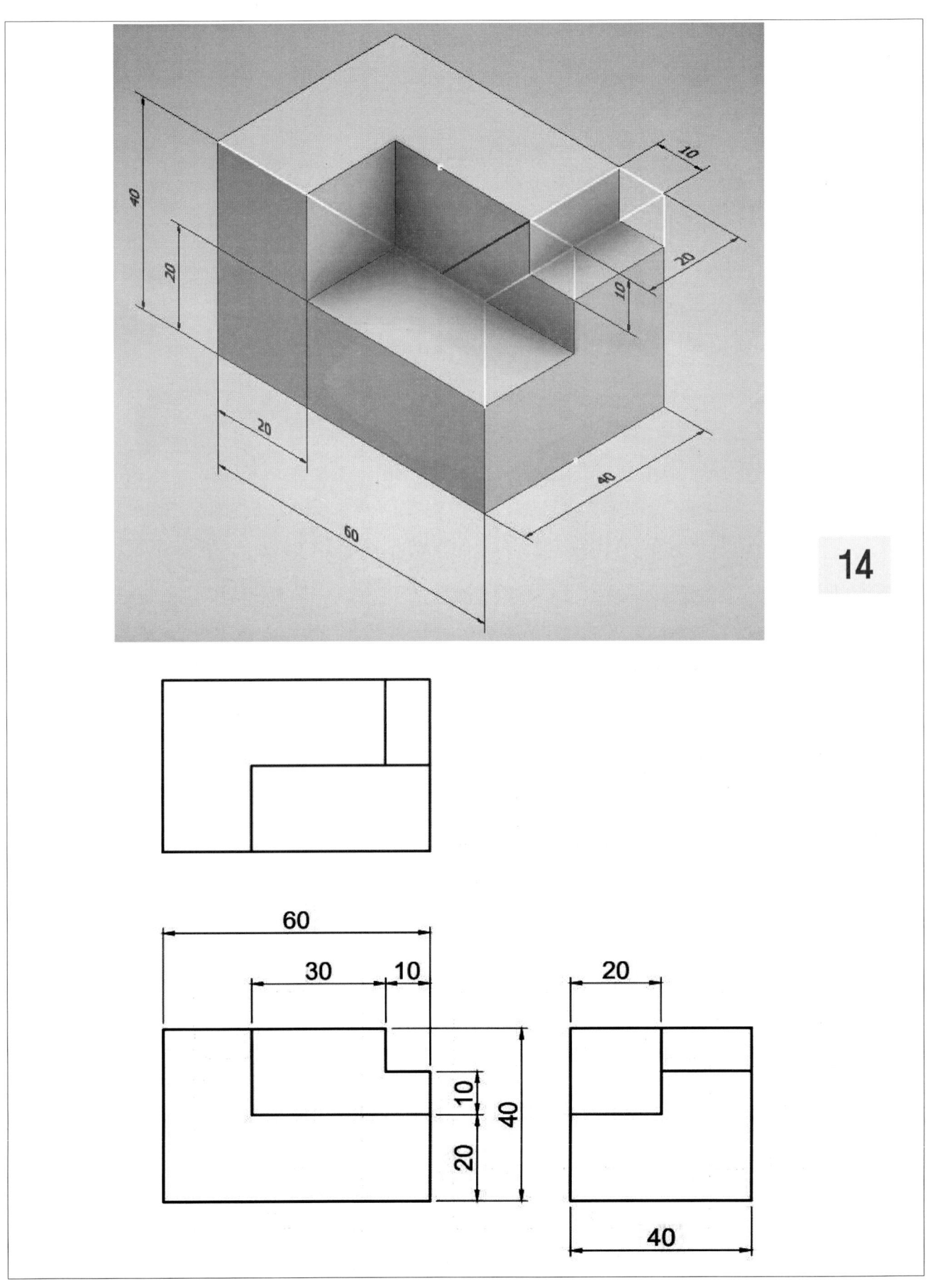

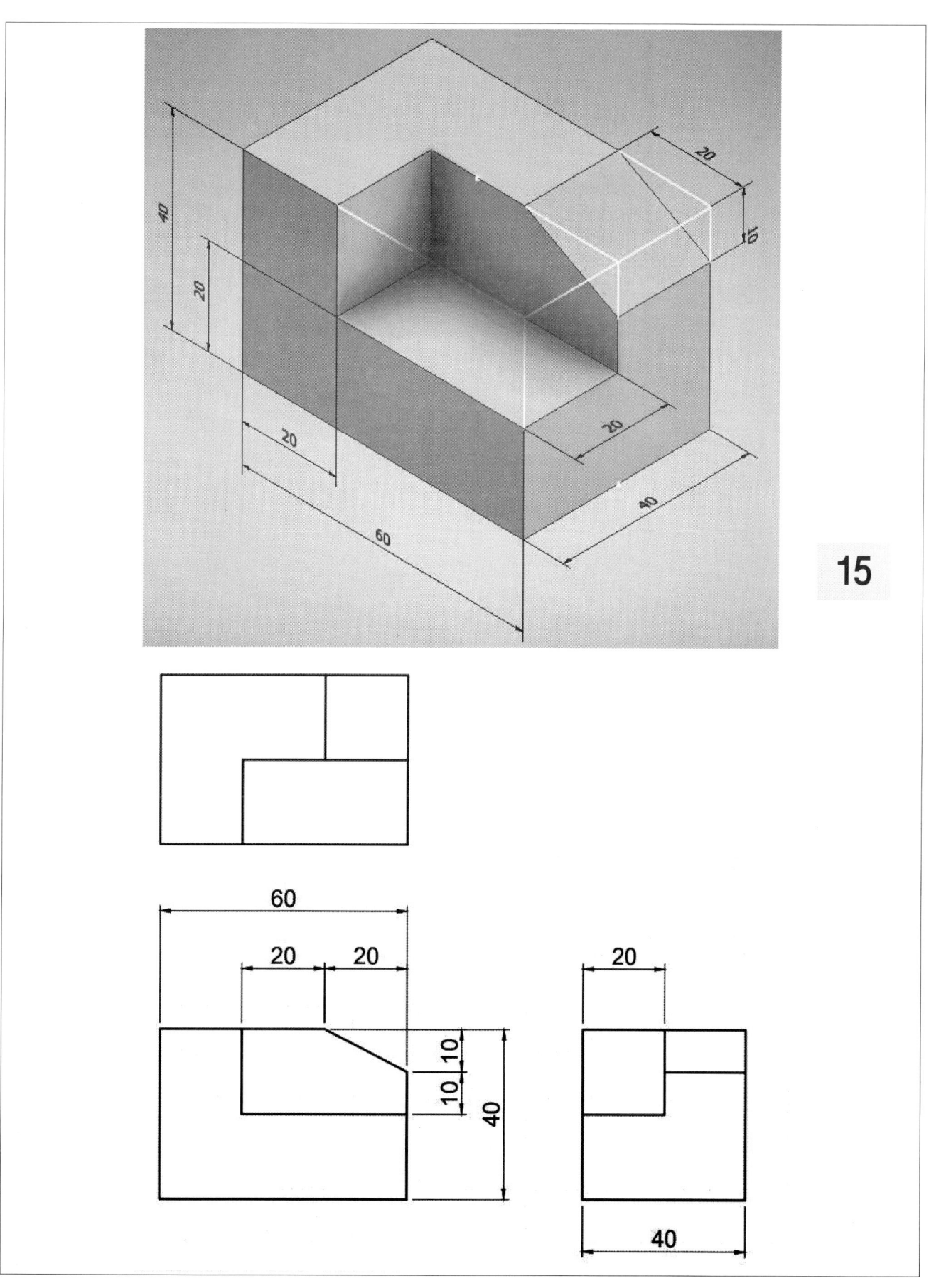

1. 기본투상도

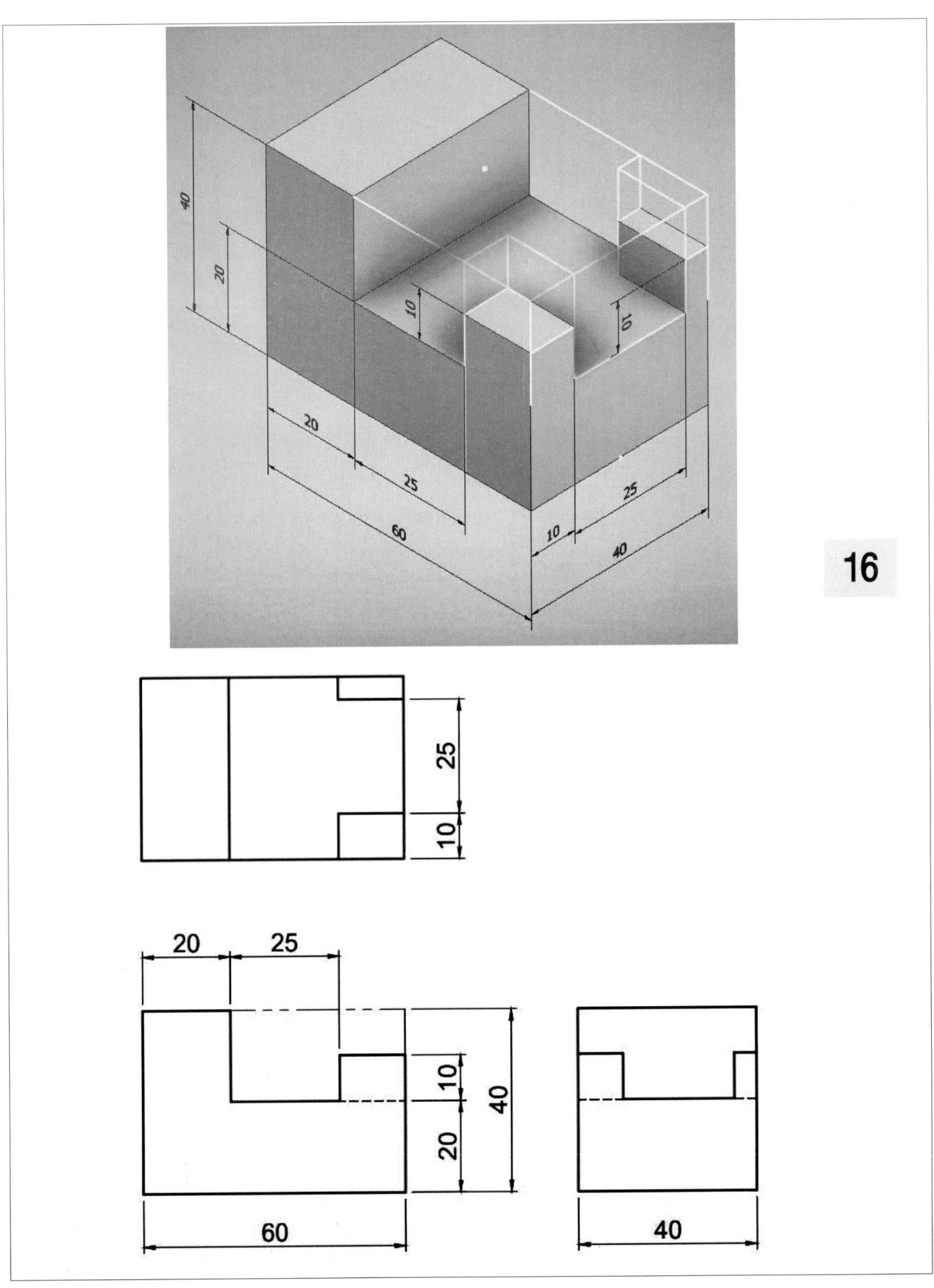

2D CAD

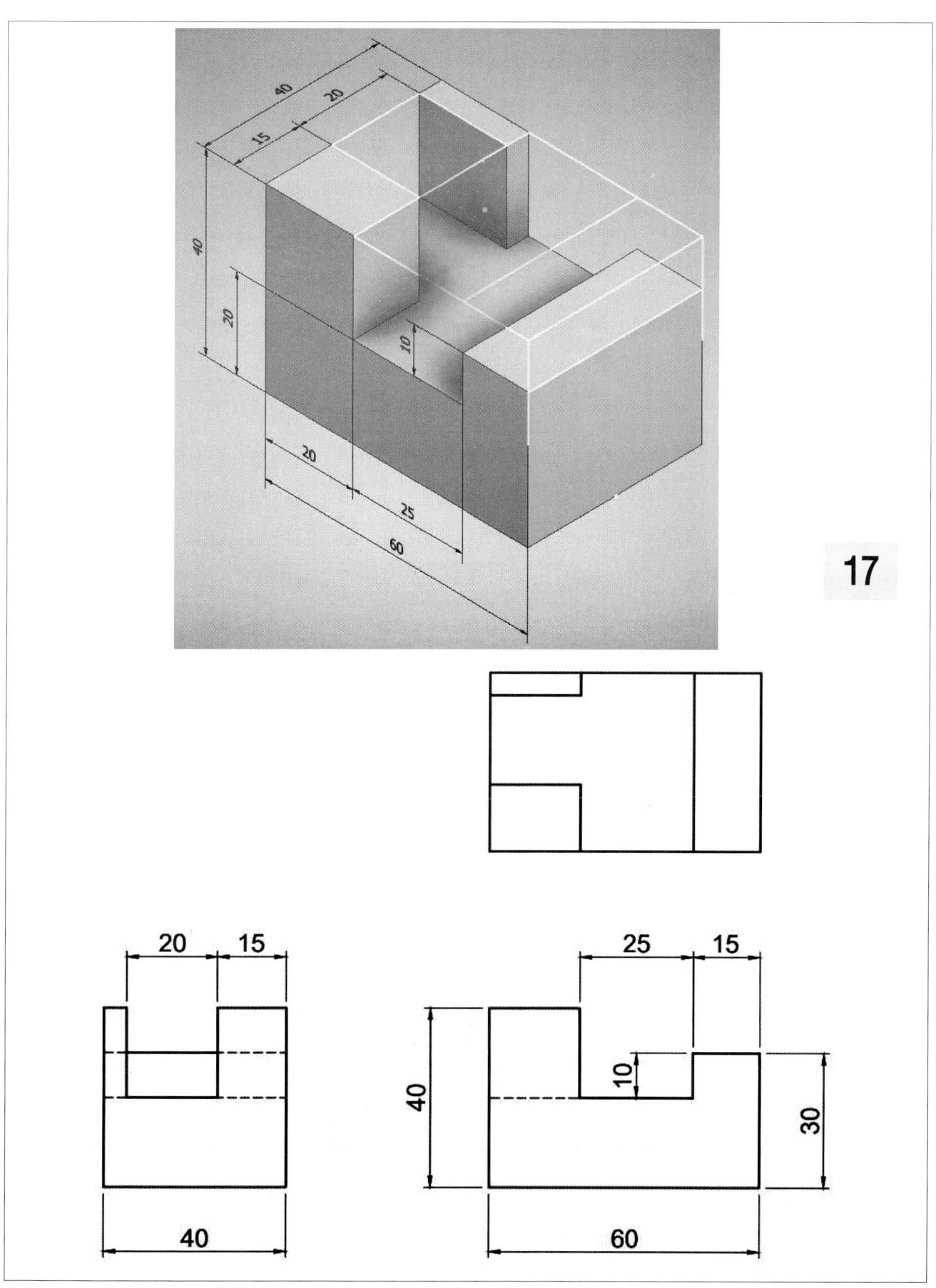

1. 기본투상도

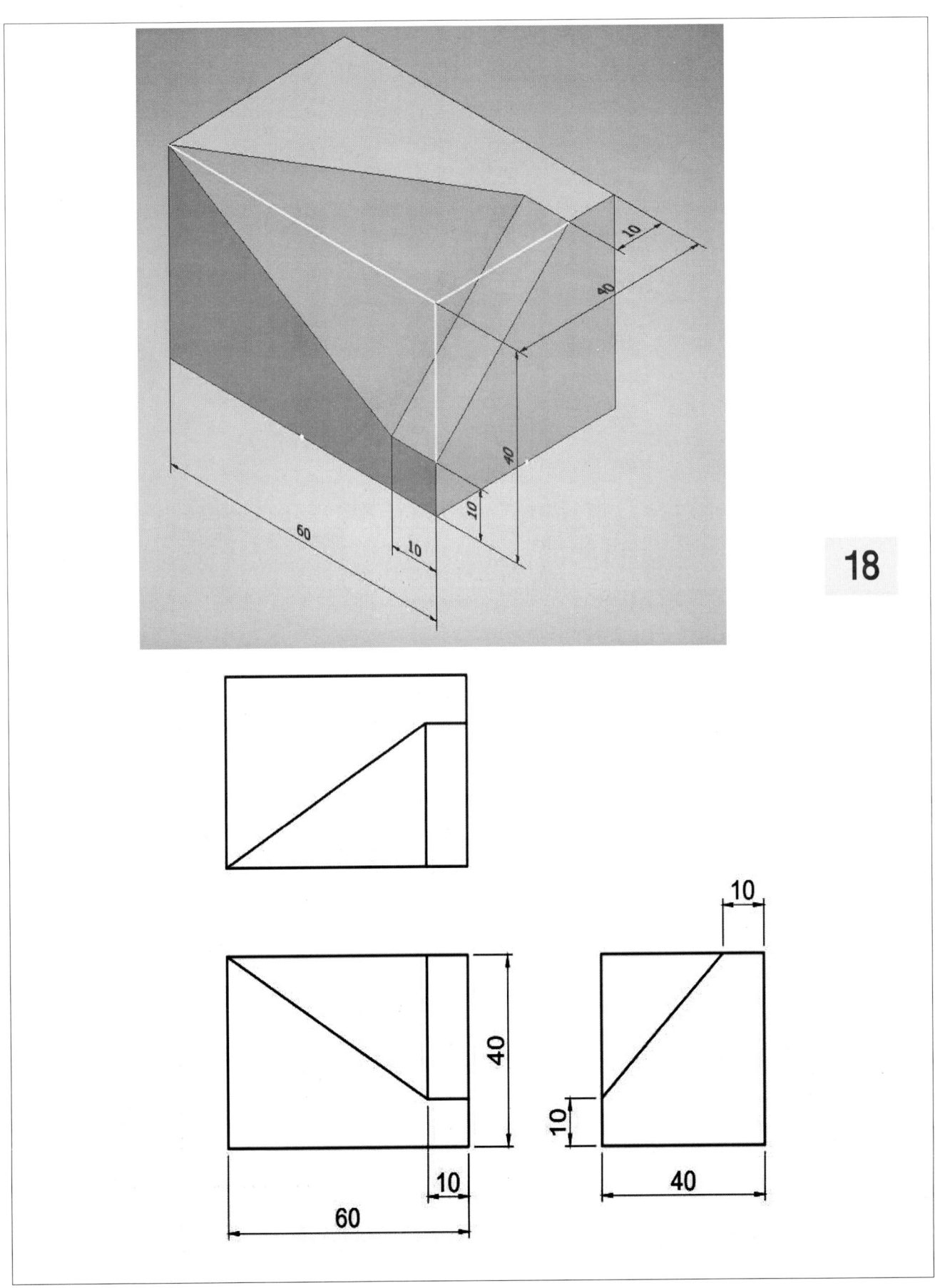

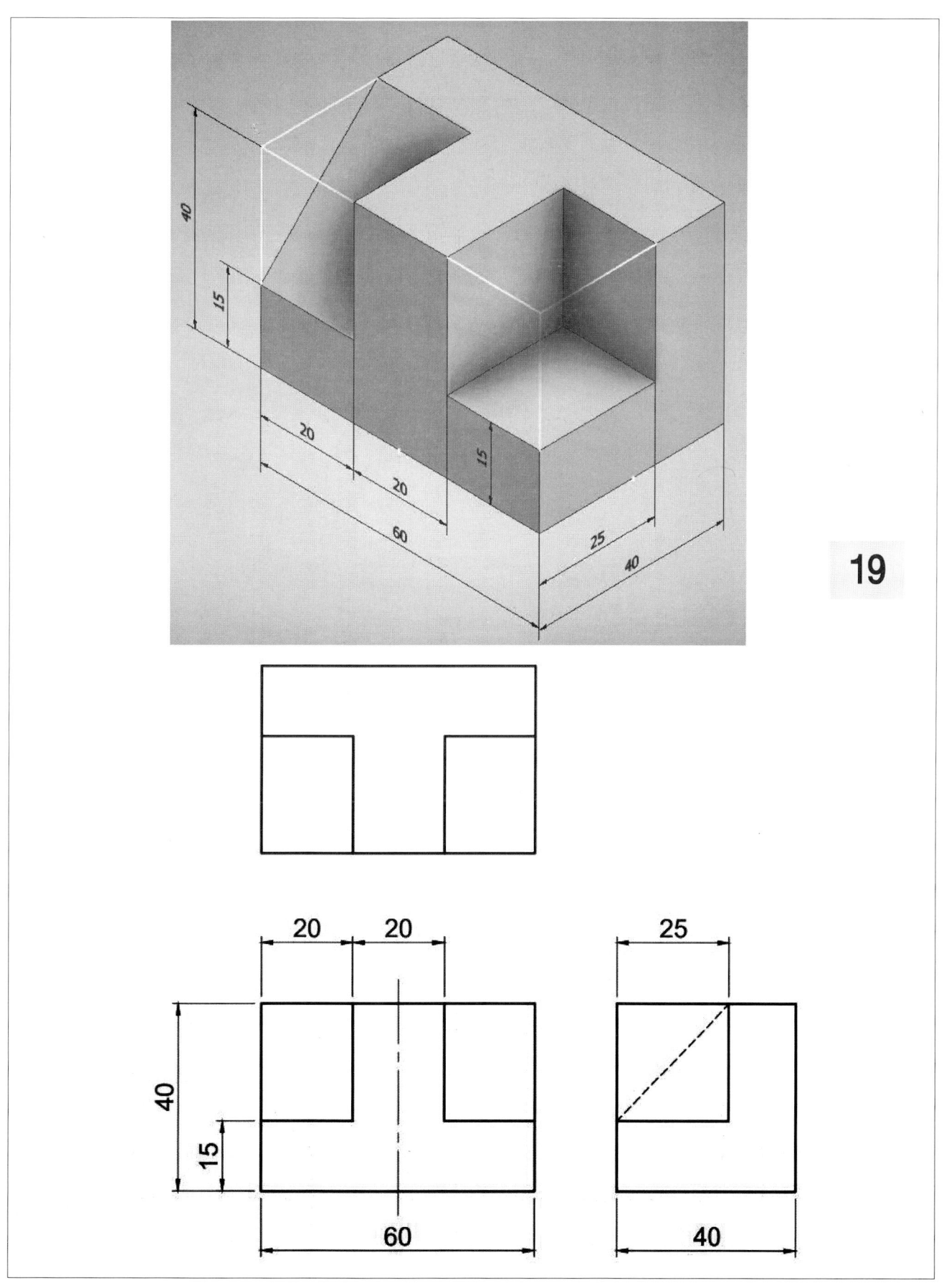

1. 기본투상도

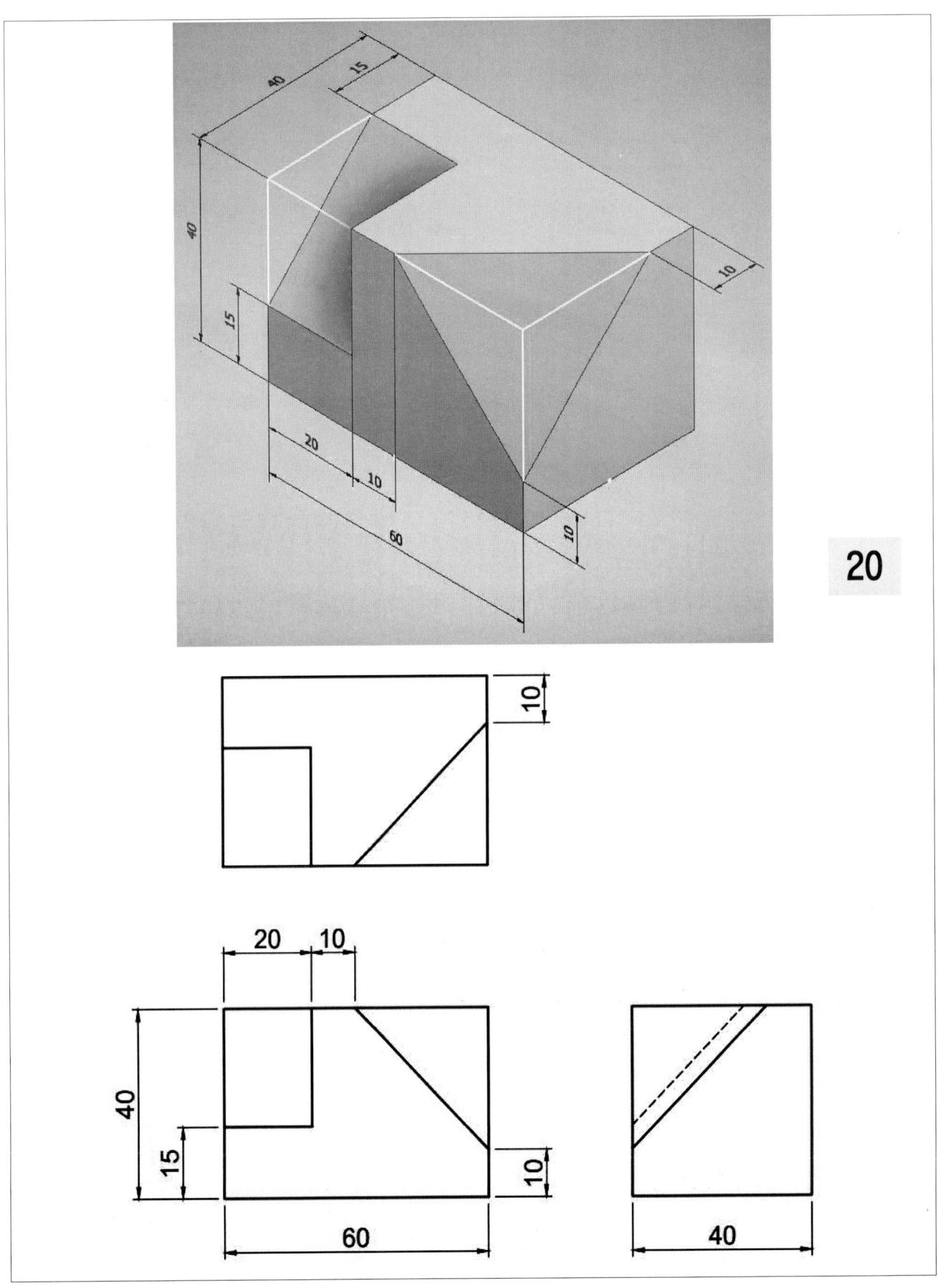

2D CAD

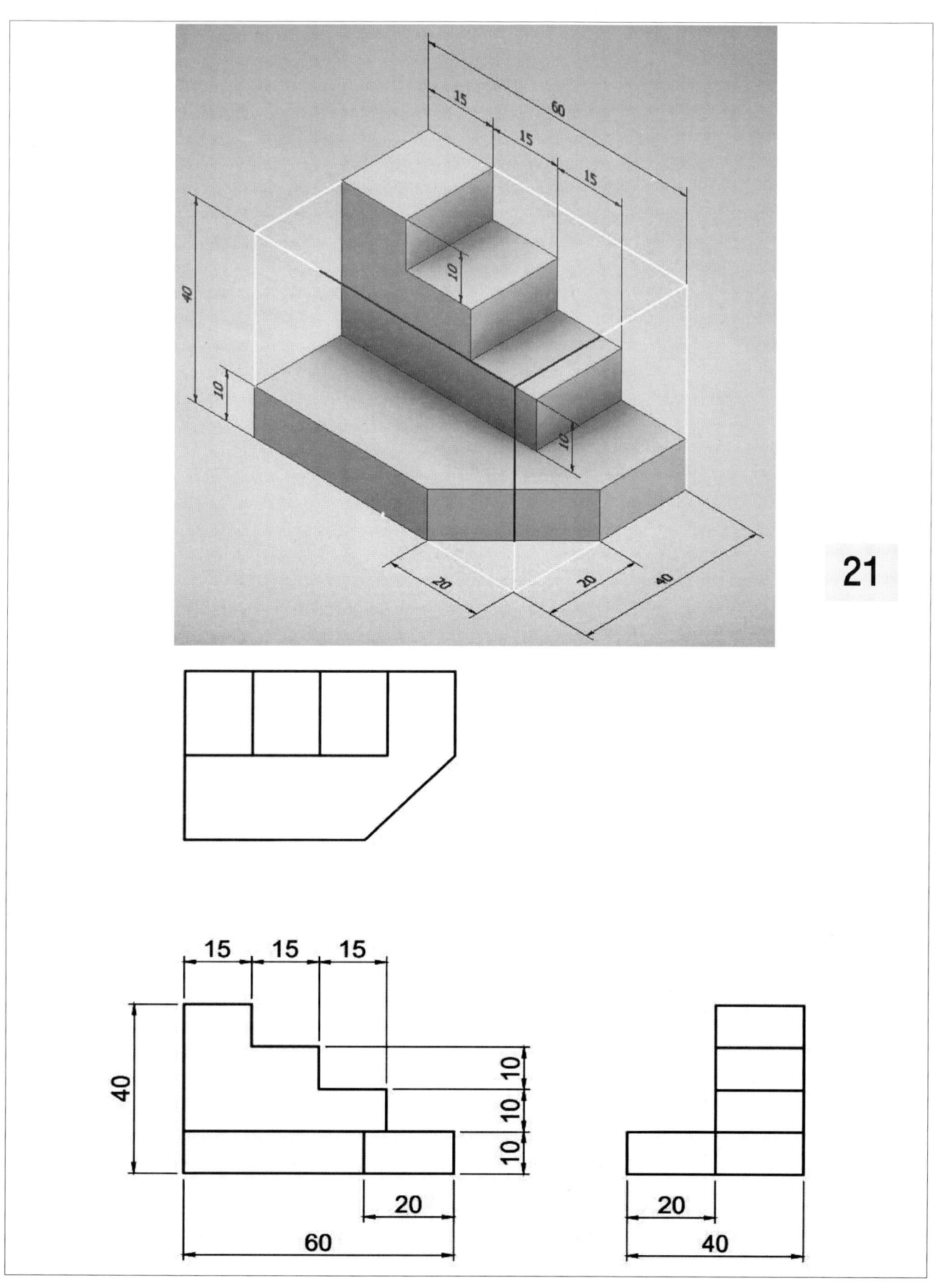

1. 기본투상도

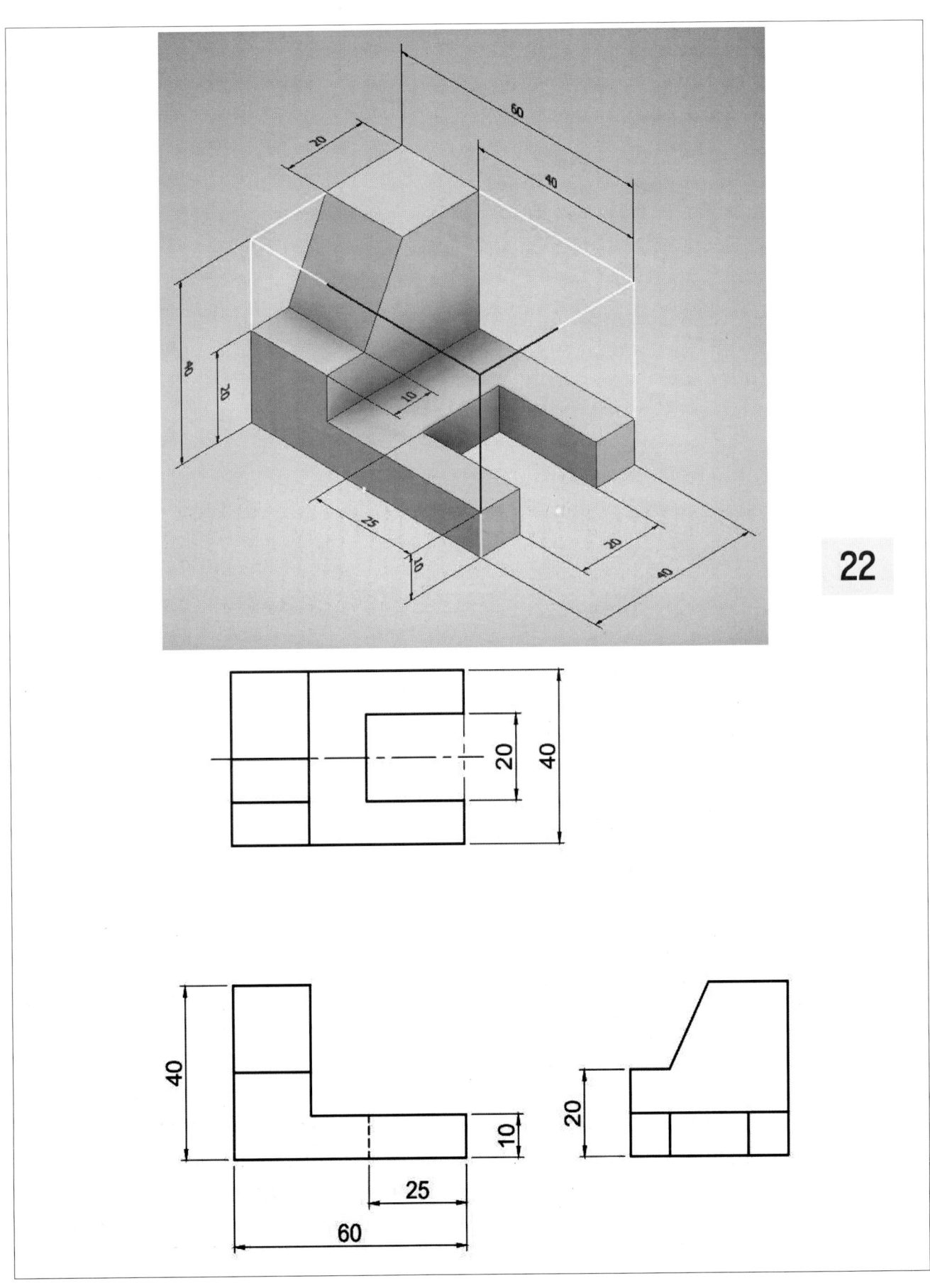

2D CAD

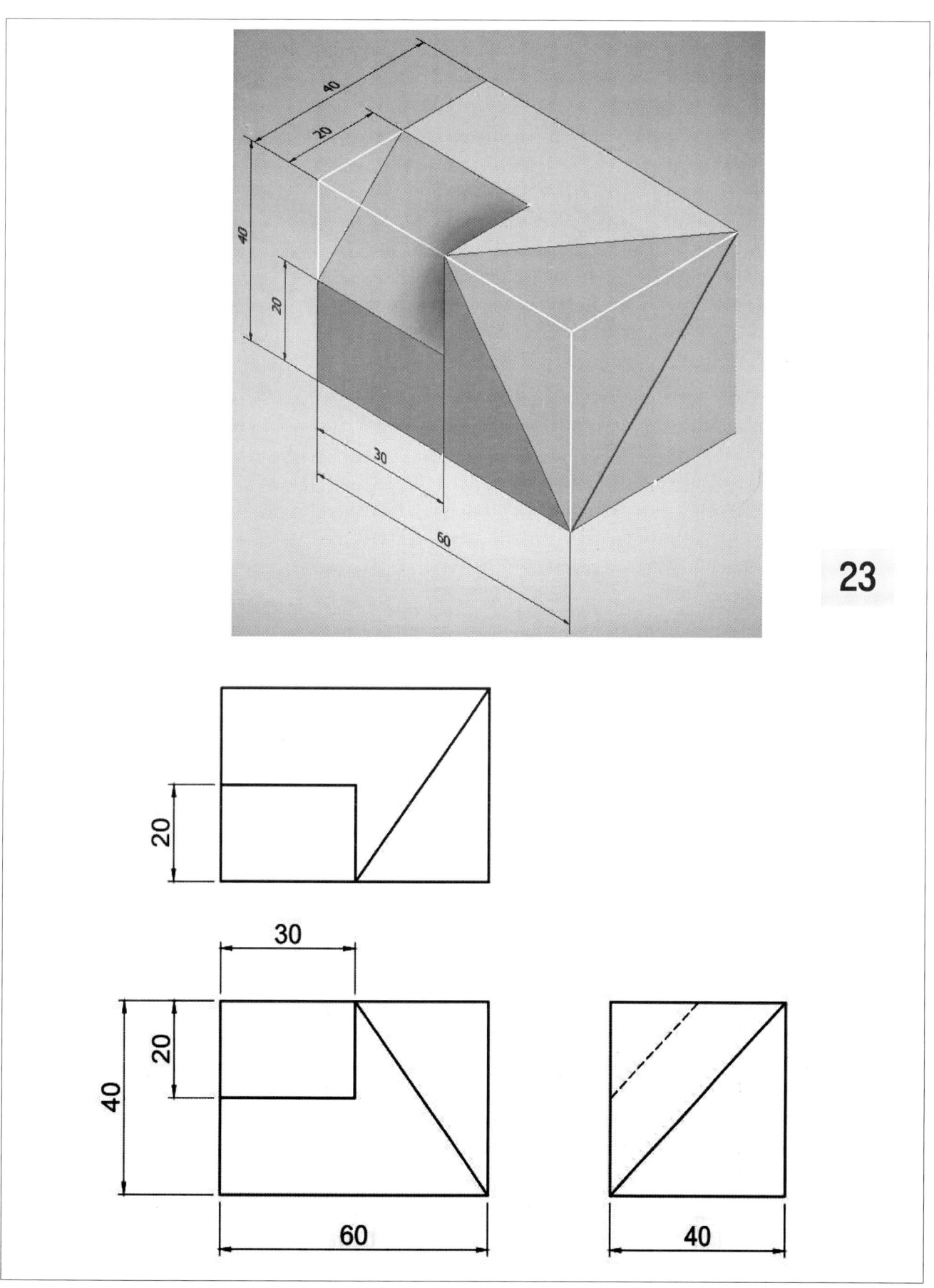

1. 기본투상도

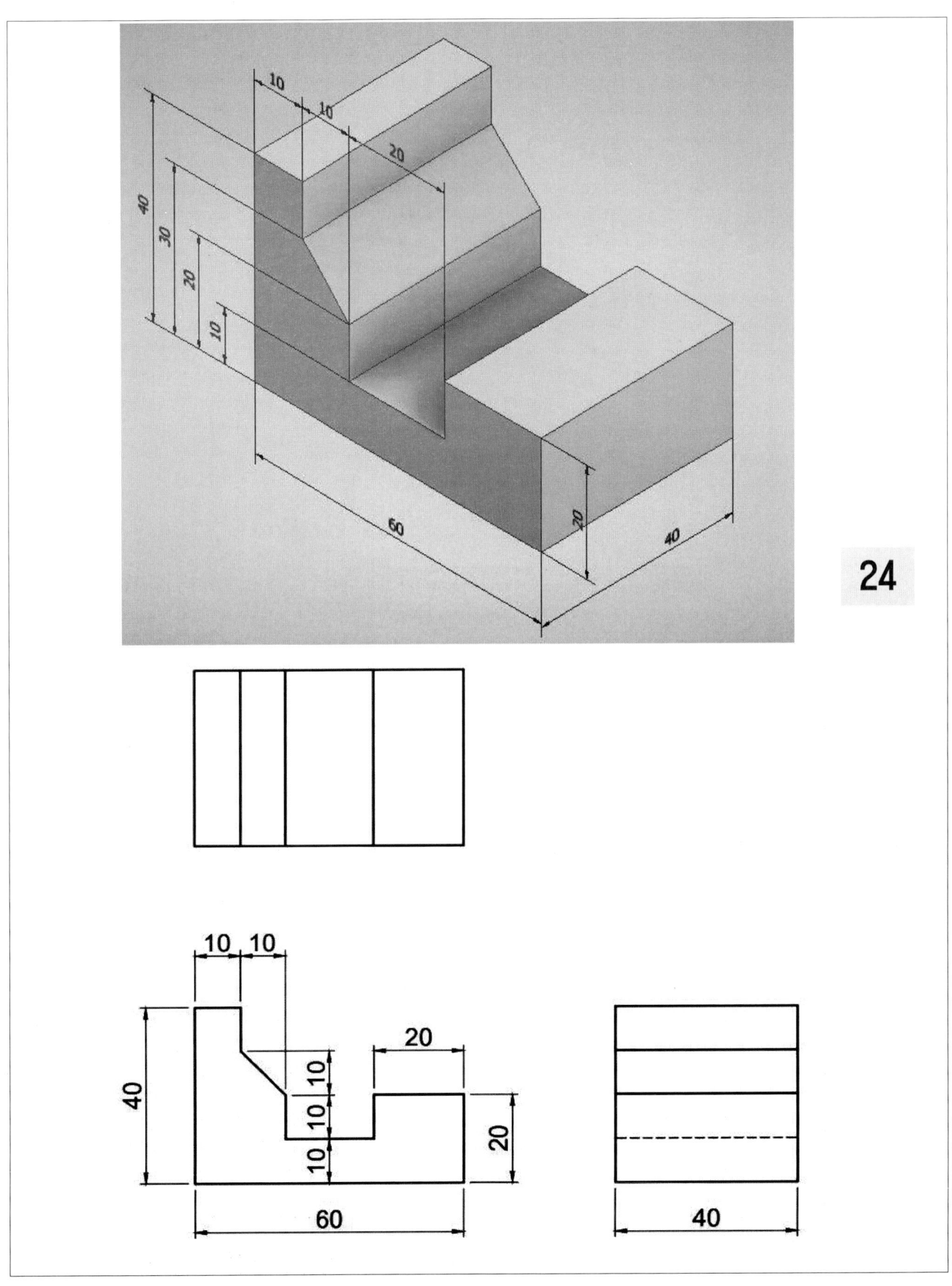

2D CAD

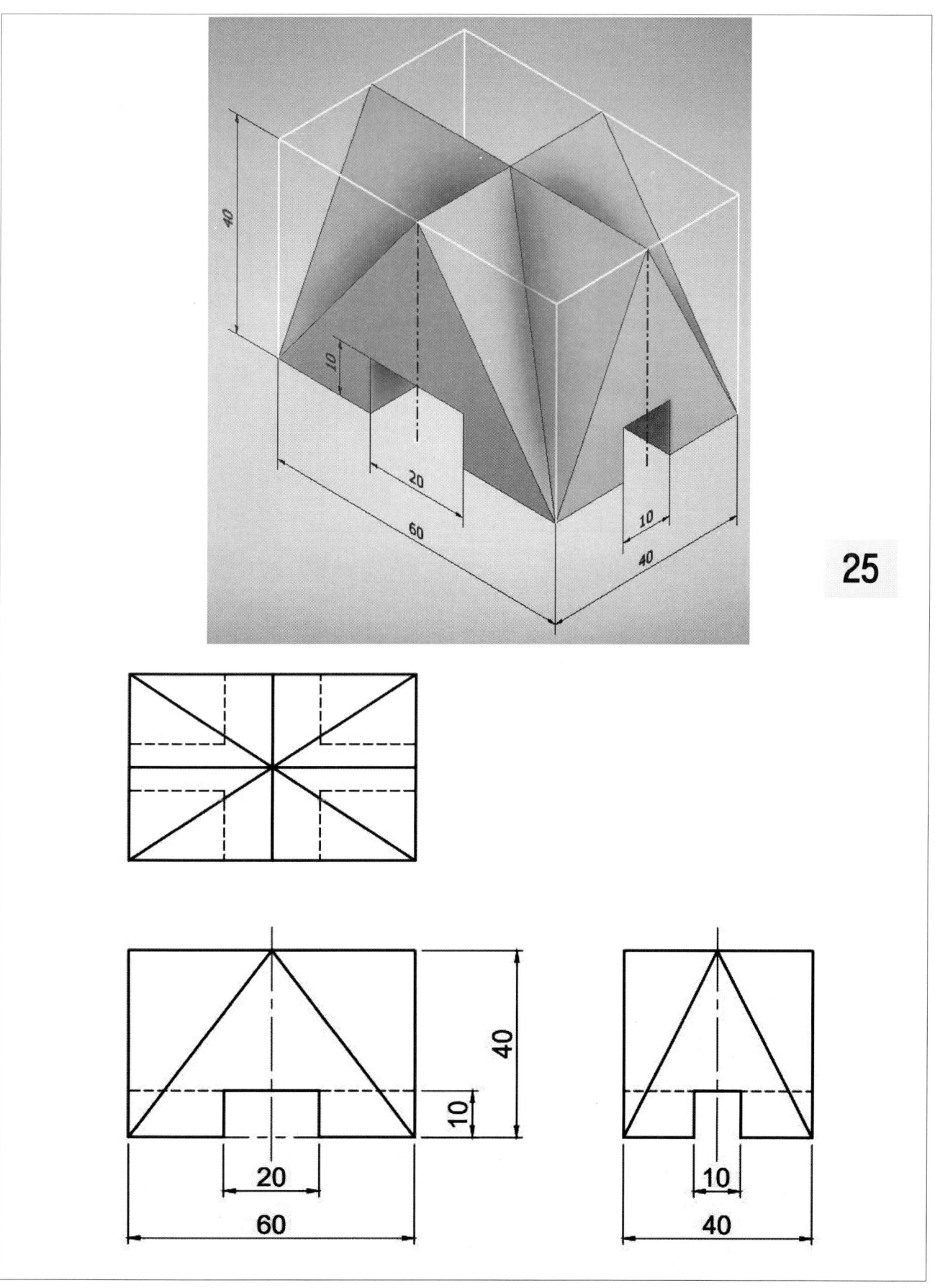

1. 기본투상도

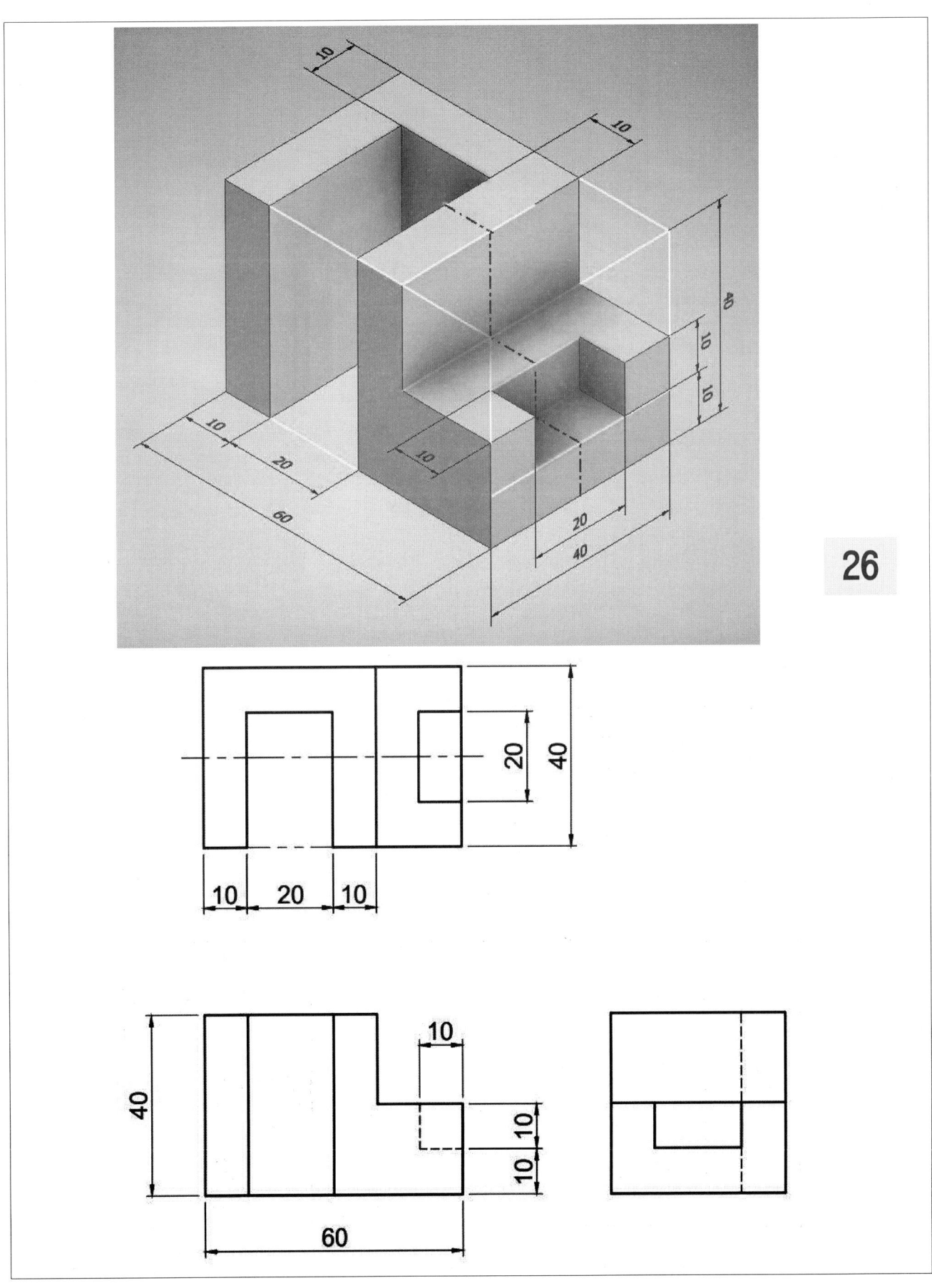

2D CAD

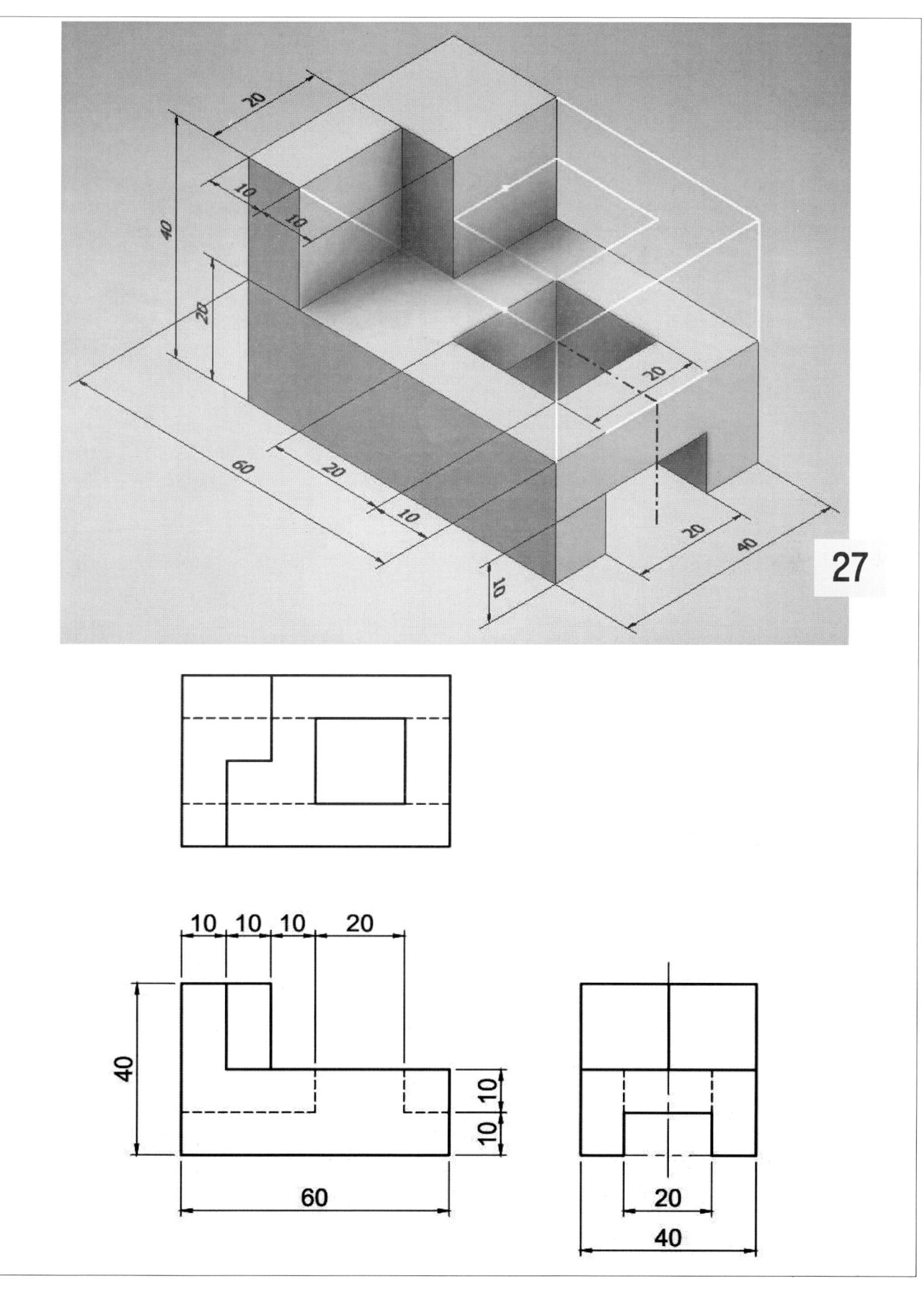

1. 기본투상도

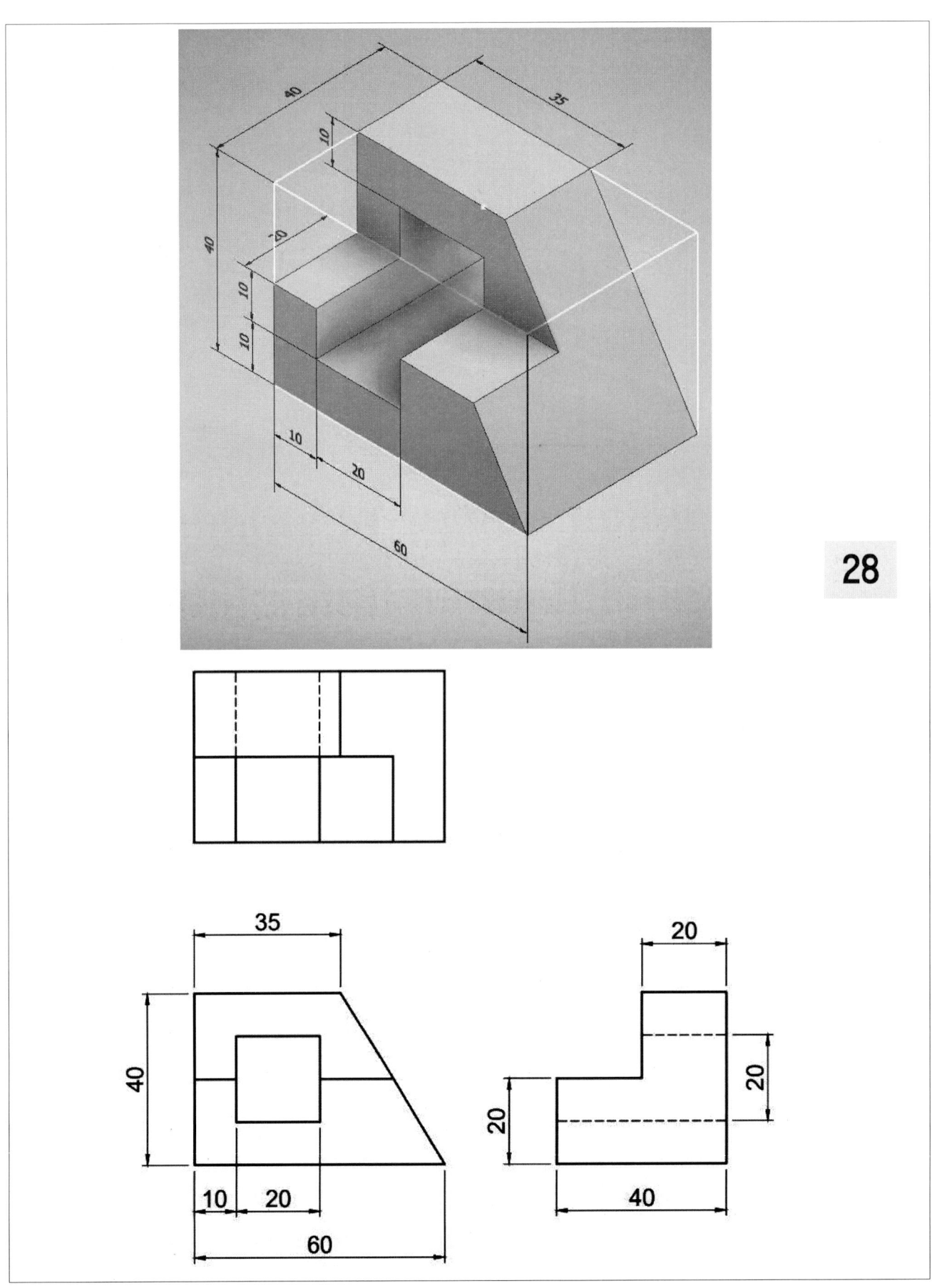

2D CAD

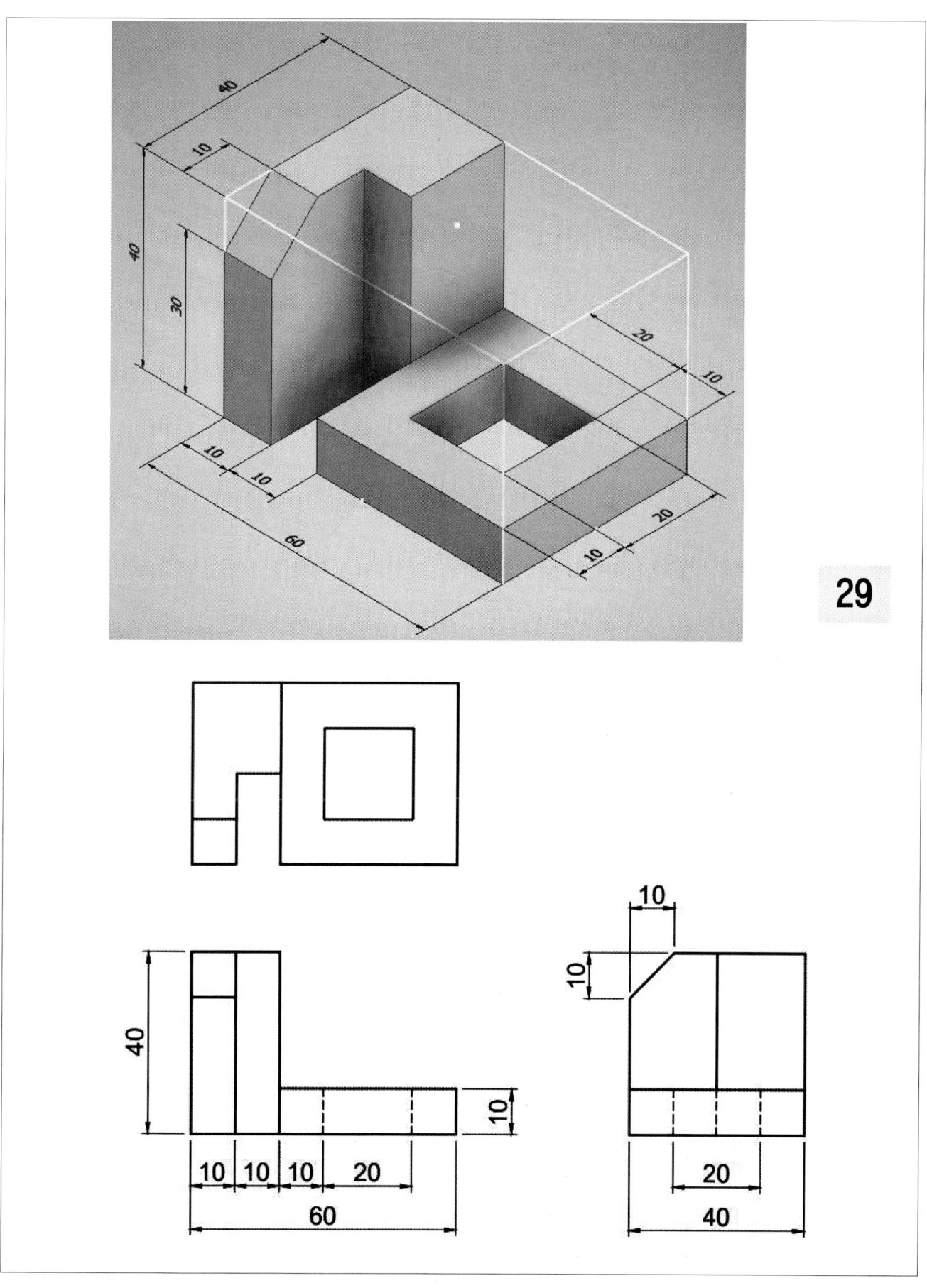

1. 기본투상도

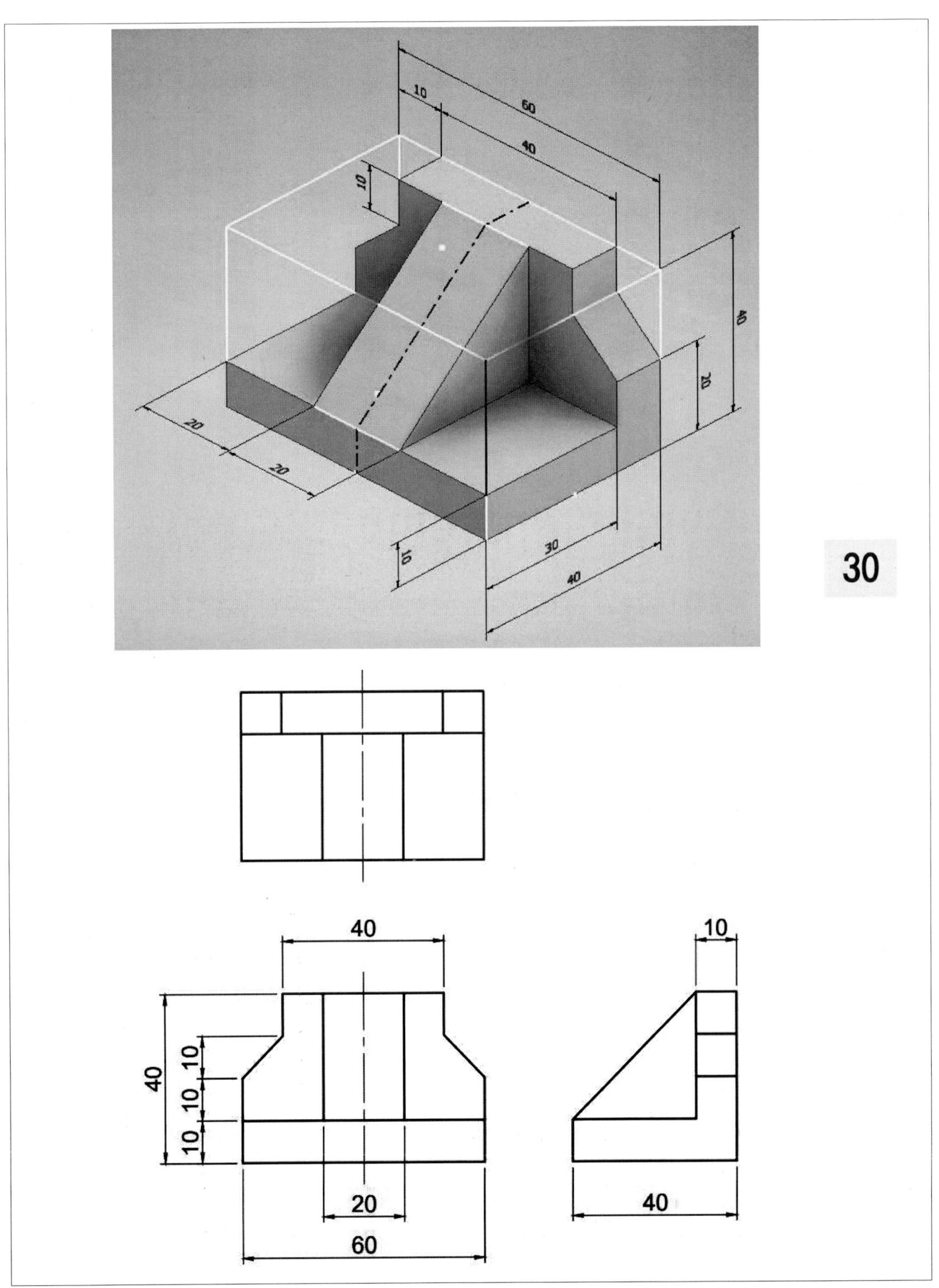

Summary

2-1. 각도 연습

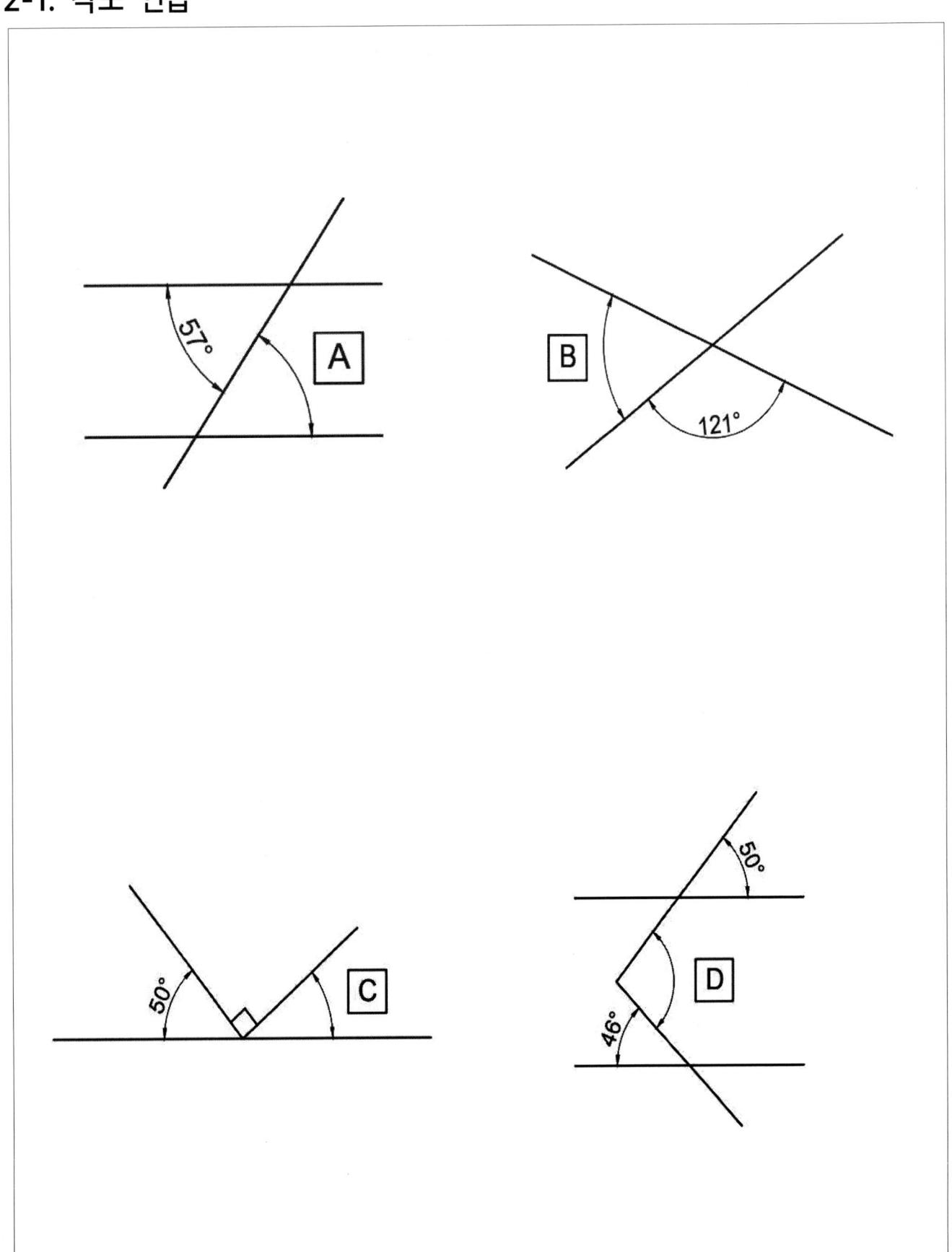

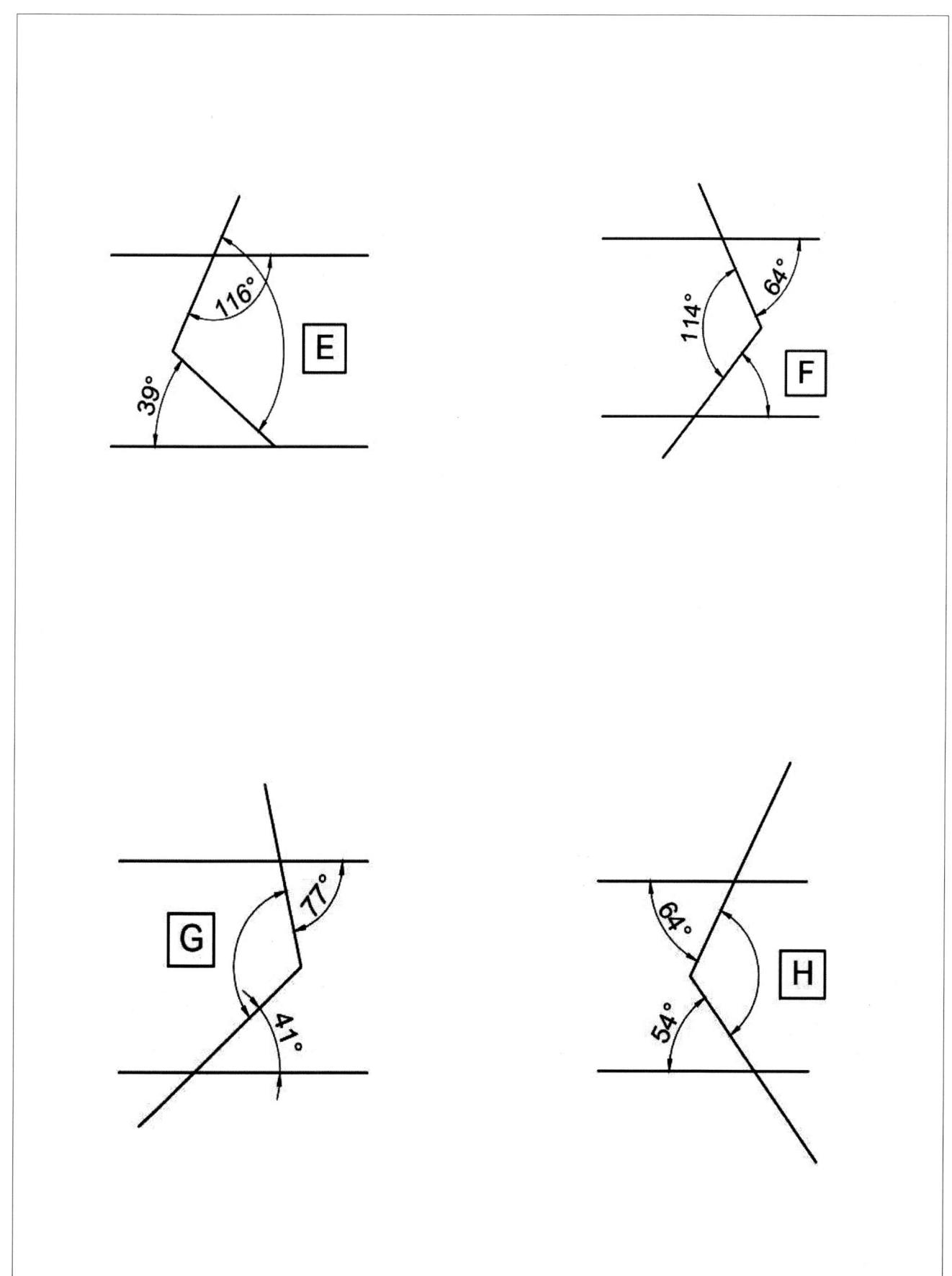

2-1. 각도 연습

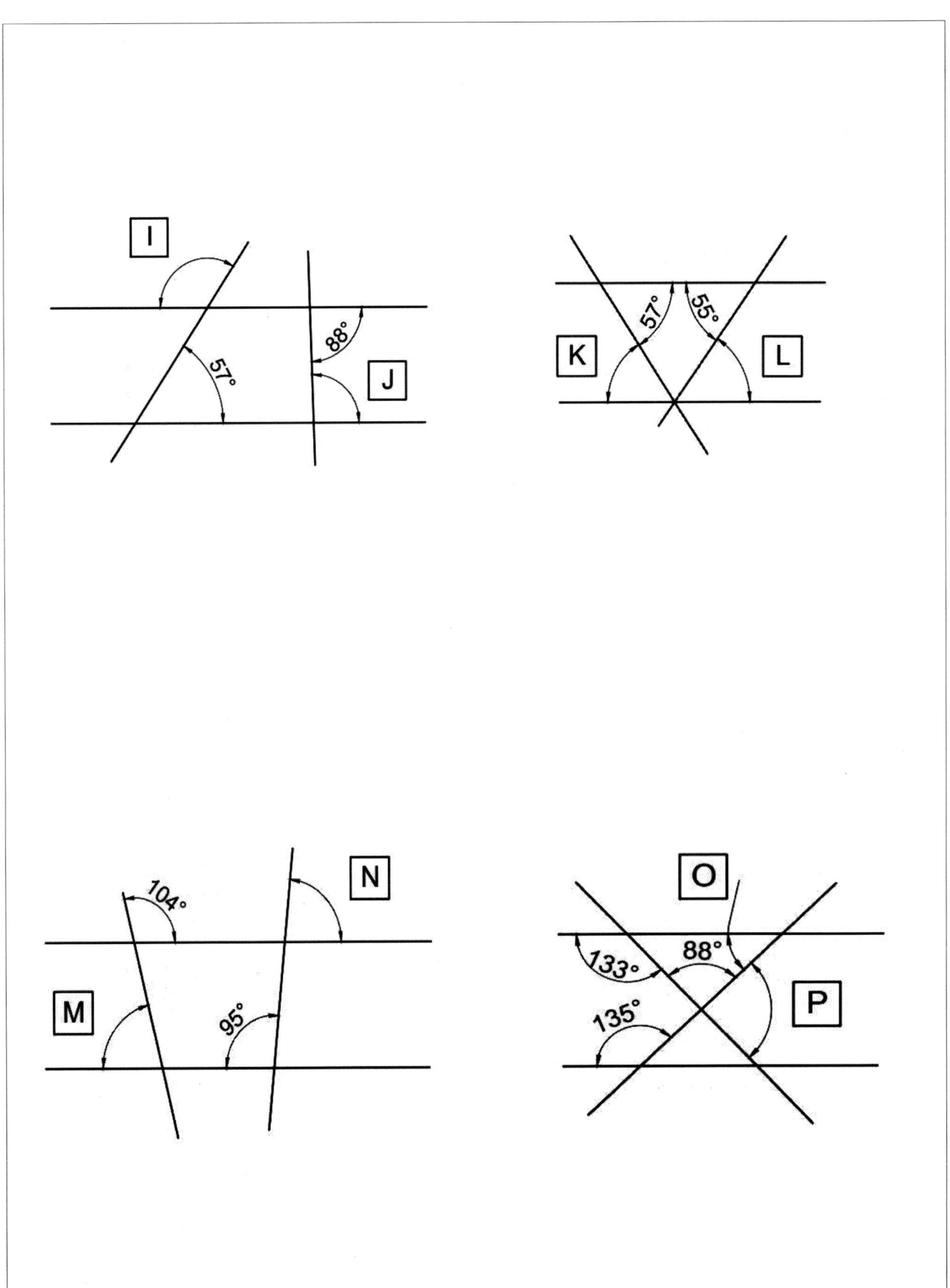

2-2. 각도 스케치

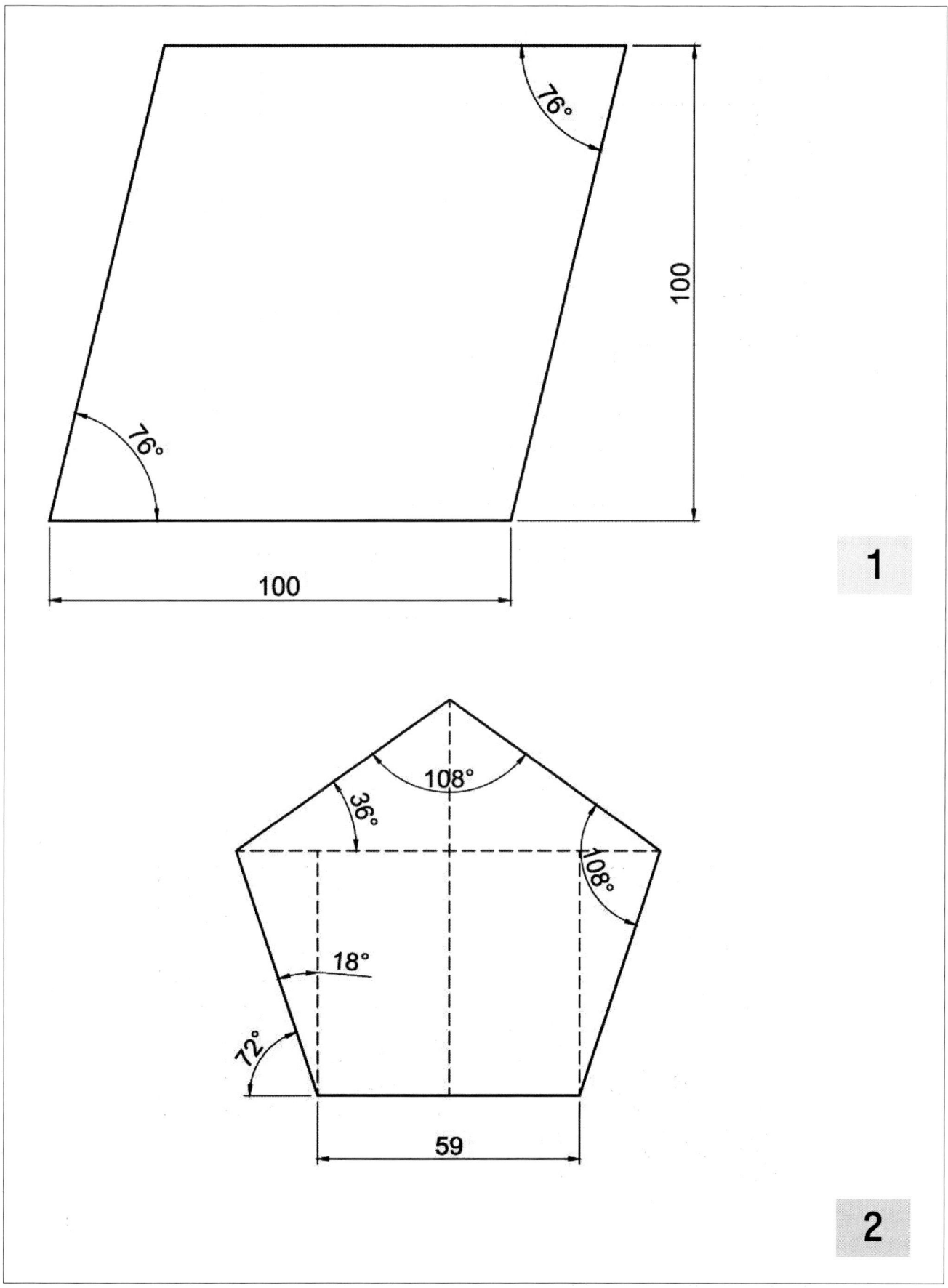

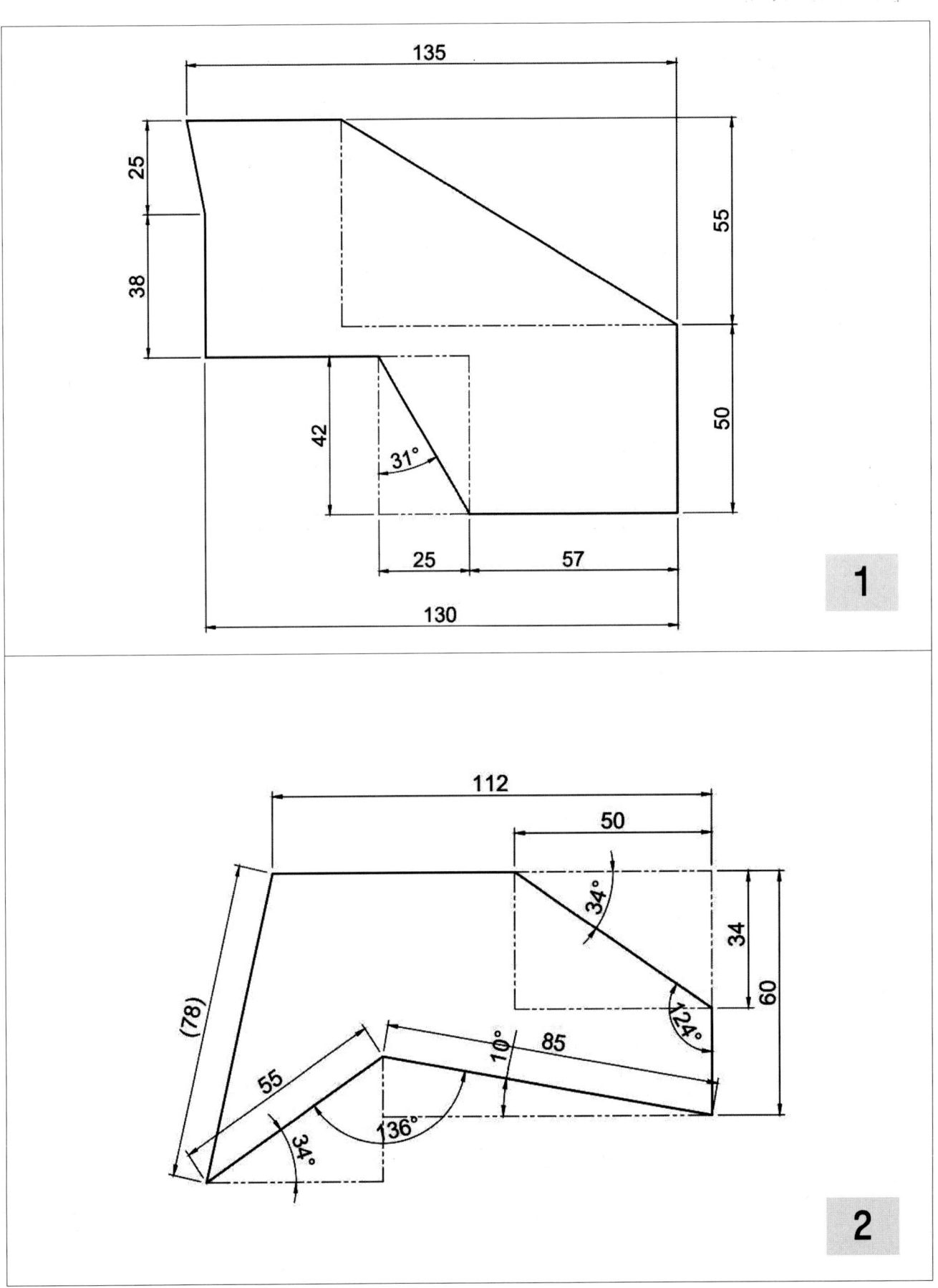

2D CAD

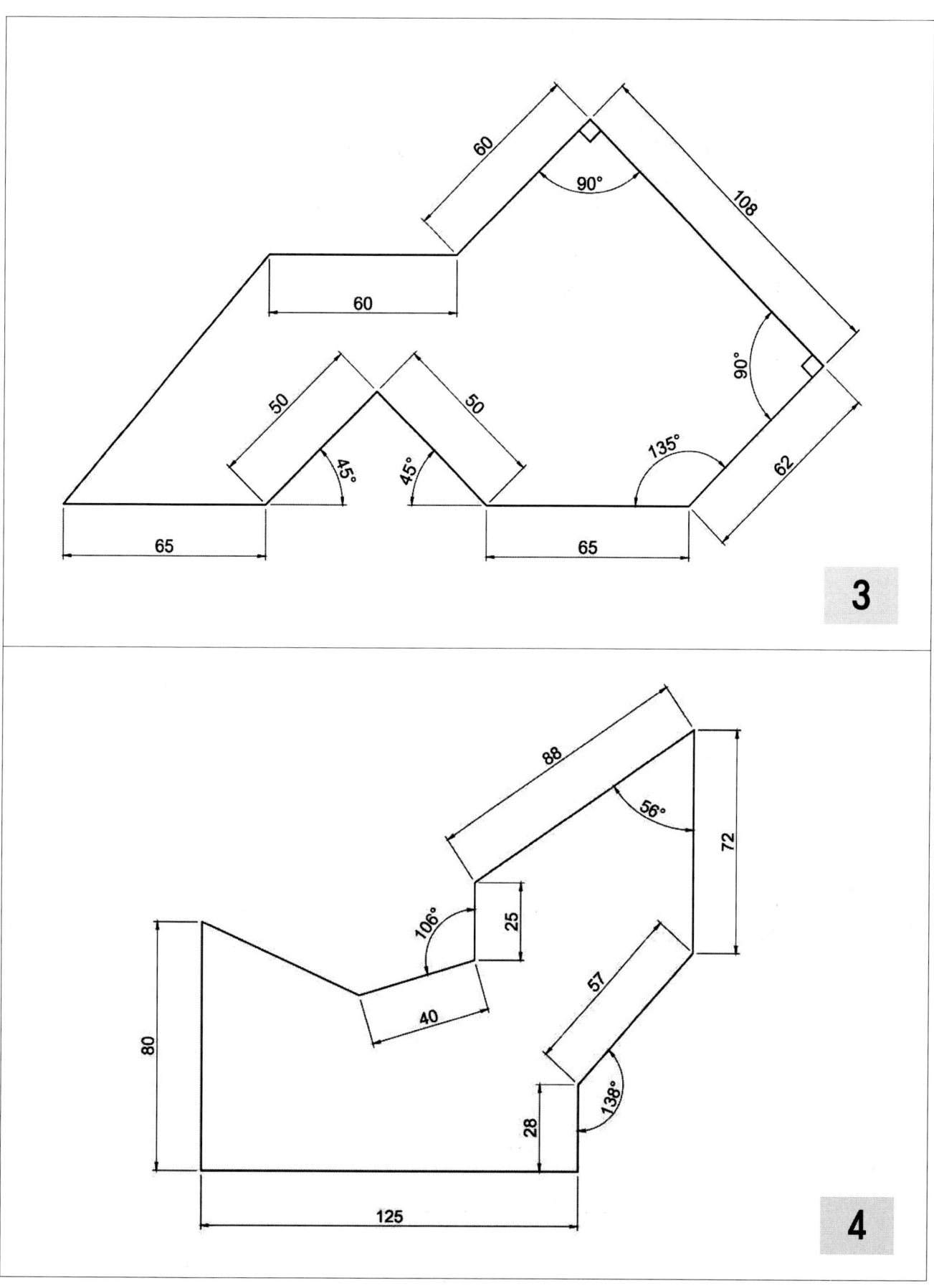

2-2. 각도 스케치

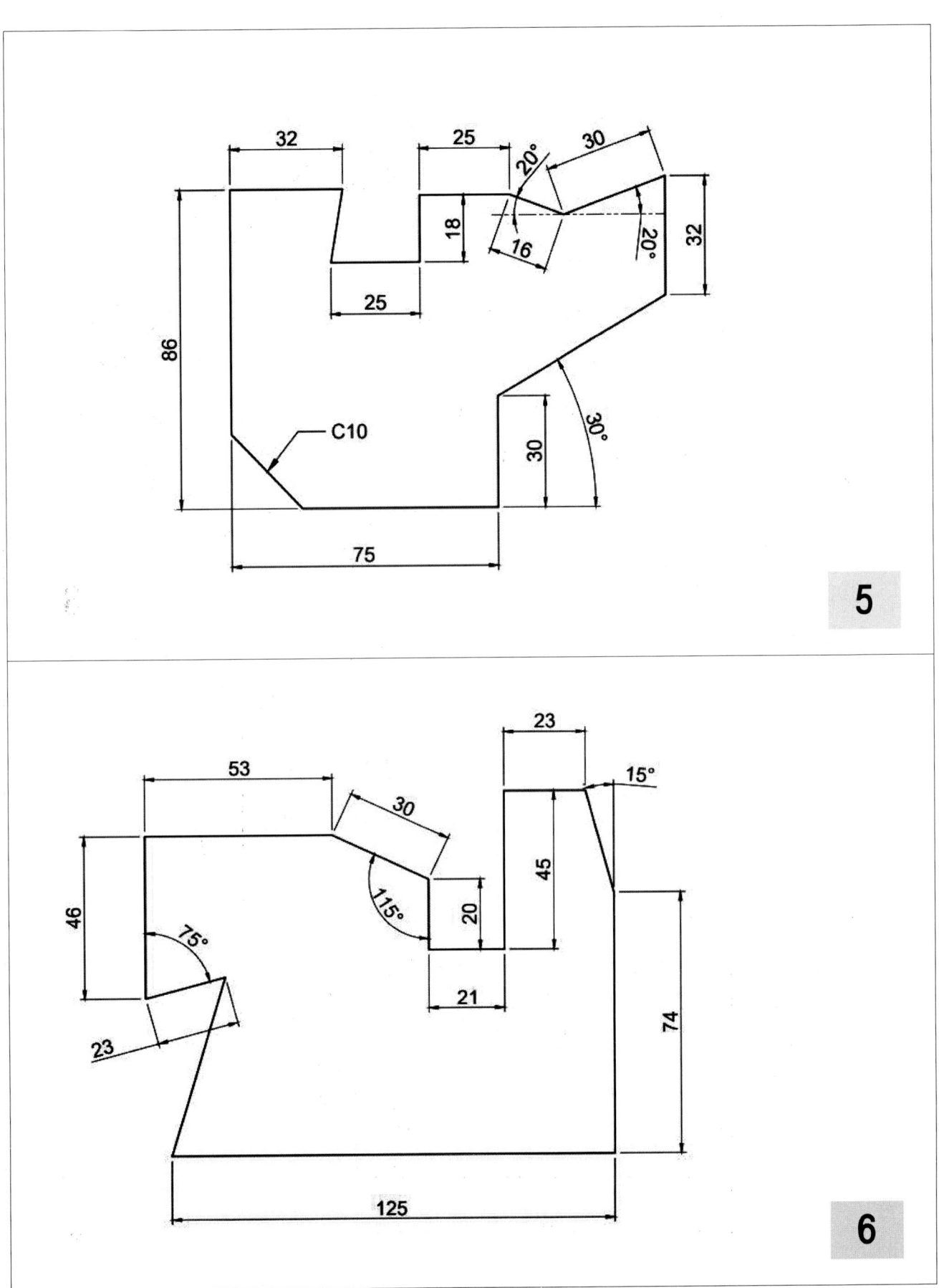

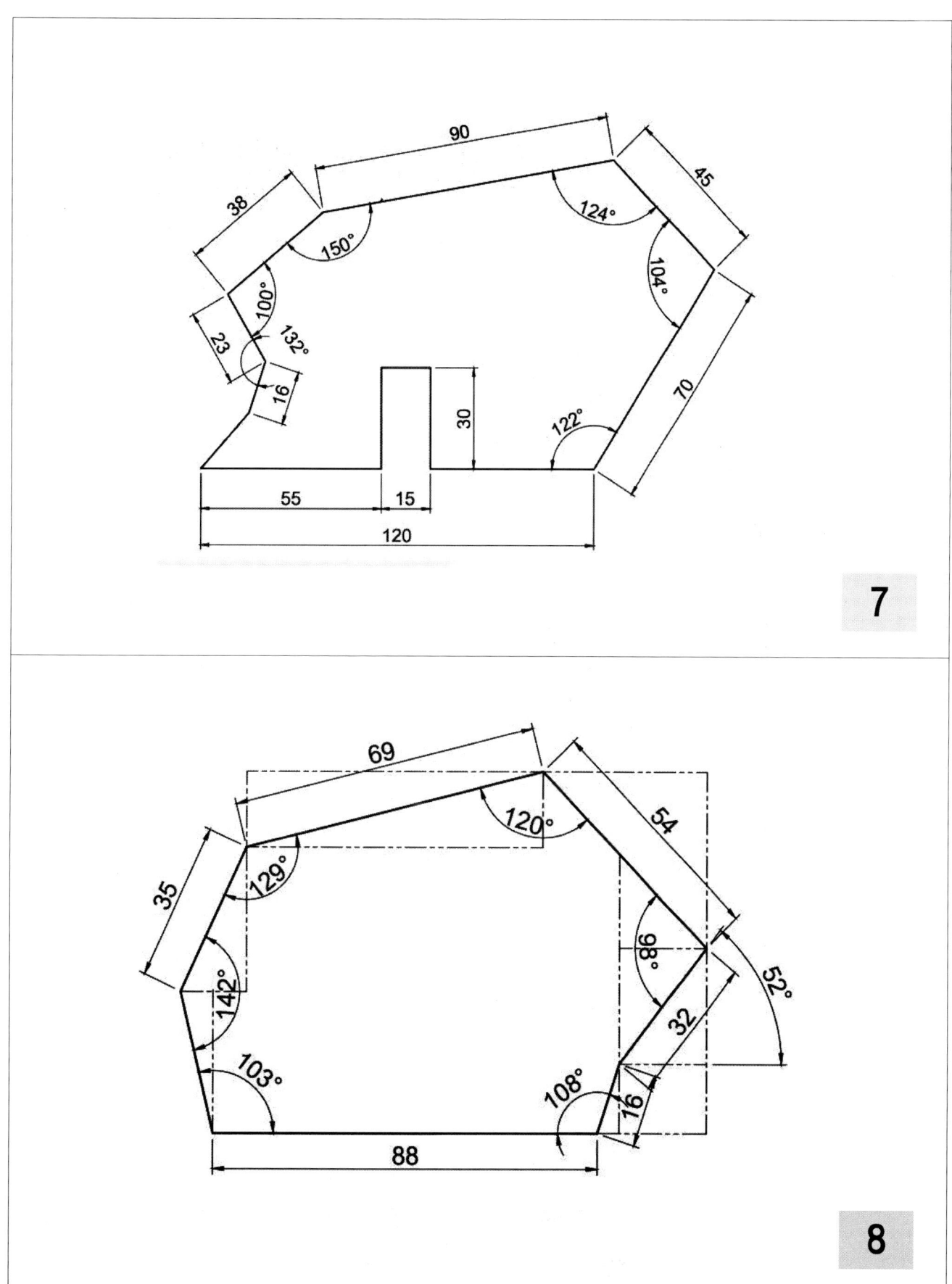

2-2. 각도 스케치

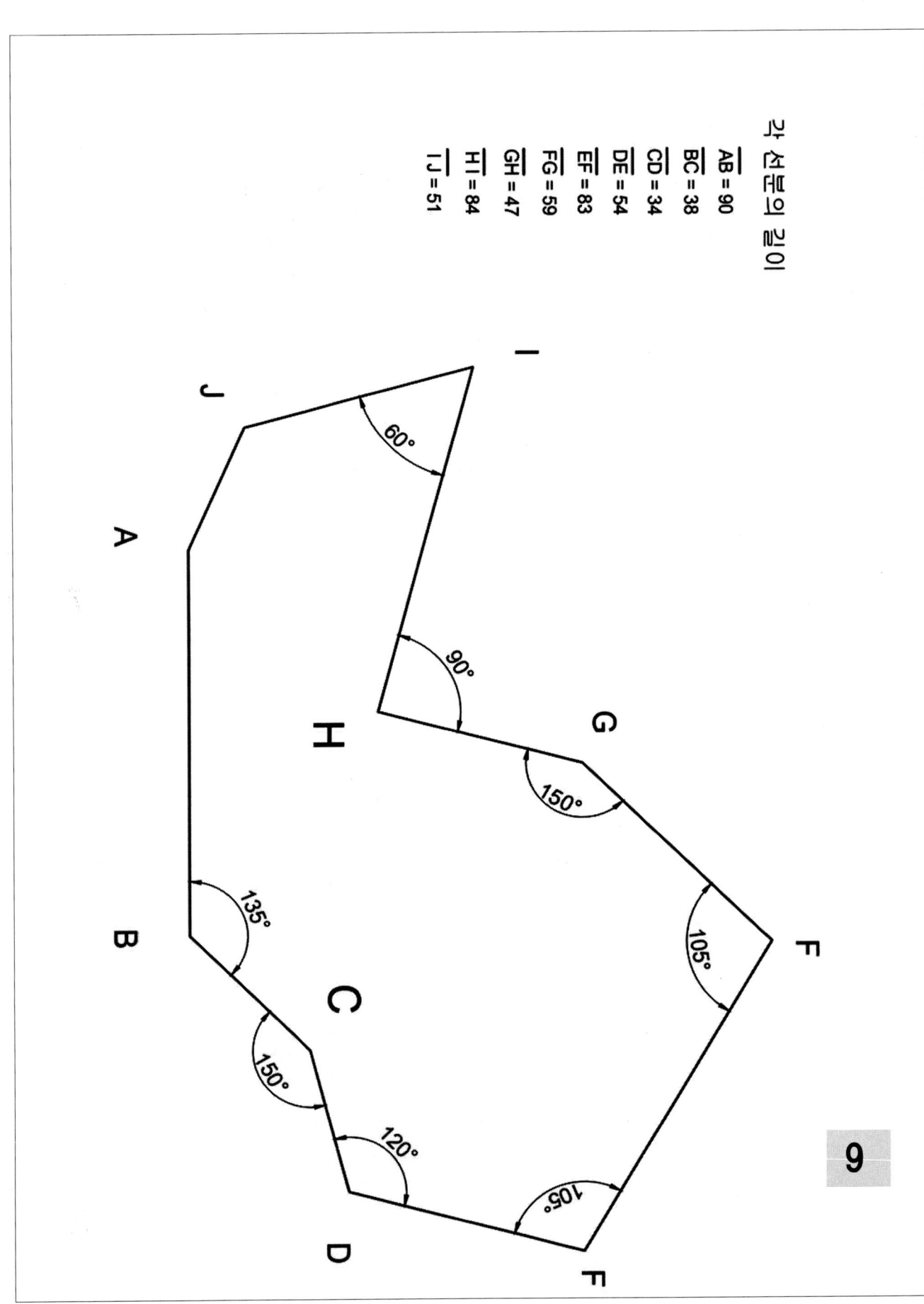

3. 원의 접선

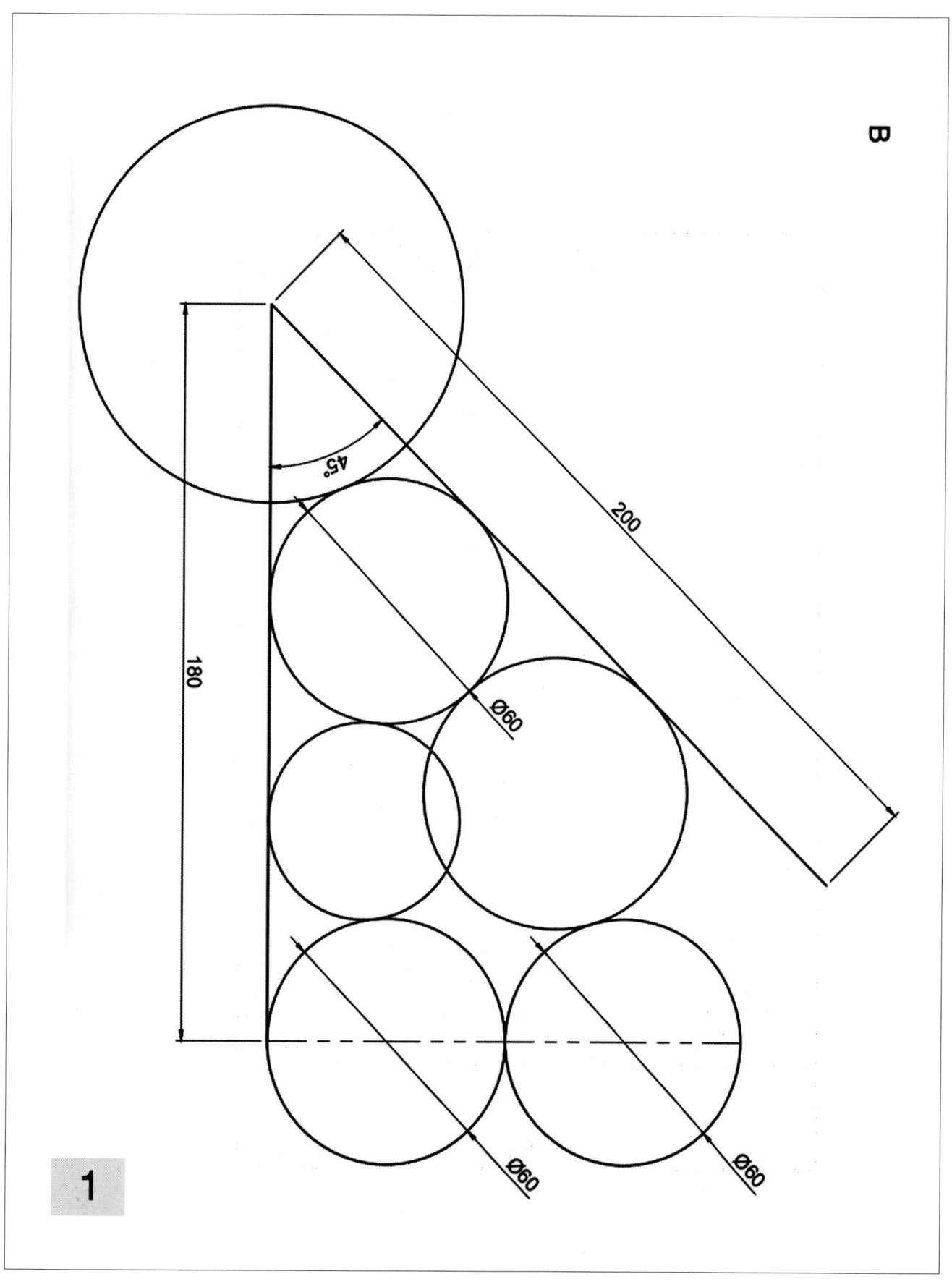

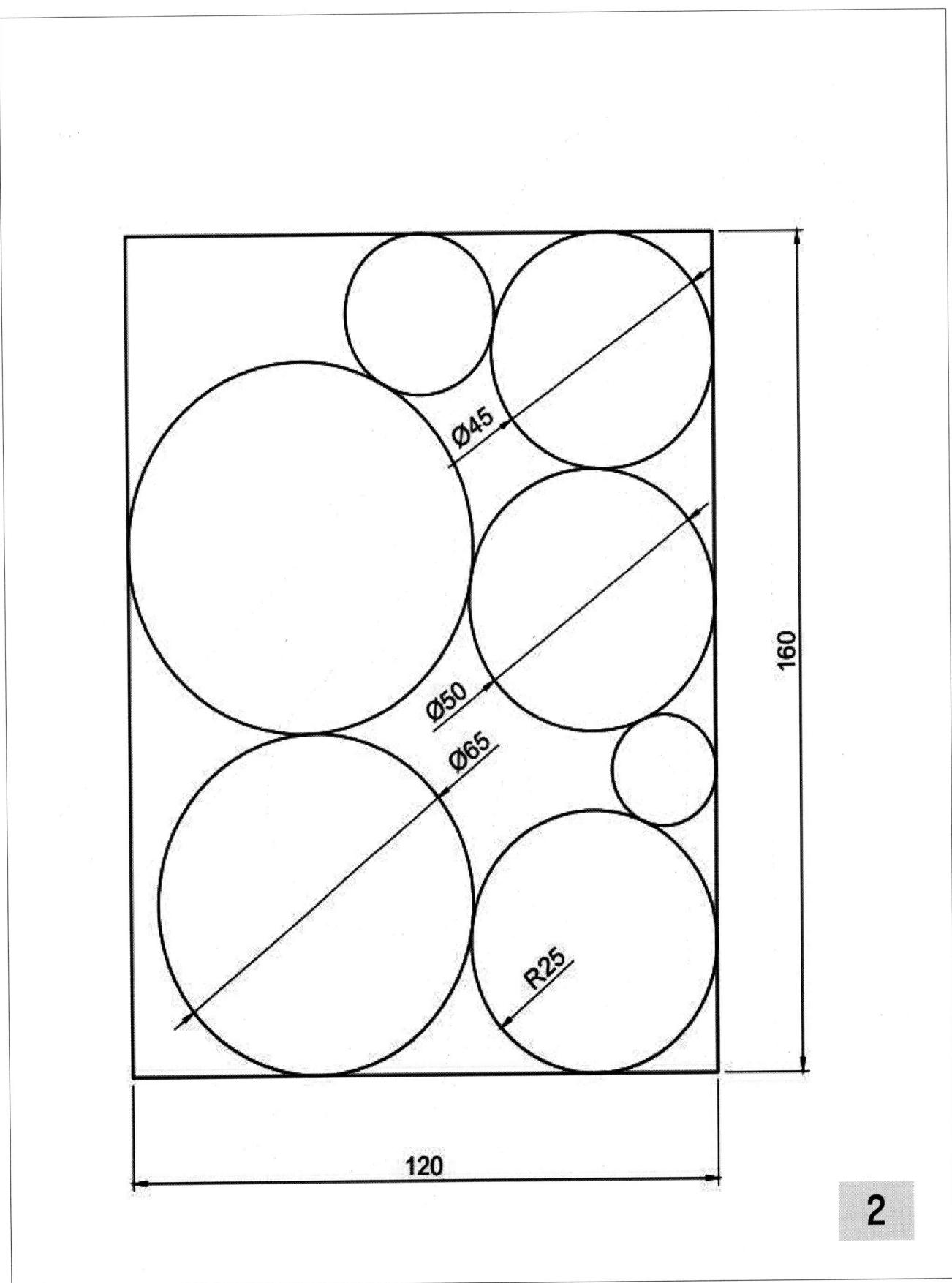

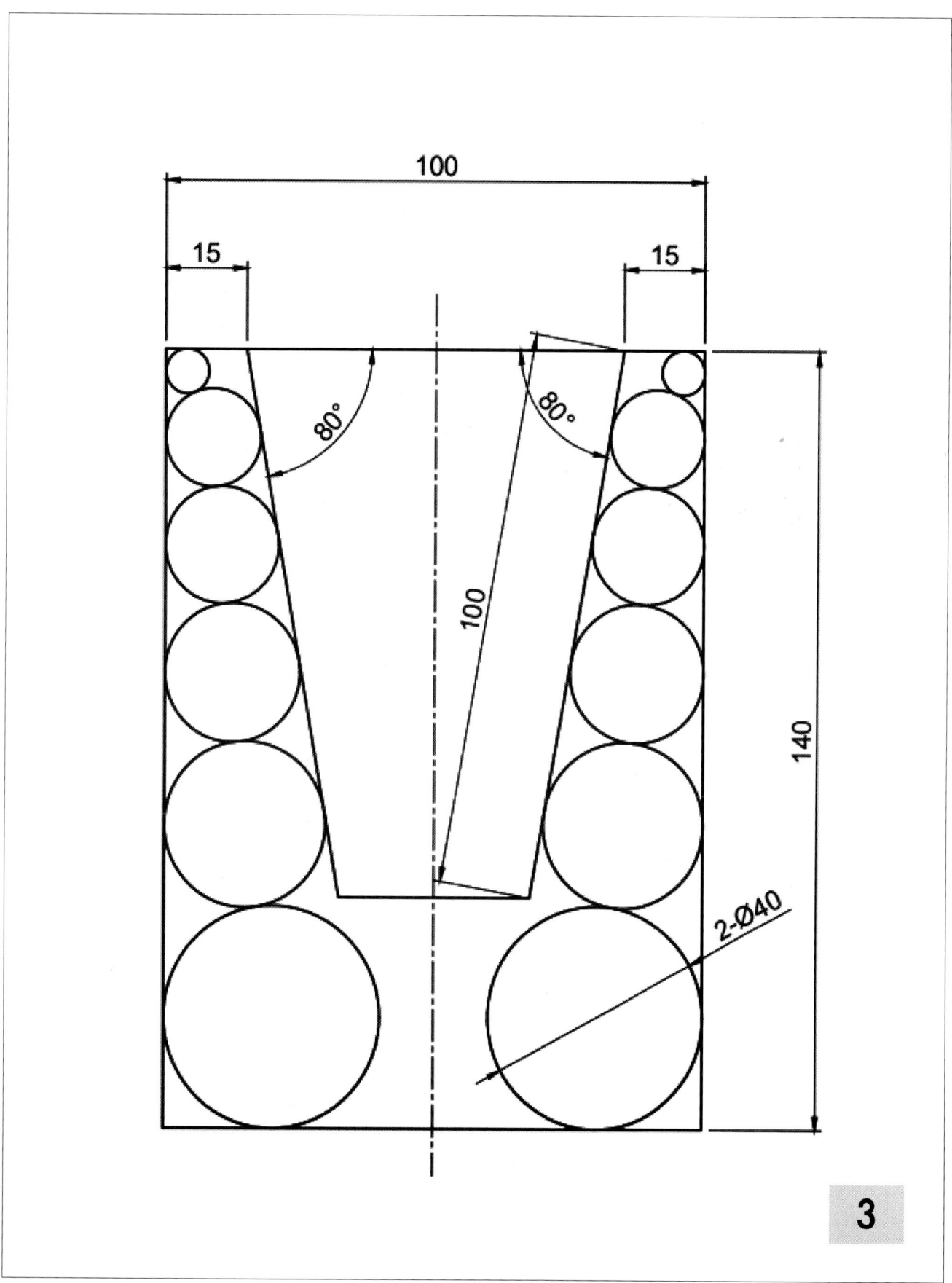

3. 원의 접선

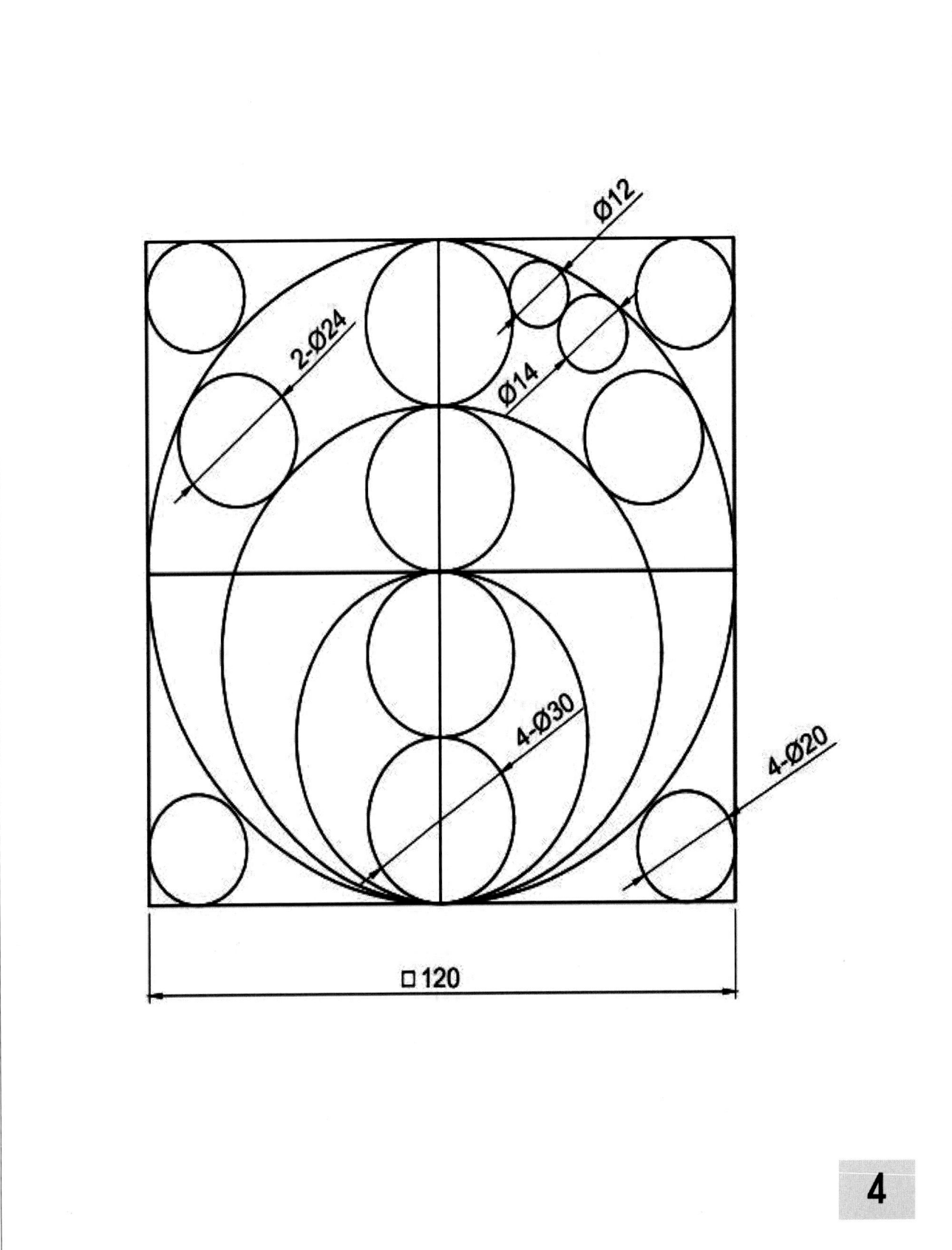

4. 응용 스케치

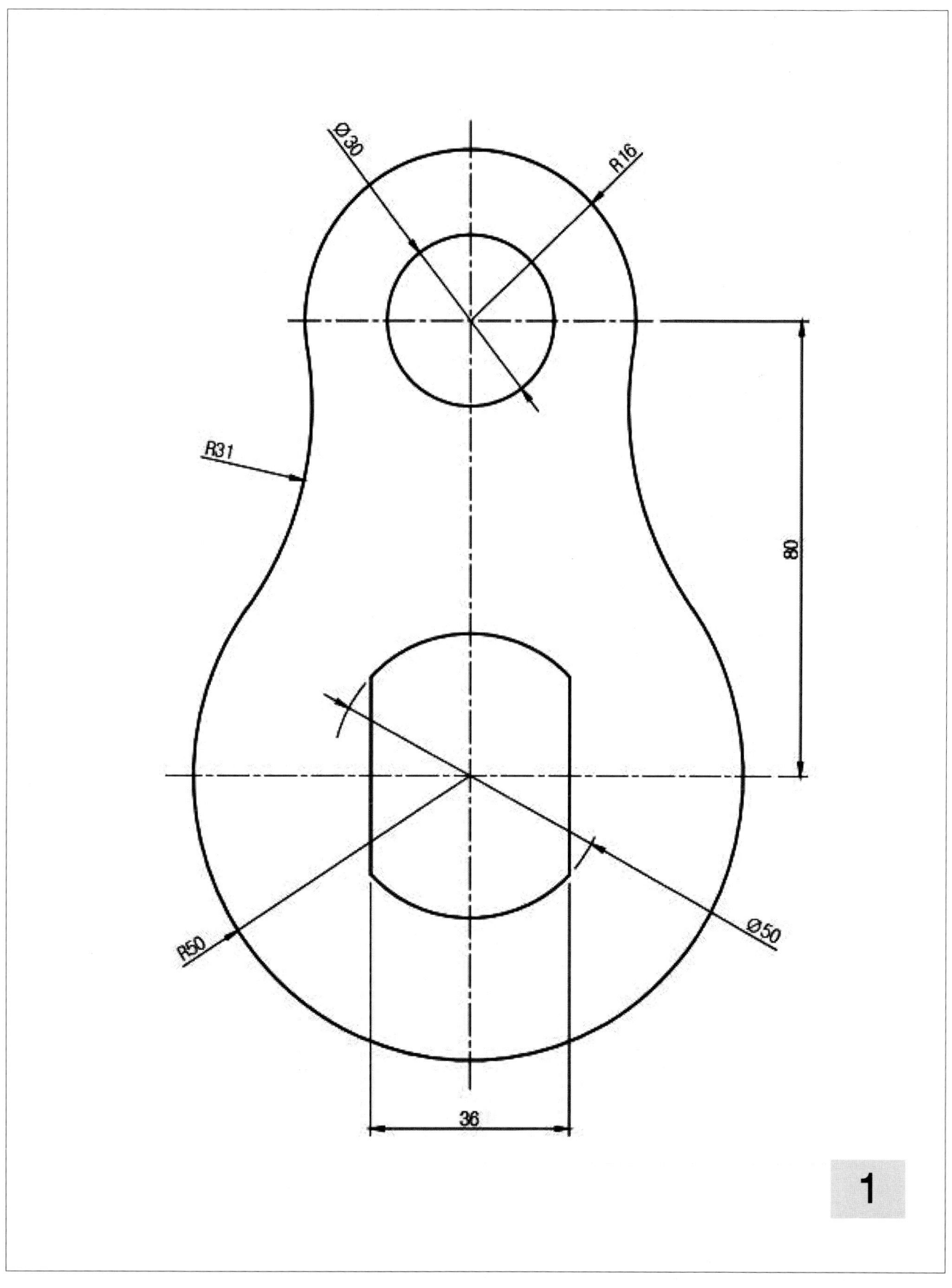

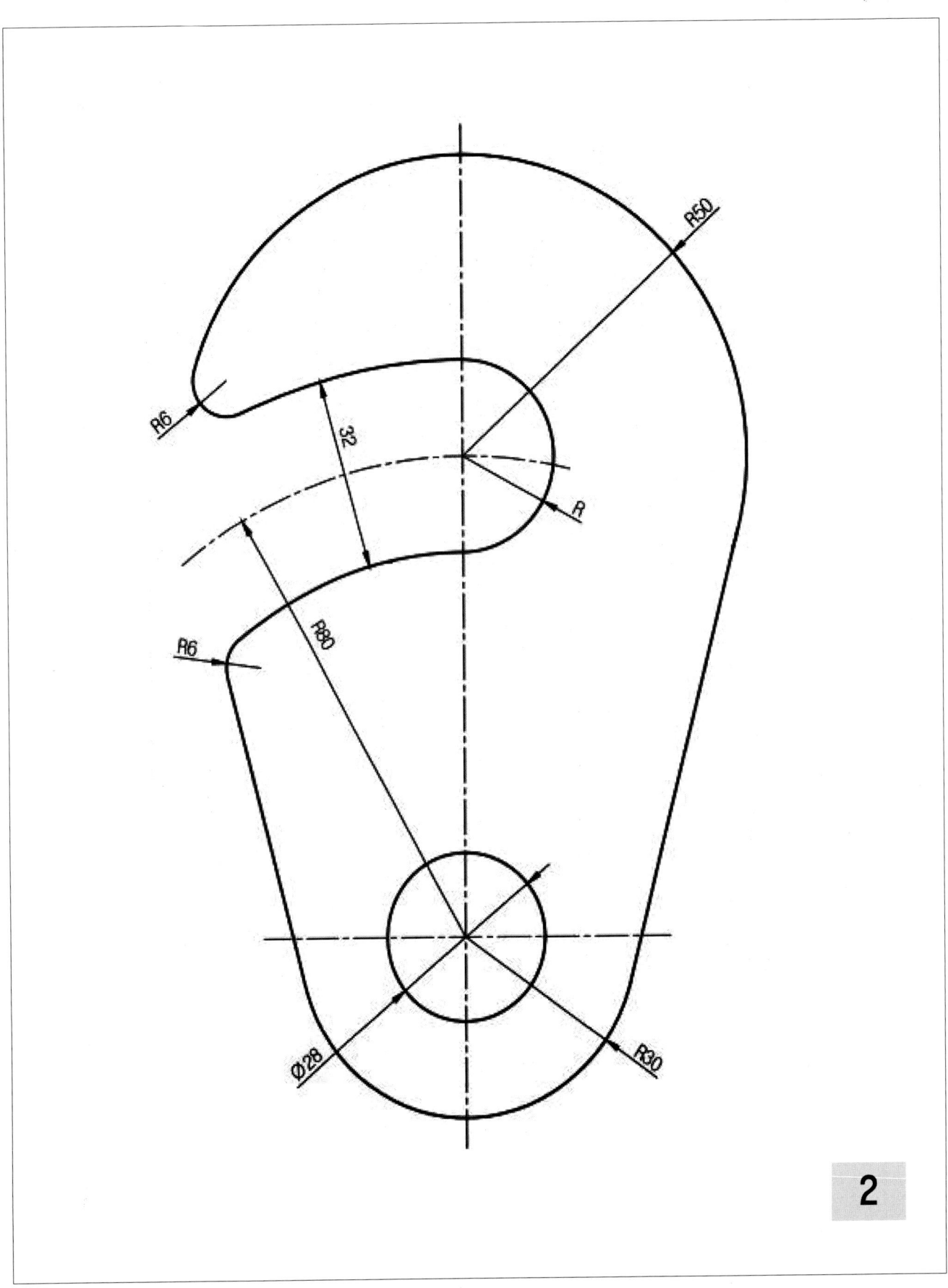

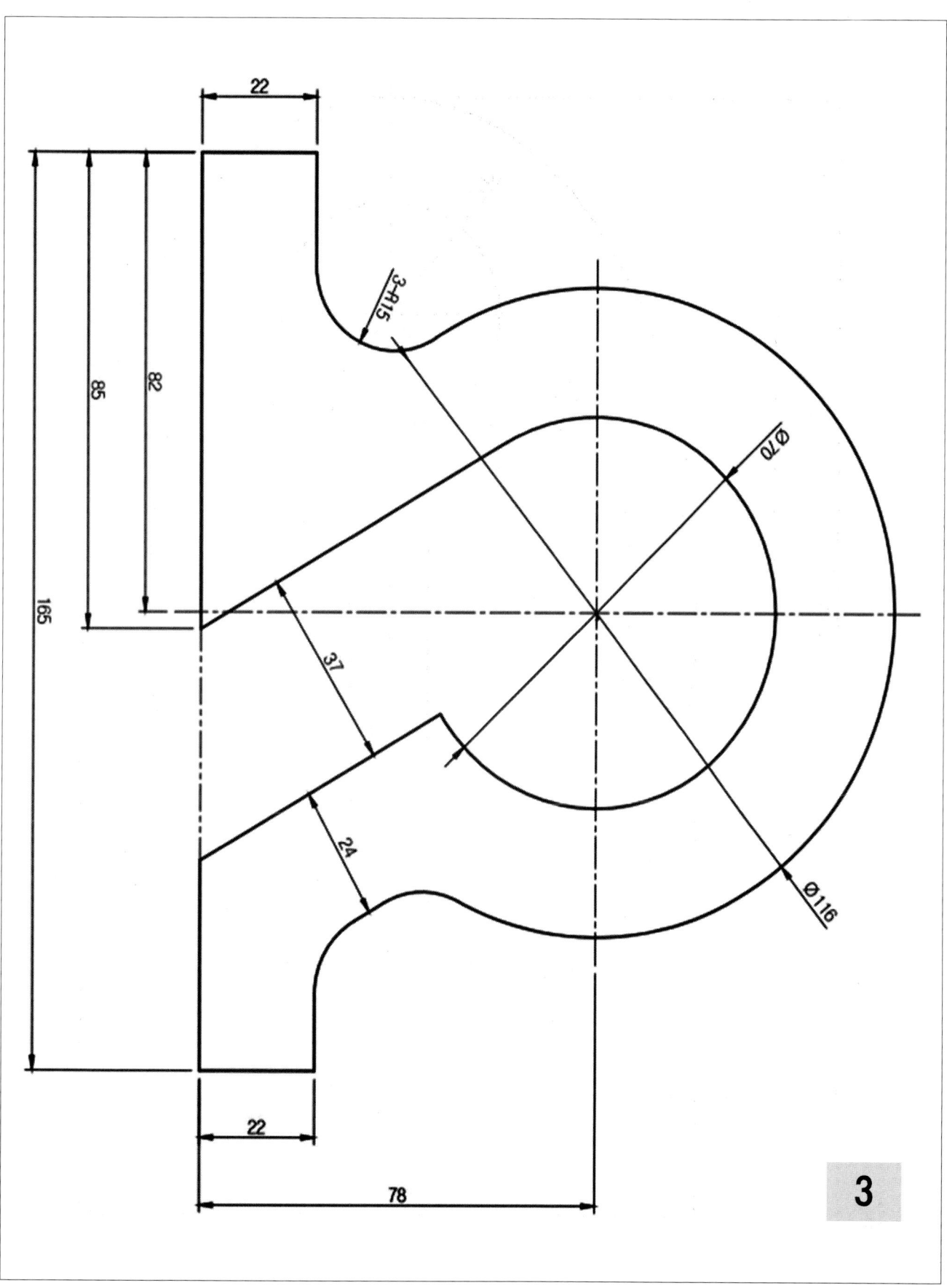

4. 응용 스케치

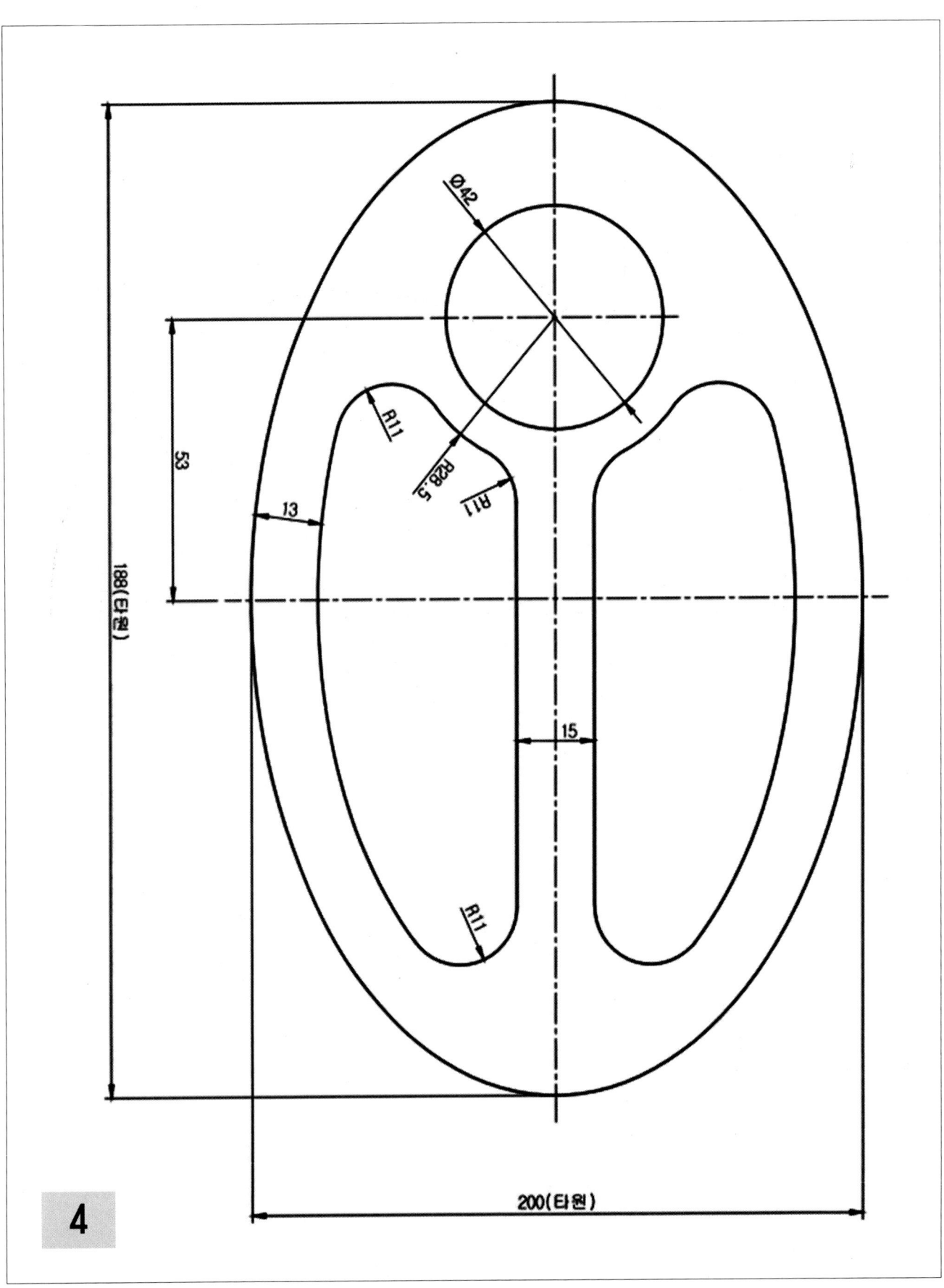

2D CAD

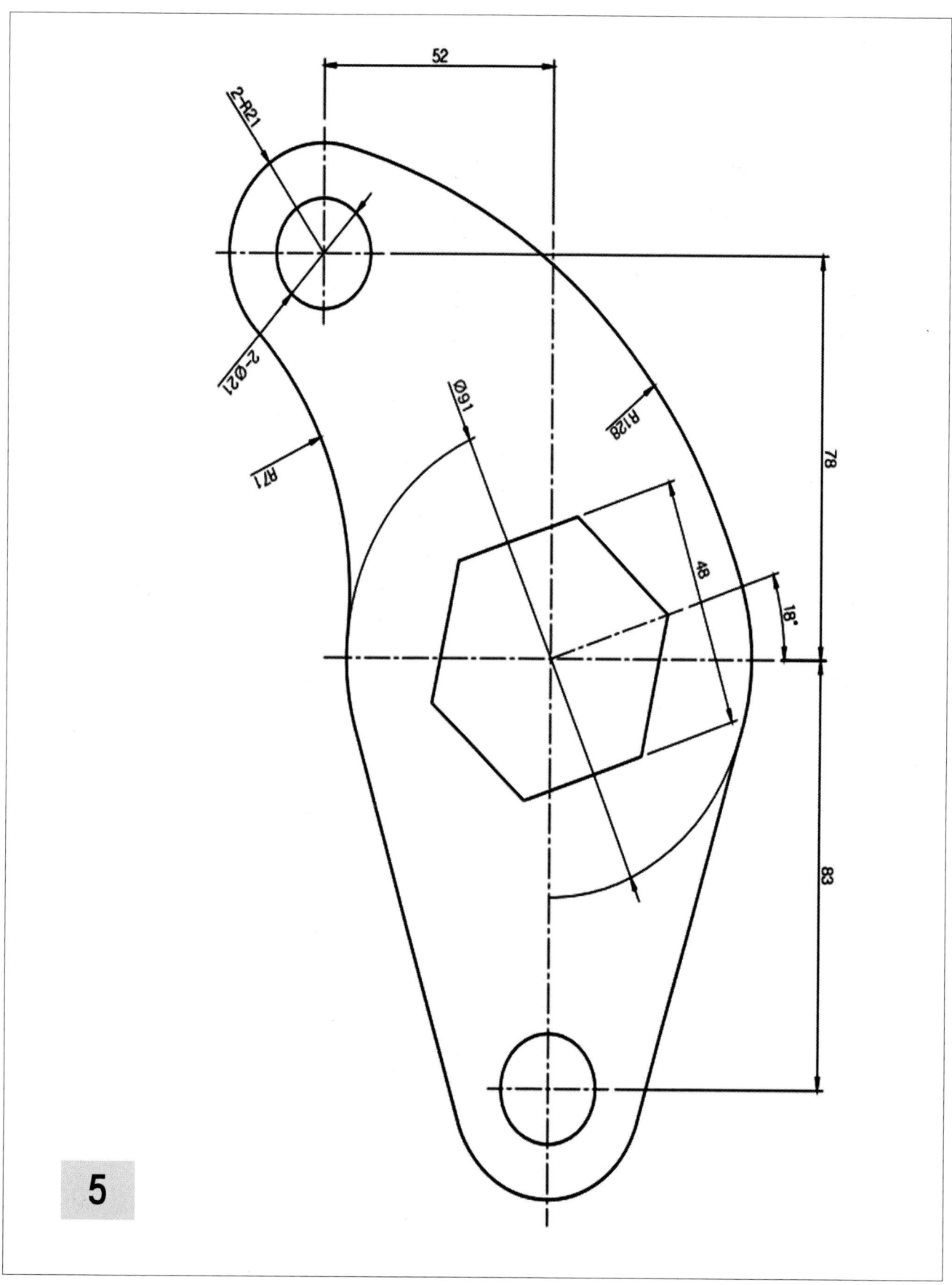

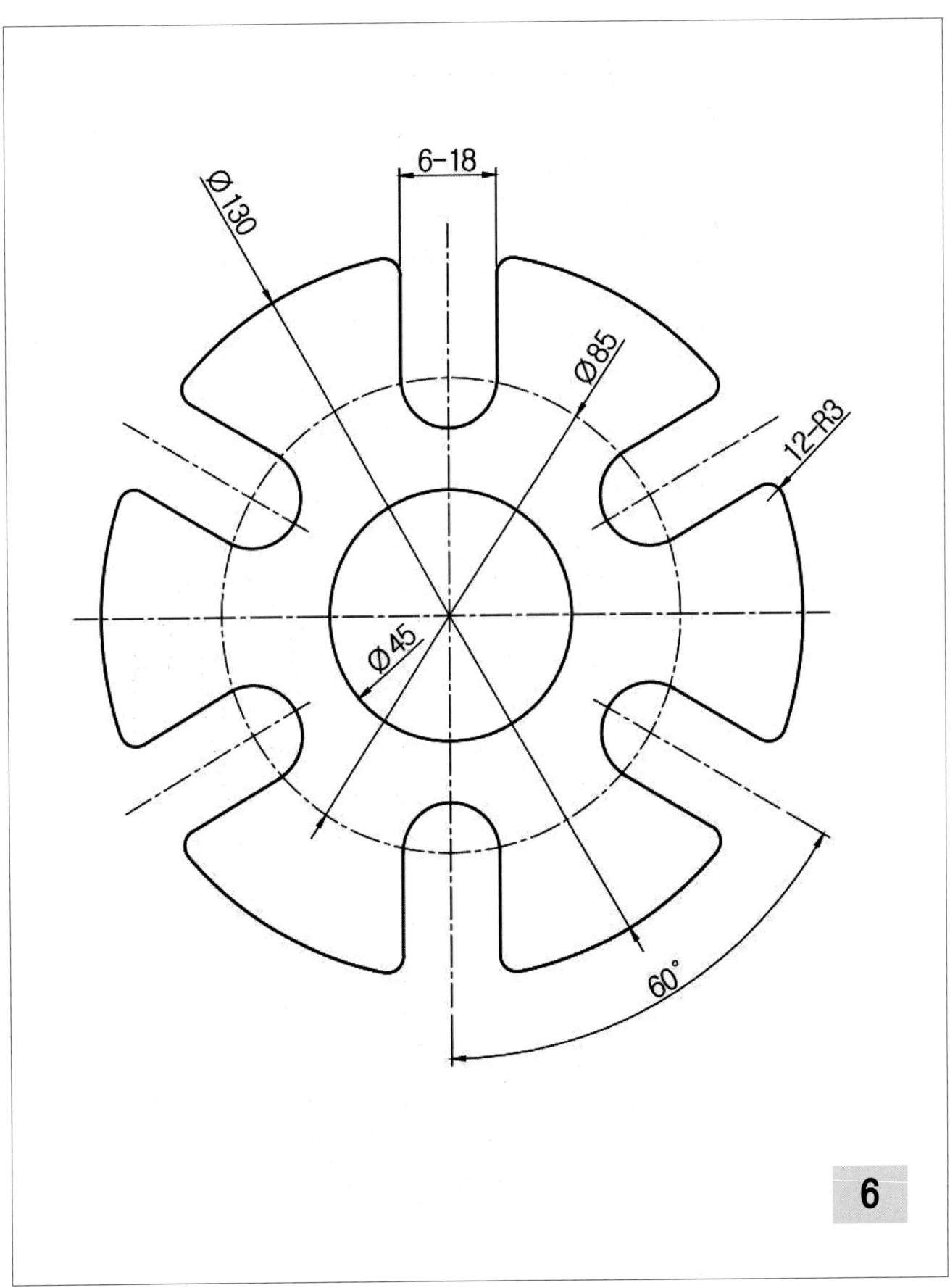

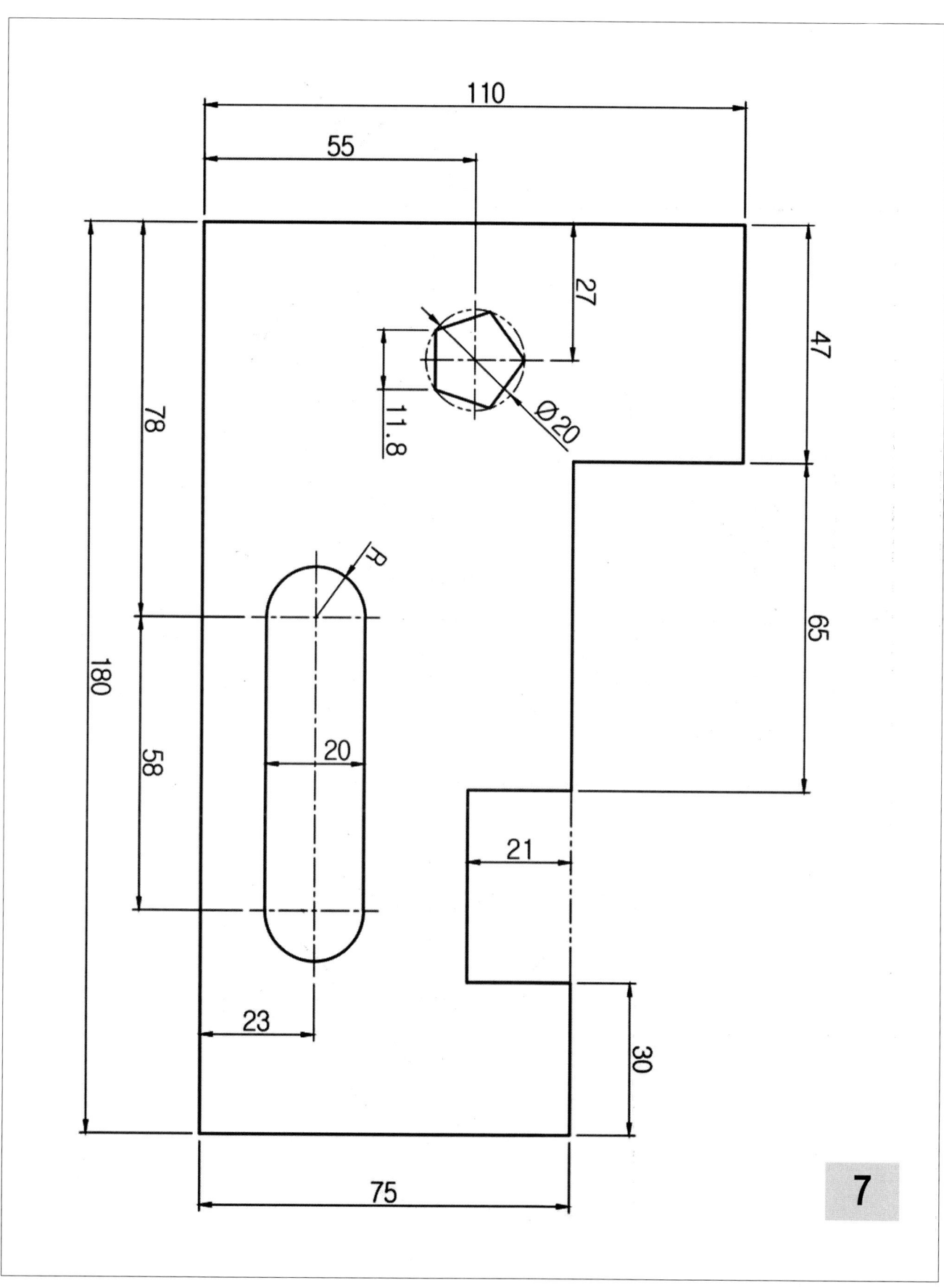

4. 응용 스케치

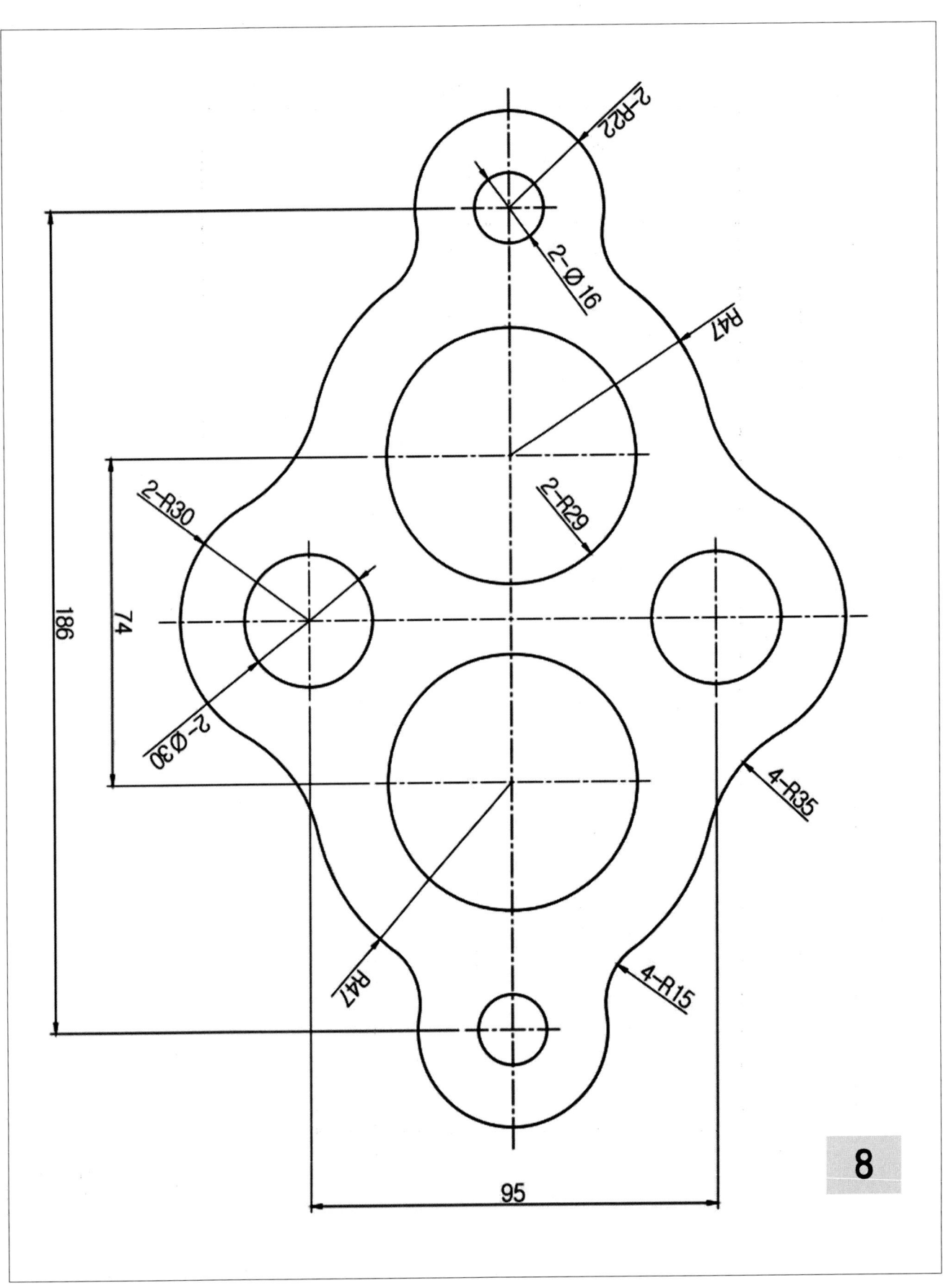

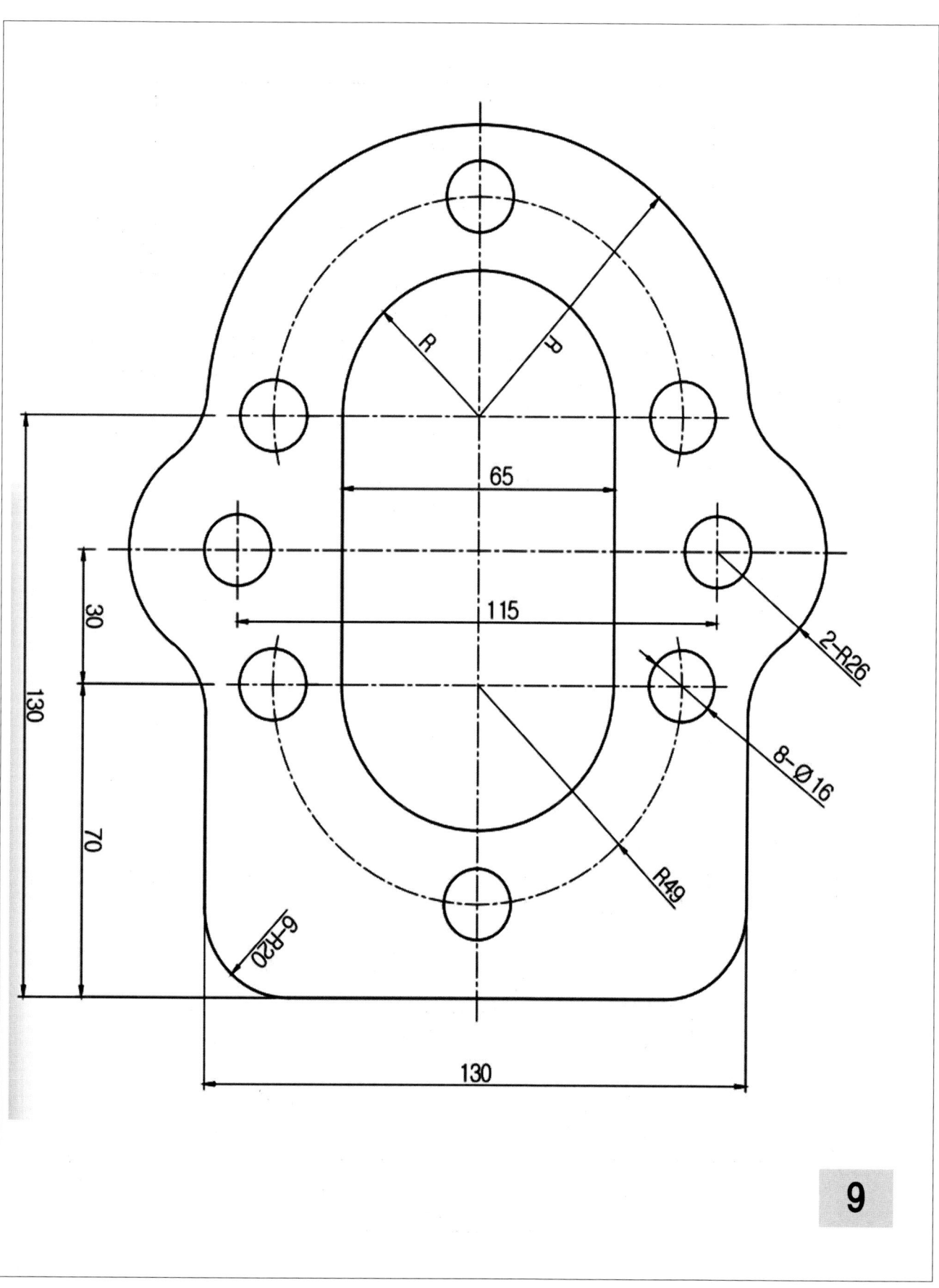

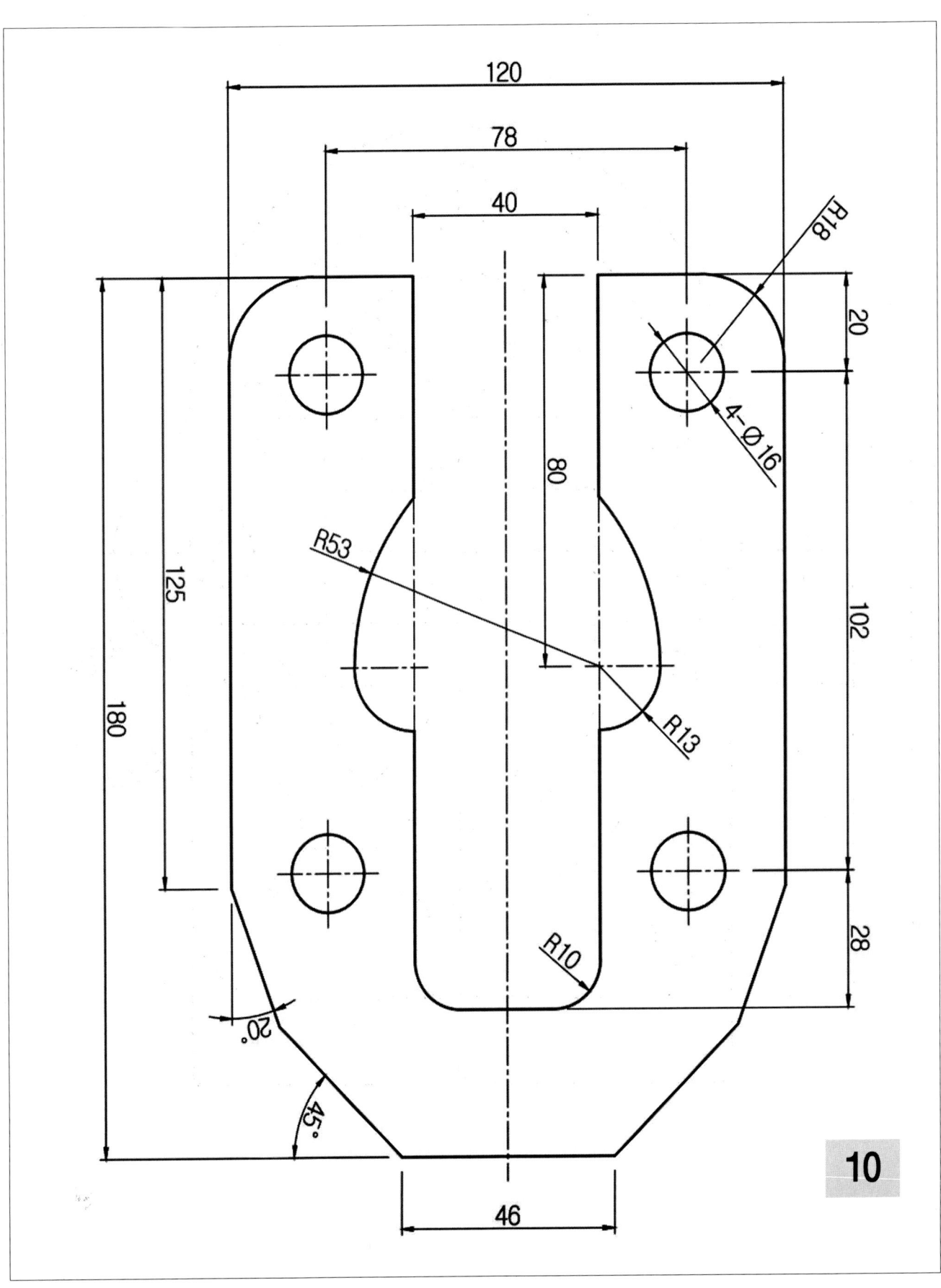

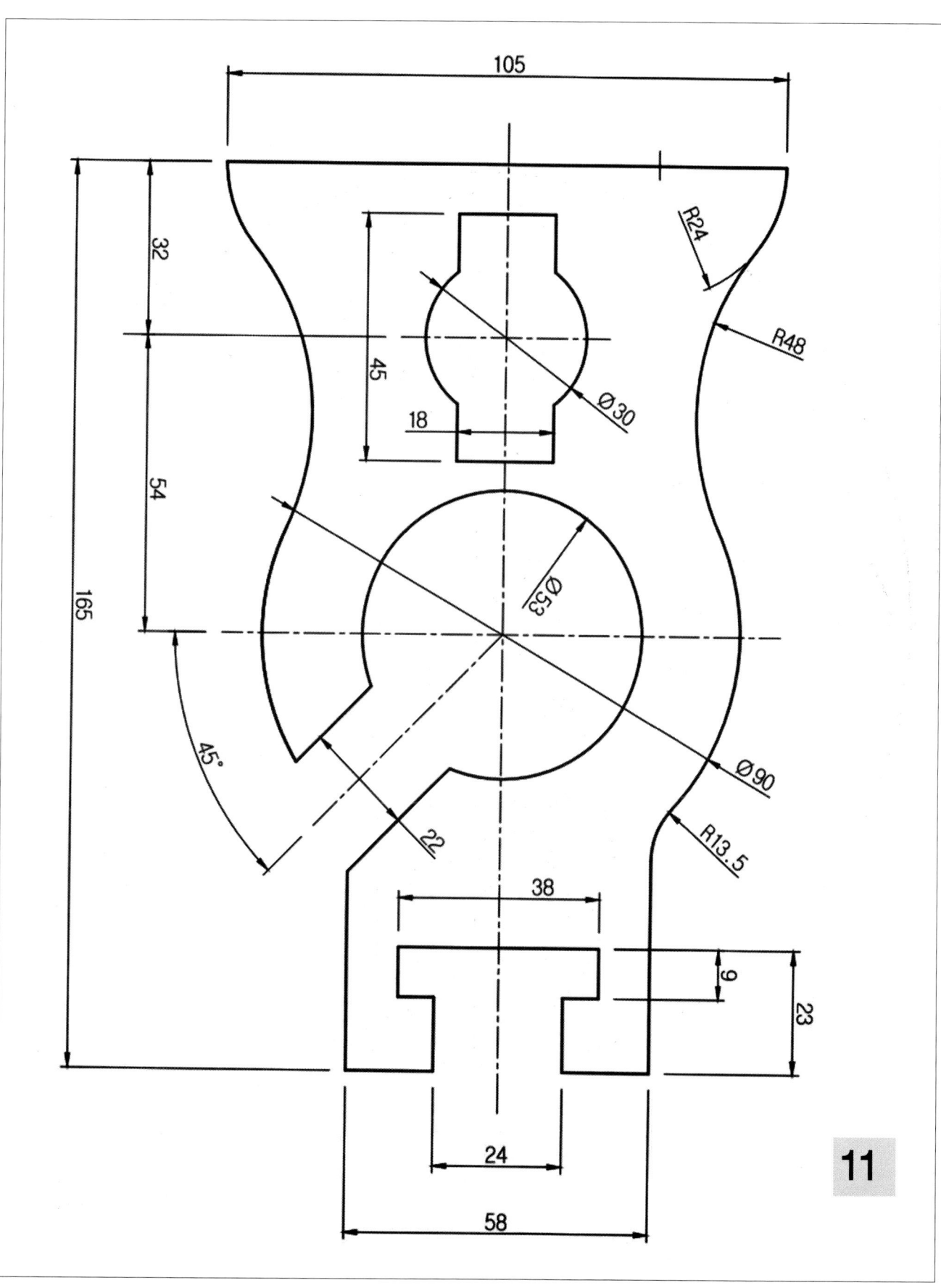

4. 응용 스케치

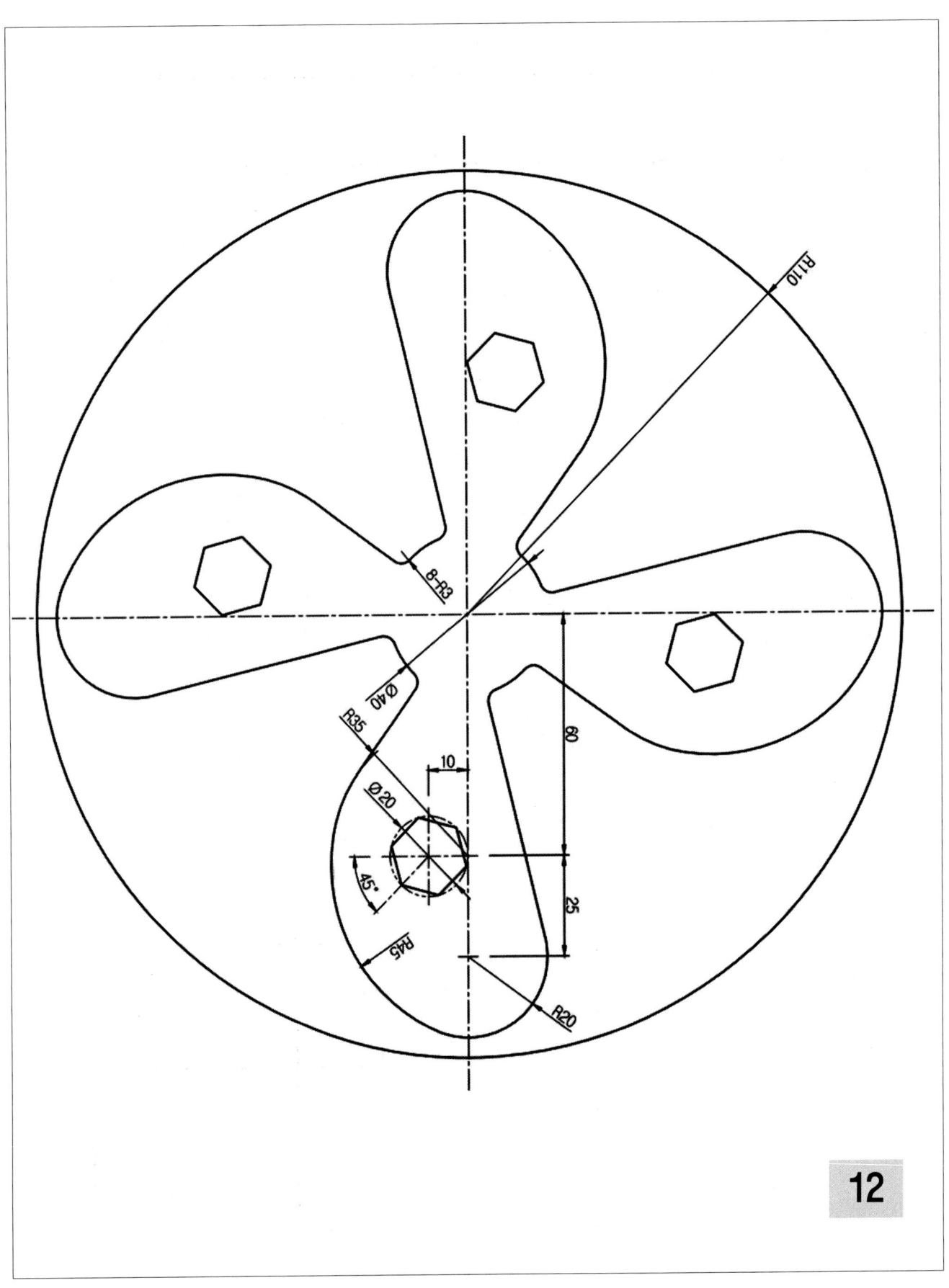

2D CAD

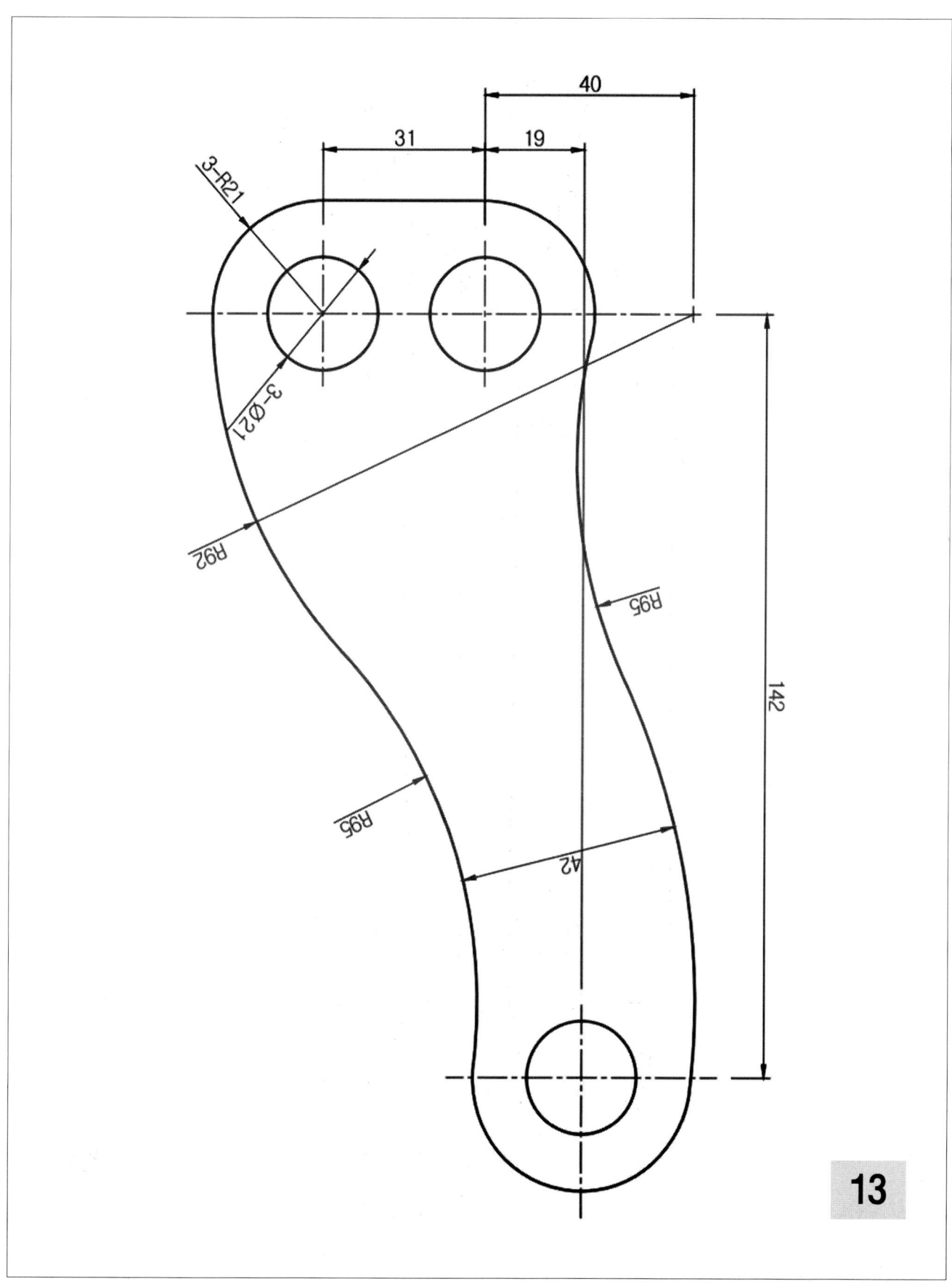

4. 응용 스케치

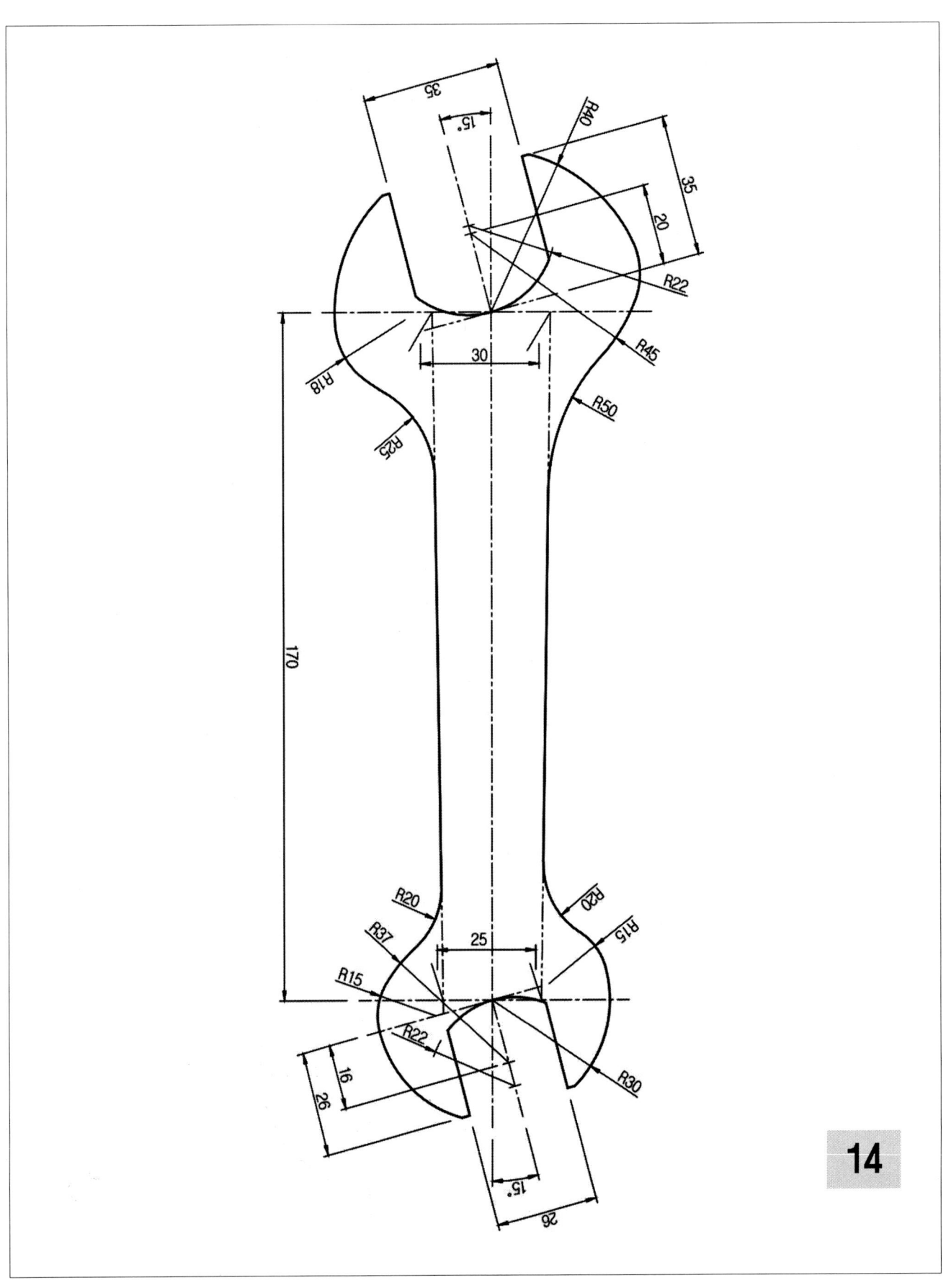

Summary

5. 등각투상도

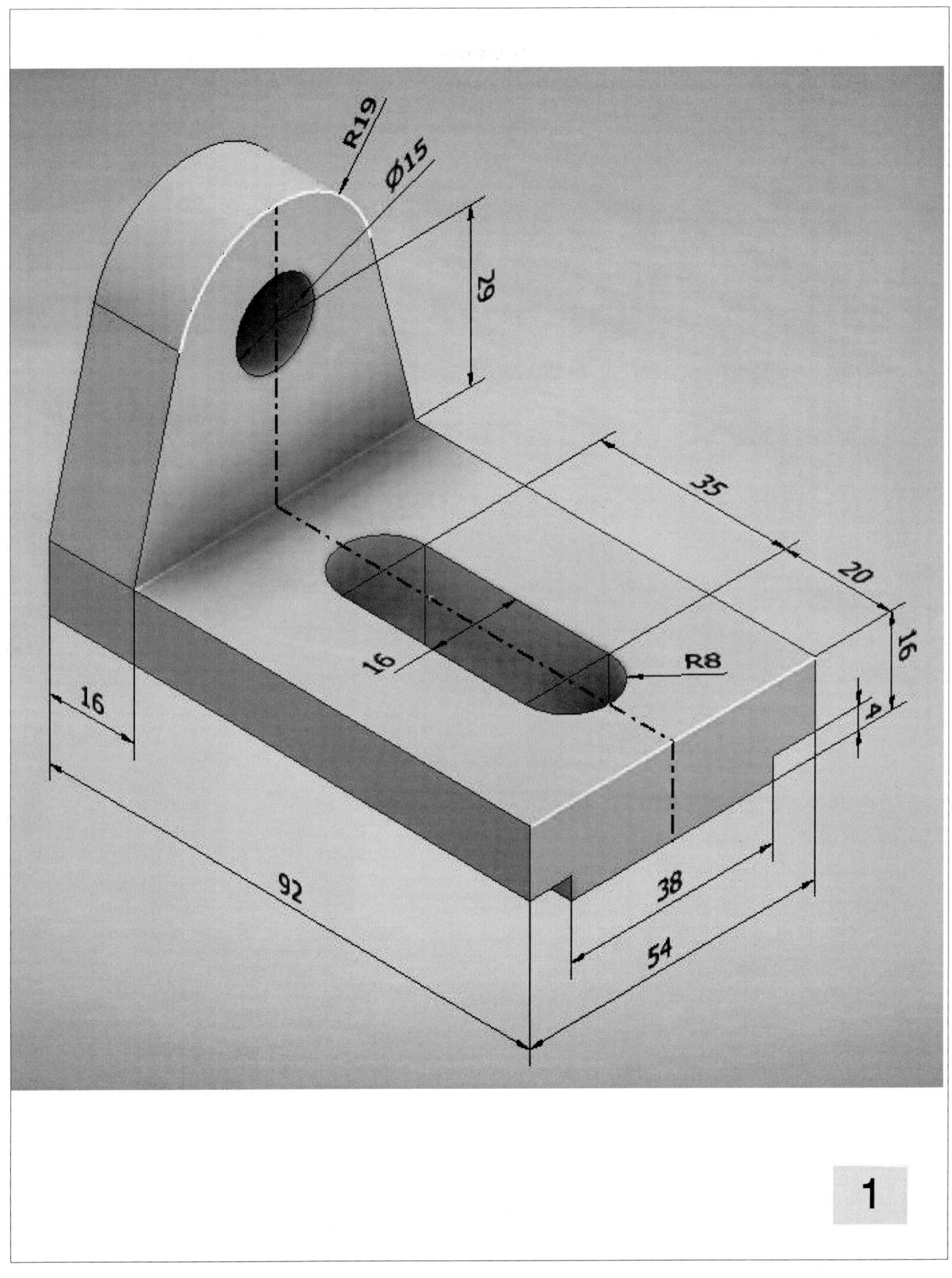

2D CAD

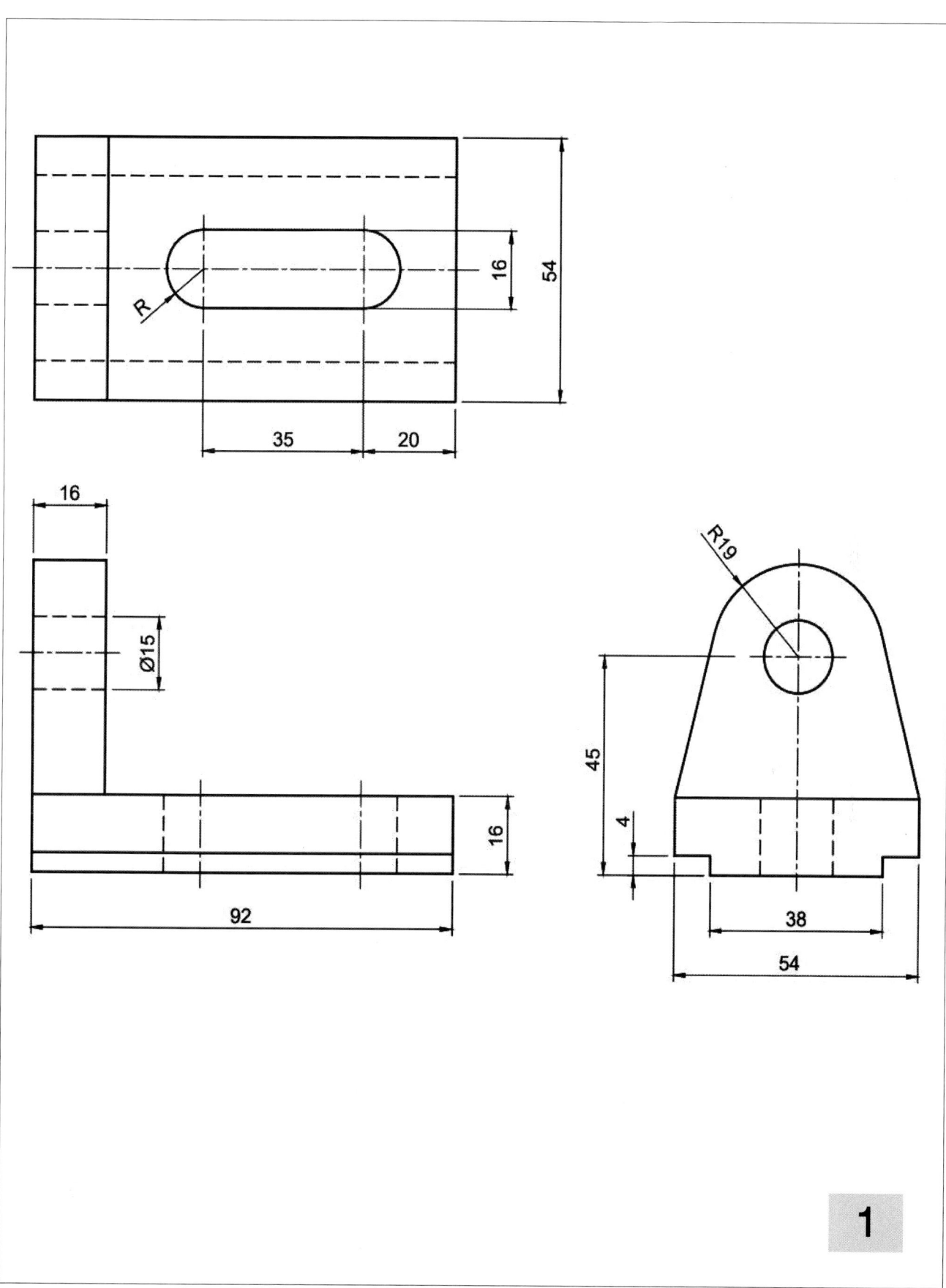

5. 등각투상도

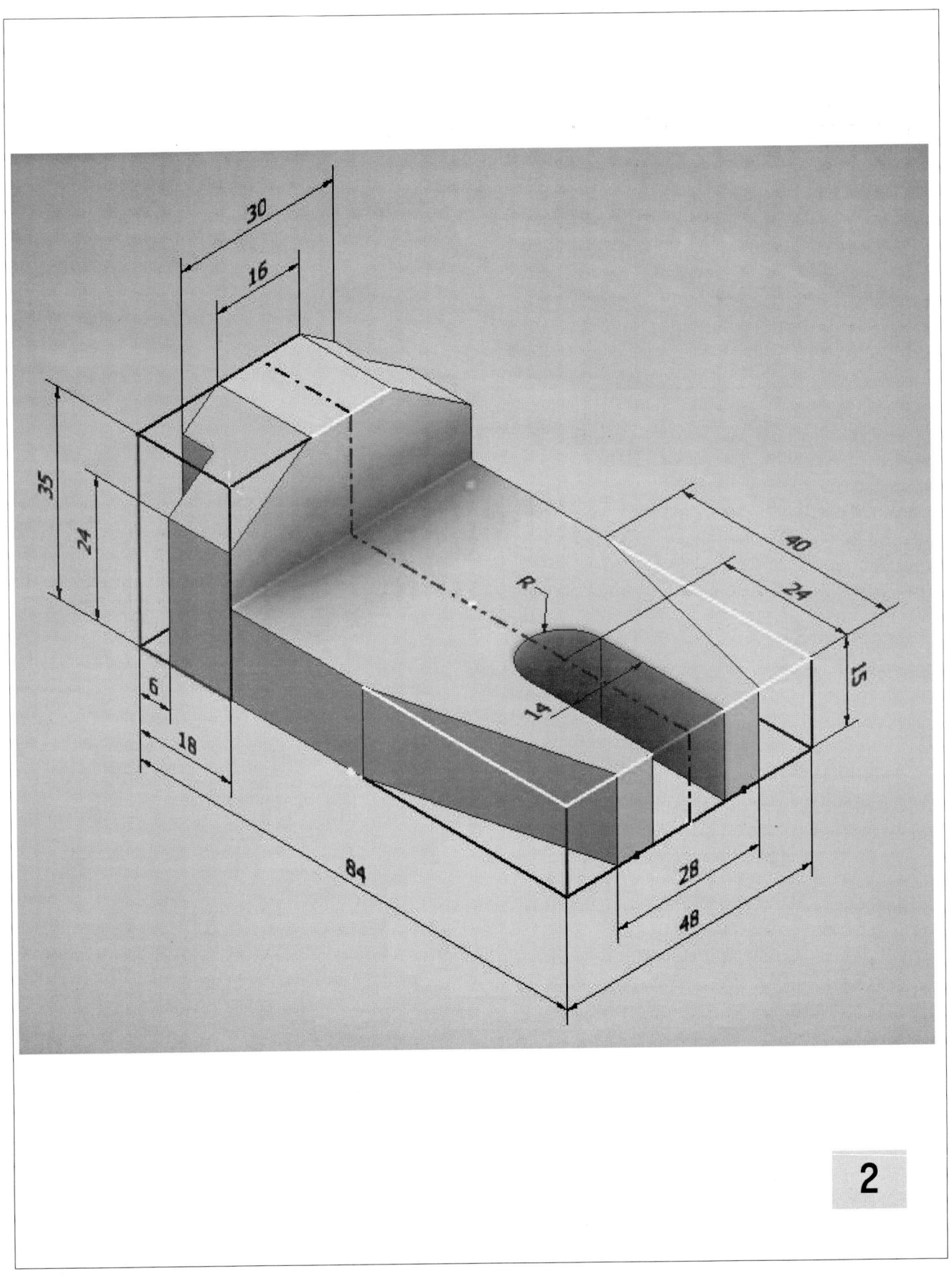

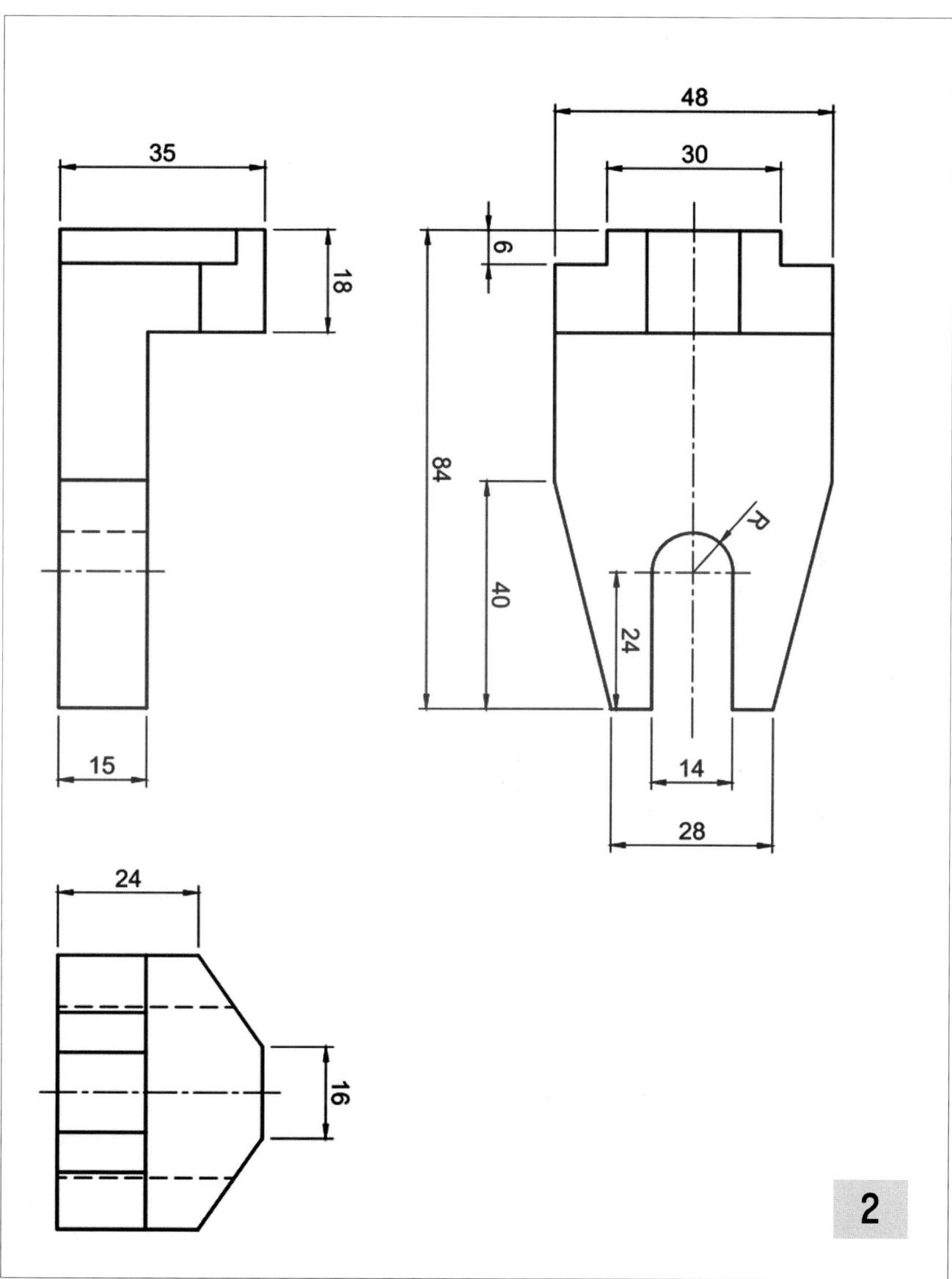

5. 등각투상도

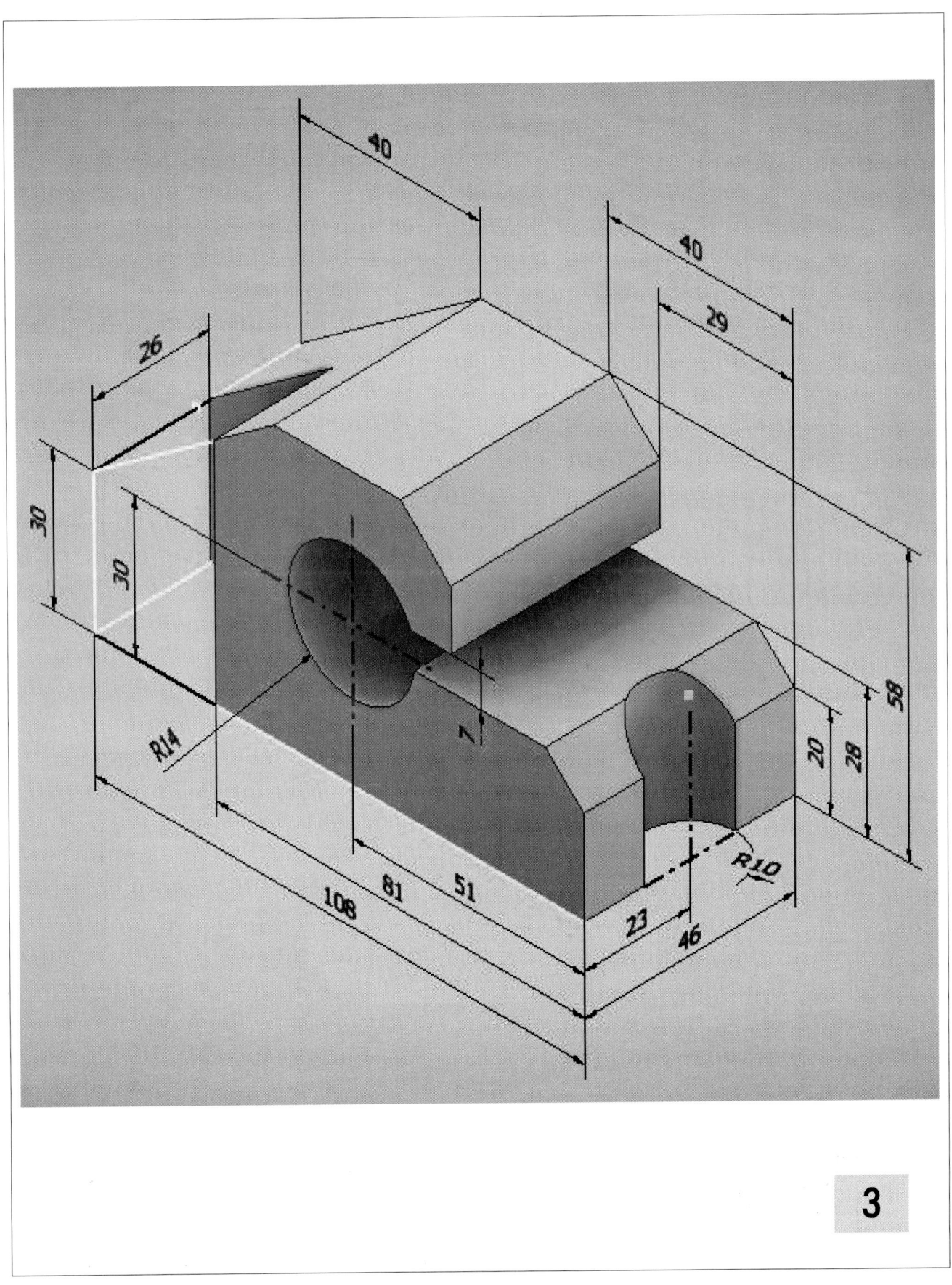

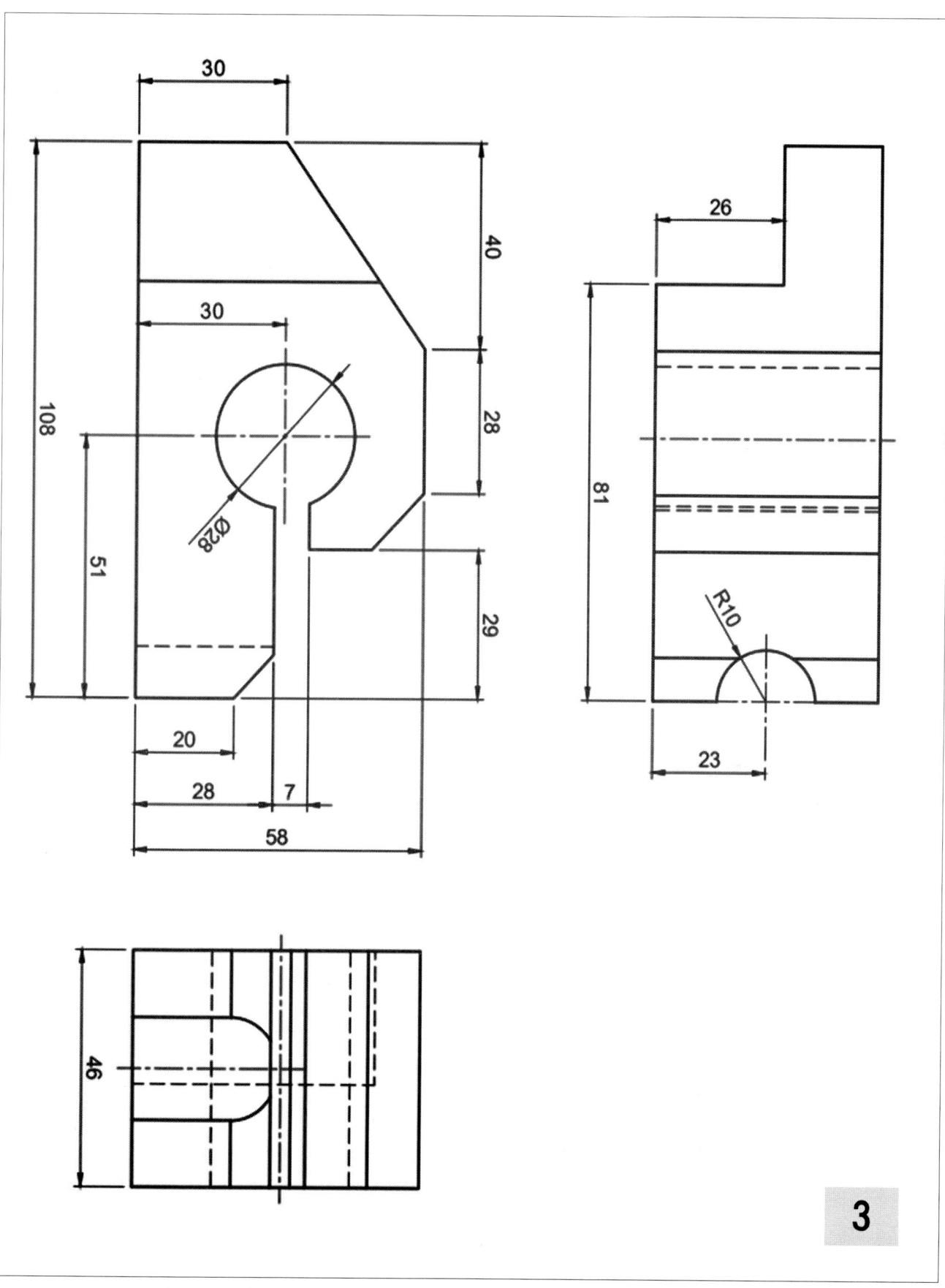

5. 등각투상도

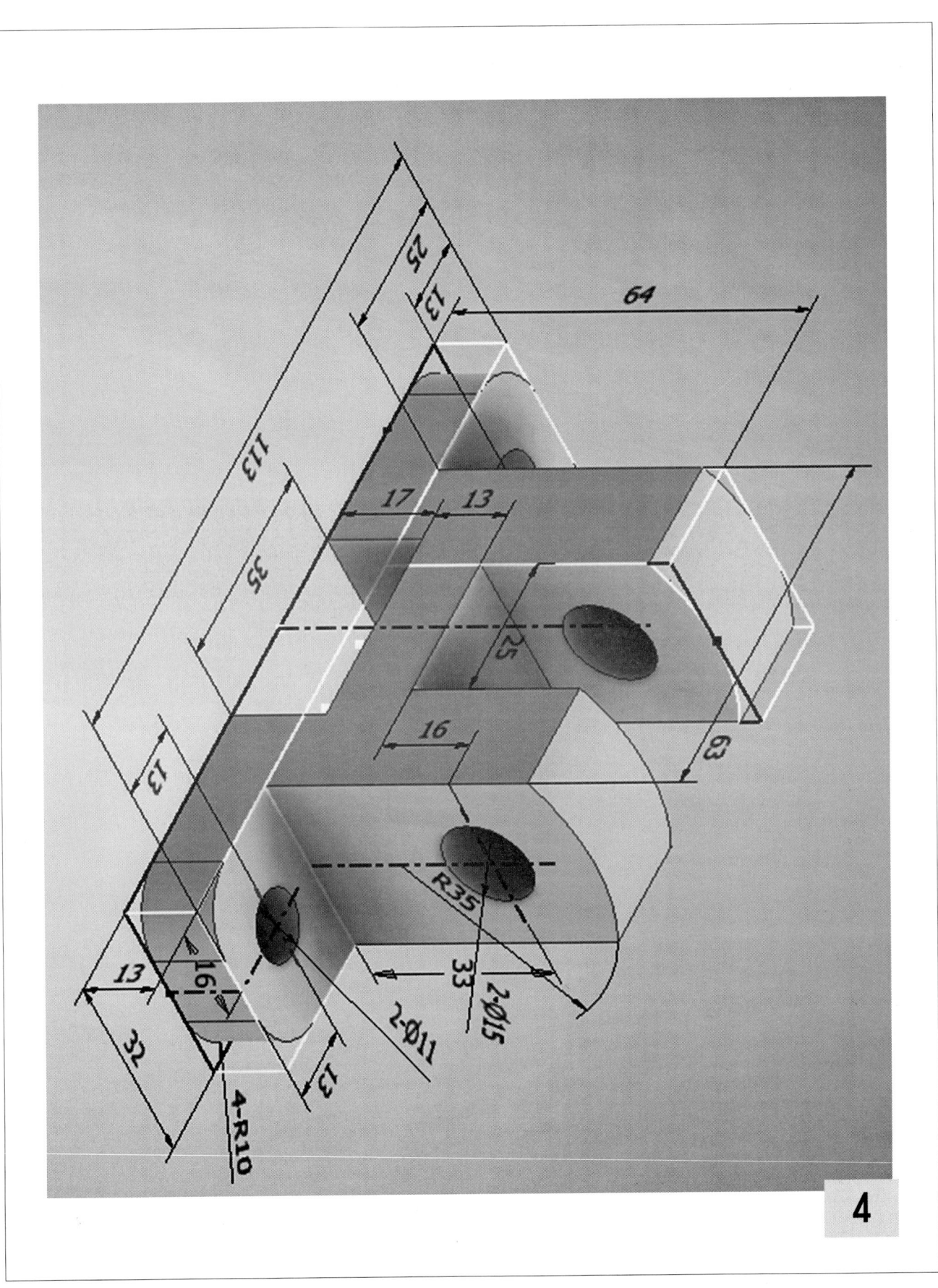

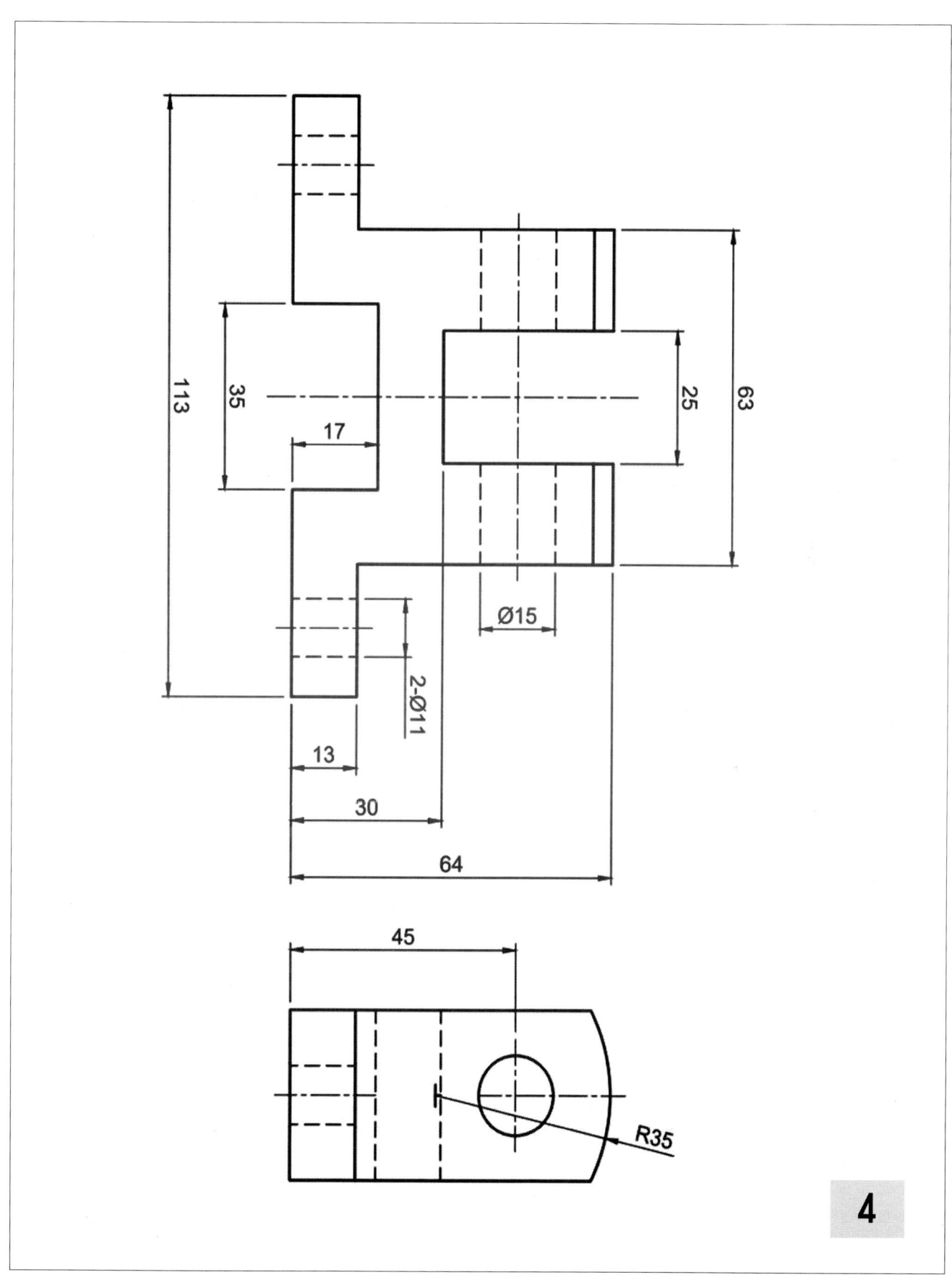

5. 등각투상도

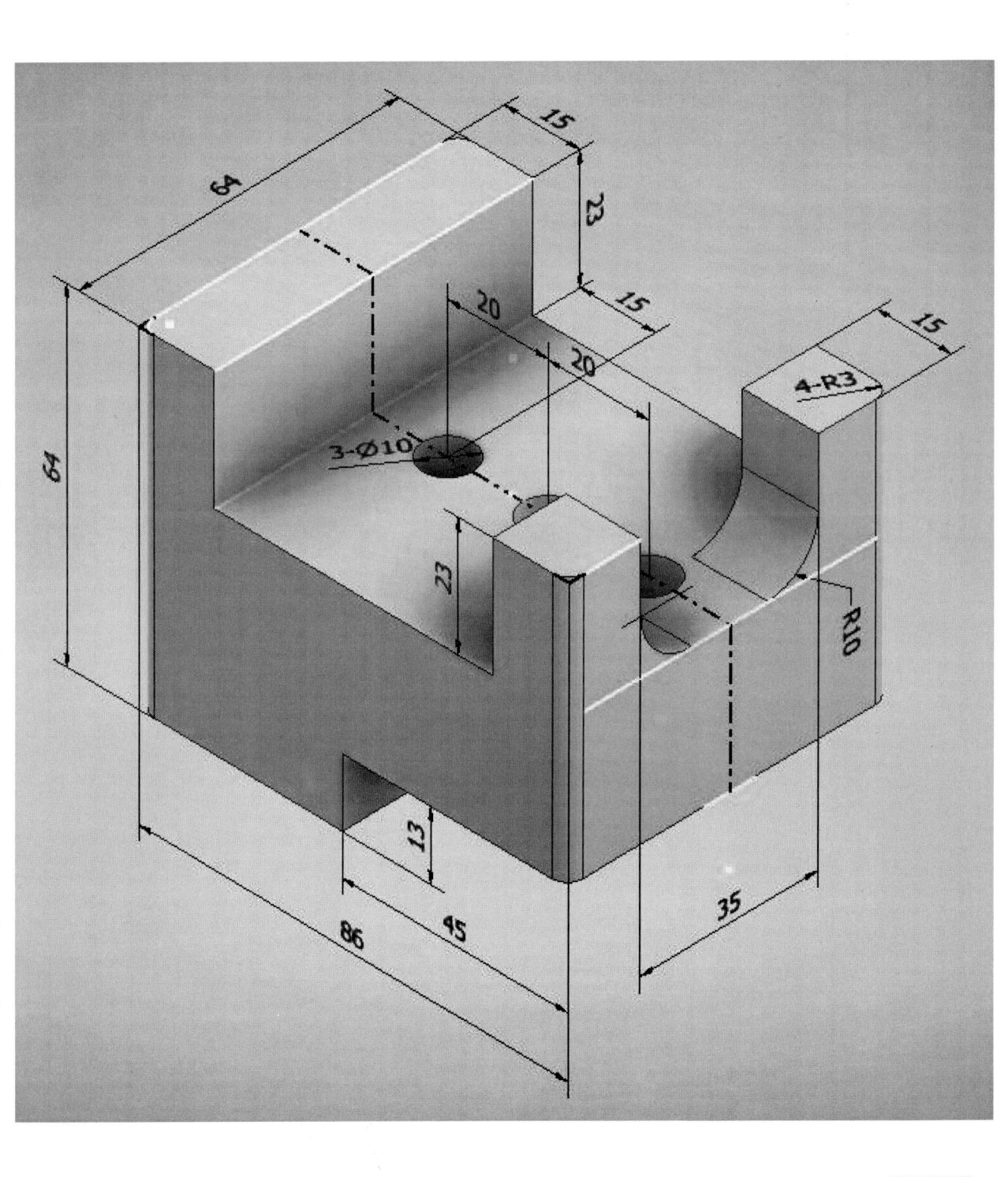

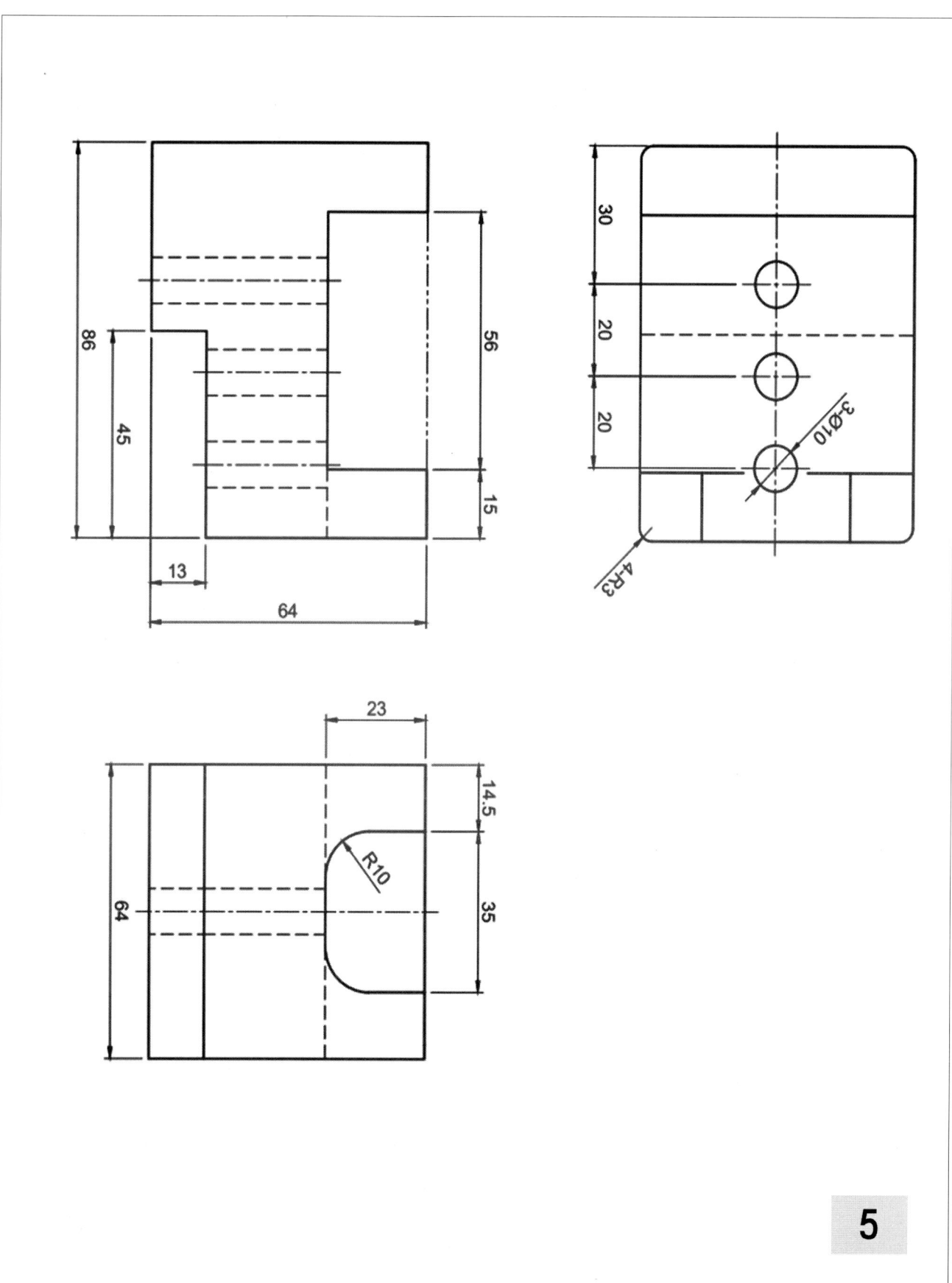

5. 등각투상도

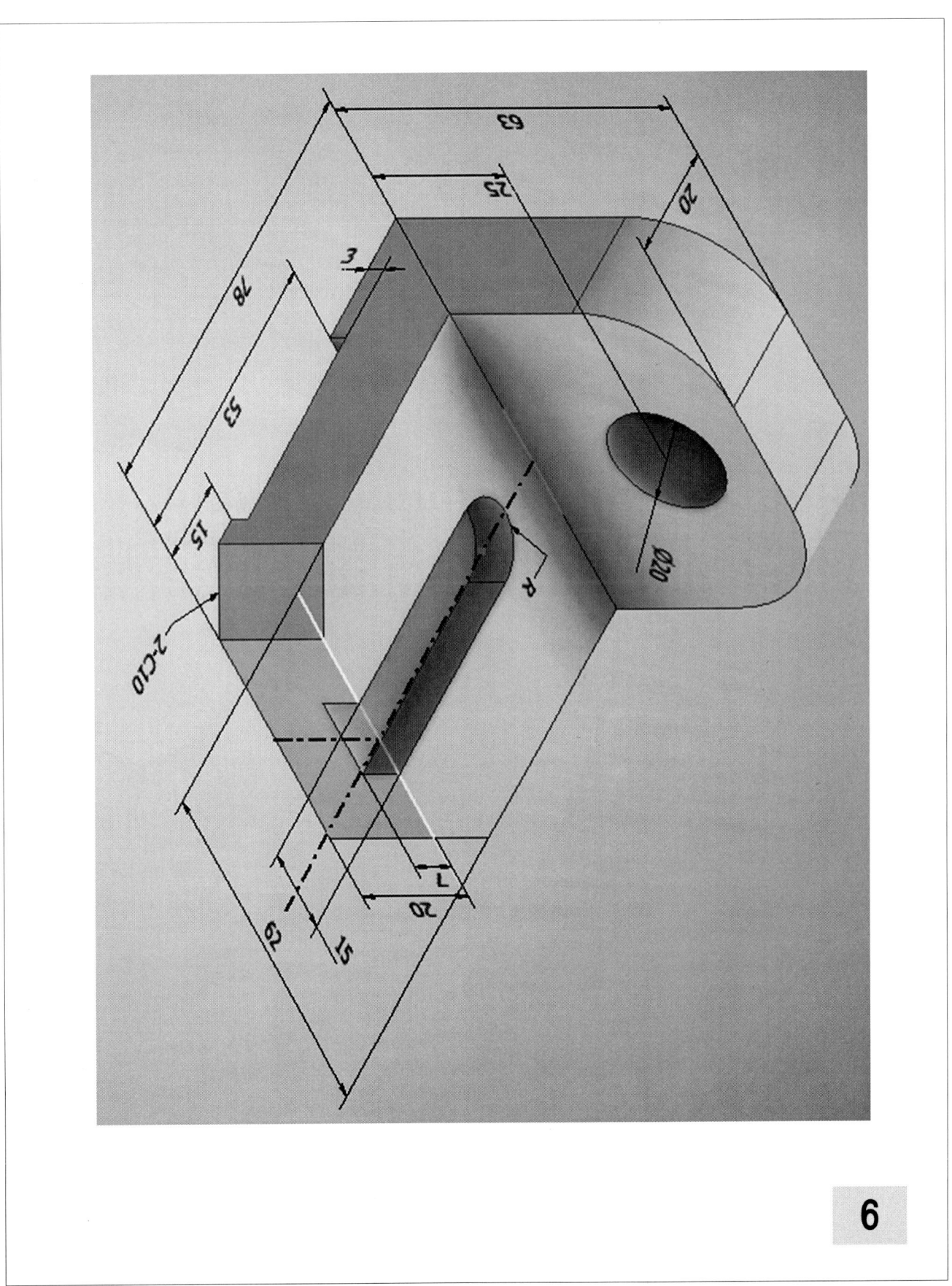

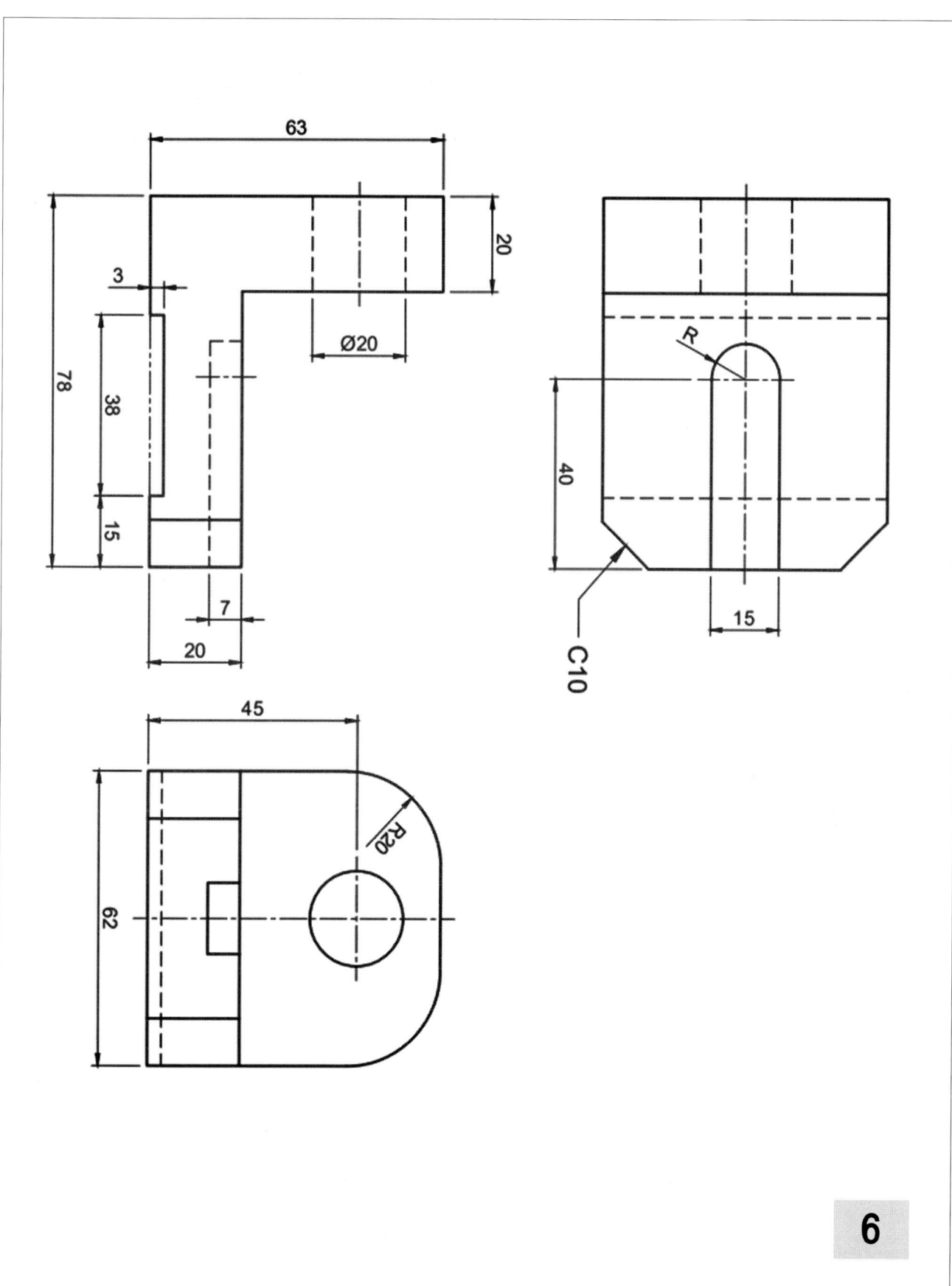

5. 등각투상도

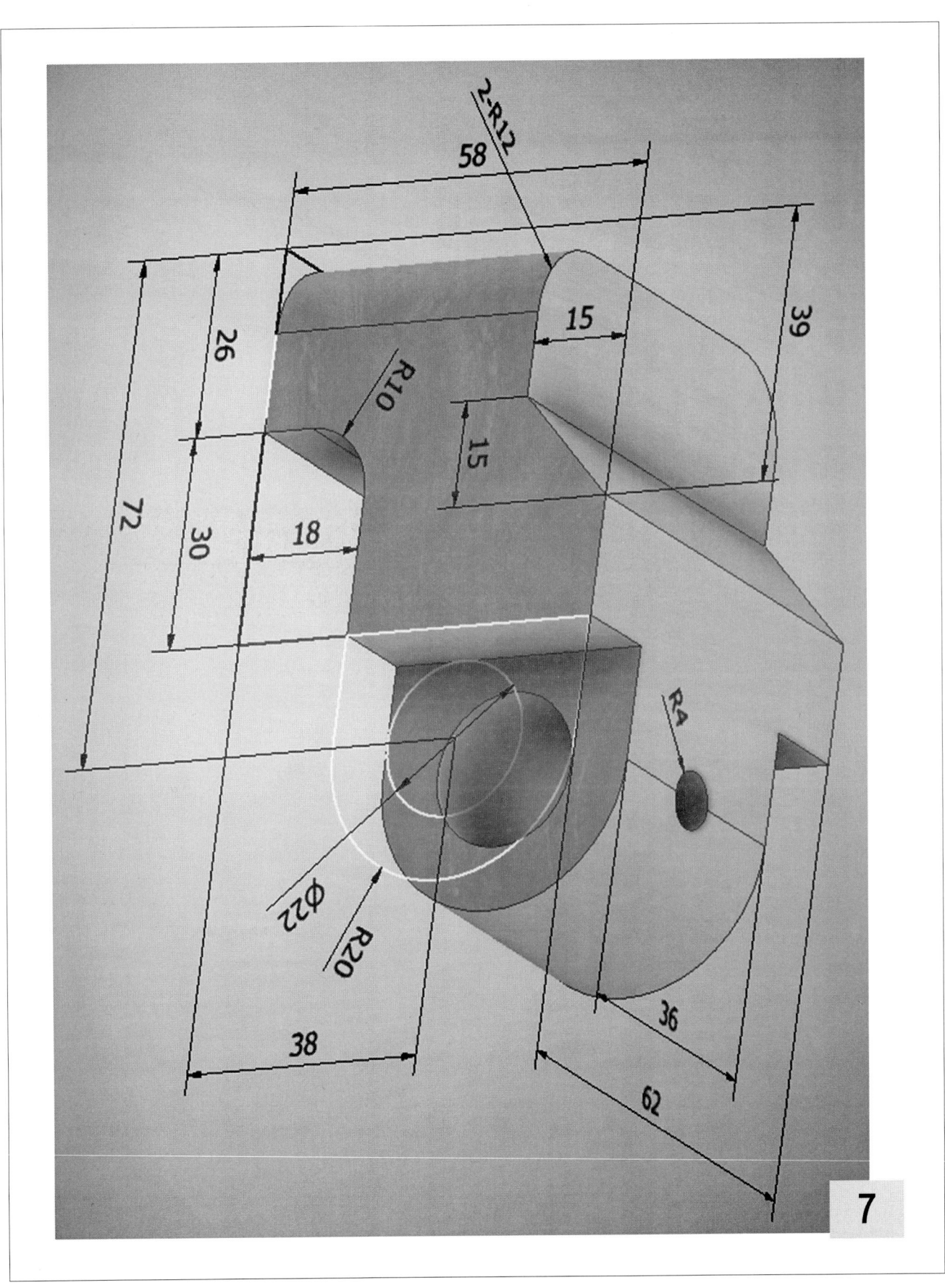

2D CAD

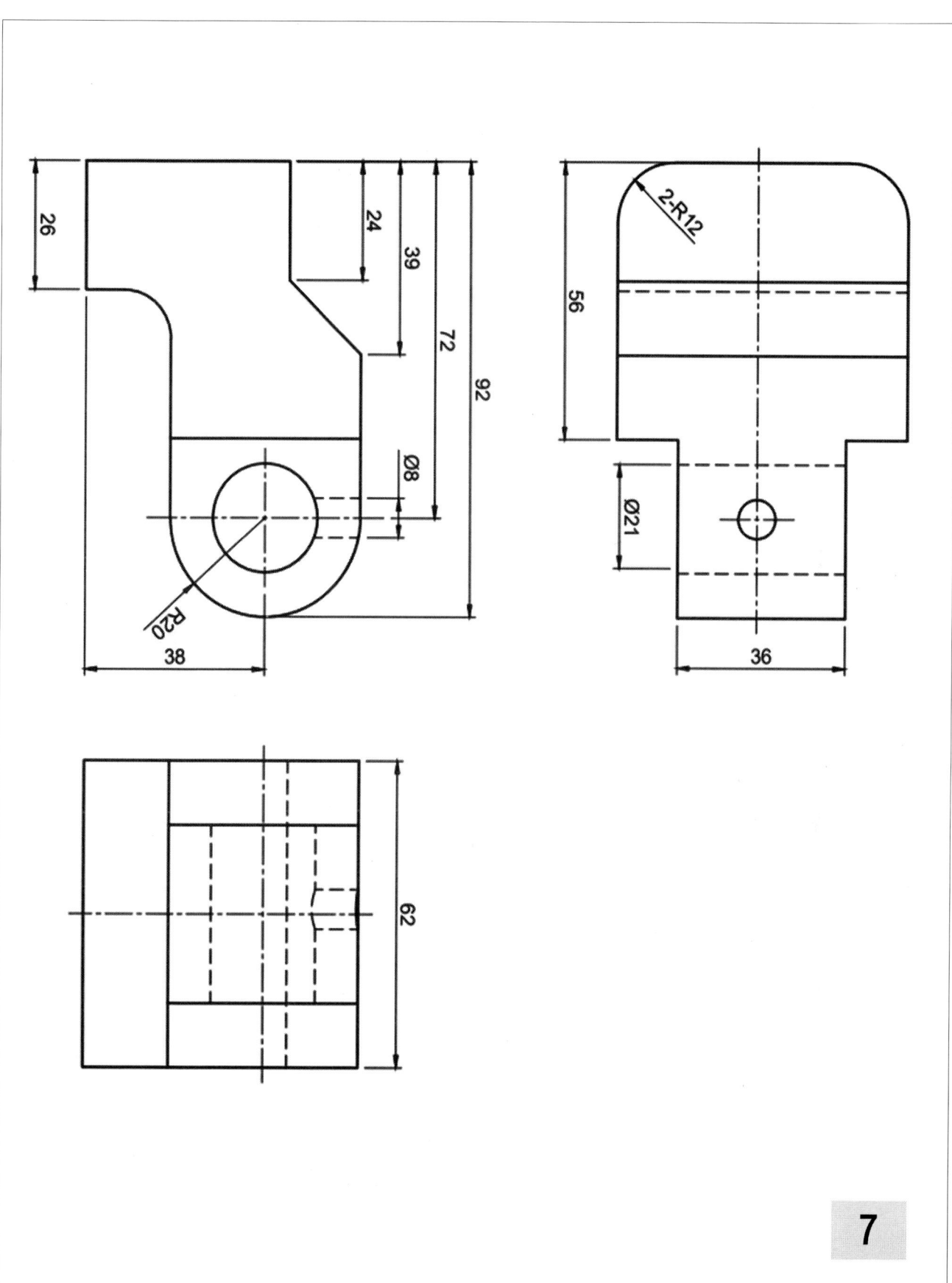

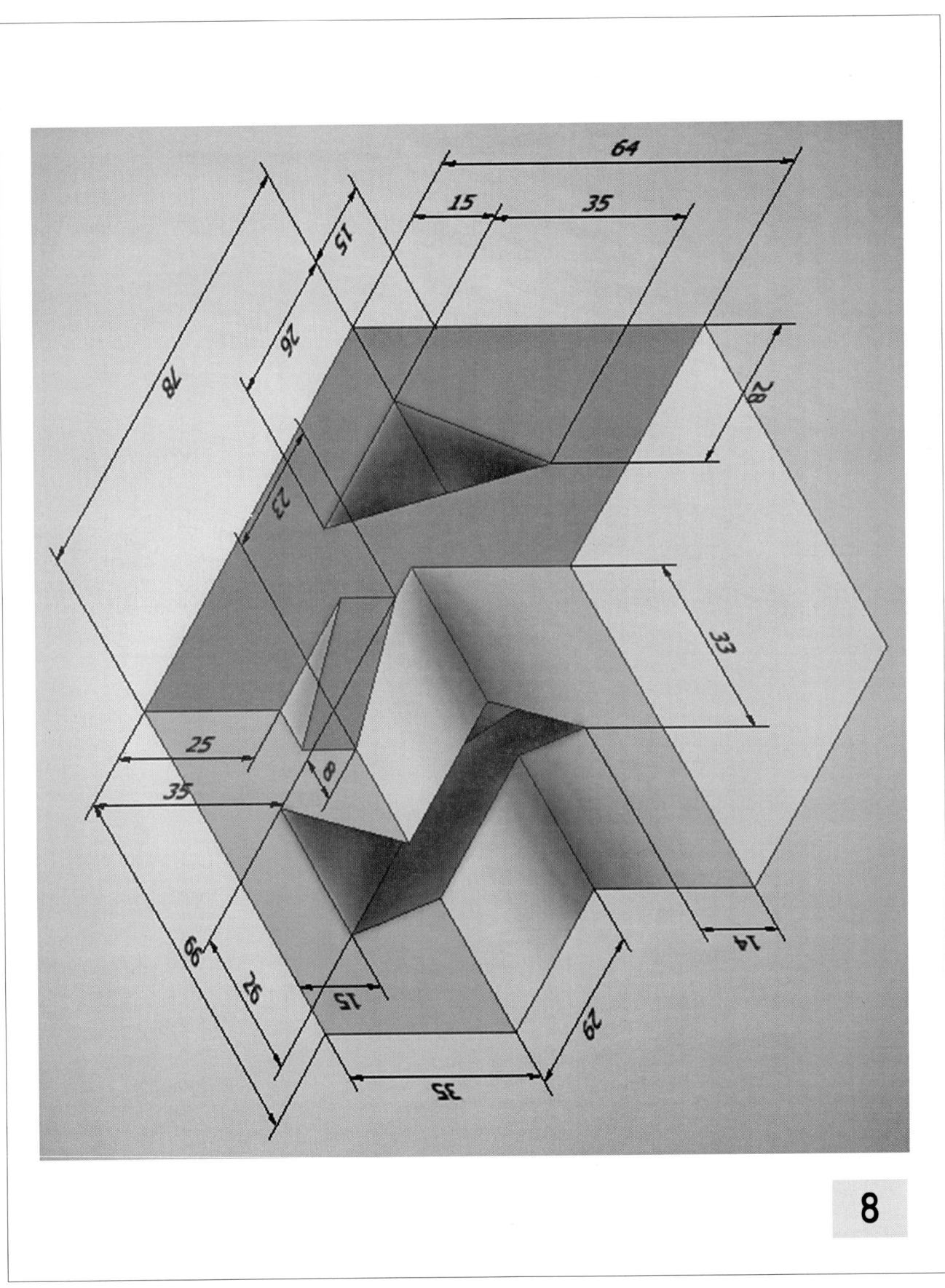

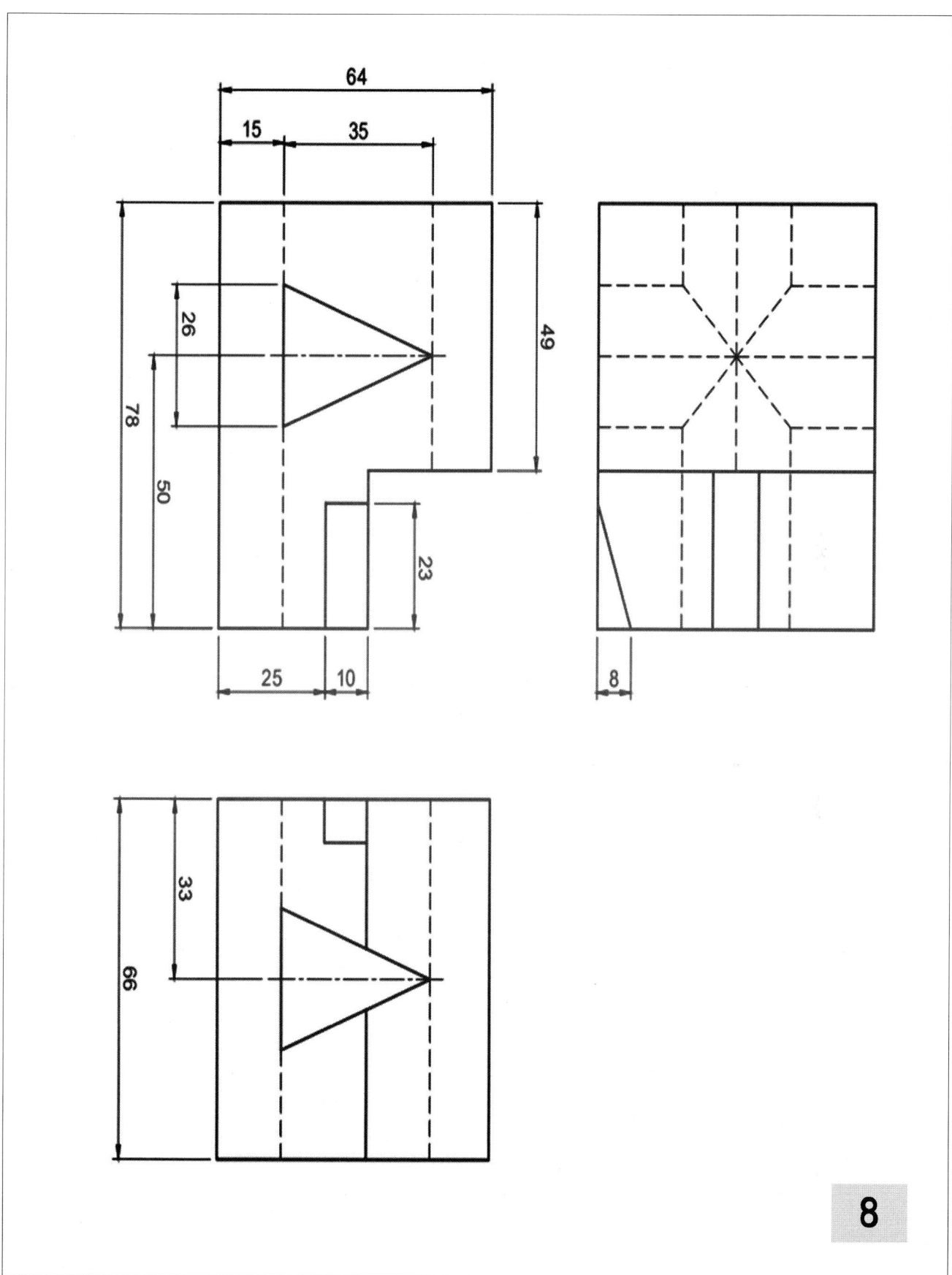

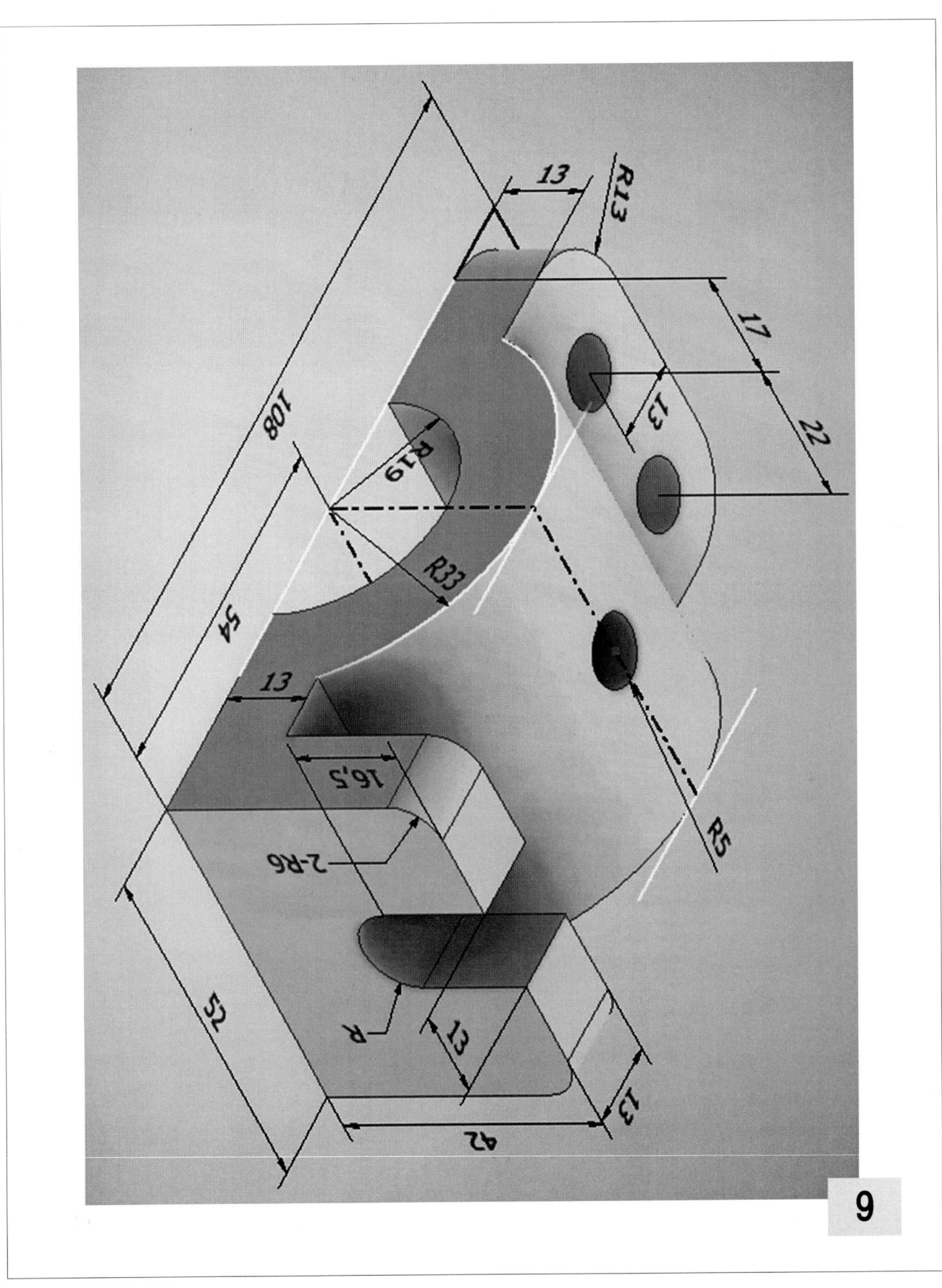

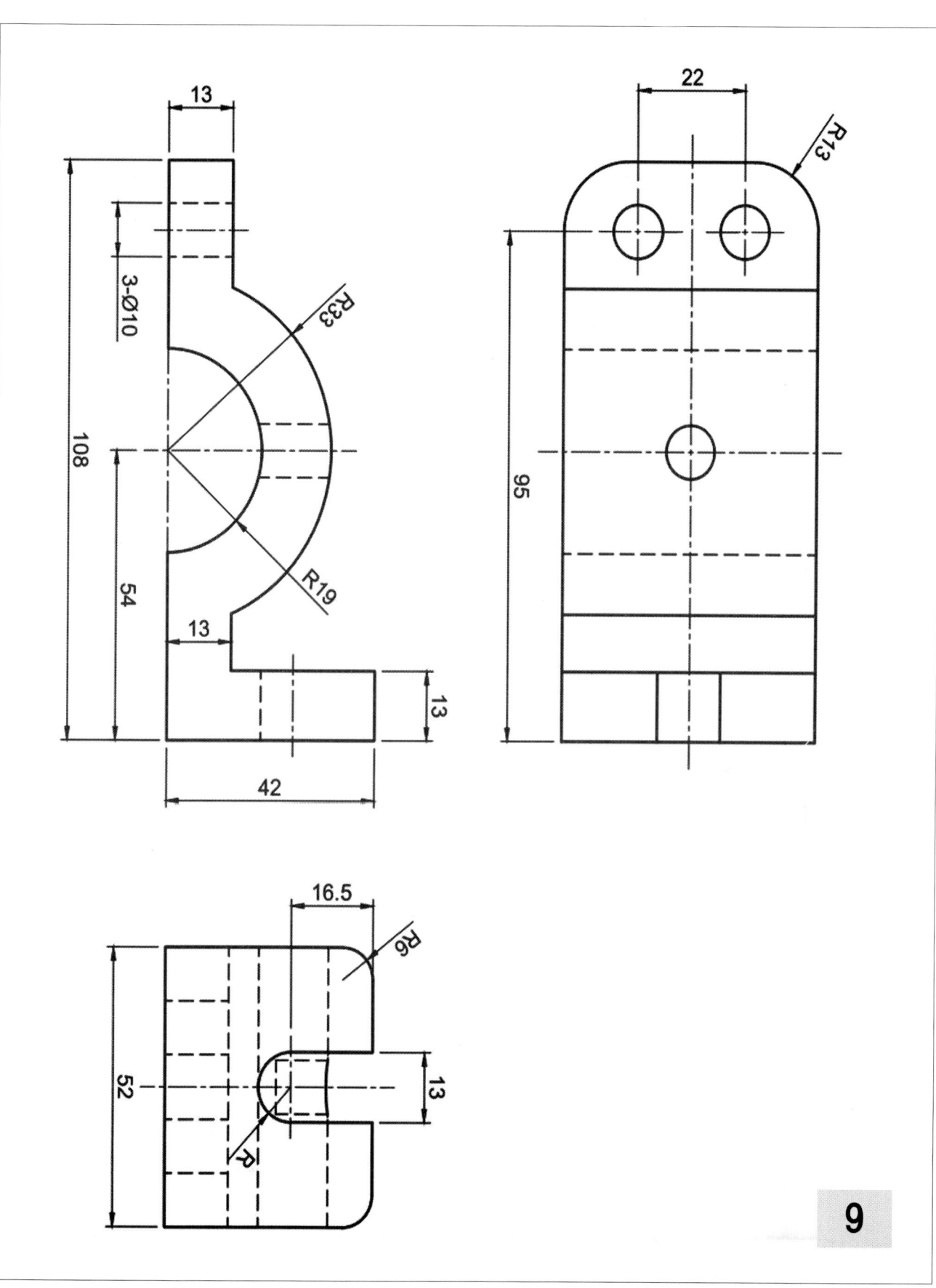

5. 등각투상도

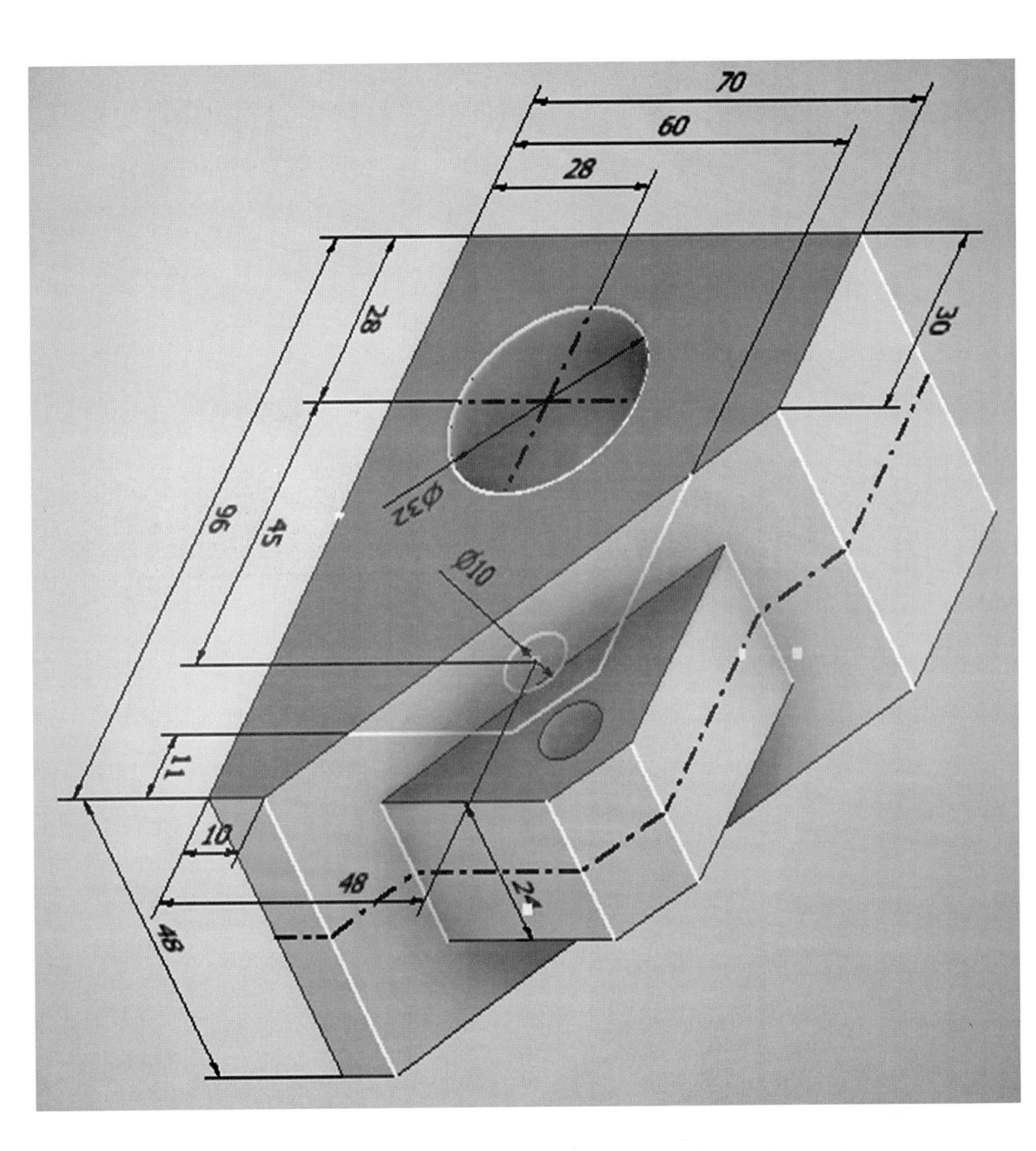

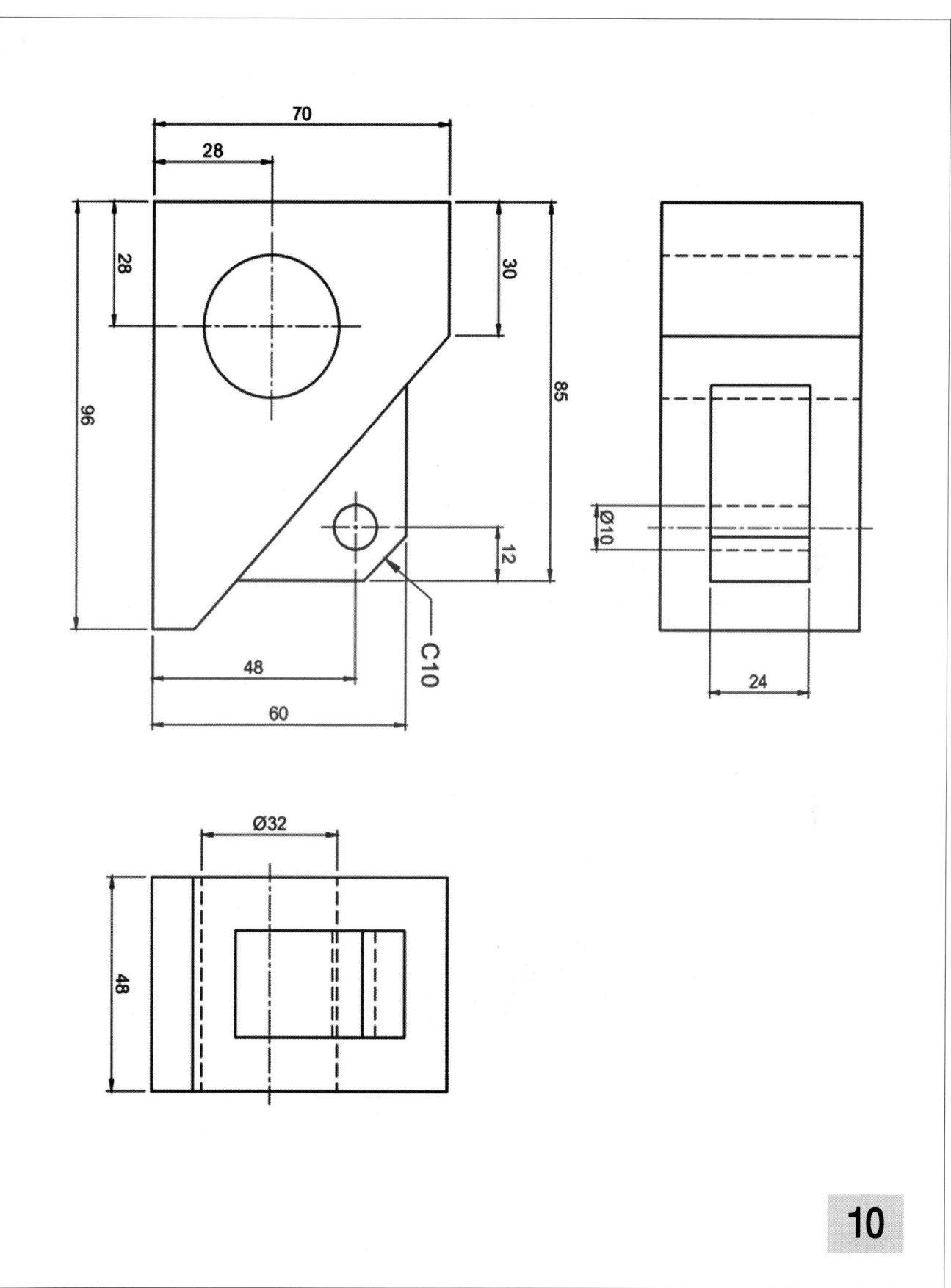

5. 등각투상도

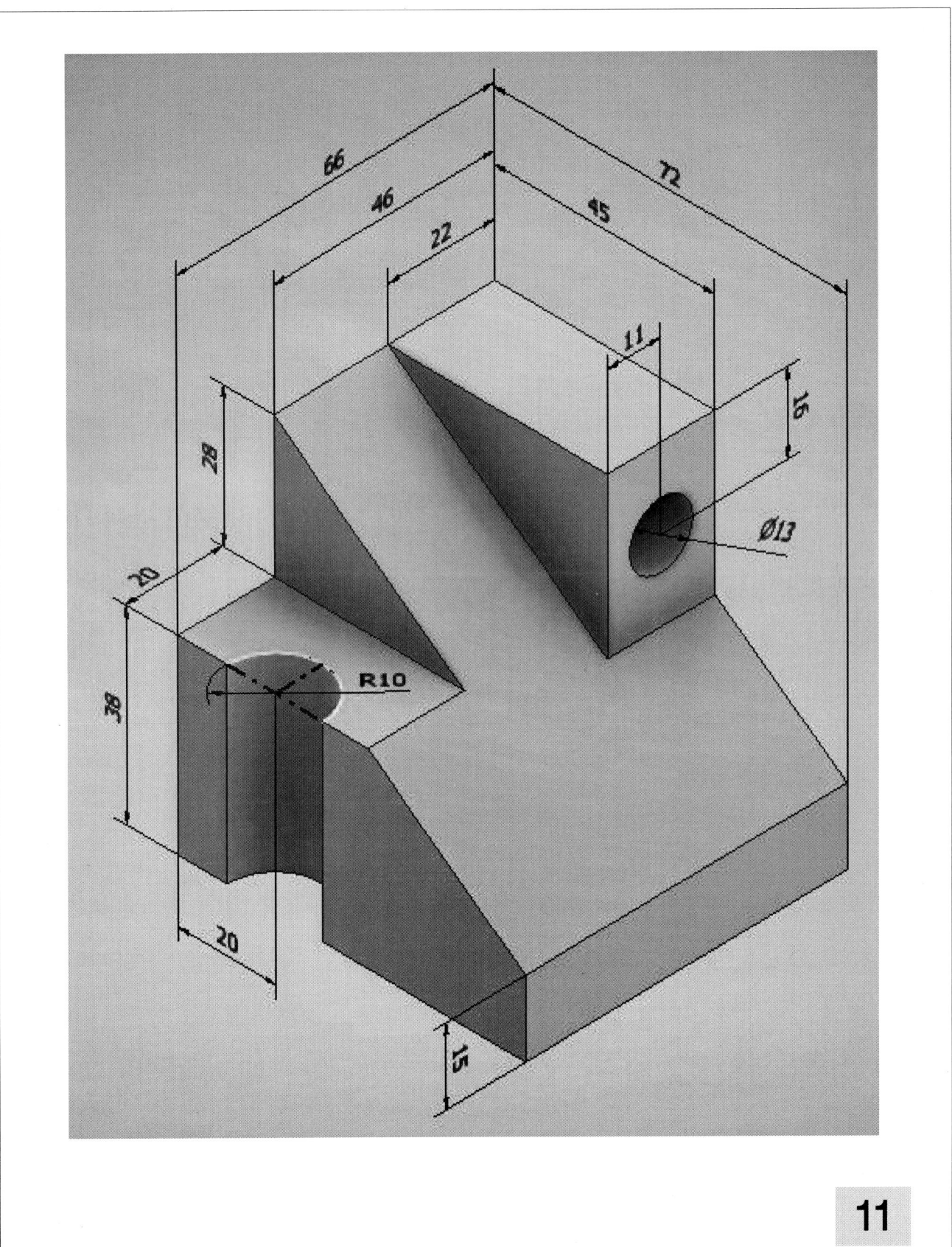

2D CAD

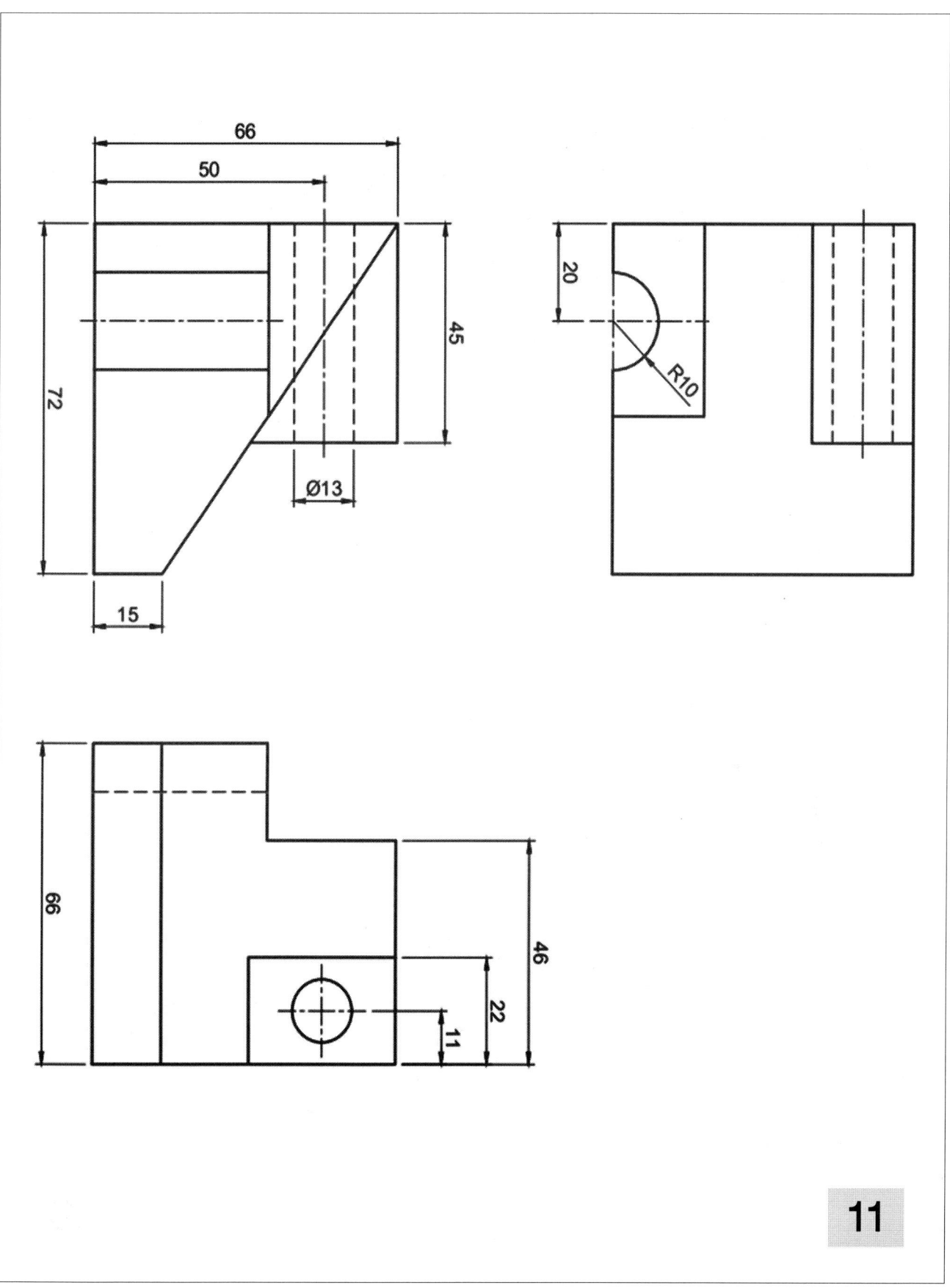

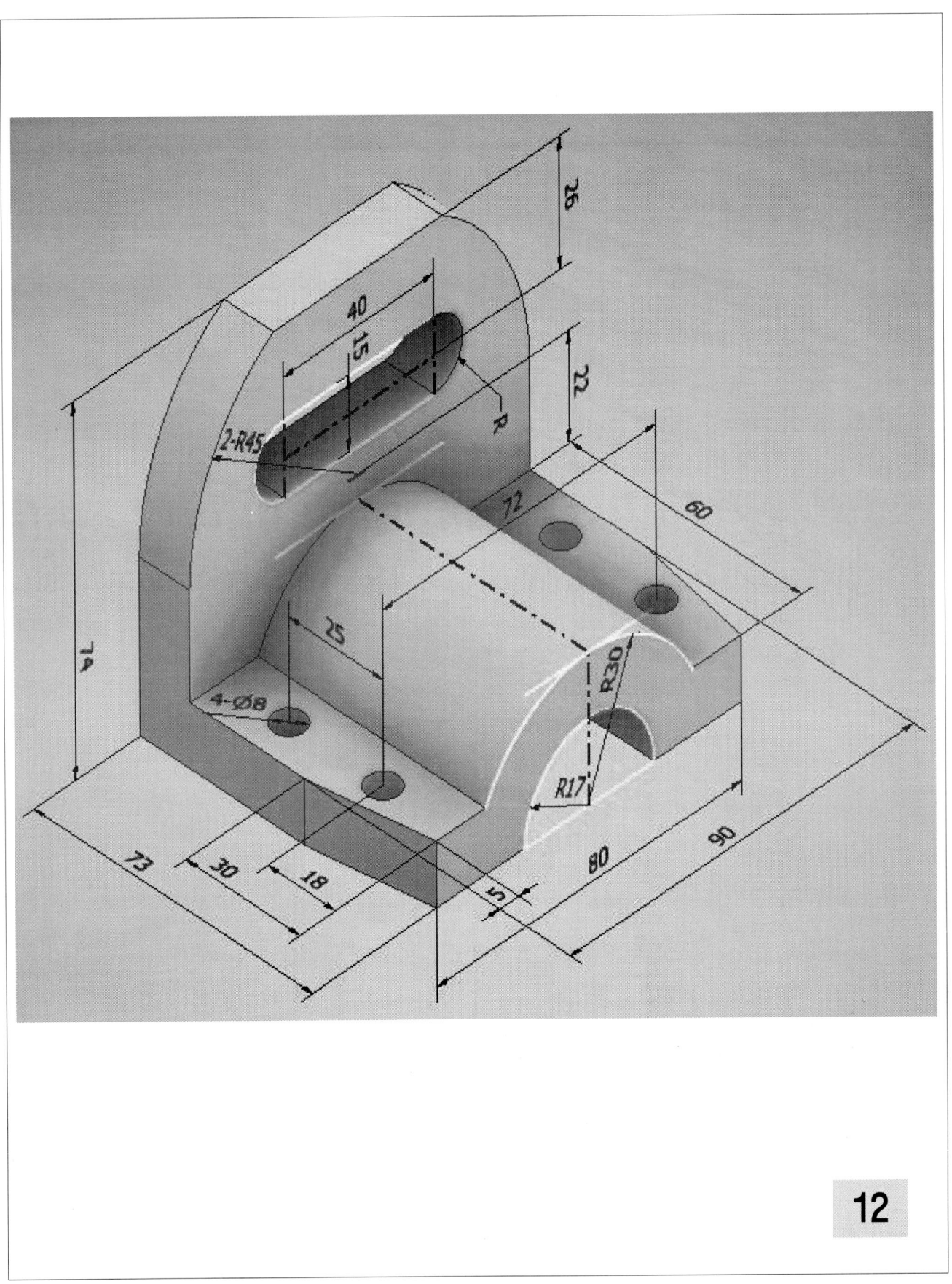

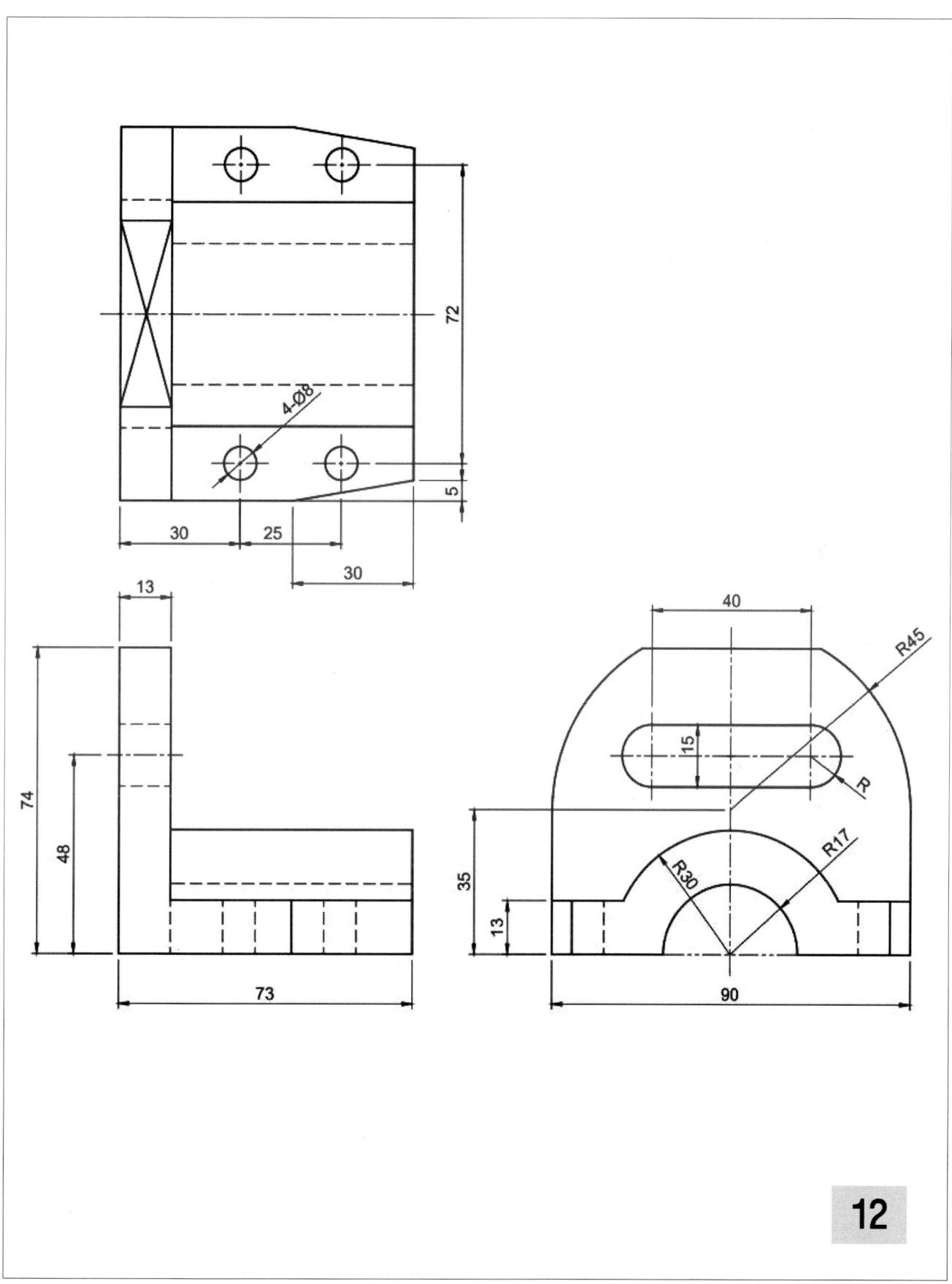

5. 등각투상도

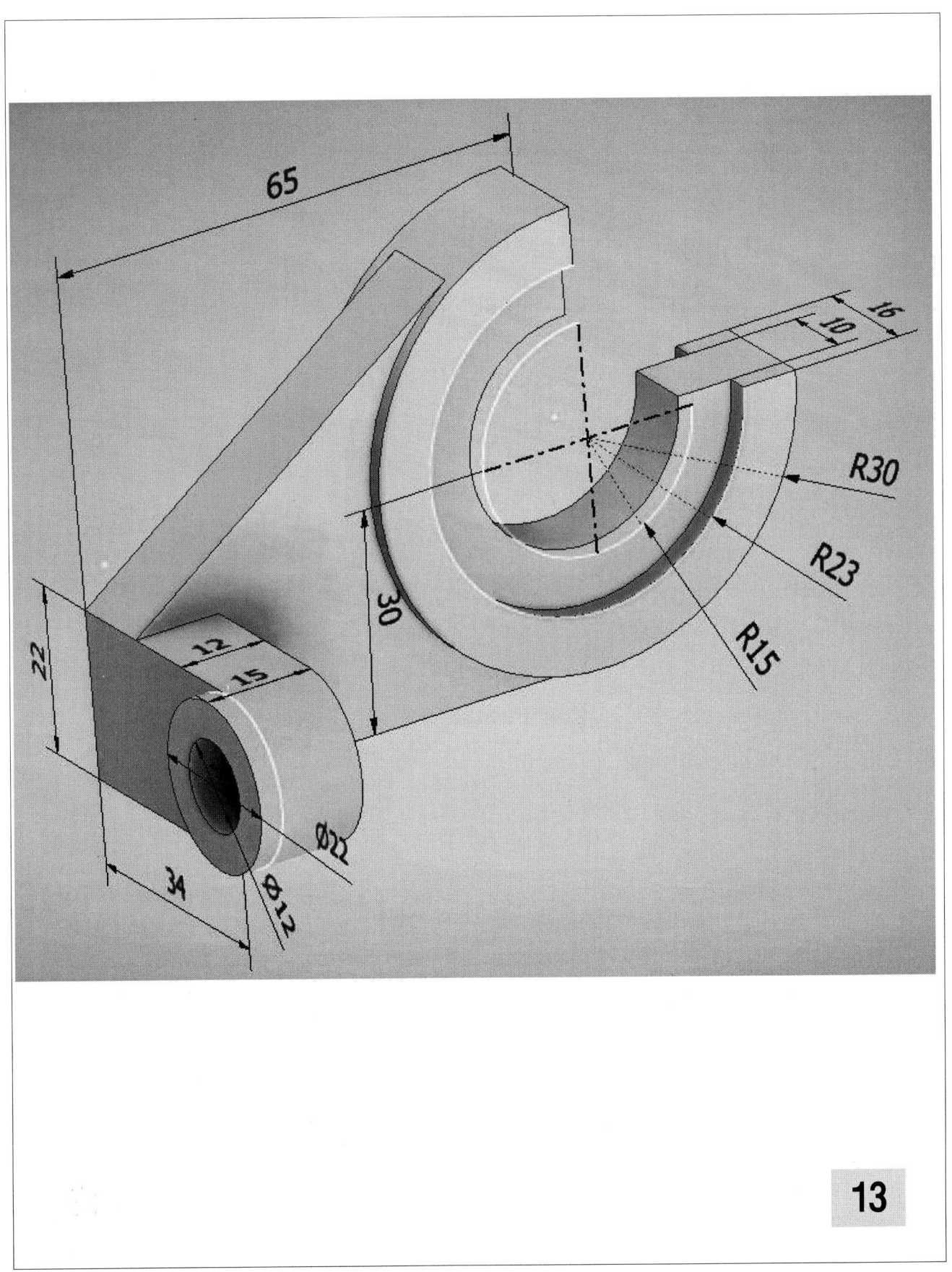

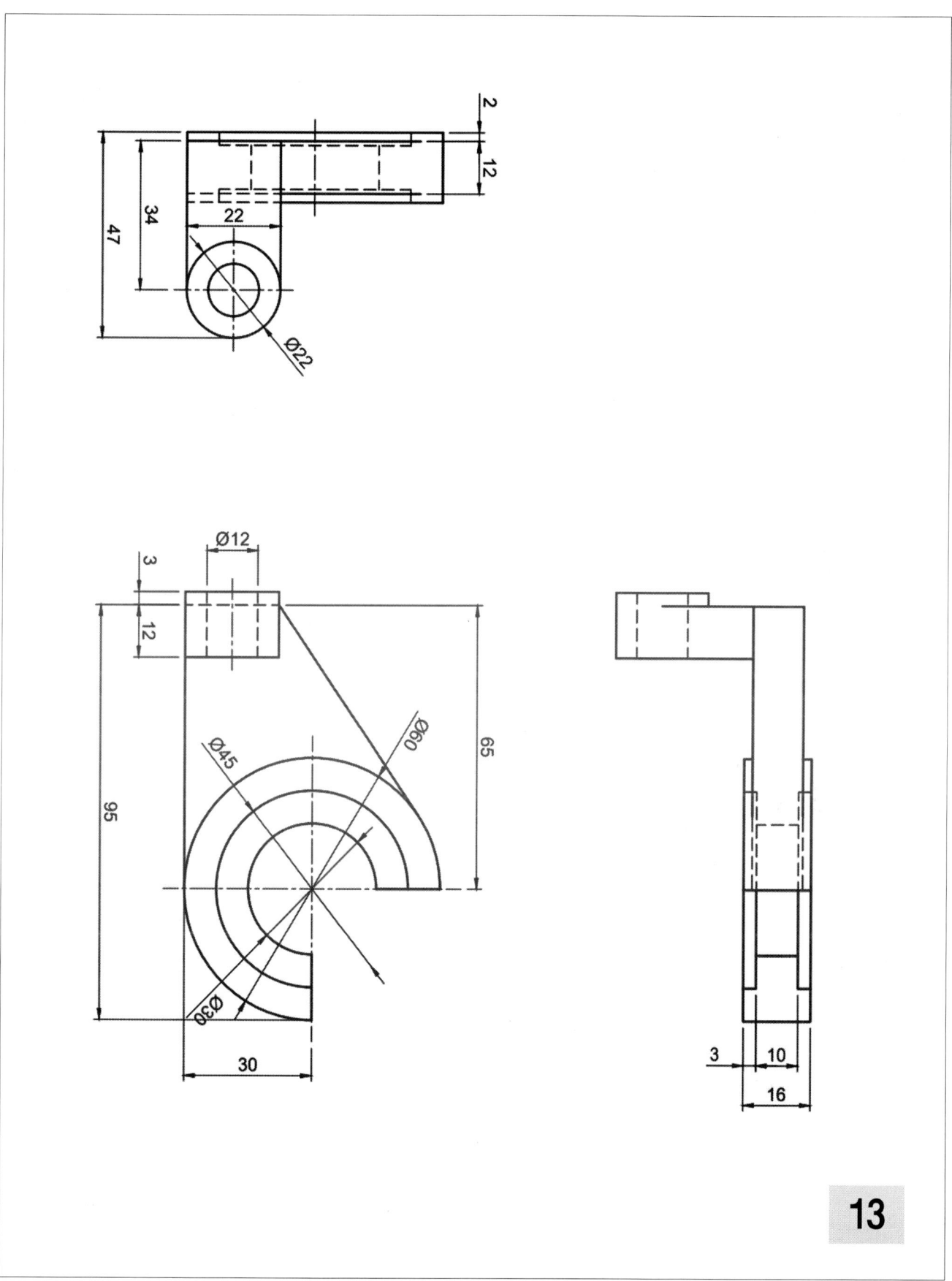

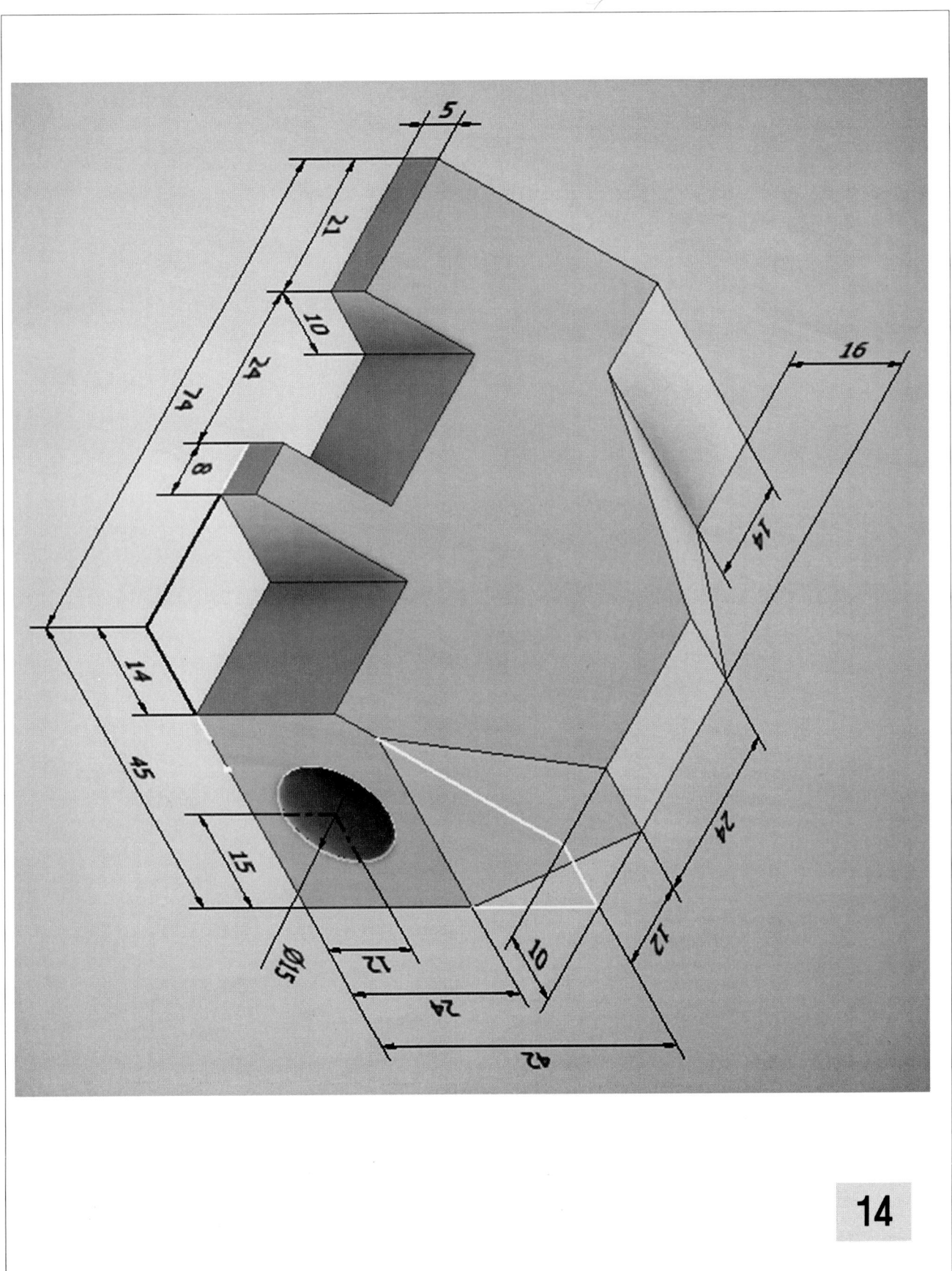

2D CAD

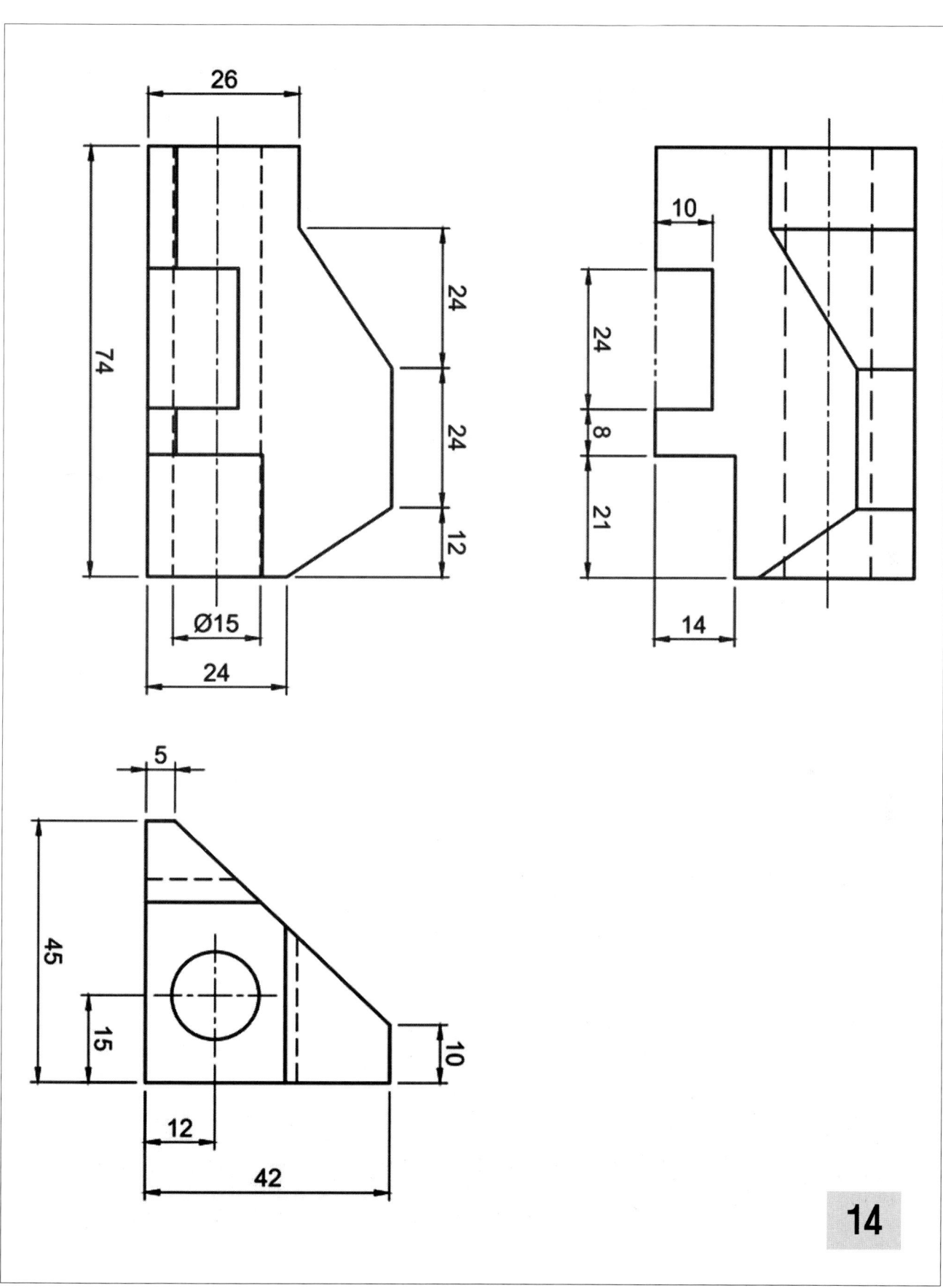

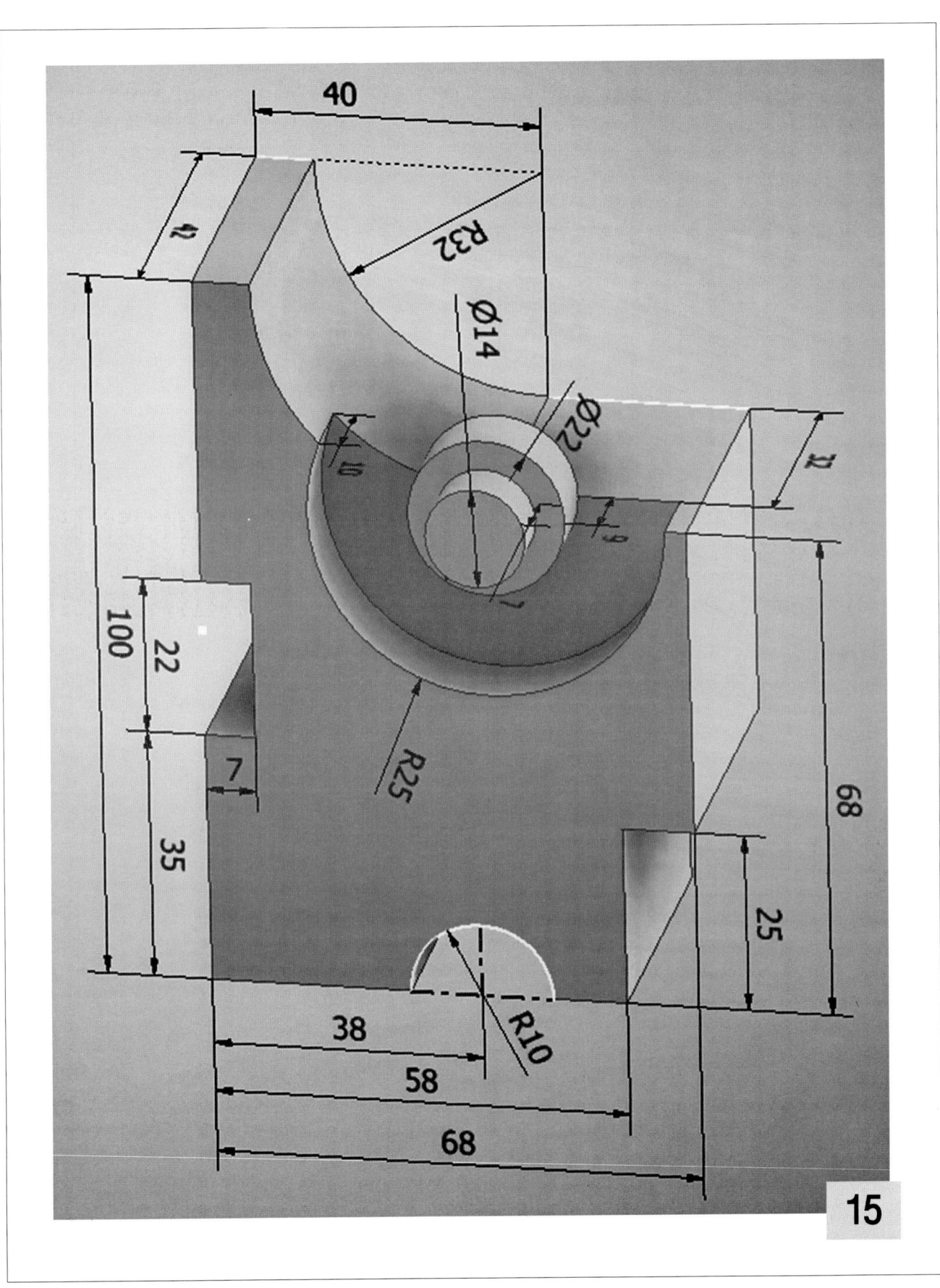

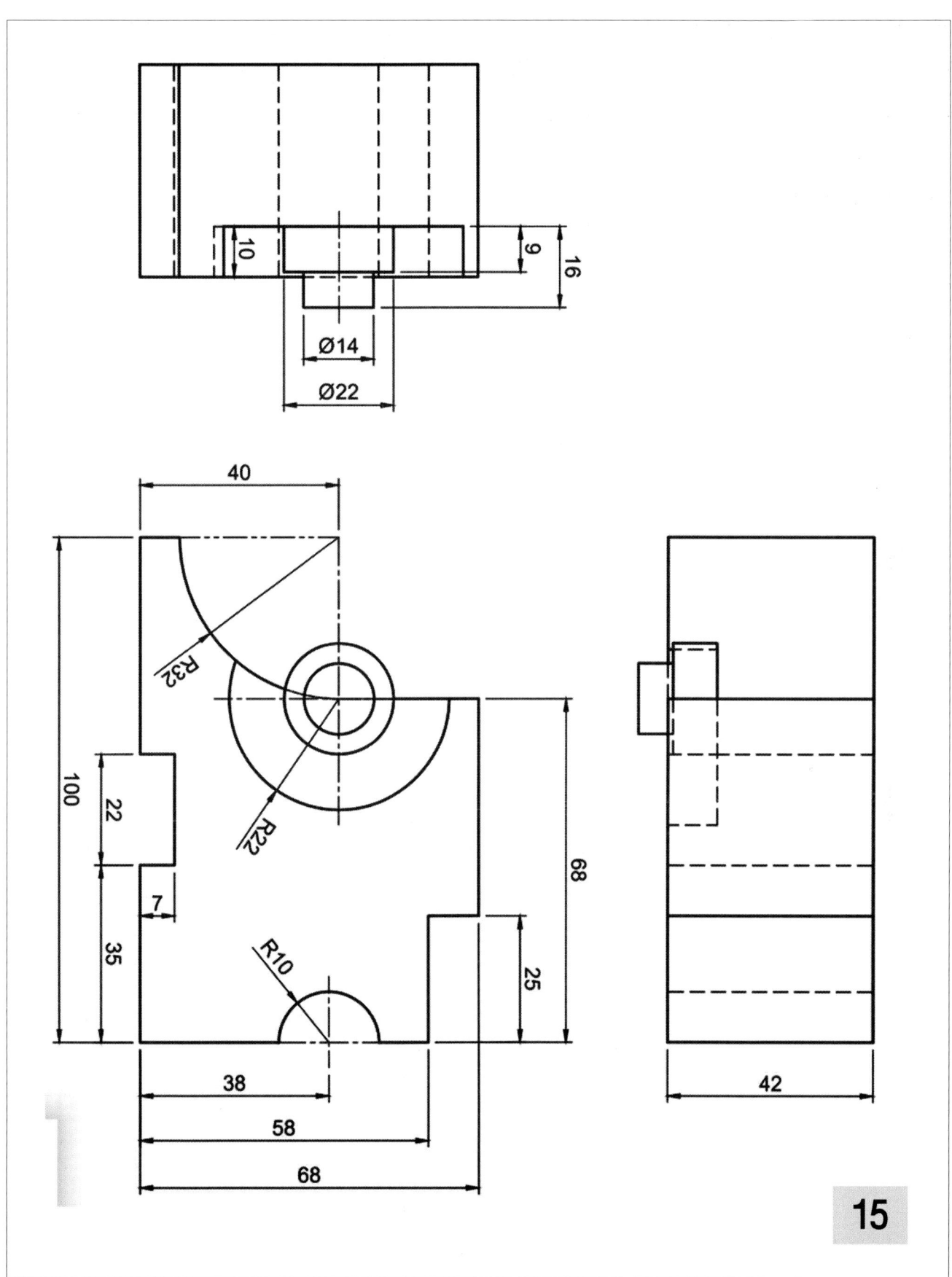

5. 등각투상도

Summary

3D Design Program
　　　　OR 3D Modeling Software

1. SolidWorks
2. NX/UG
3. Inventor
4. Fusion360
5. Creo
6. CATIA

3D CAD

1. 도출

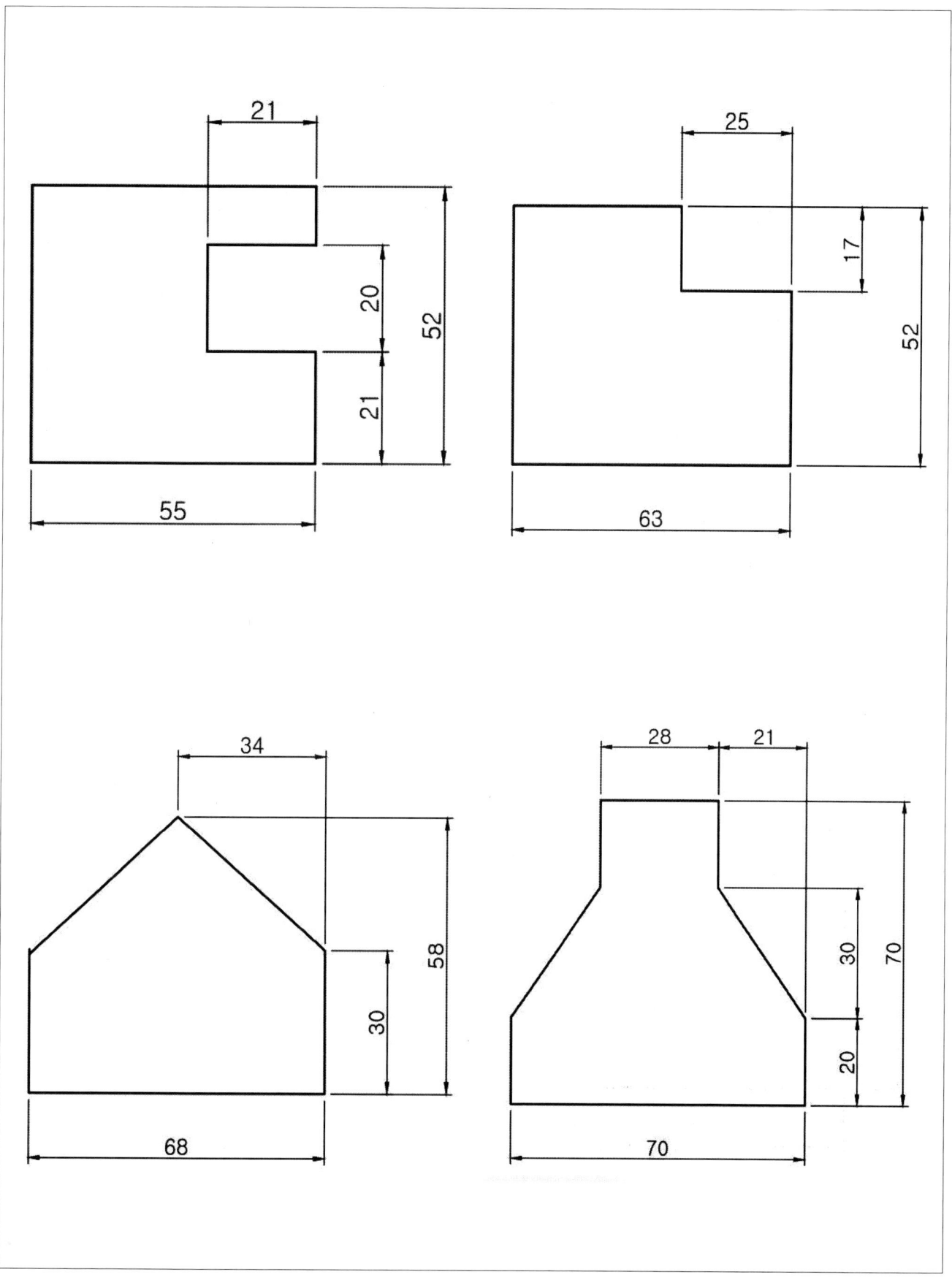

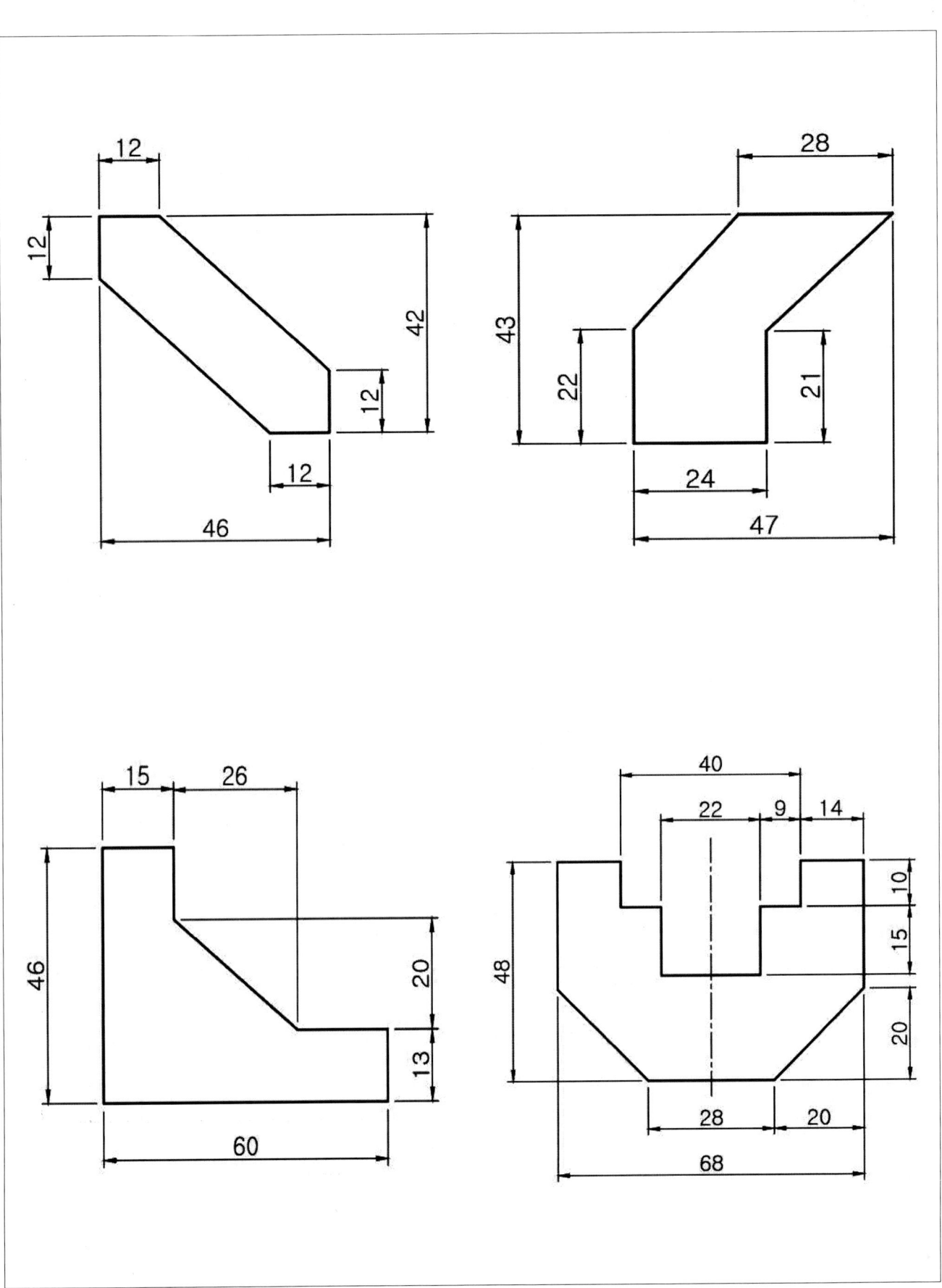

3D CAD

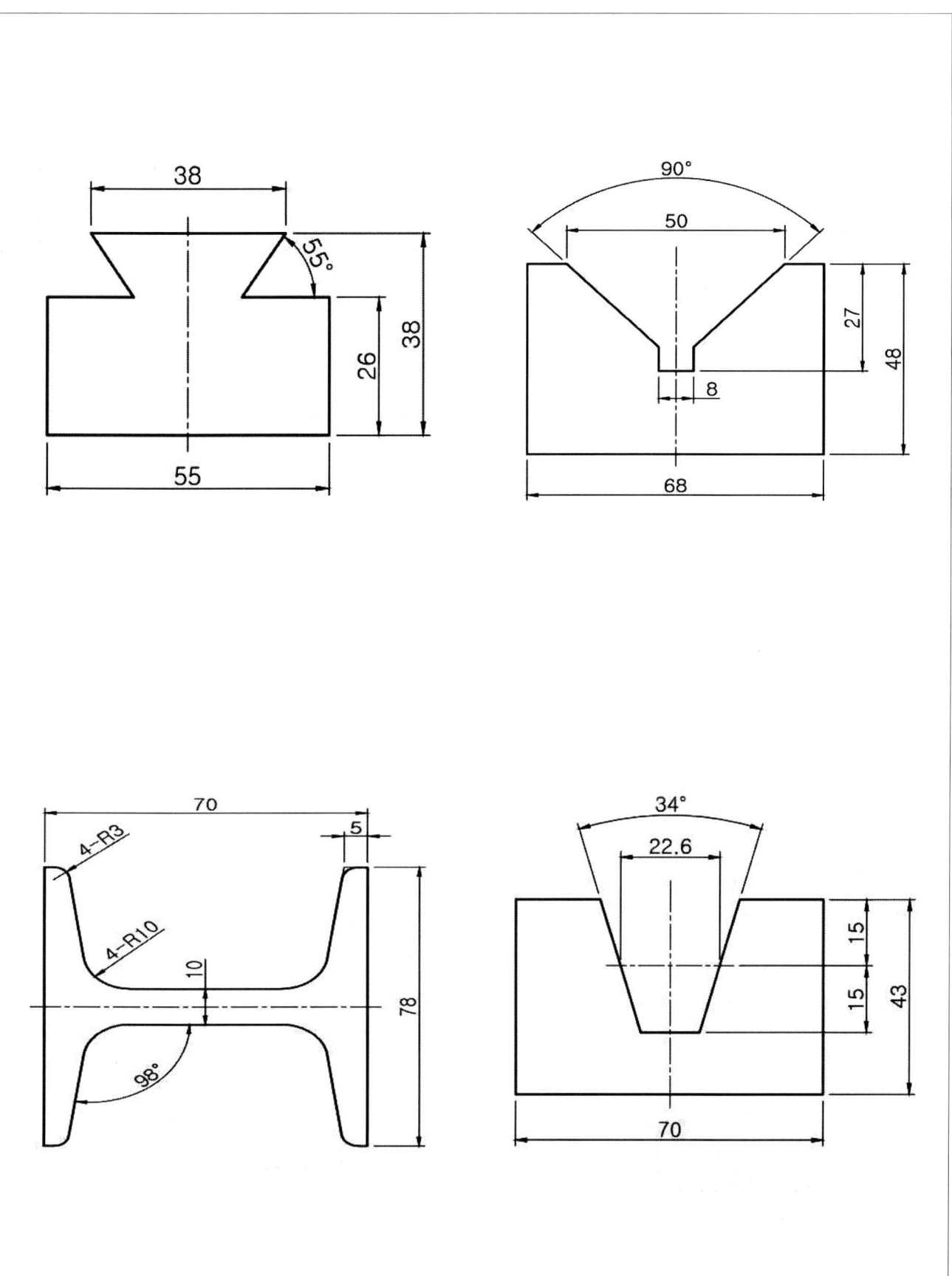

1. 도출

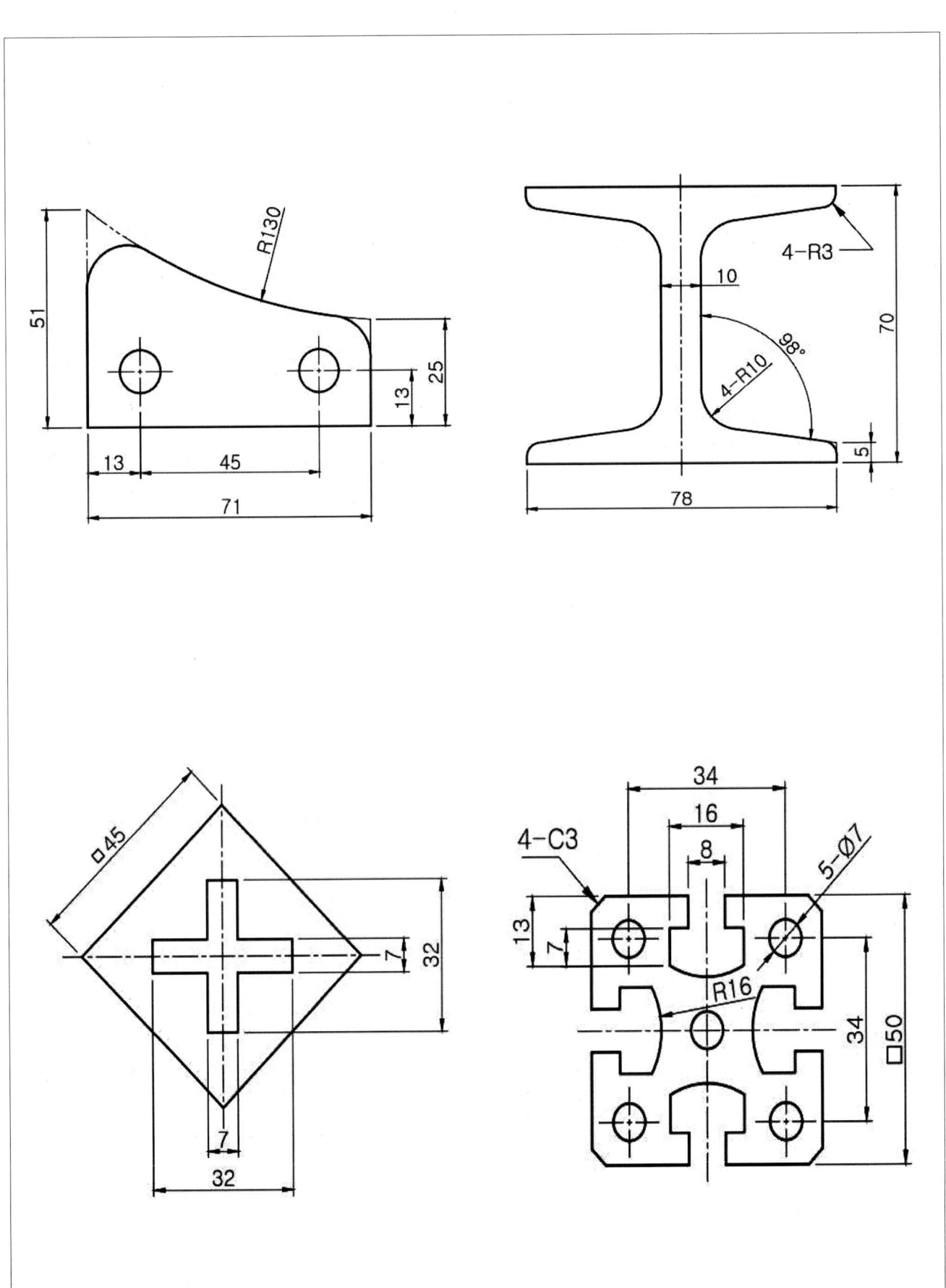

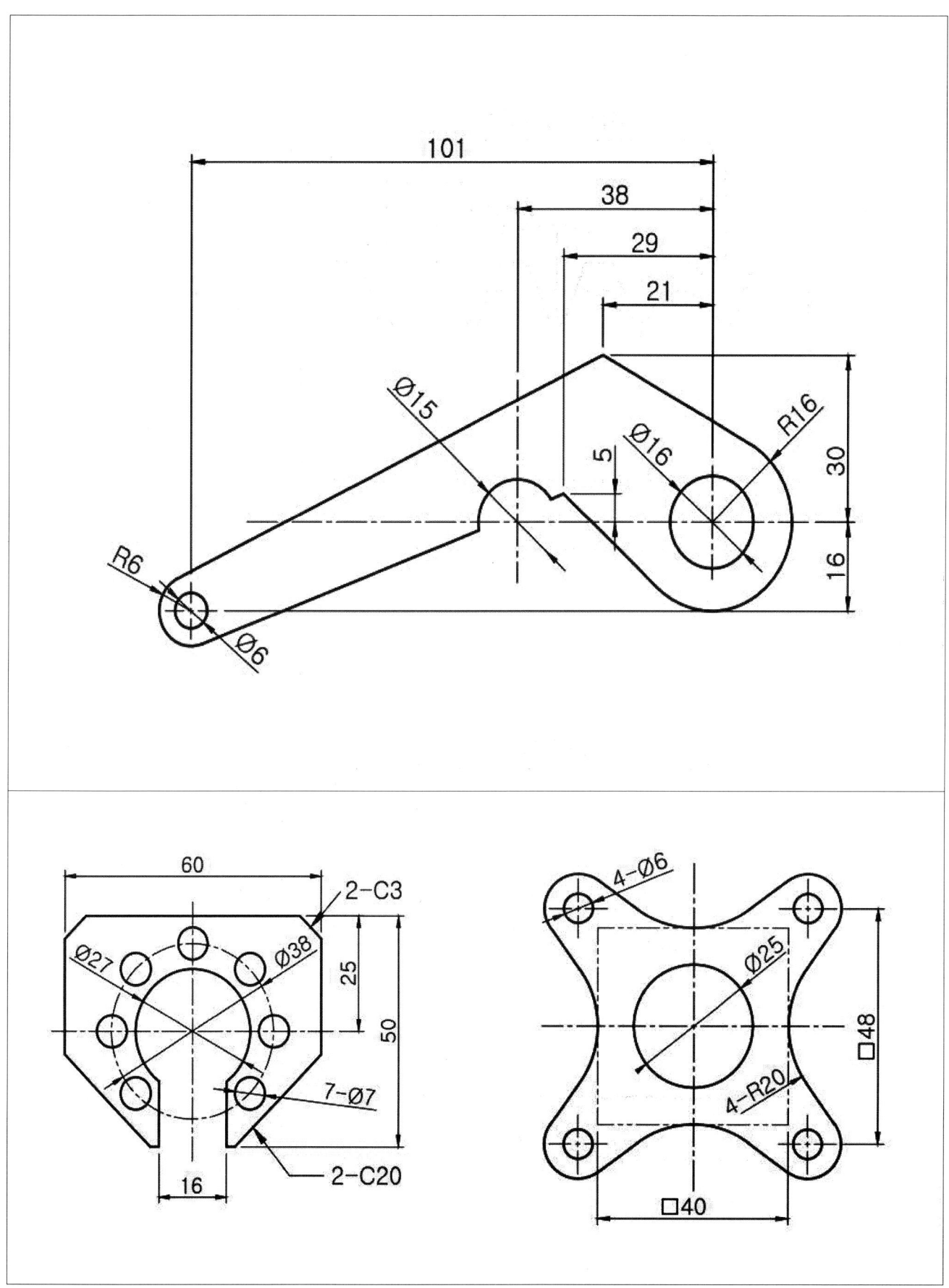

1. 도출

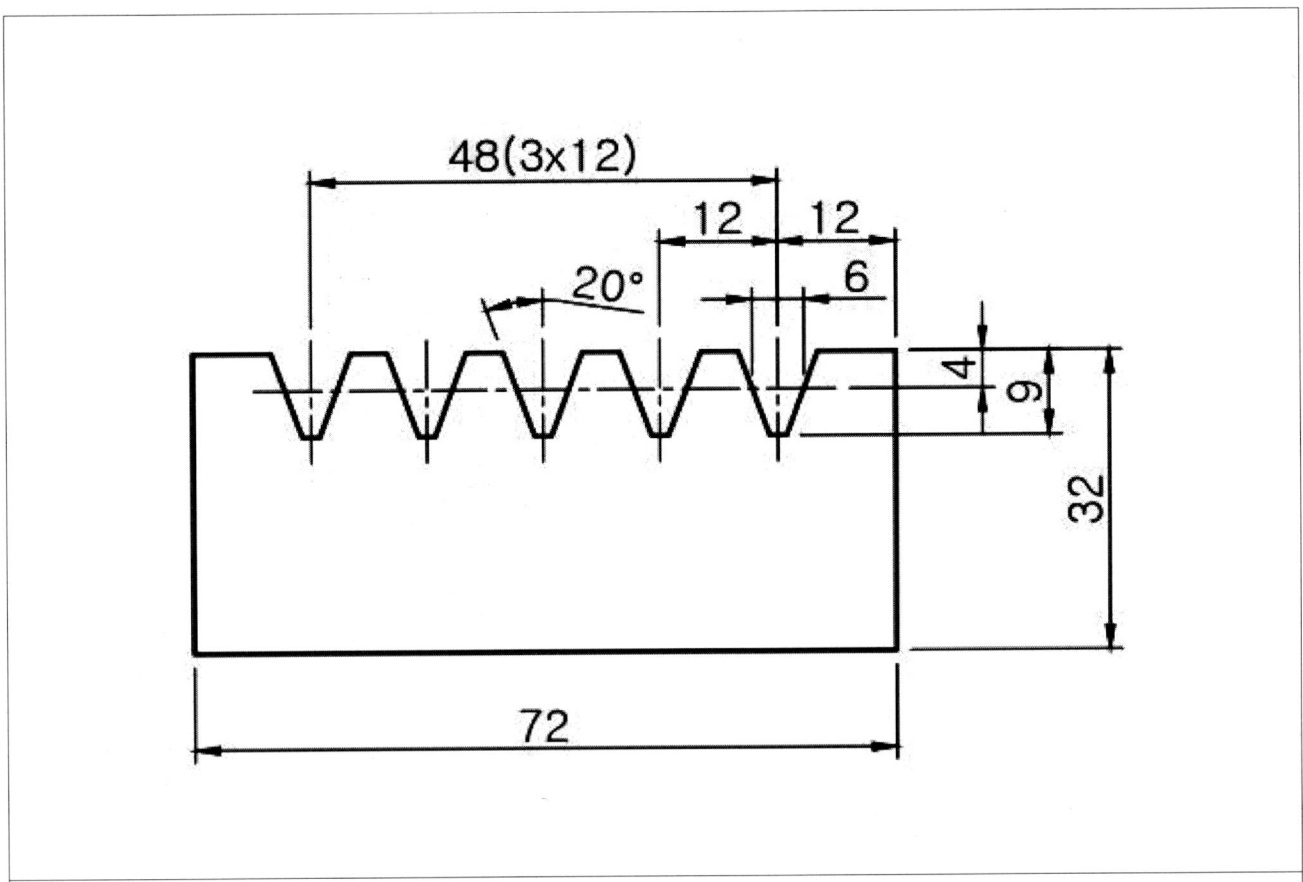

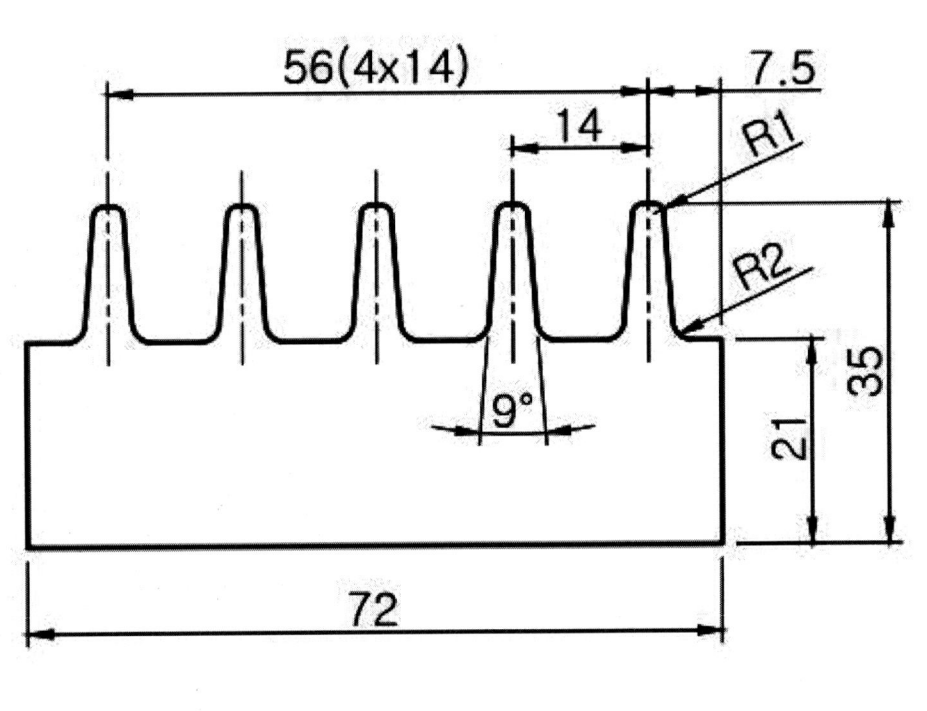

질량 값: 997.277g

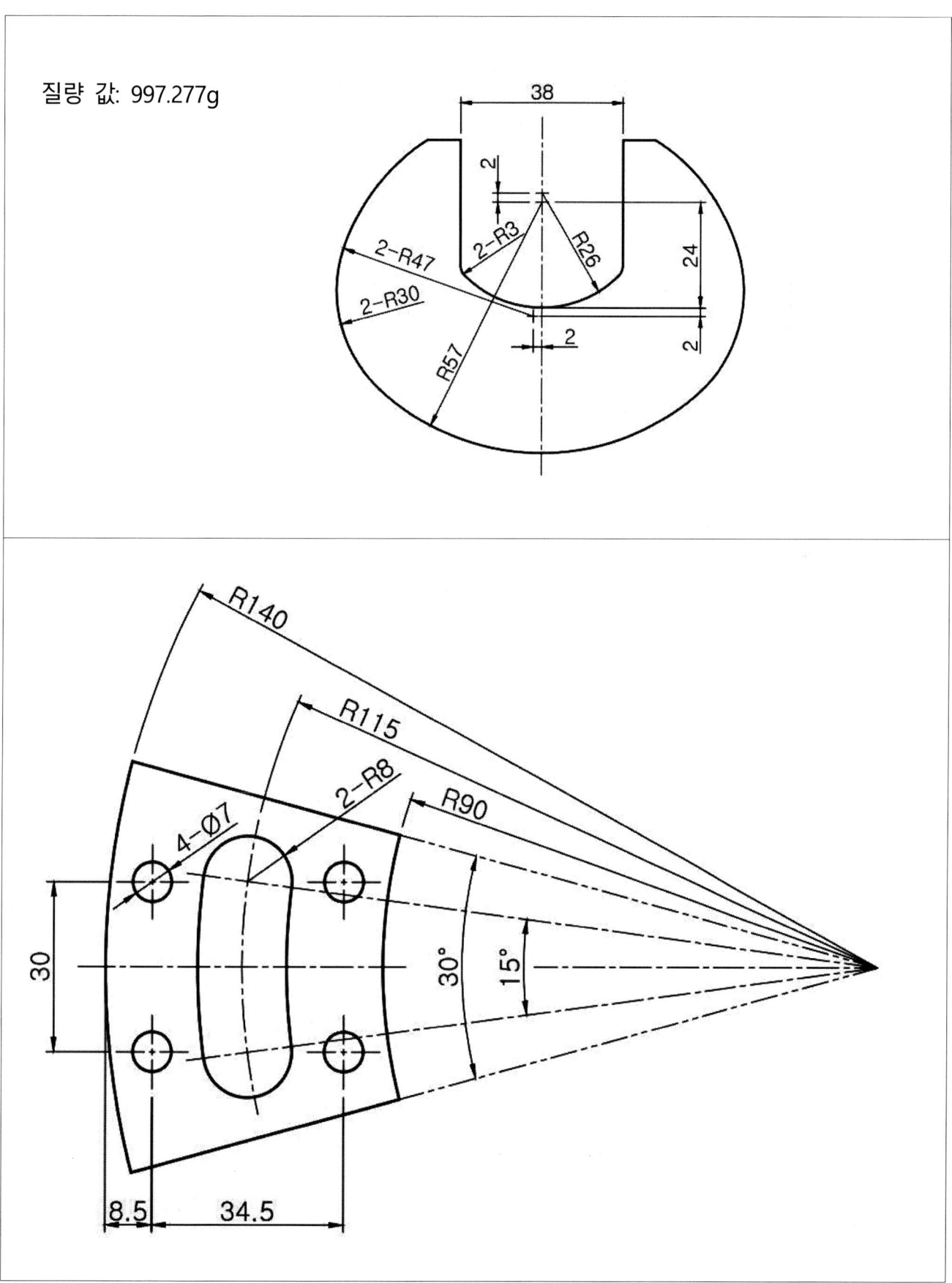

1. 도출

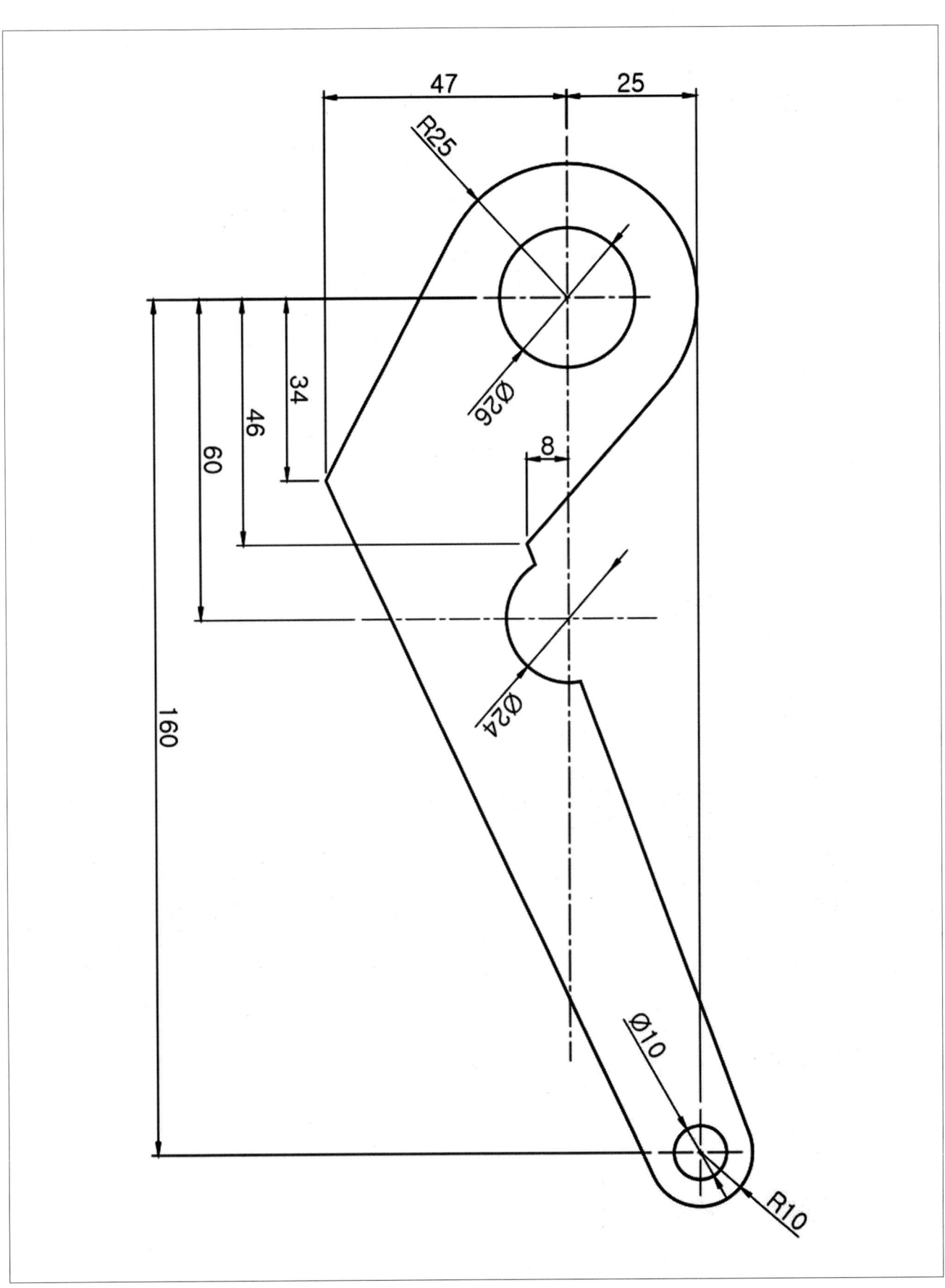

A-A (1 : 2)

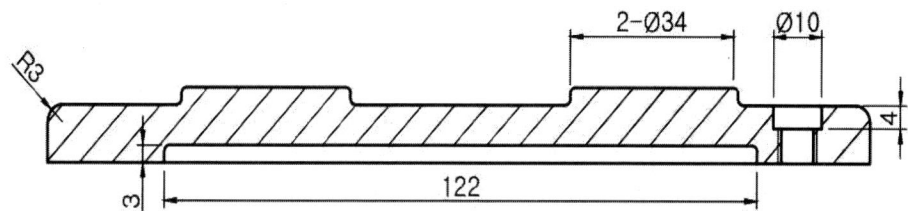

지시없는 필렛(R)은 1

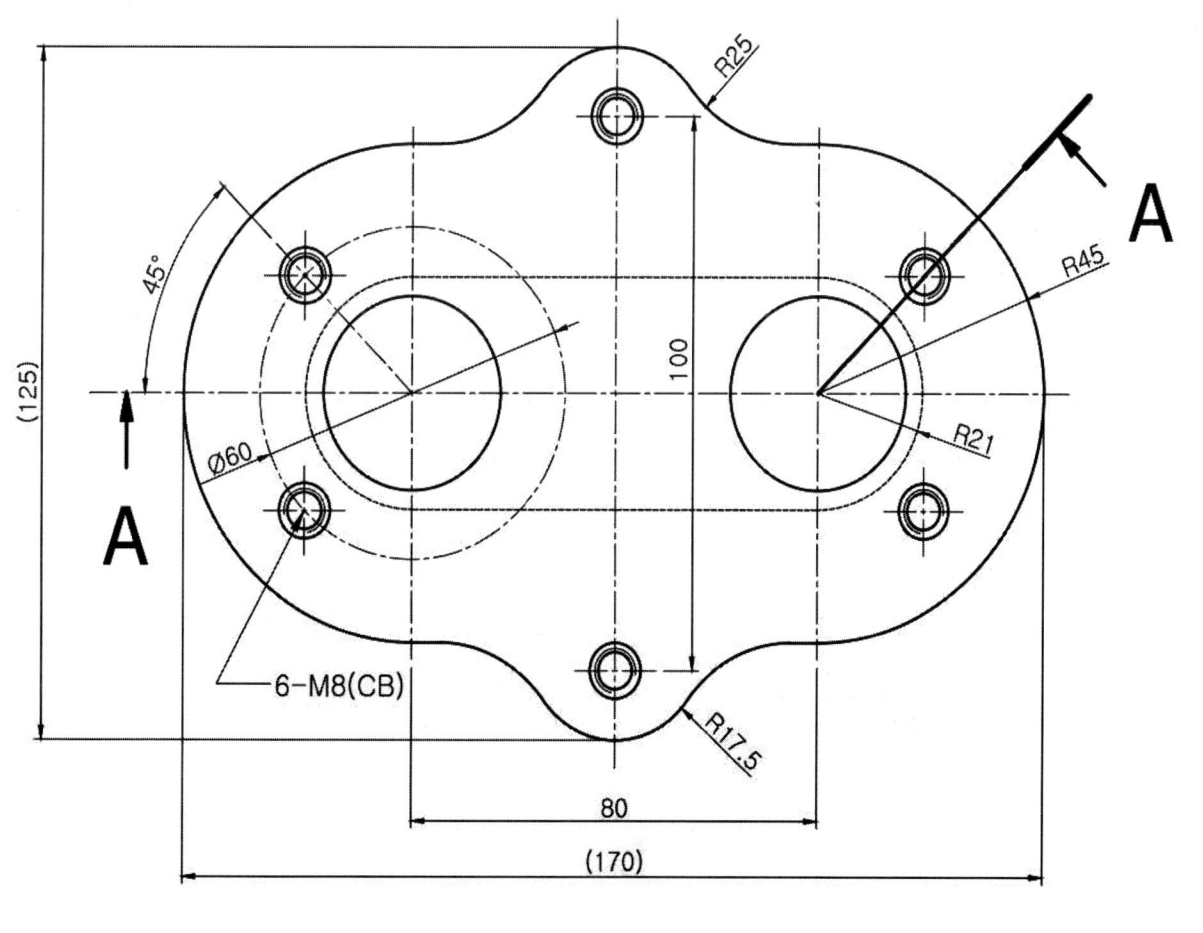

2. 회전

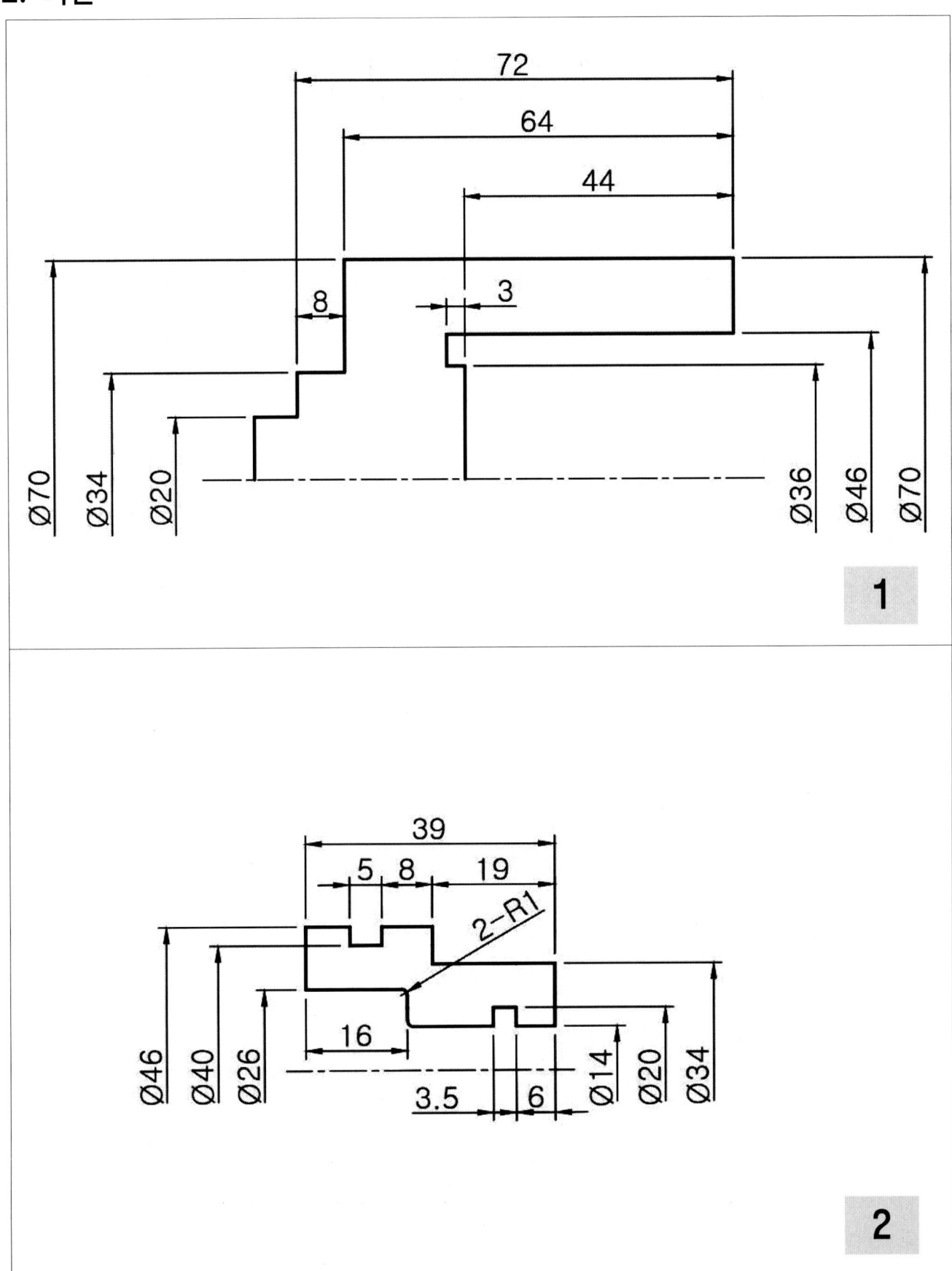

3D CAD

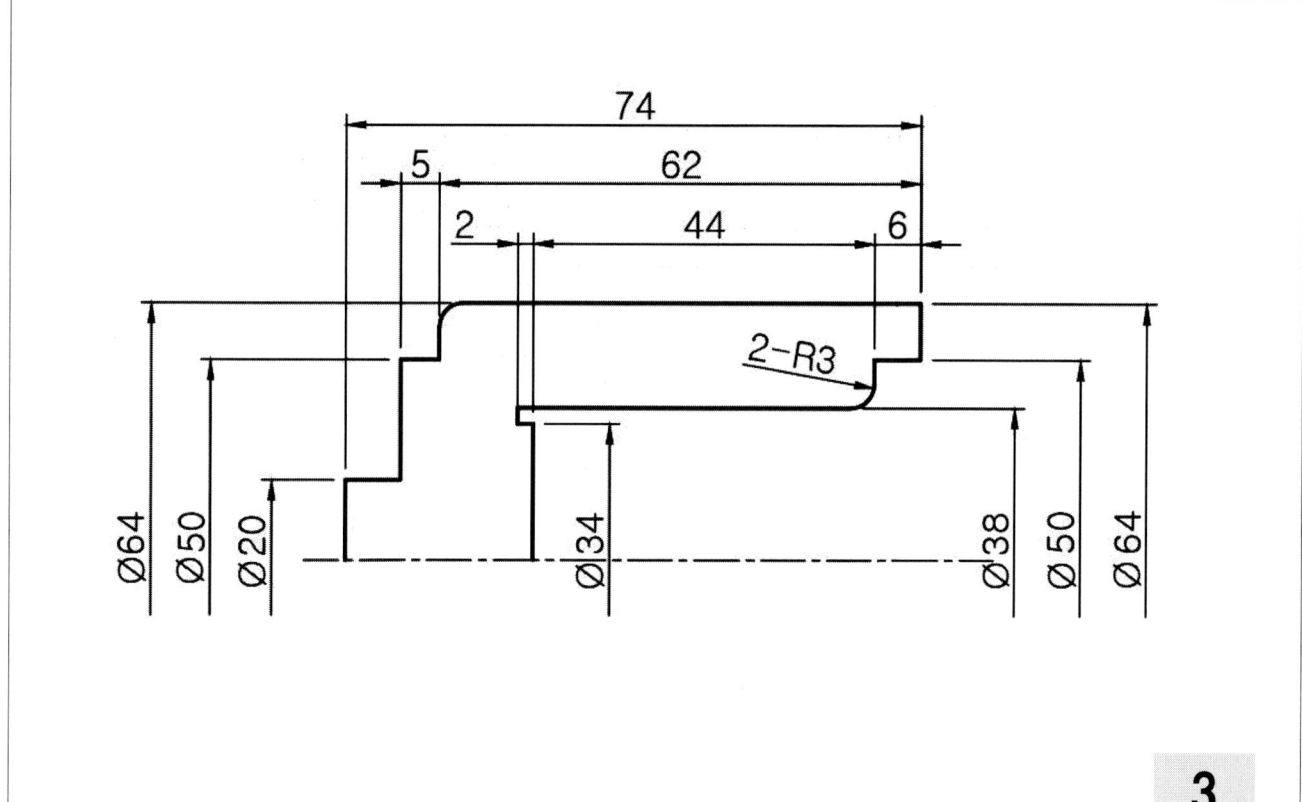

3

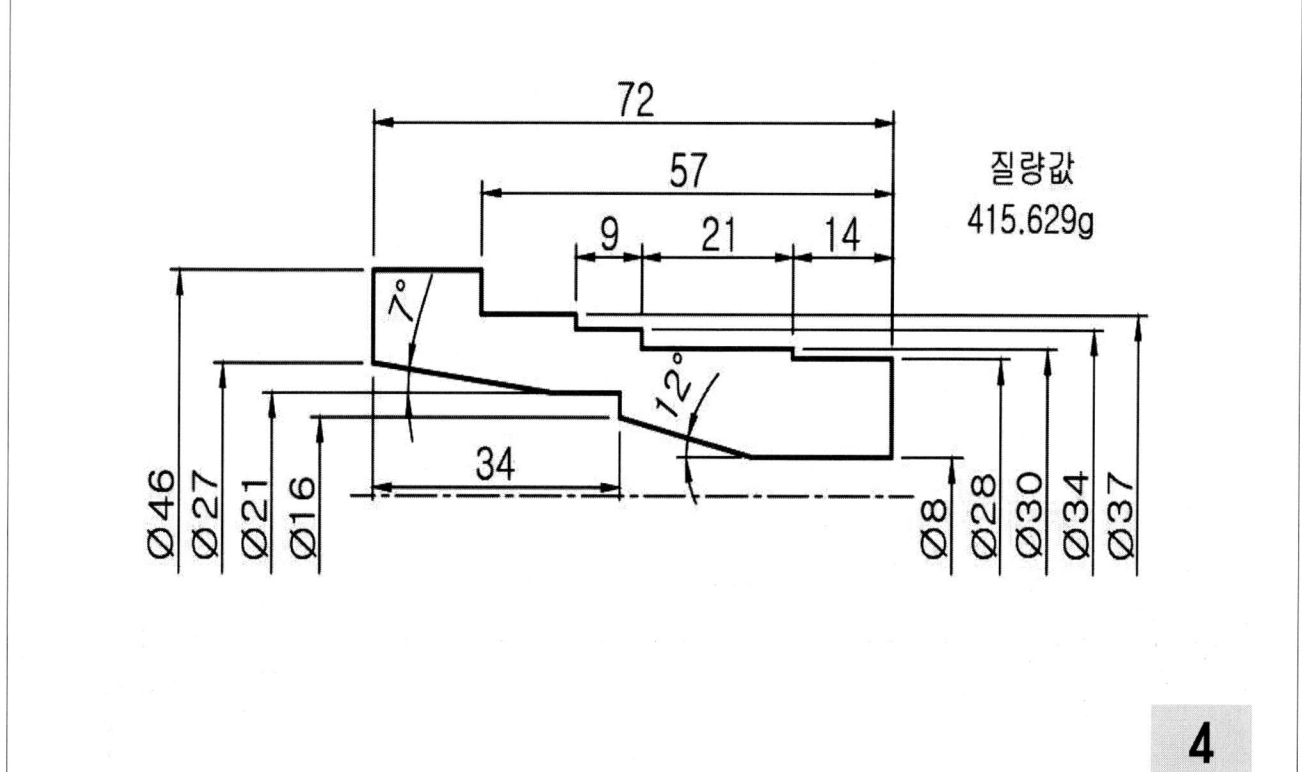

질량값
415.629g

4

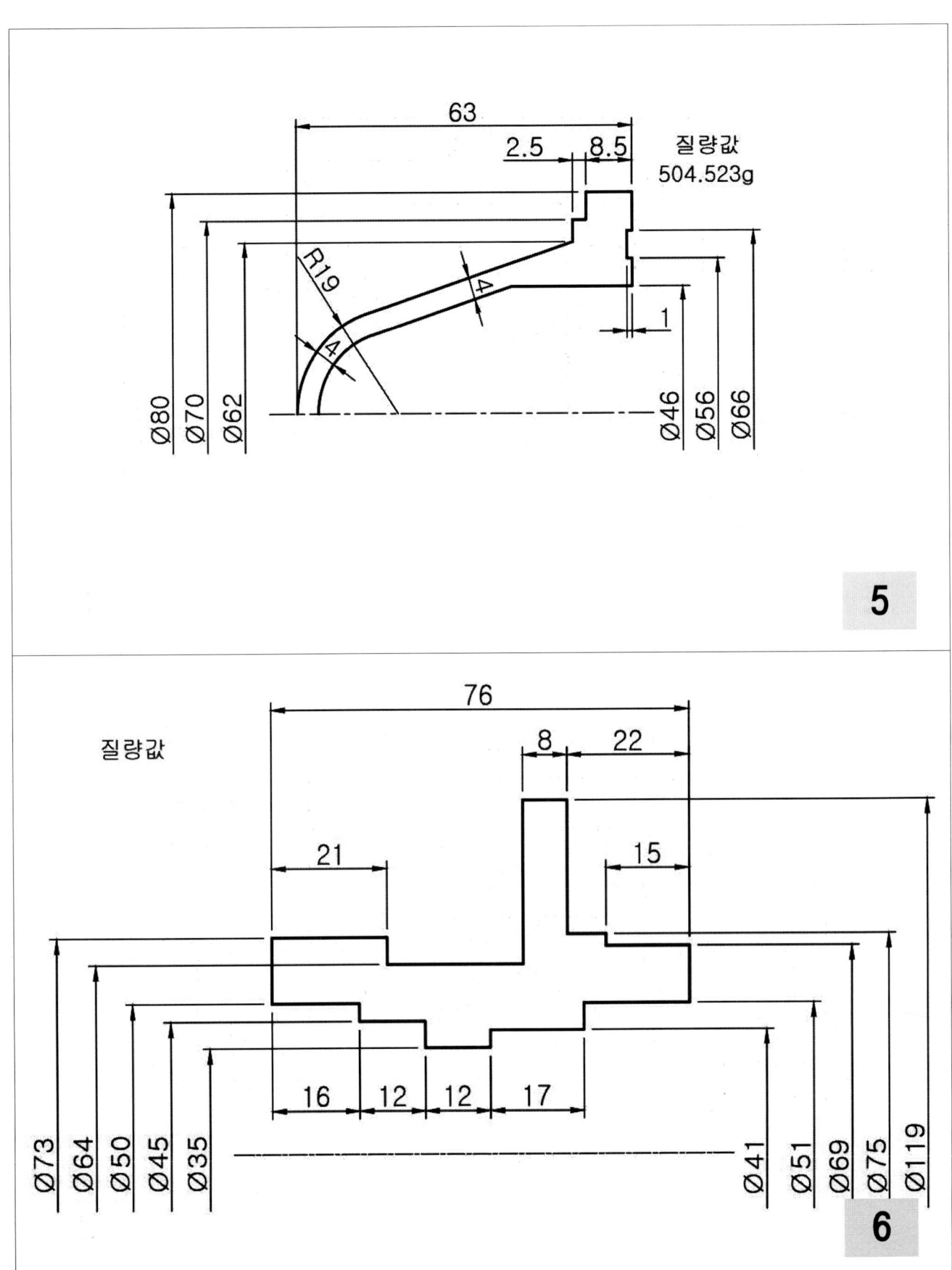

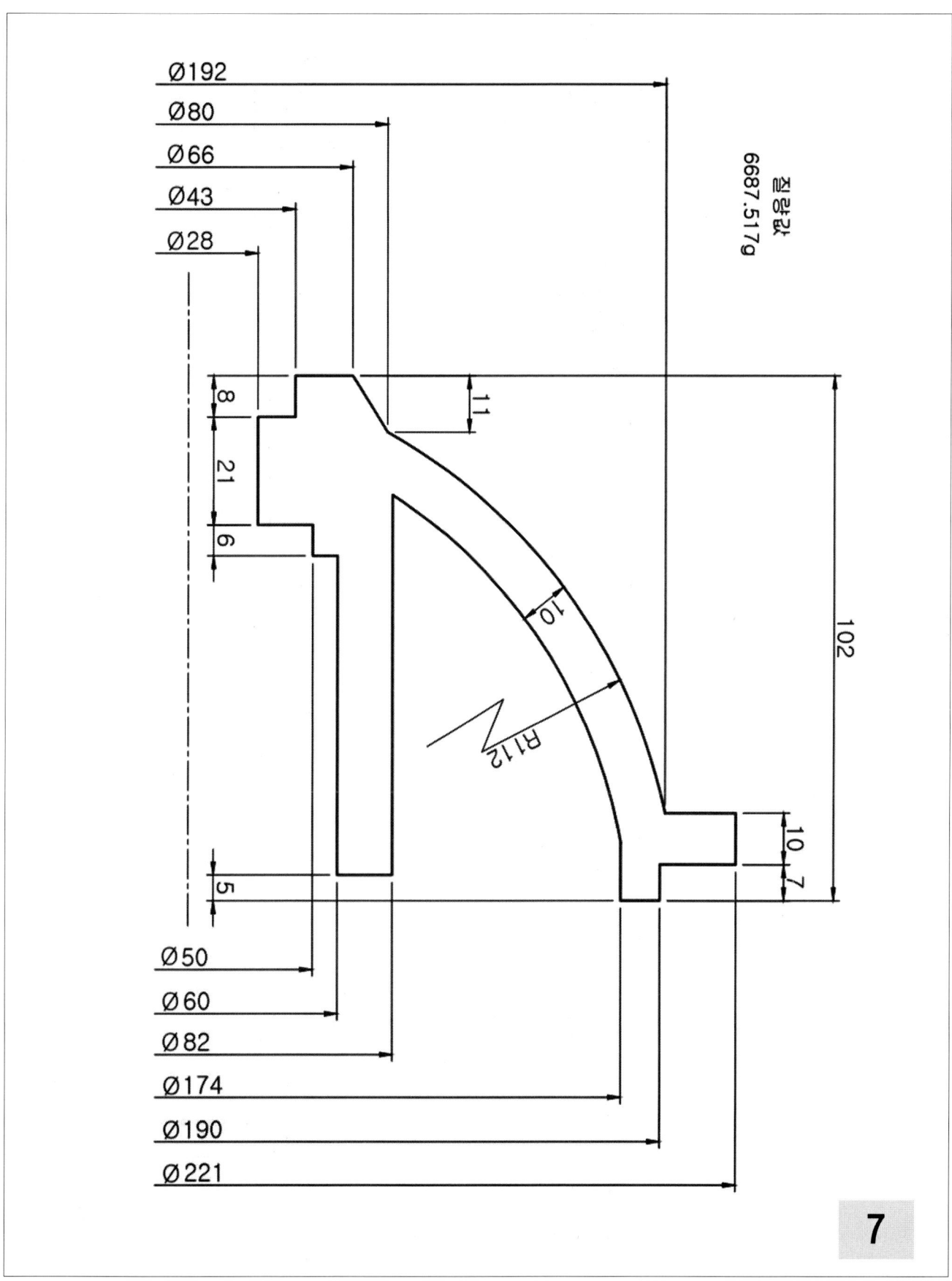

2. 회전

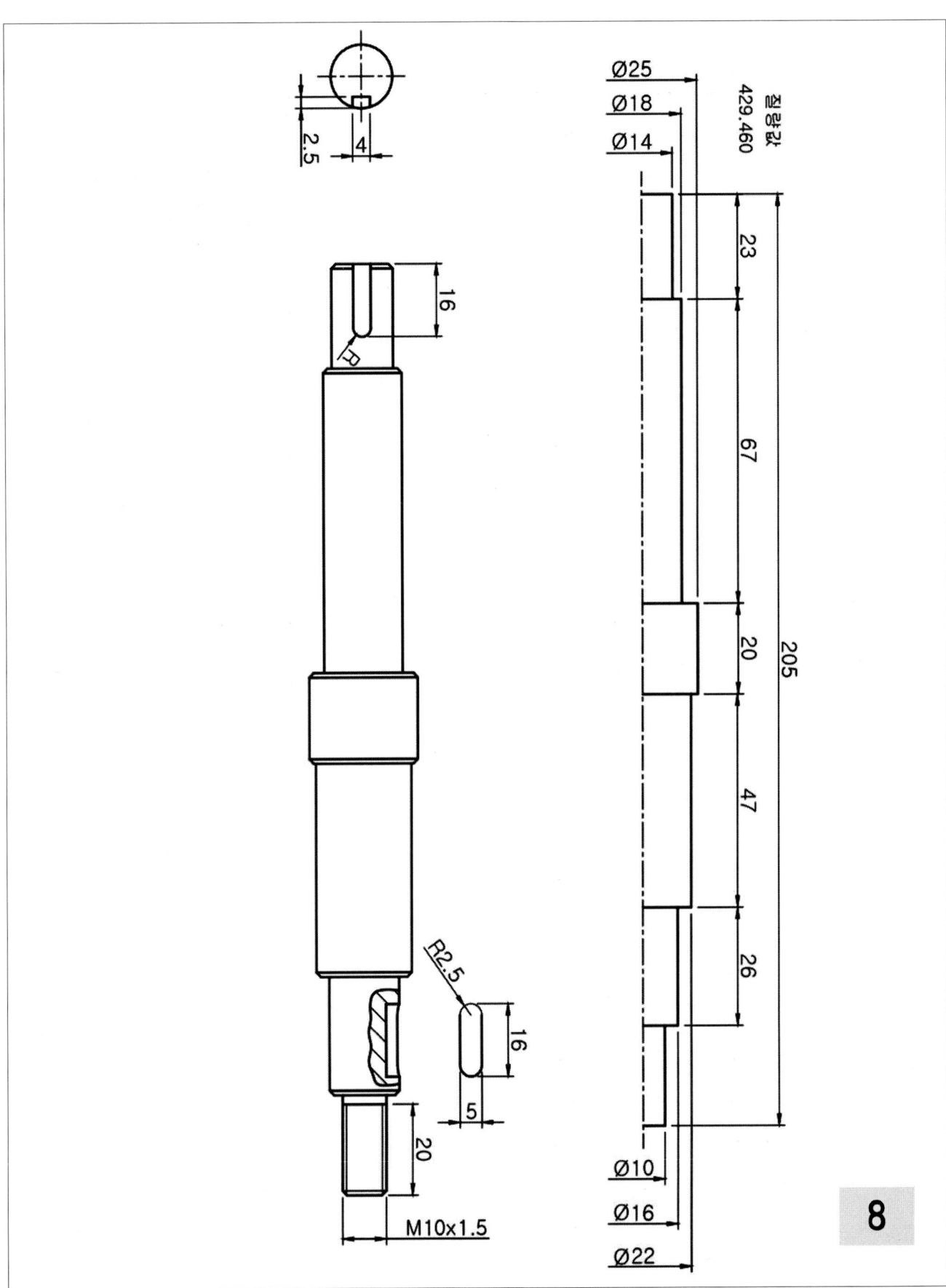

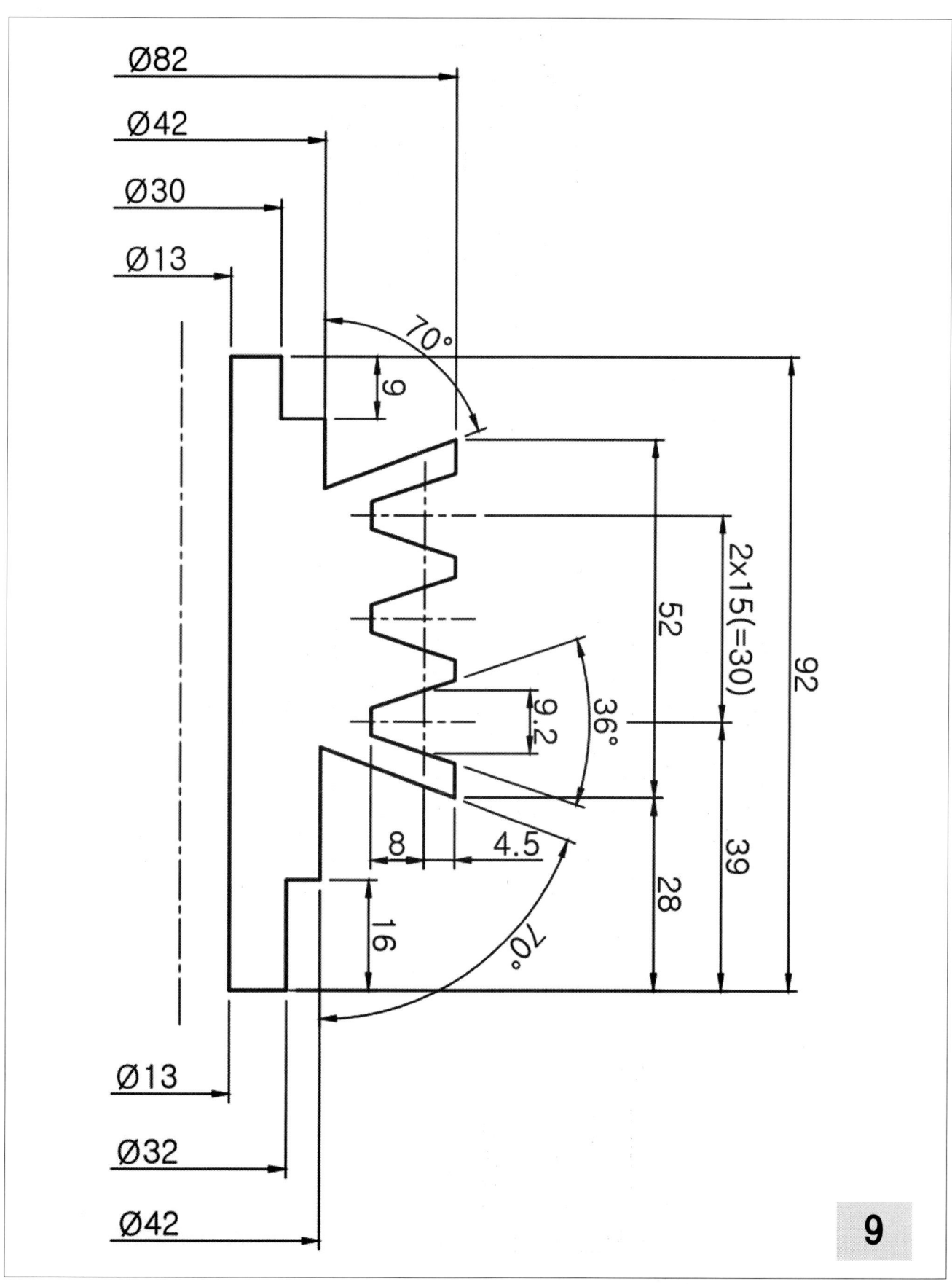

2. 회전

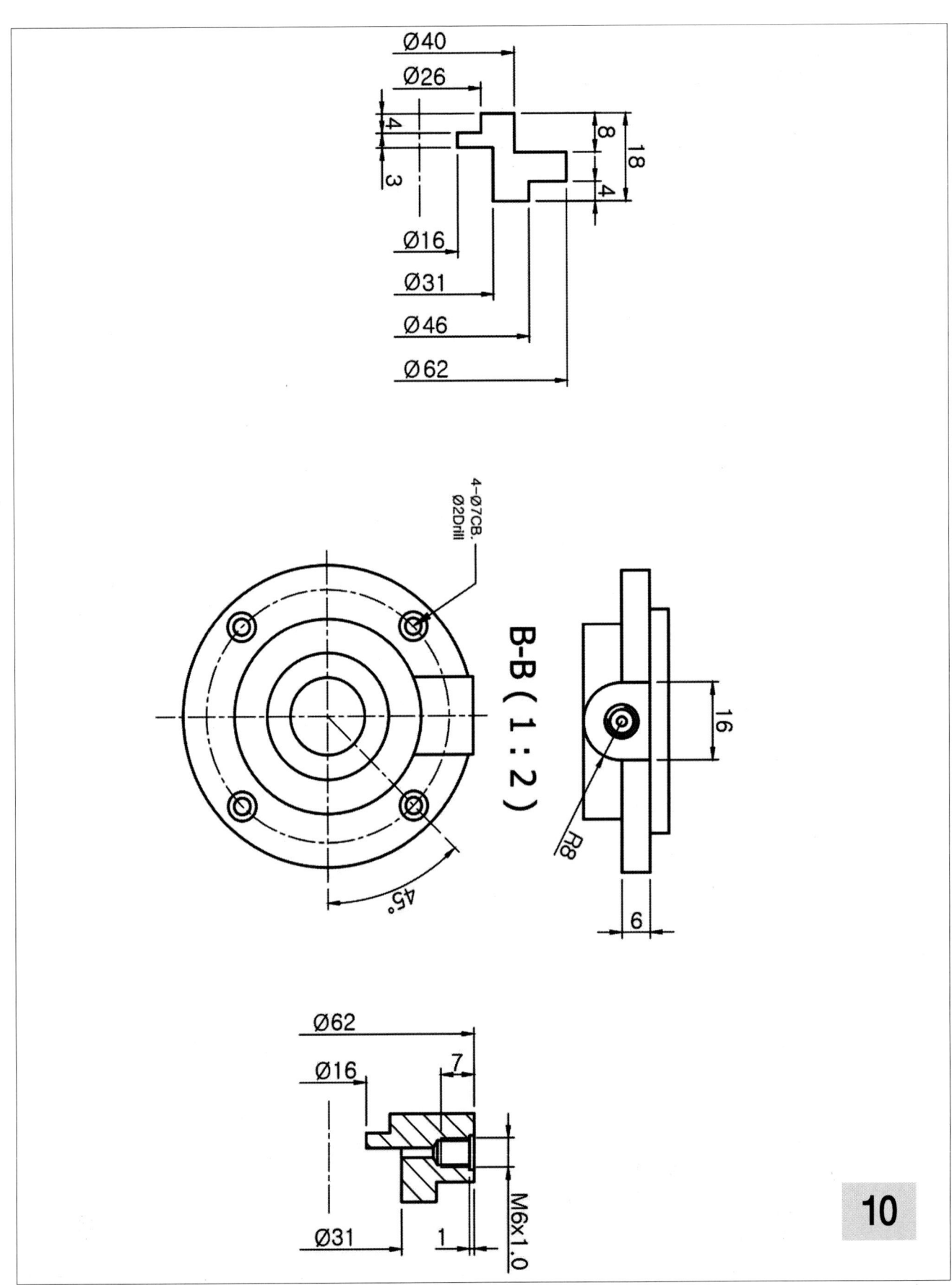

3. 기초 형상모델링

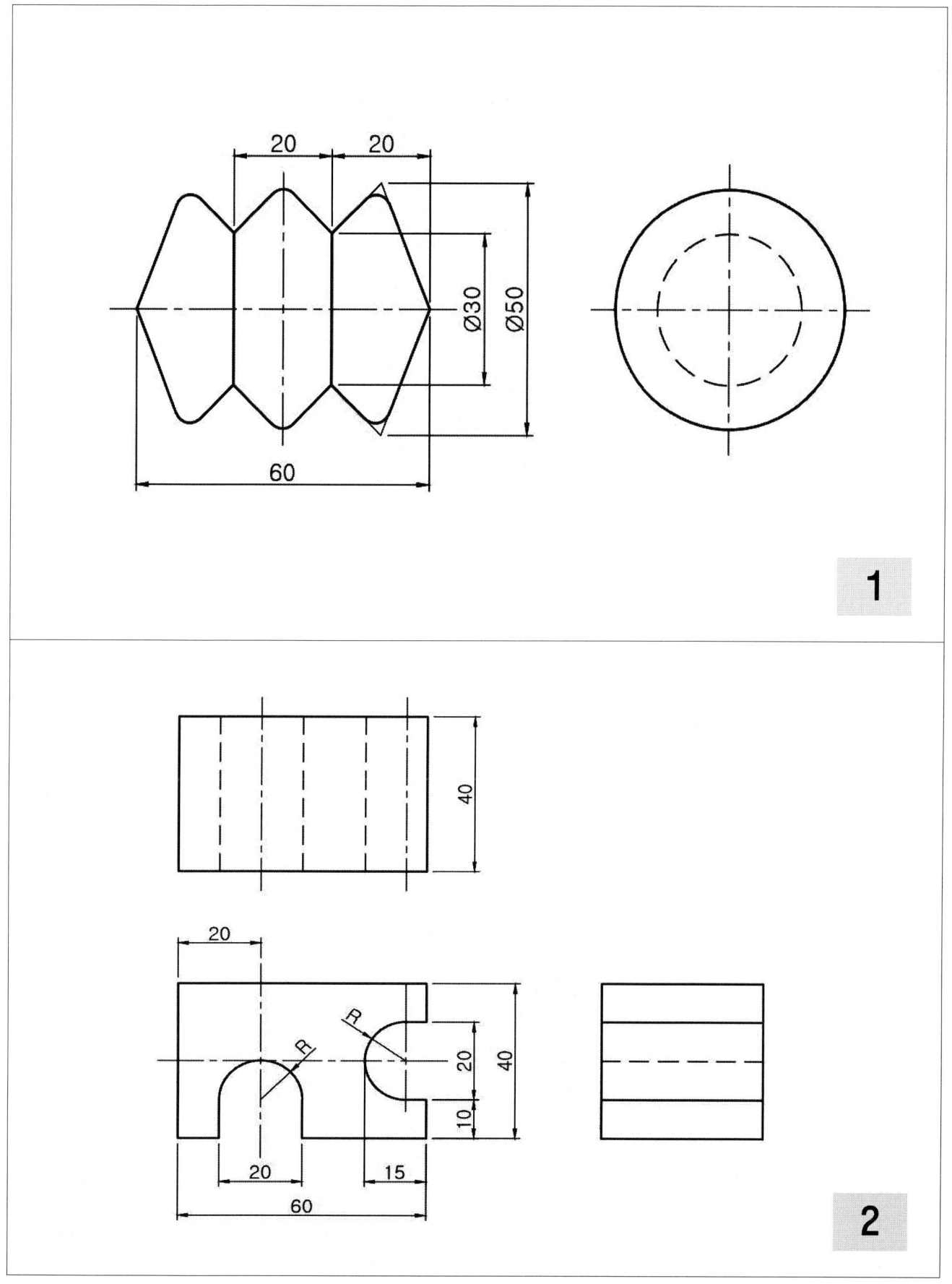

1

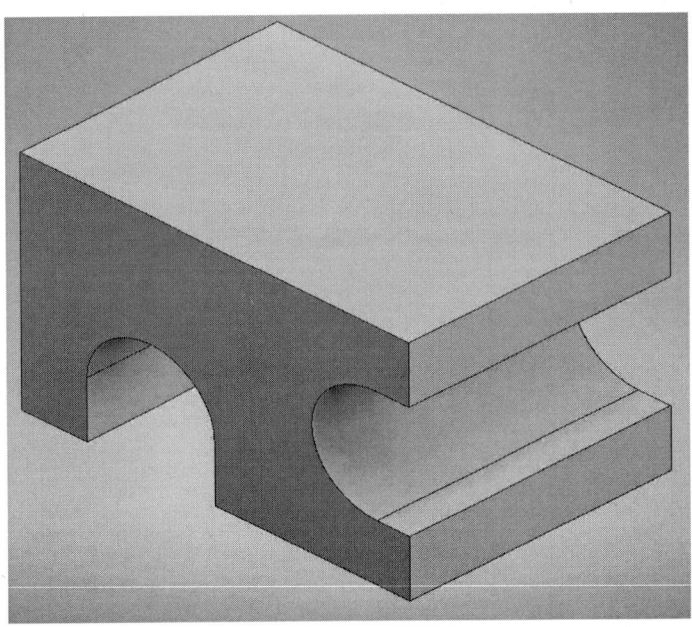

2

3D CAD

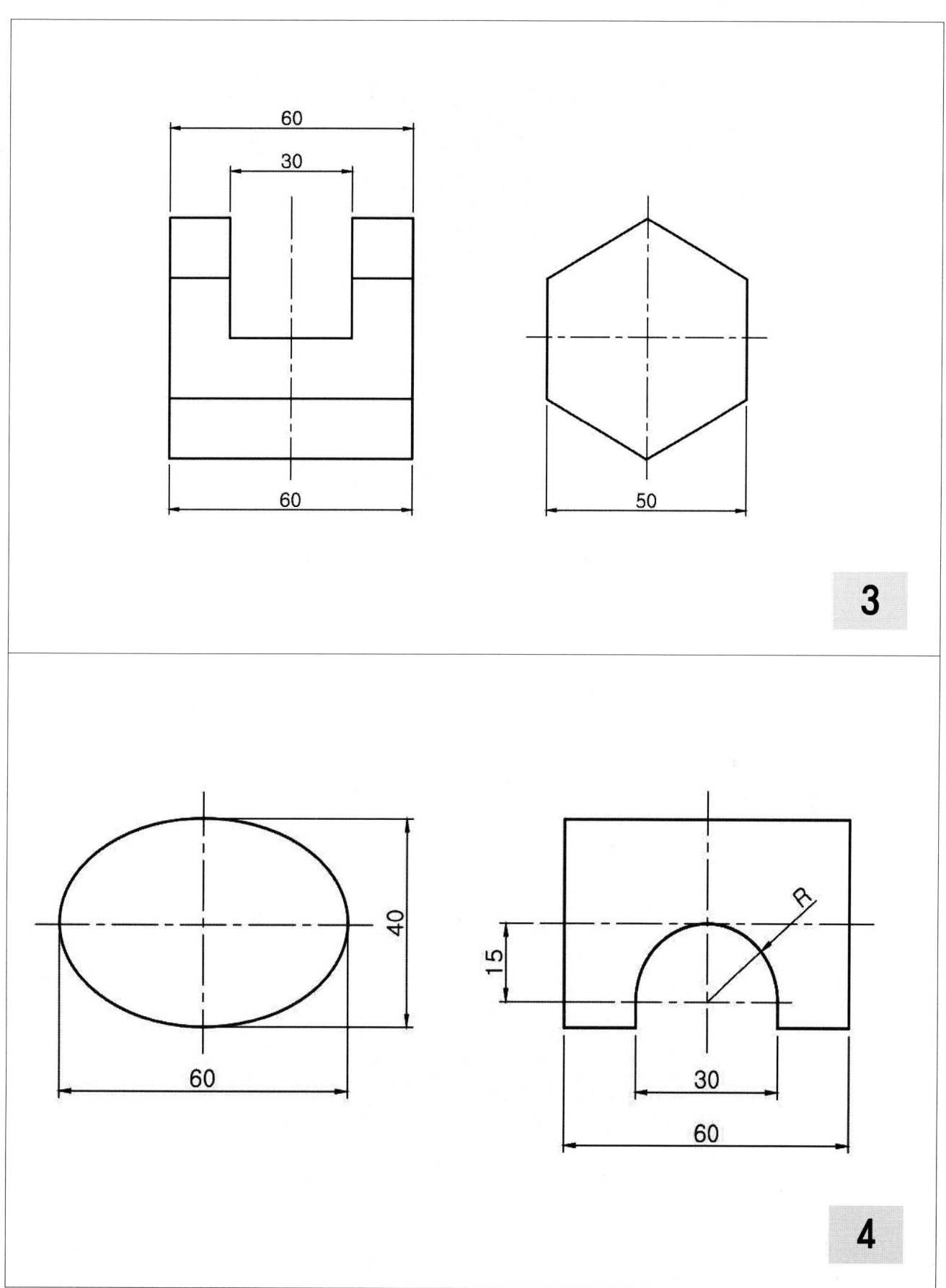

3

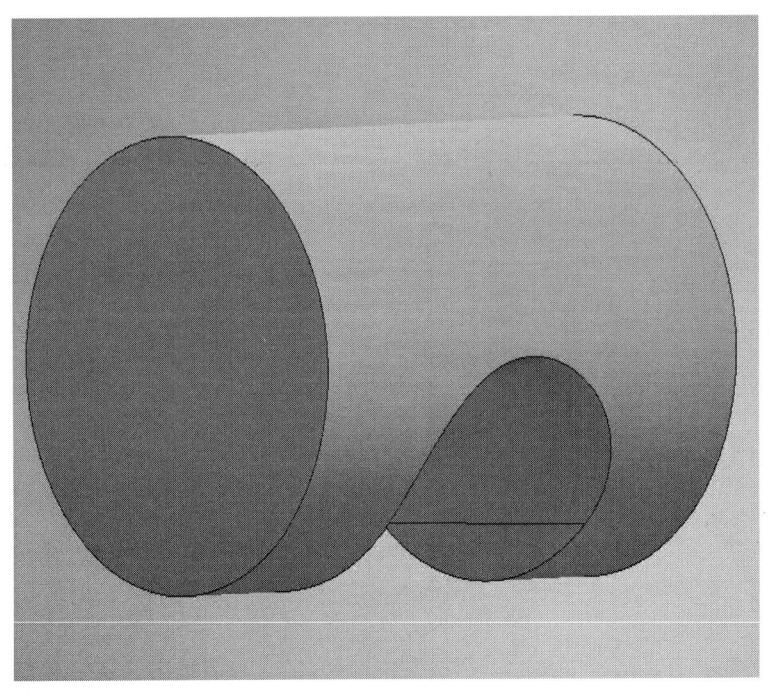

4

3D CAD

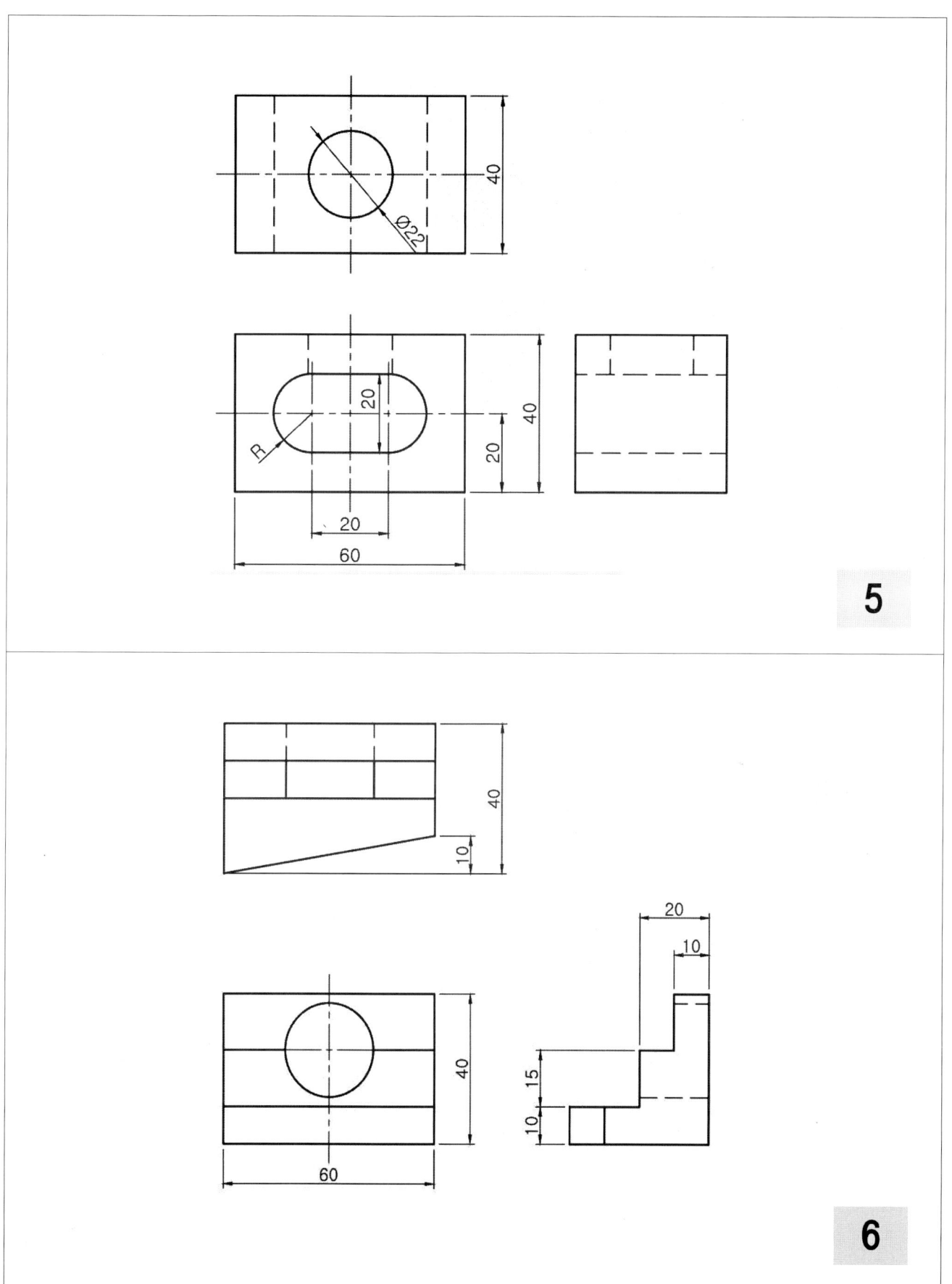

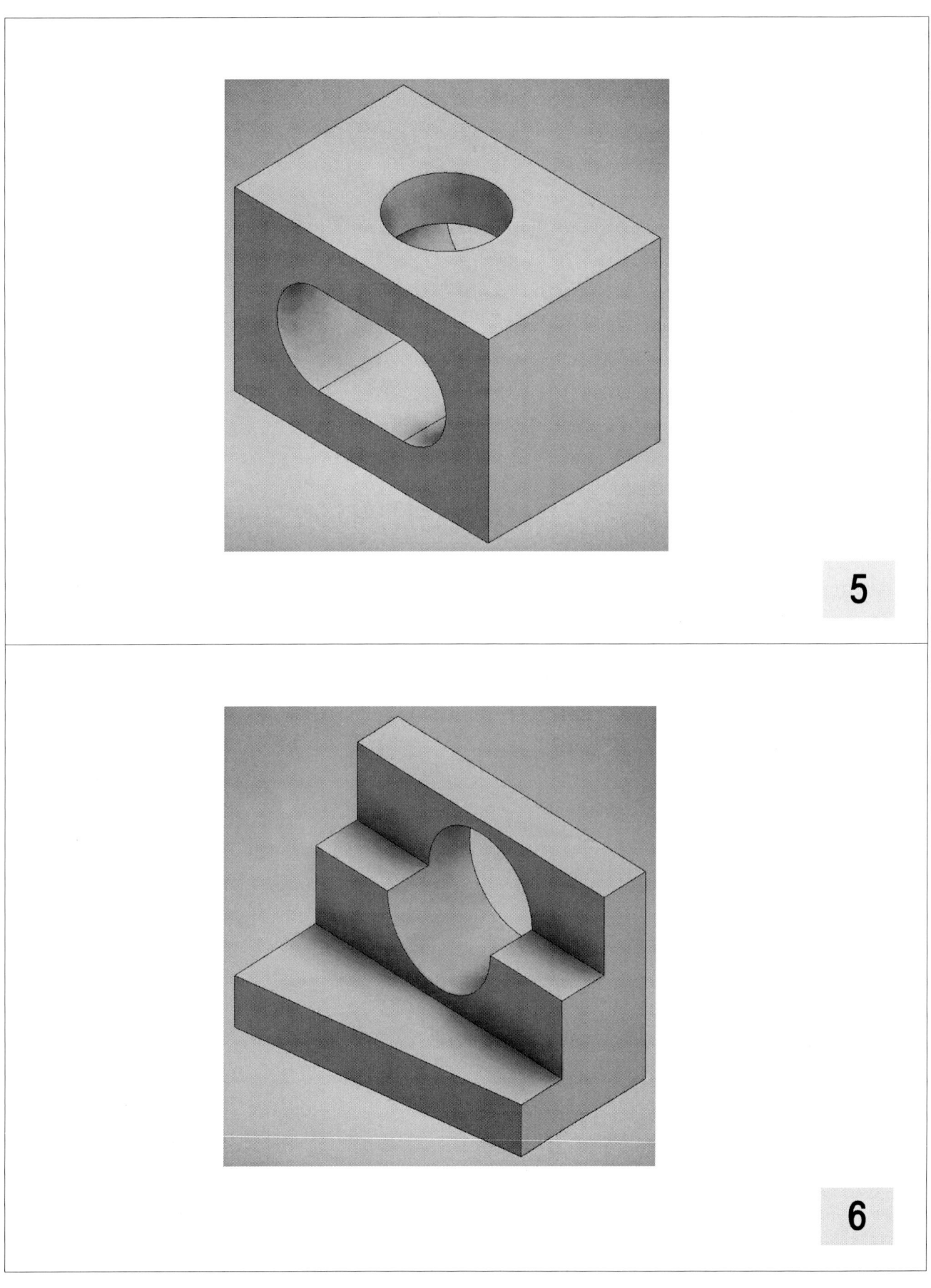

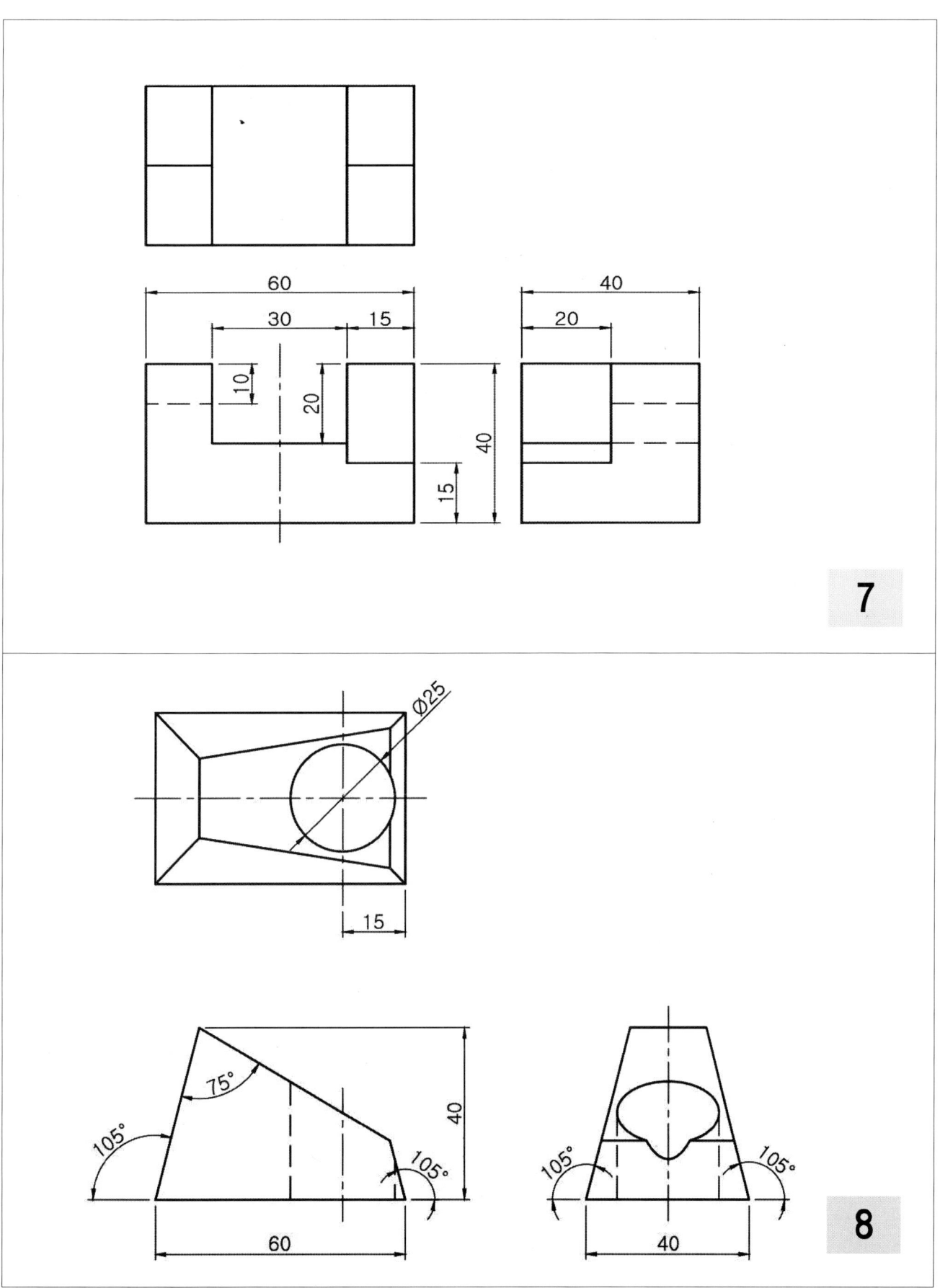

7

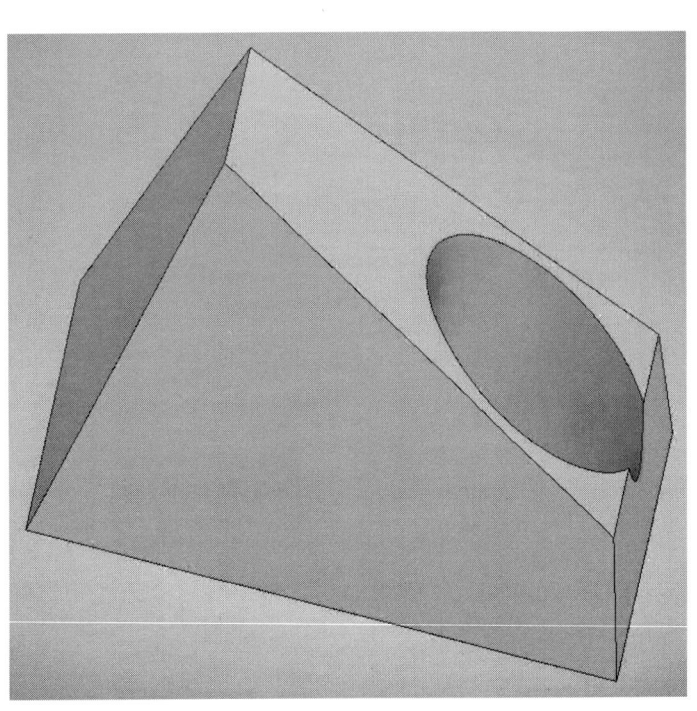

8

3D CAD

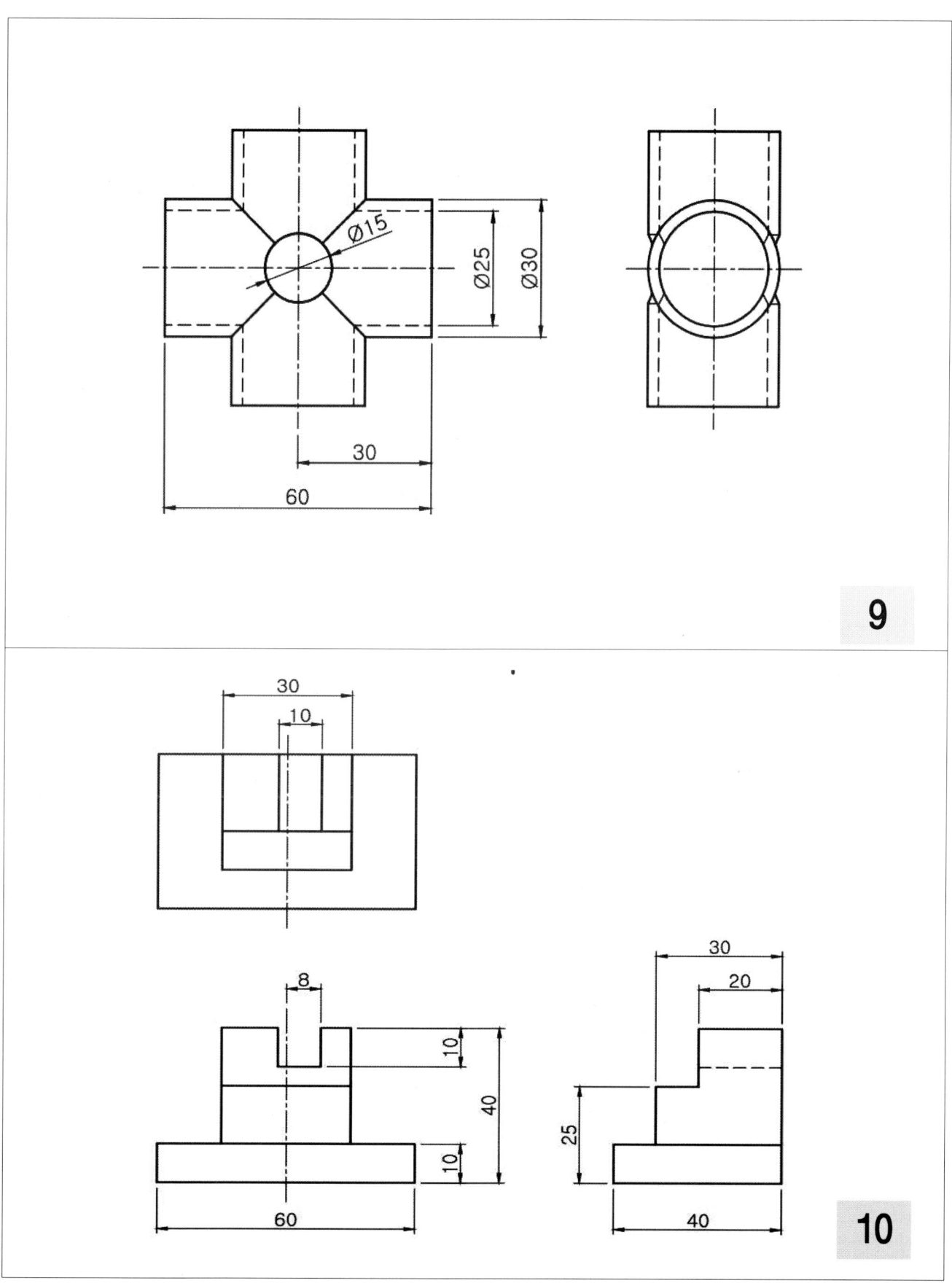

3. 기초 형상모델링

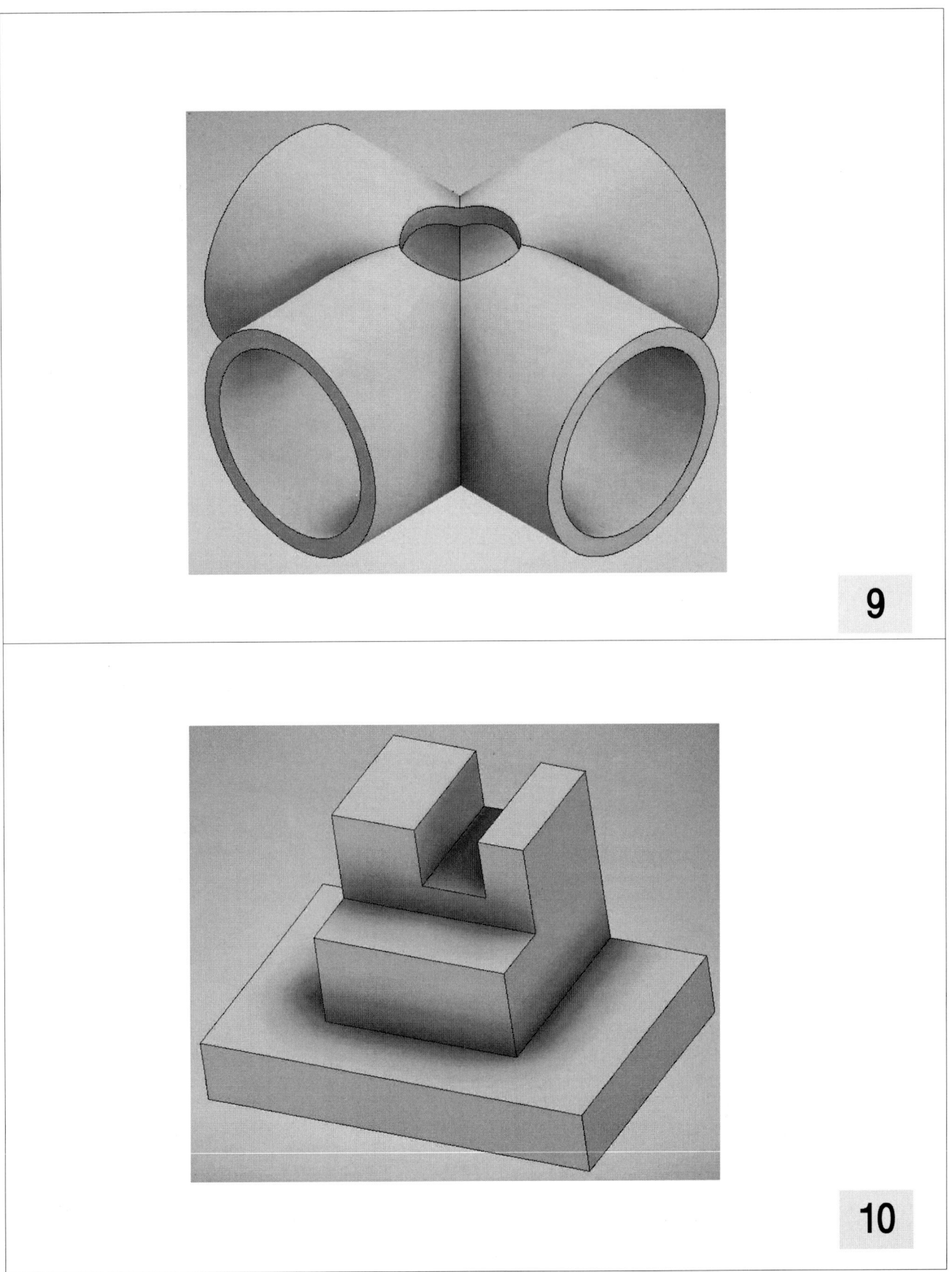

3D CAD

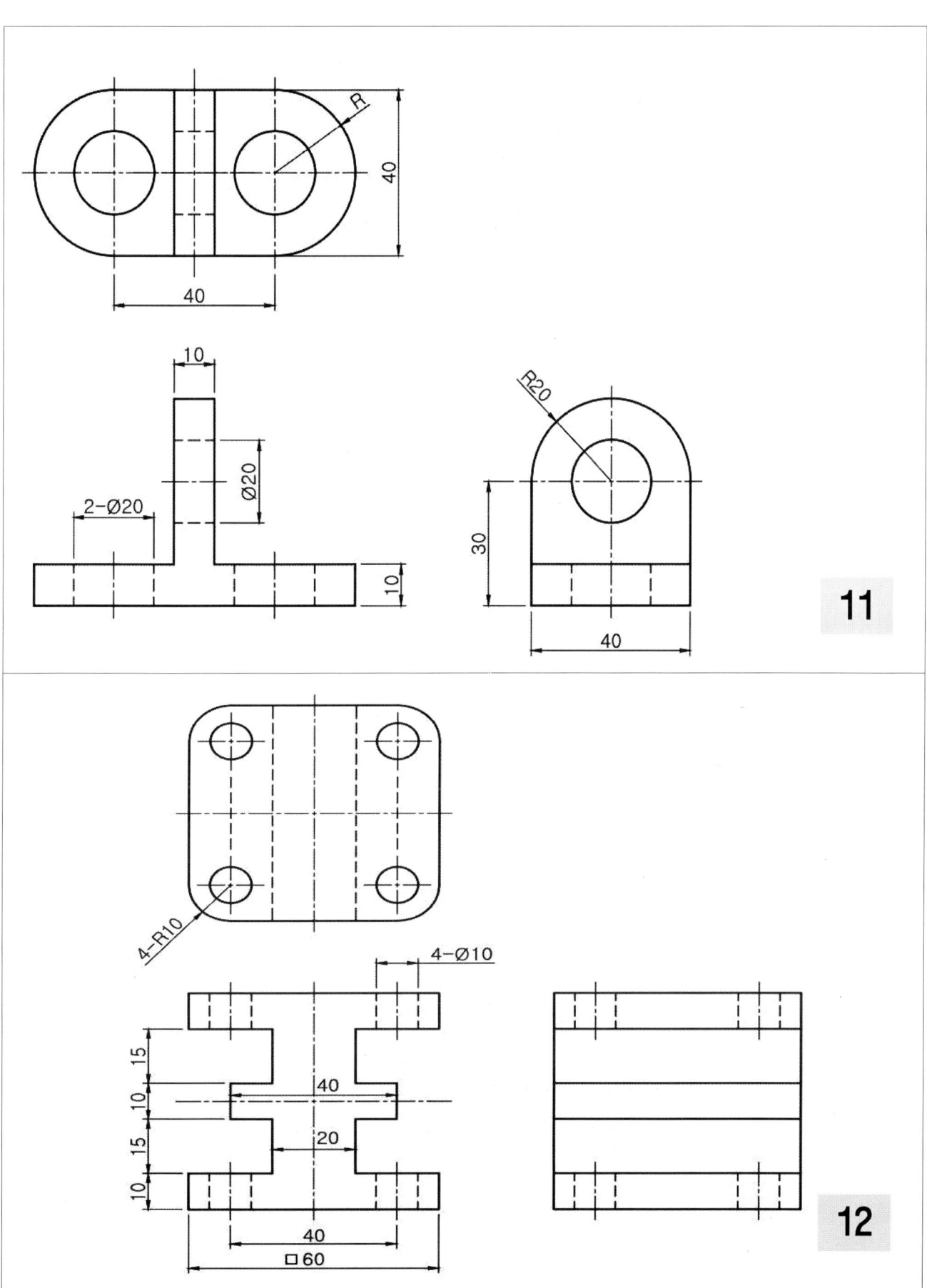

11

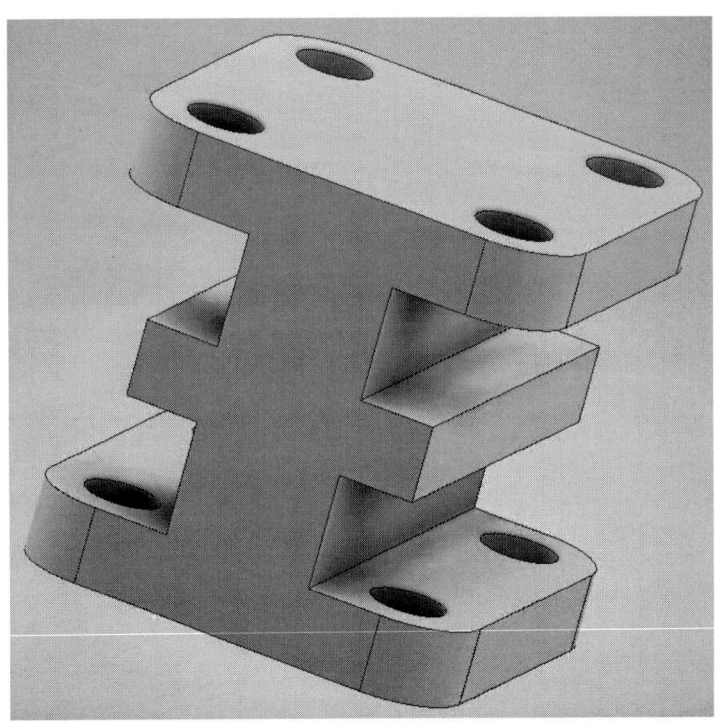

12

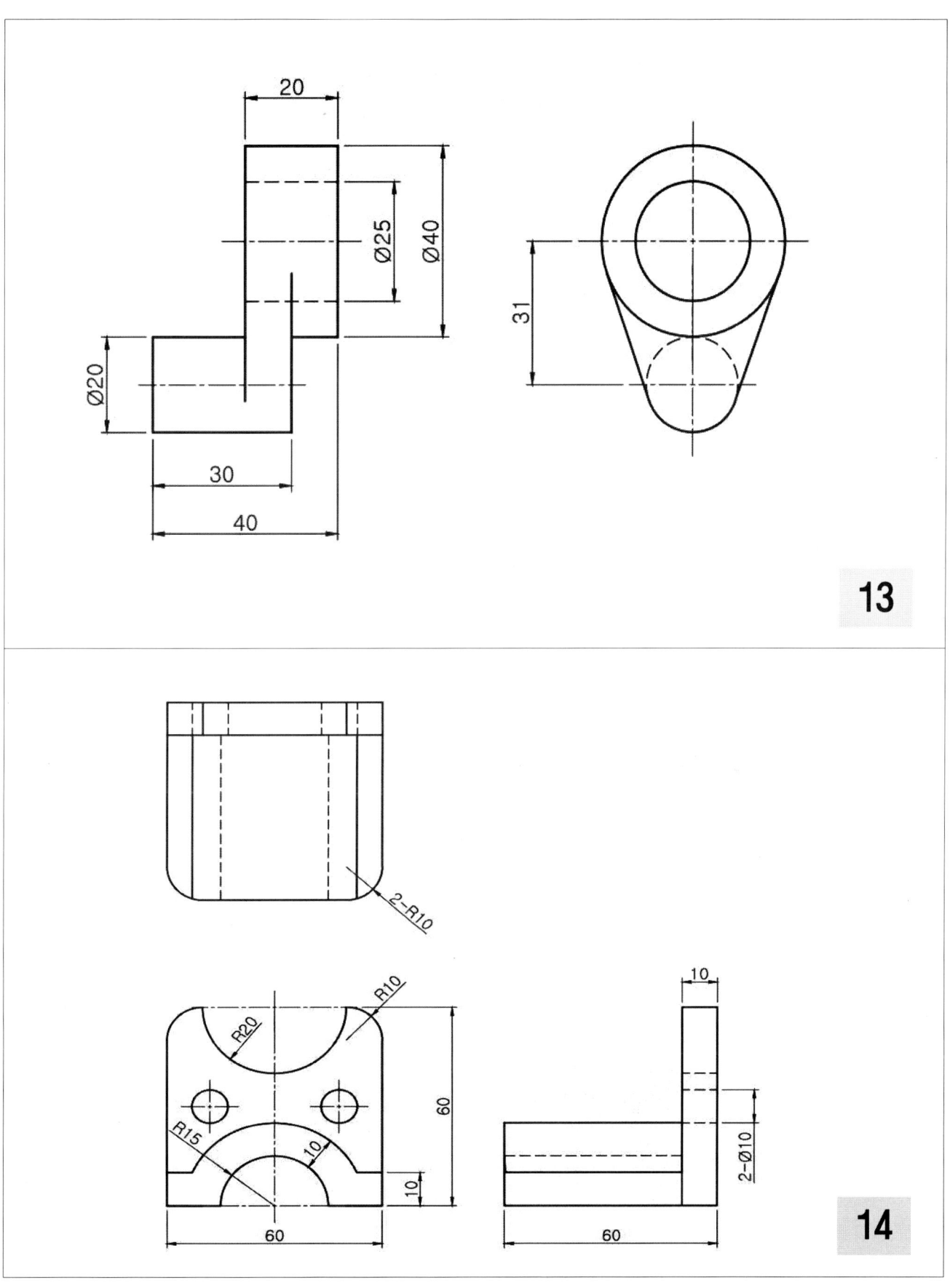

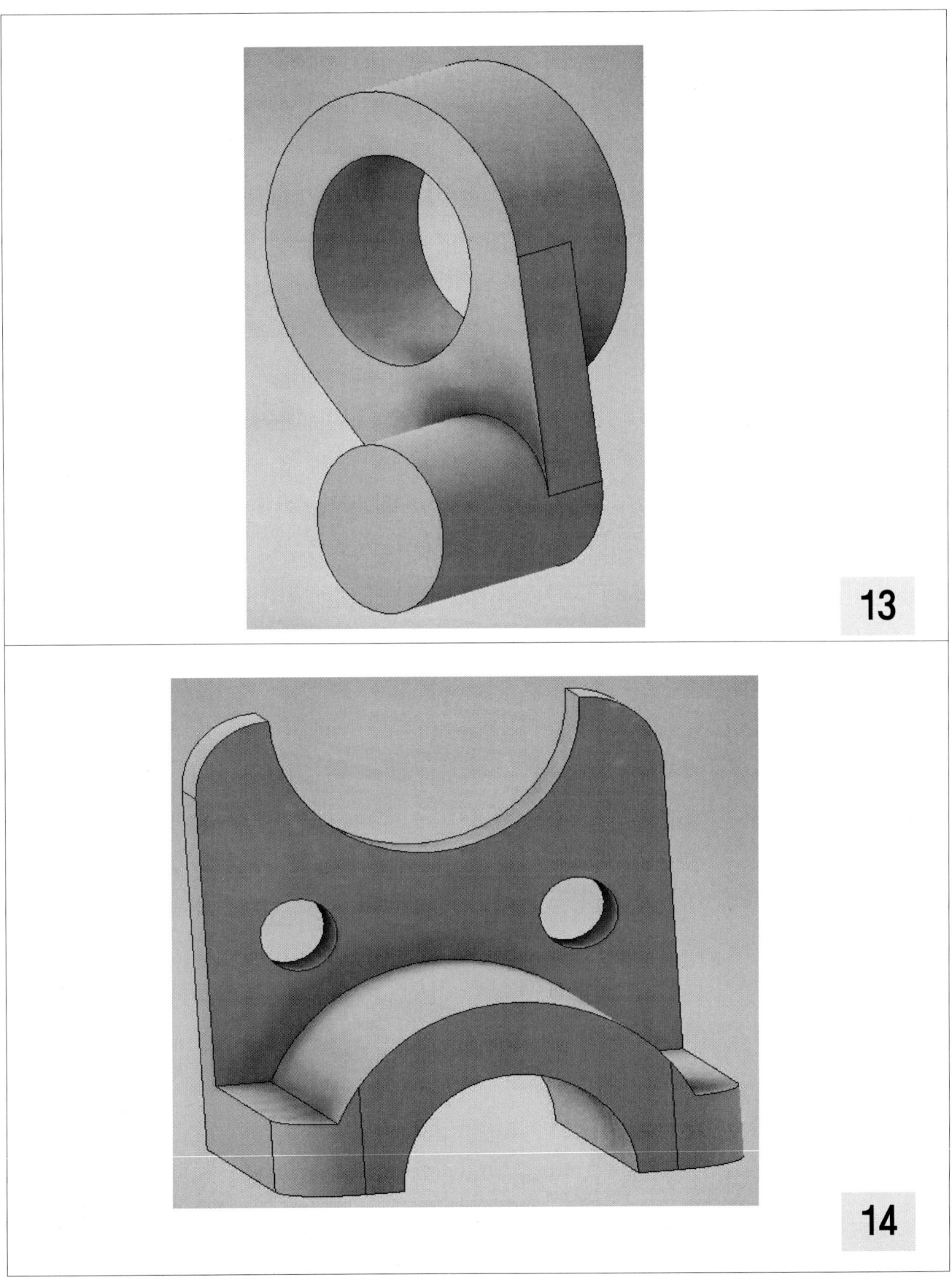

3D CAD

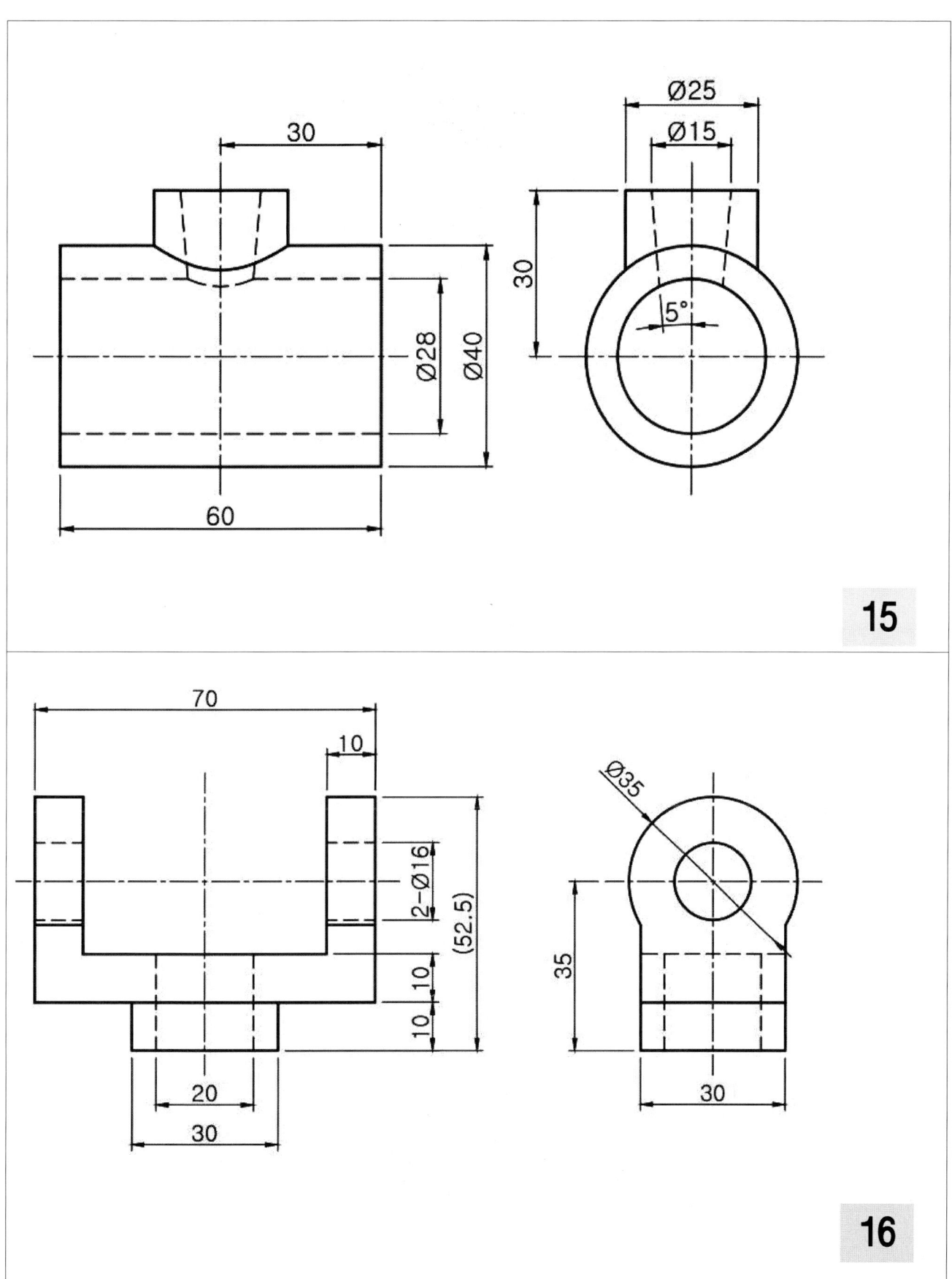

3. 기초 형상모델링

CAD 실습

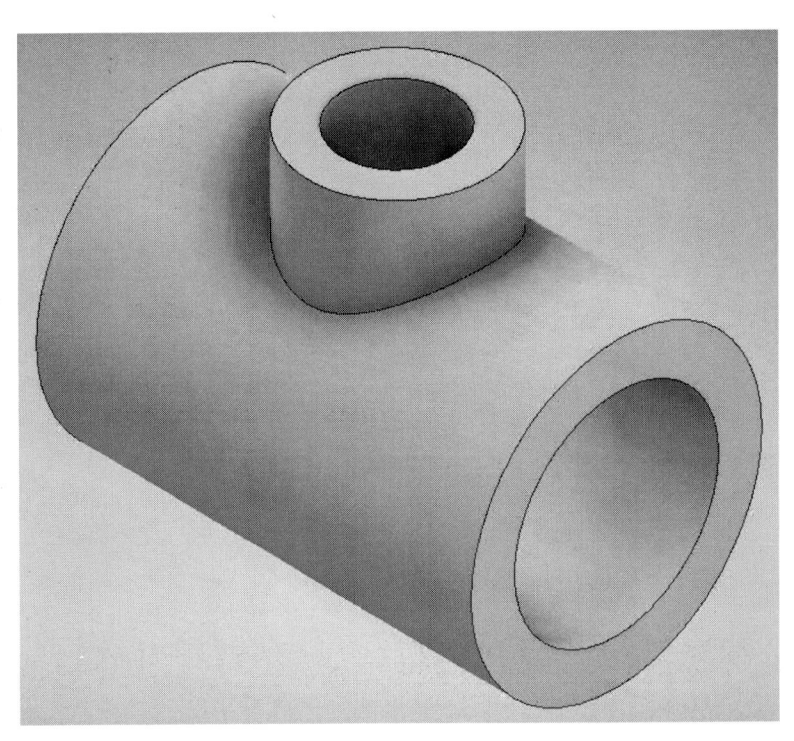

15

16

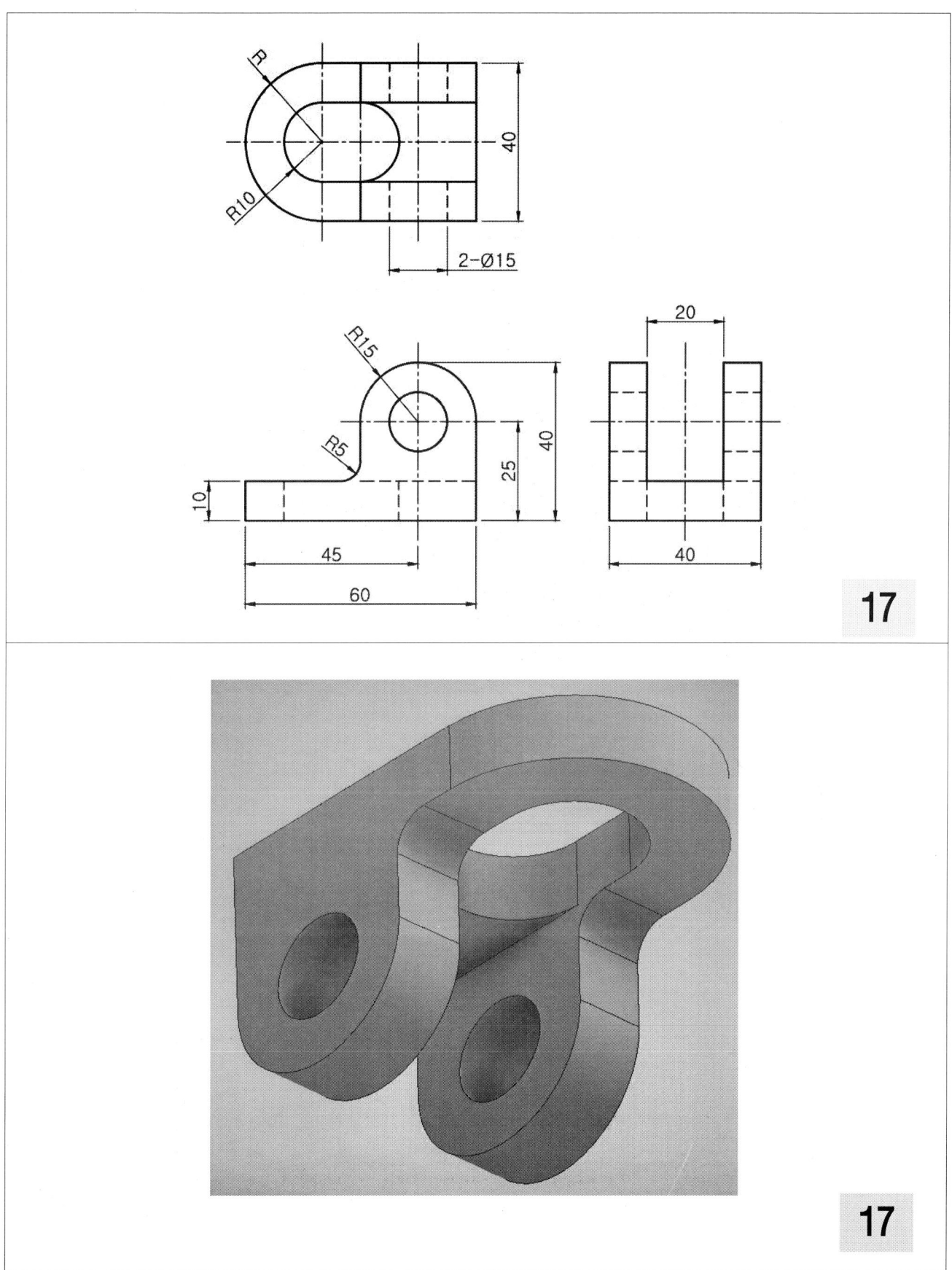

3. 기초 형상모델링

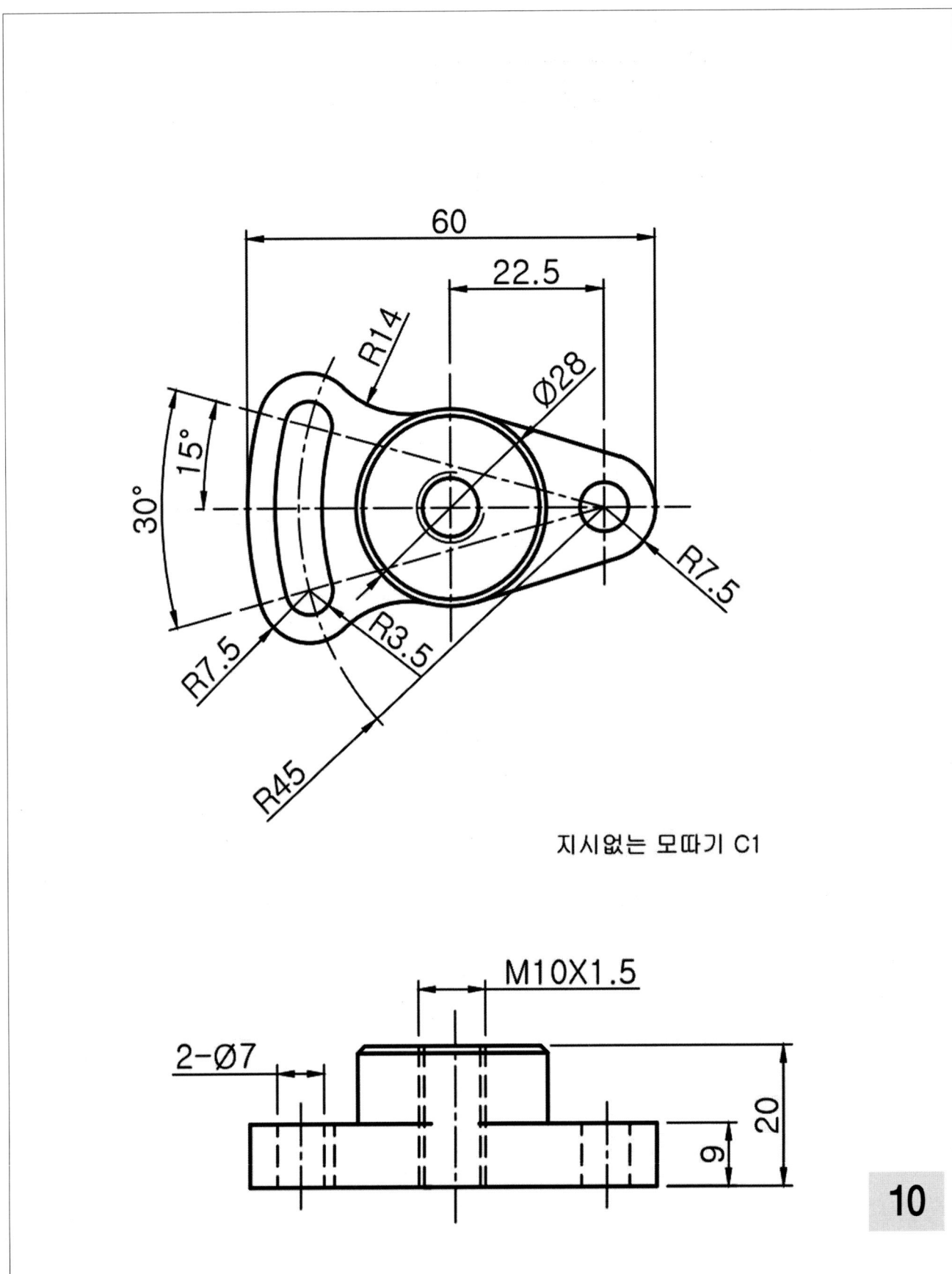

Summary

1. 응용형상모델링 들어가기 전에 등각투상도 연습하세요.

4-1. 응용형상모델링1

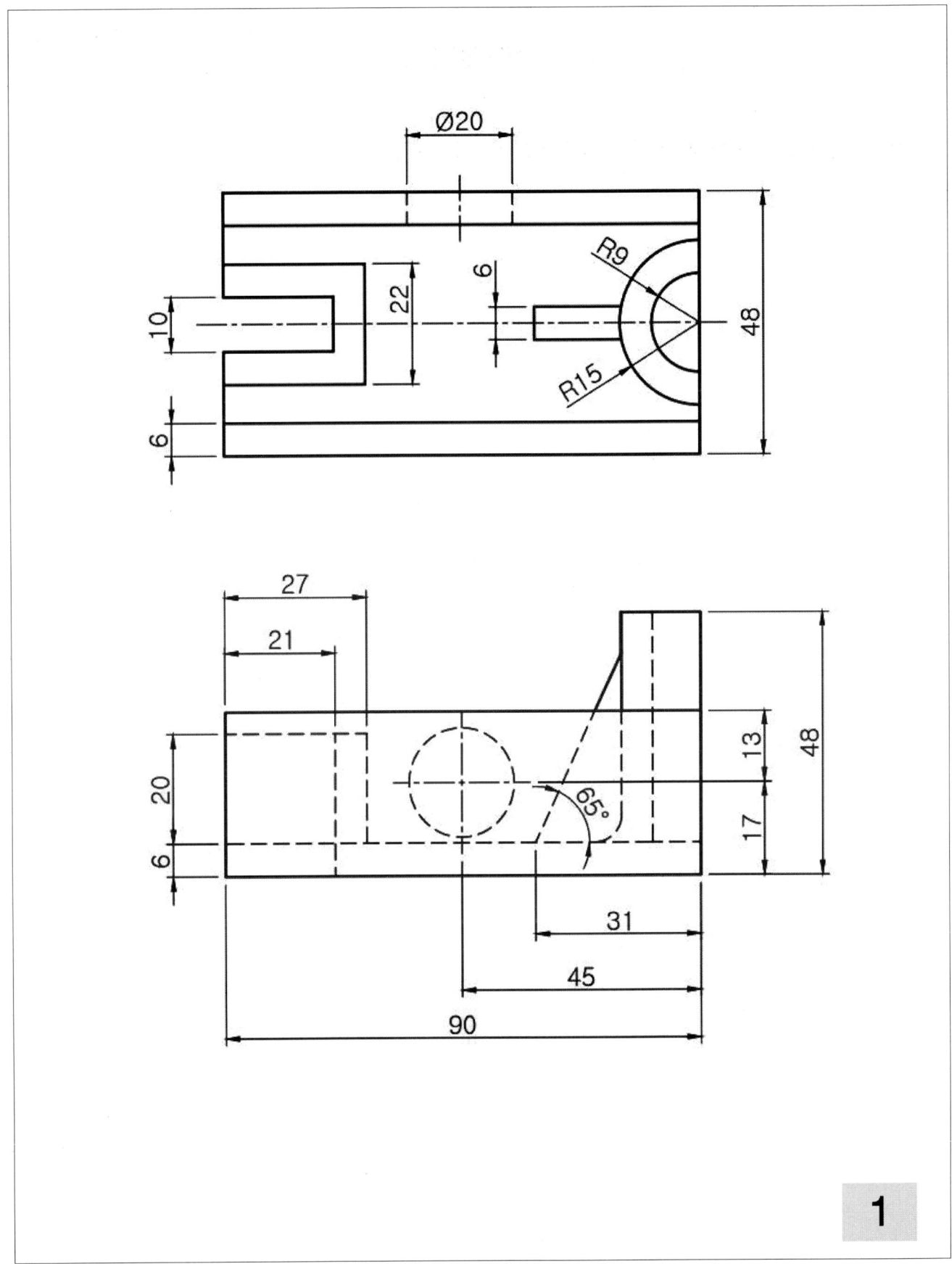

3D CAD

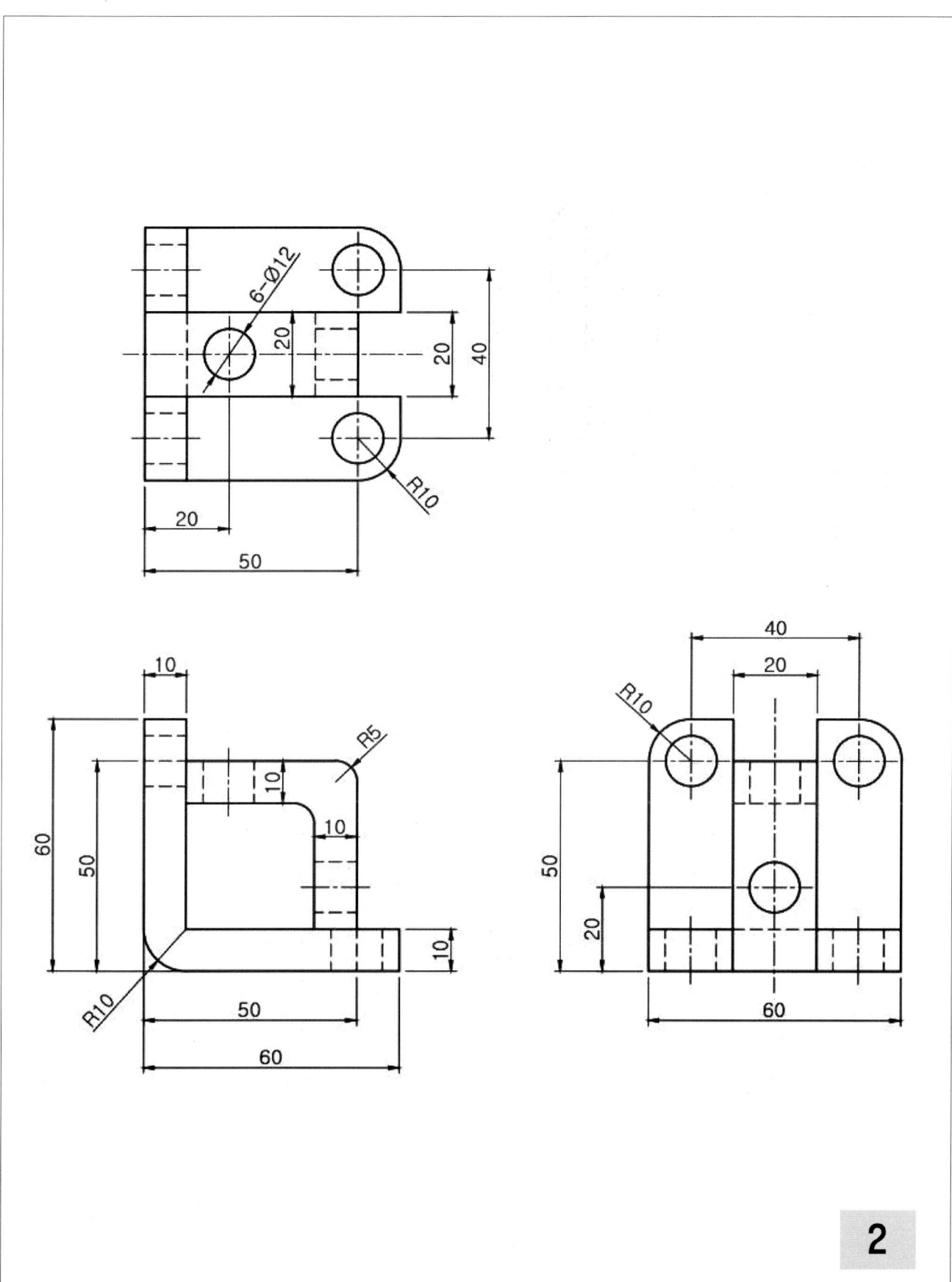

4-1. 응용형상모델링1

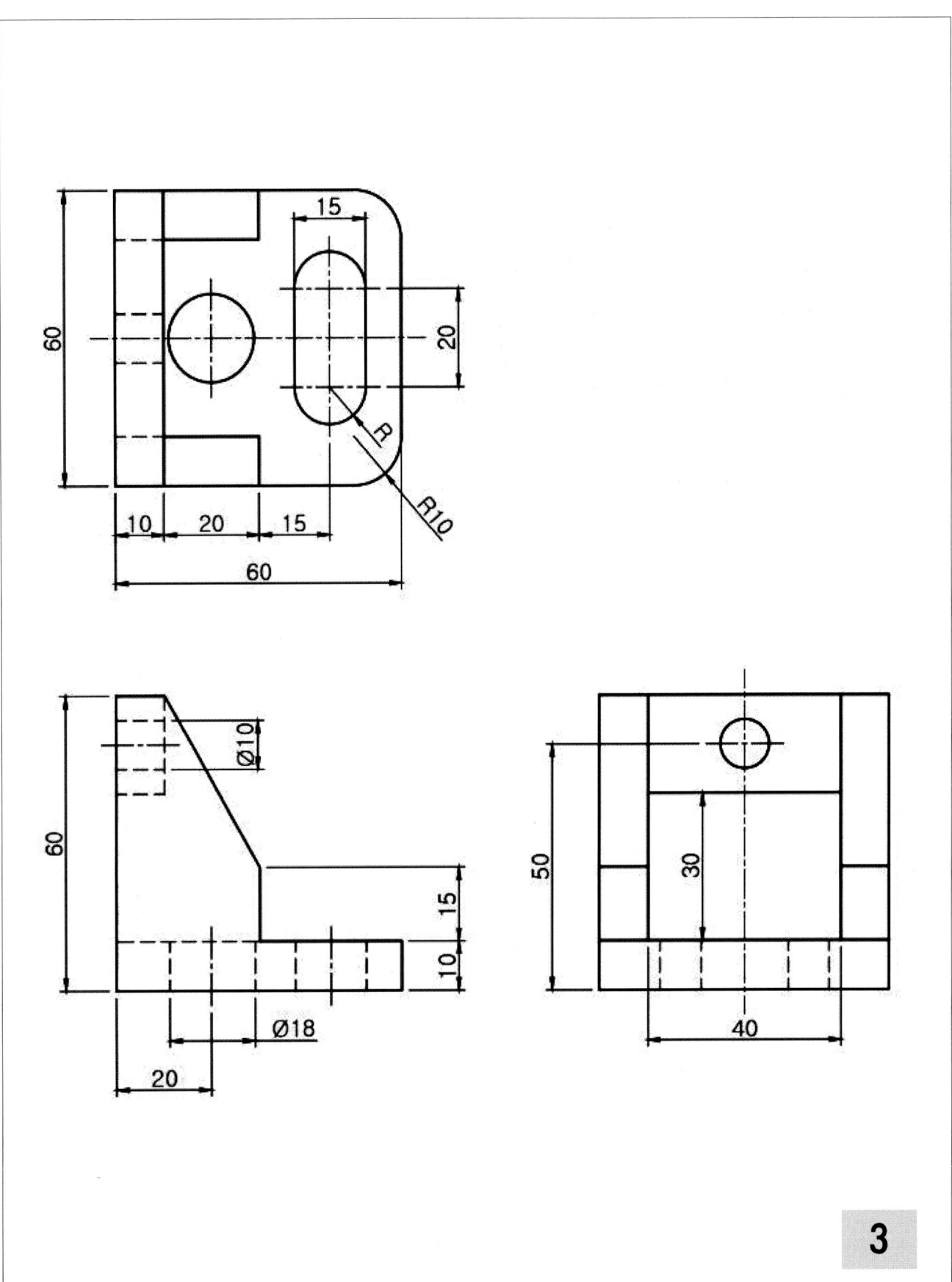

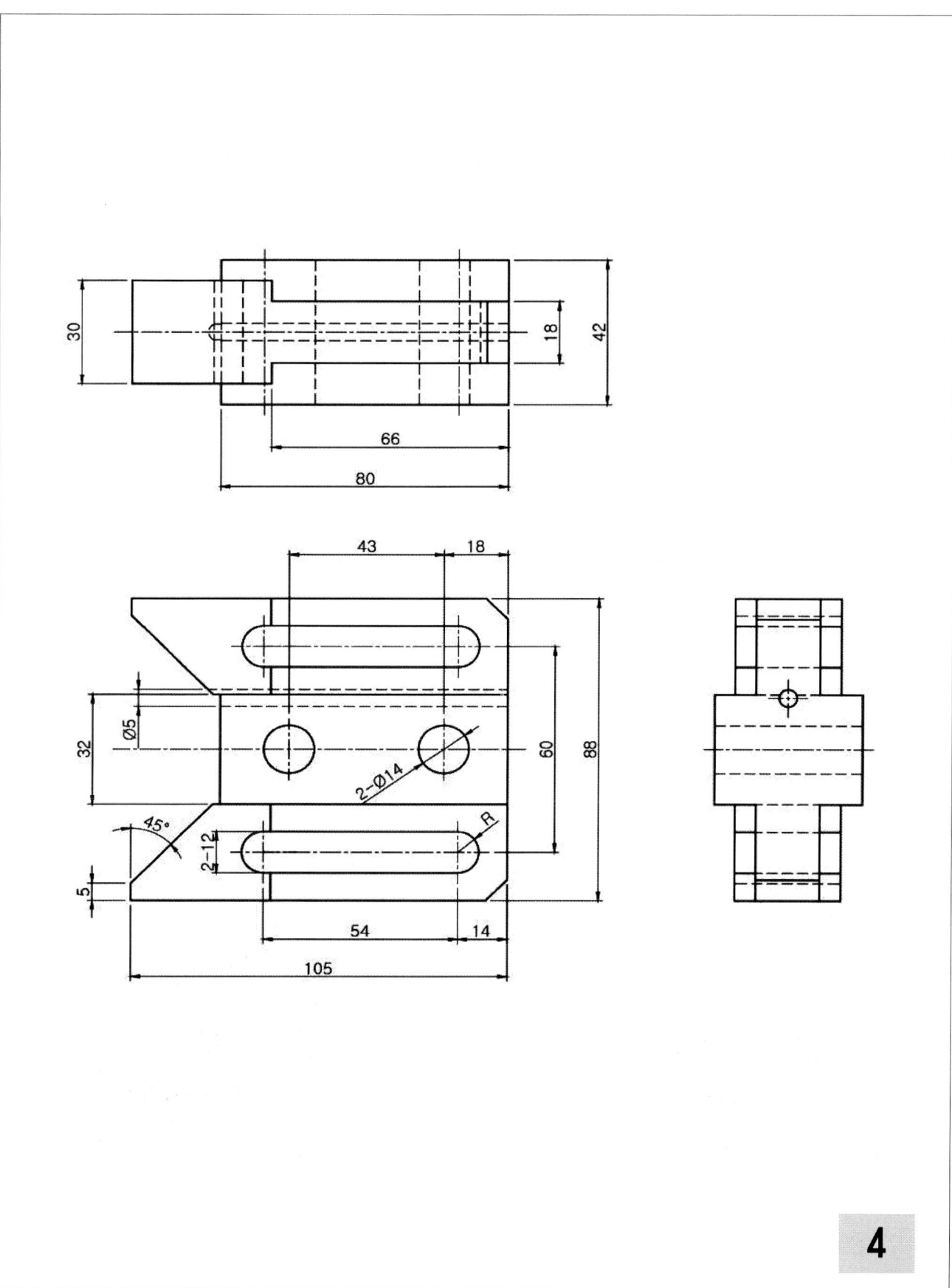

4-1. 응용형상모델링1

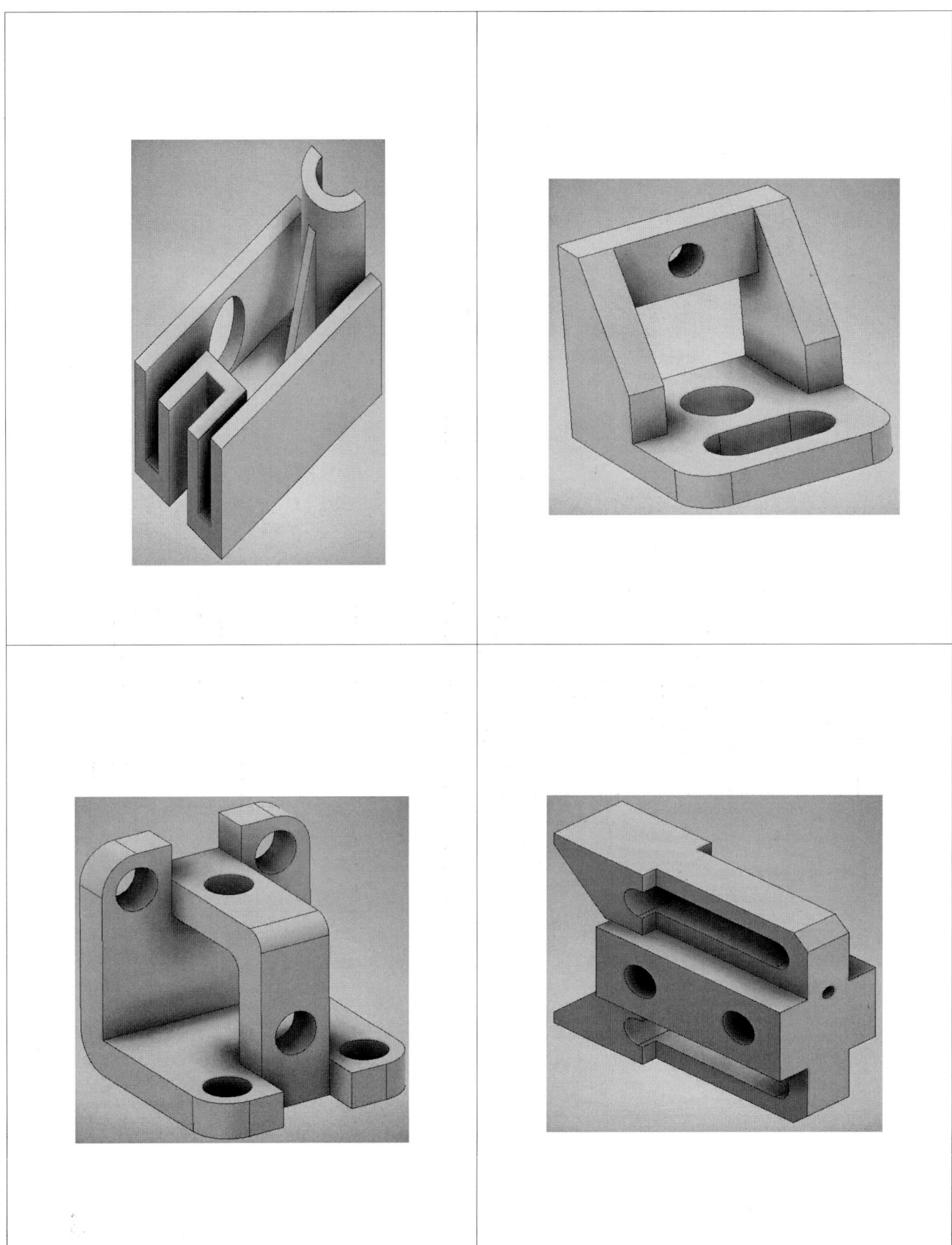

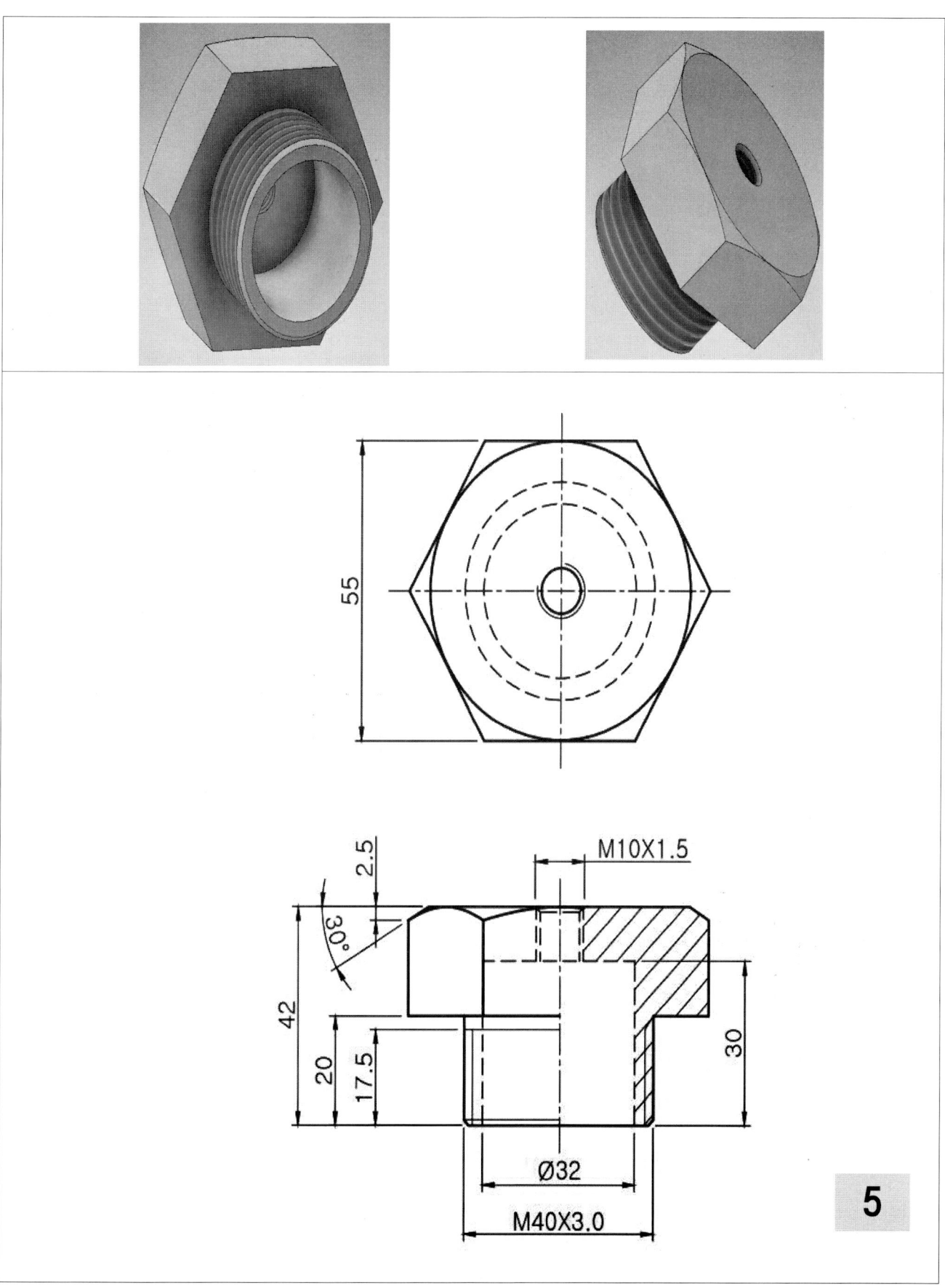

4-1. 응용형상모델링1

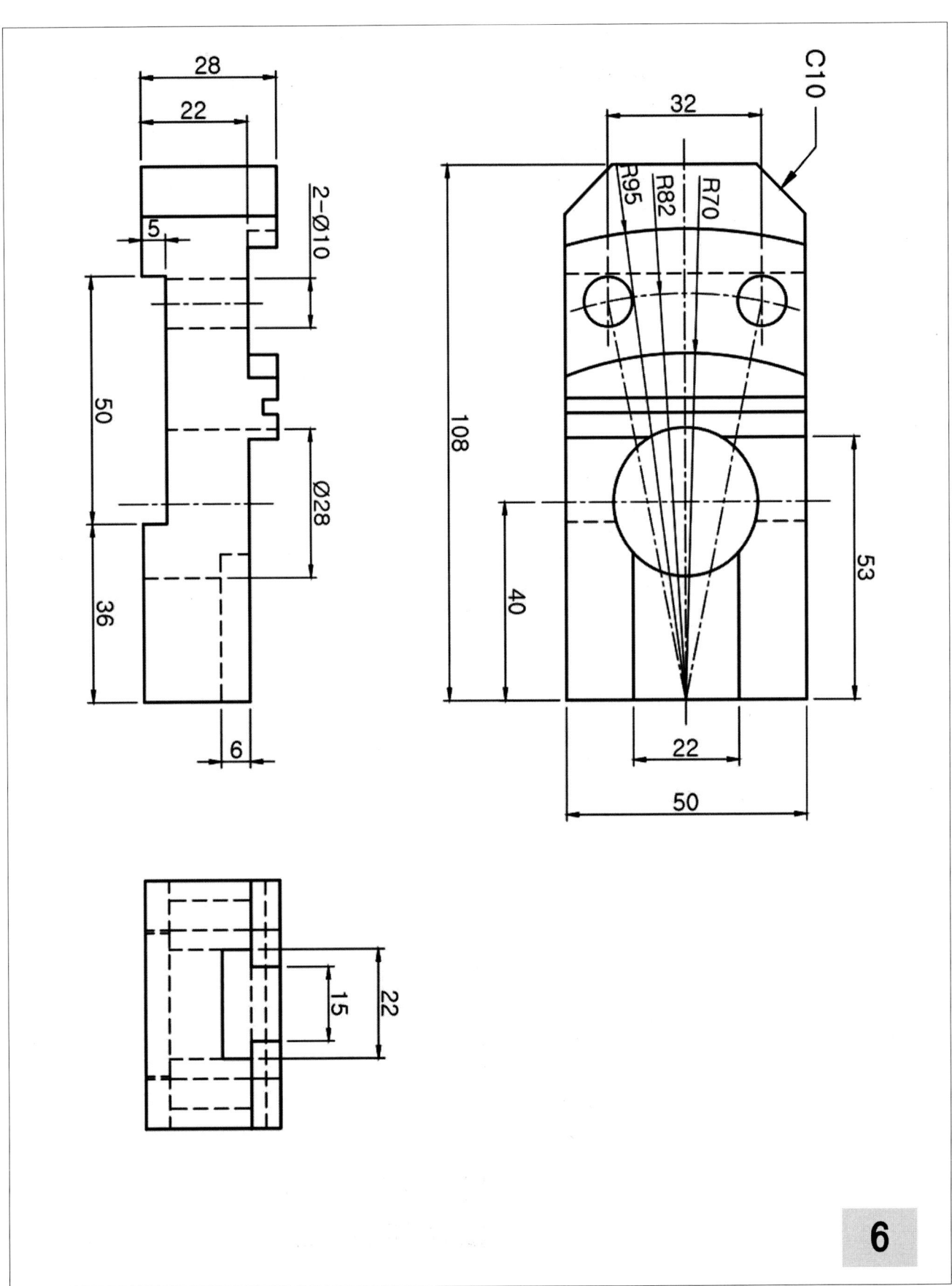

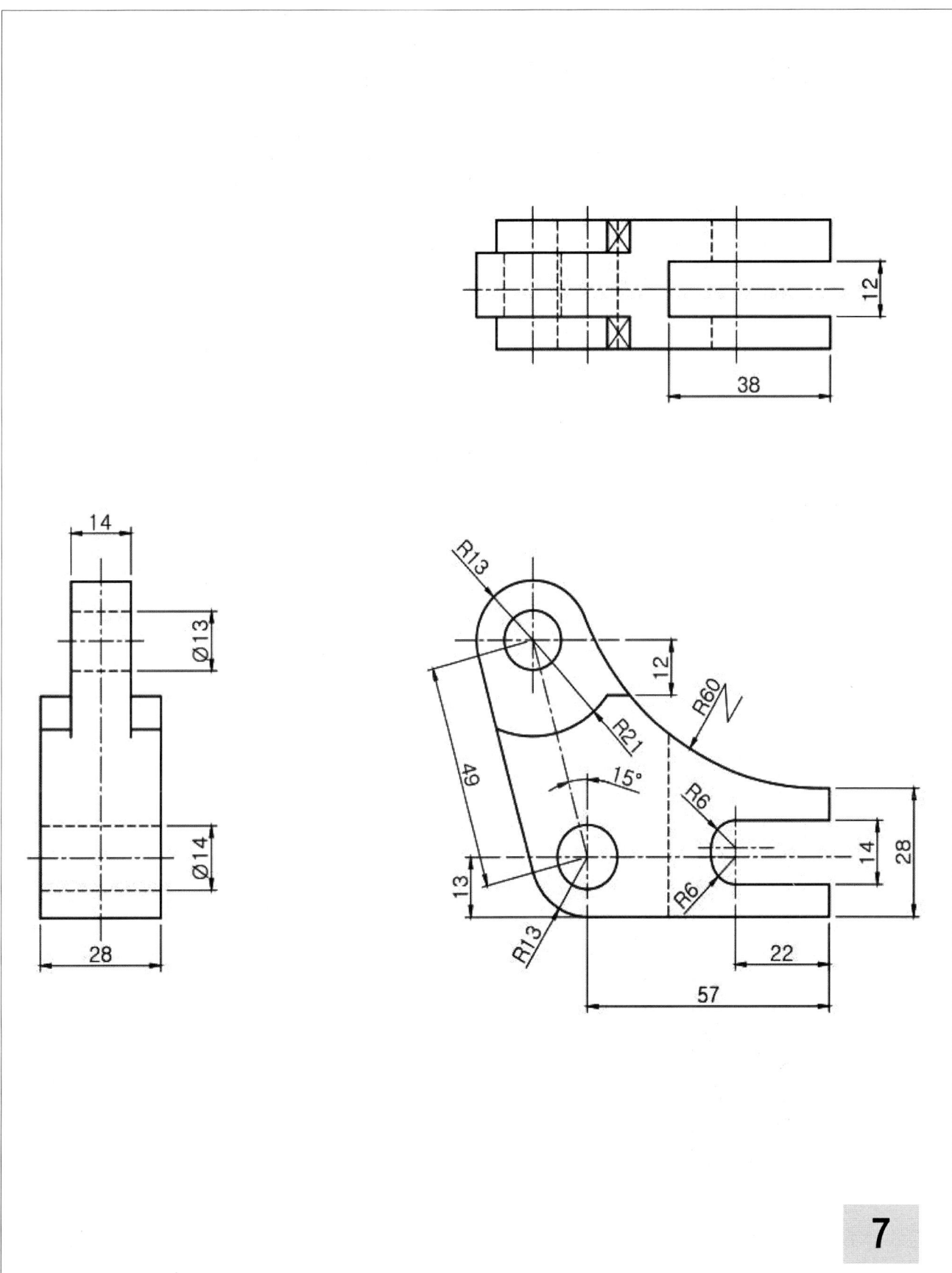

4-1. 응용형상모델링1

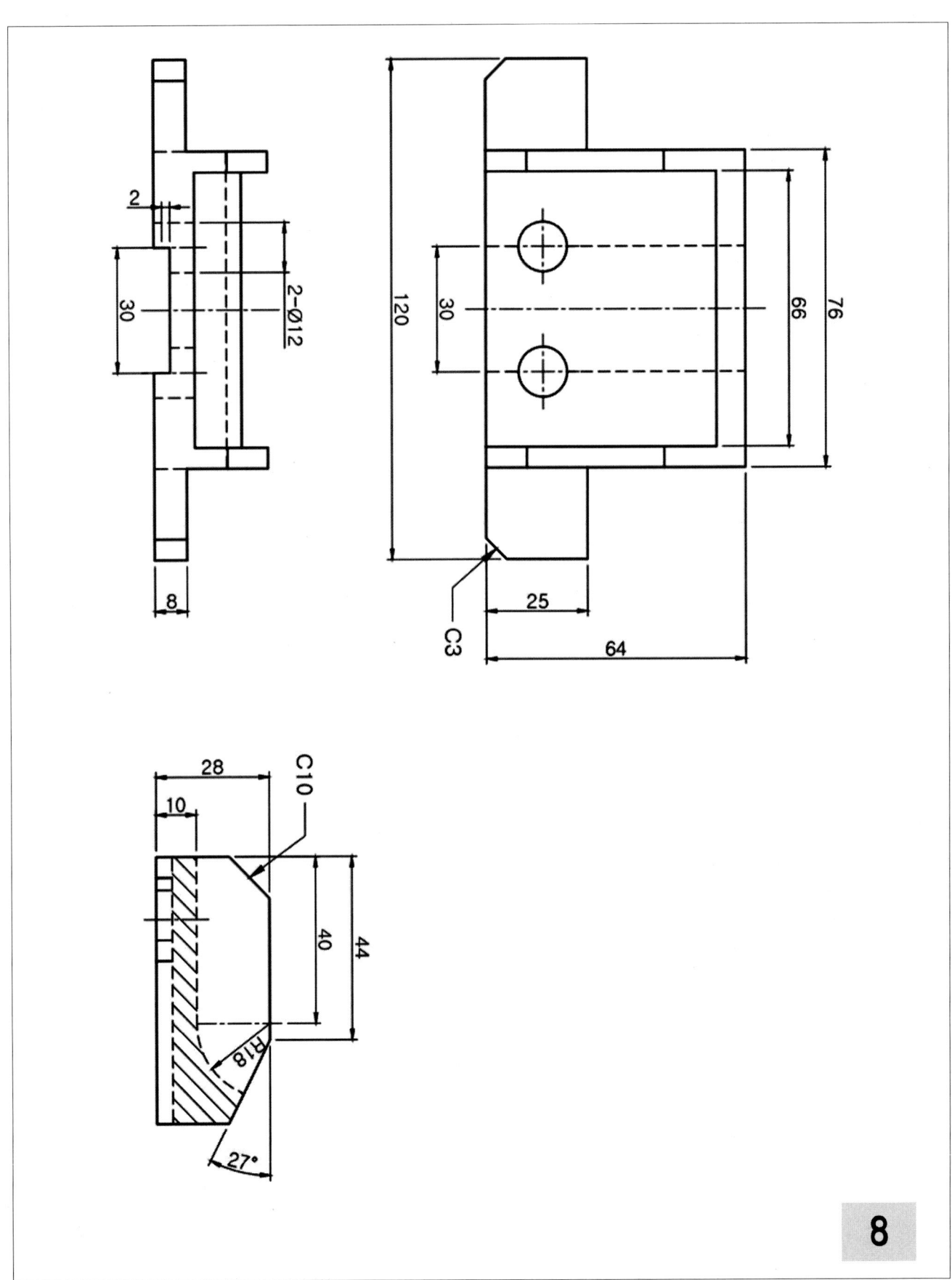

3D CAD

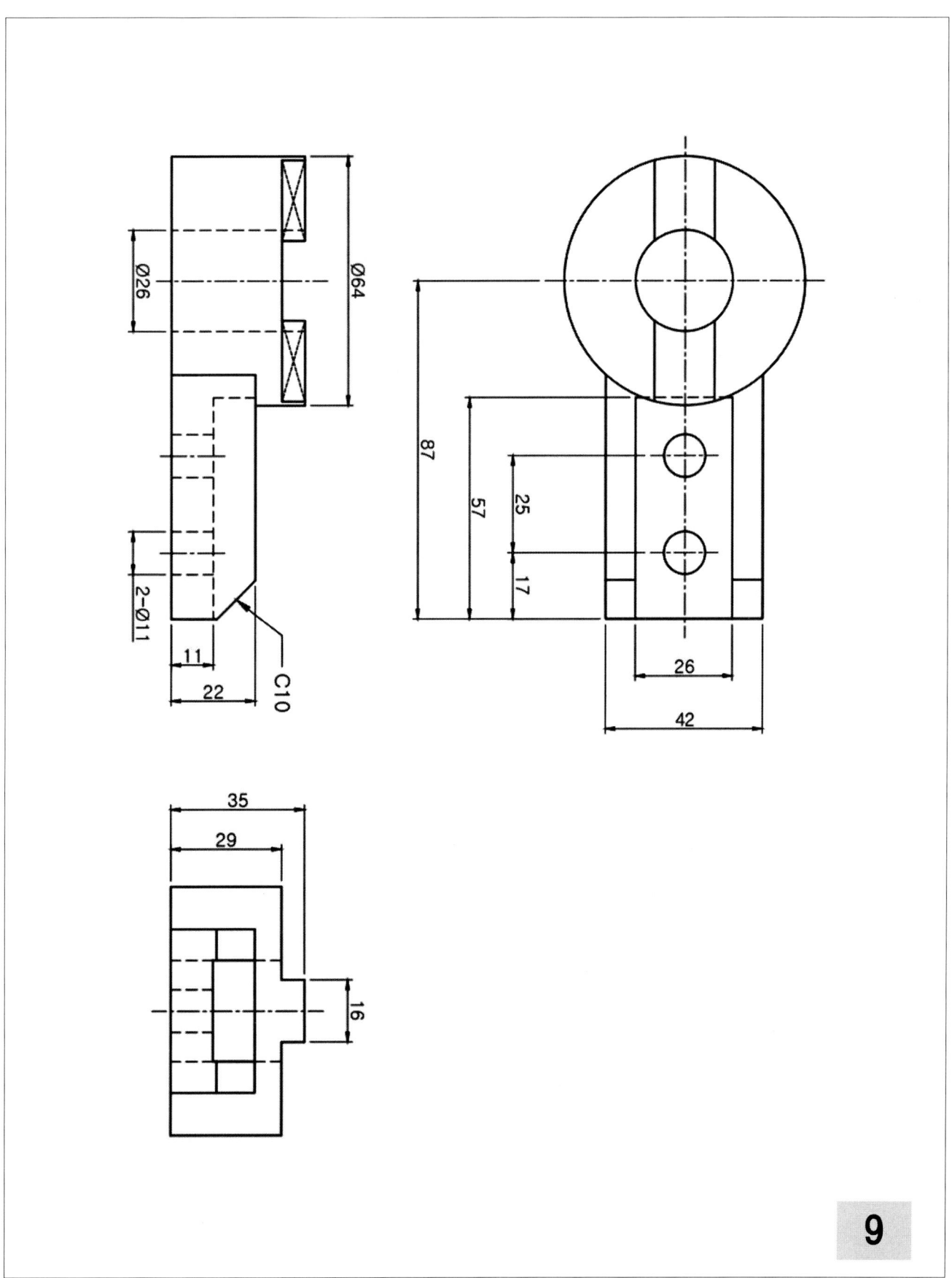

4-1. 응용형상모델링1

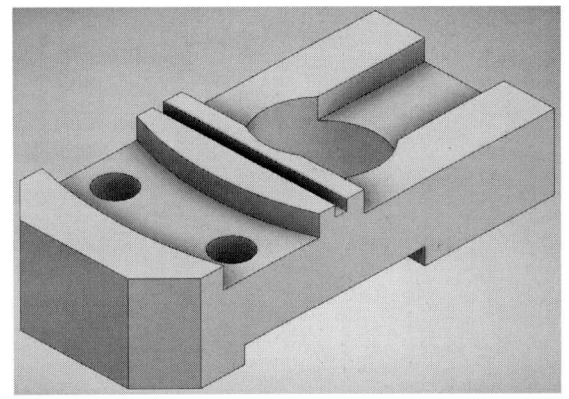
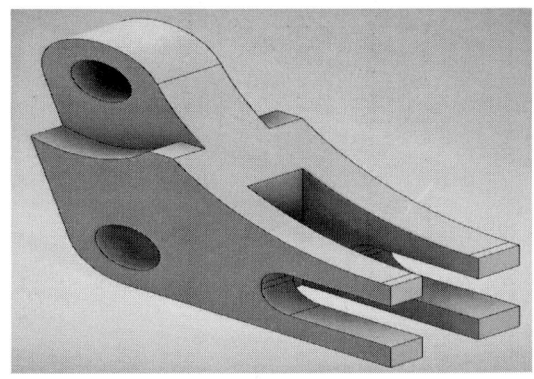
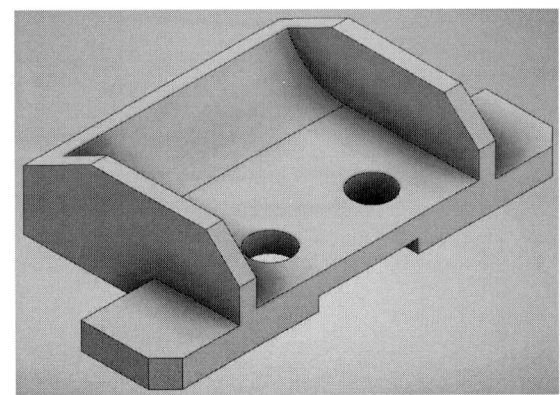
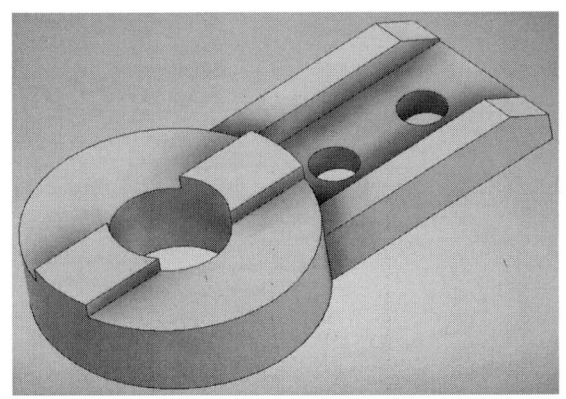

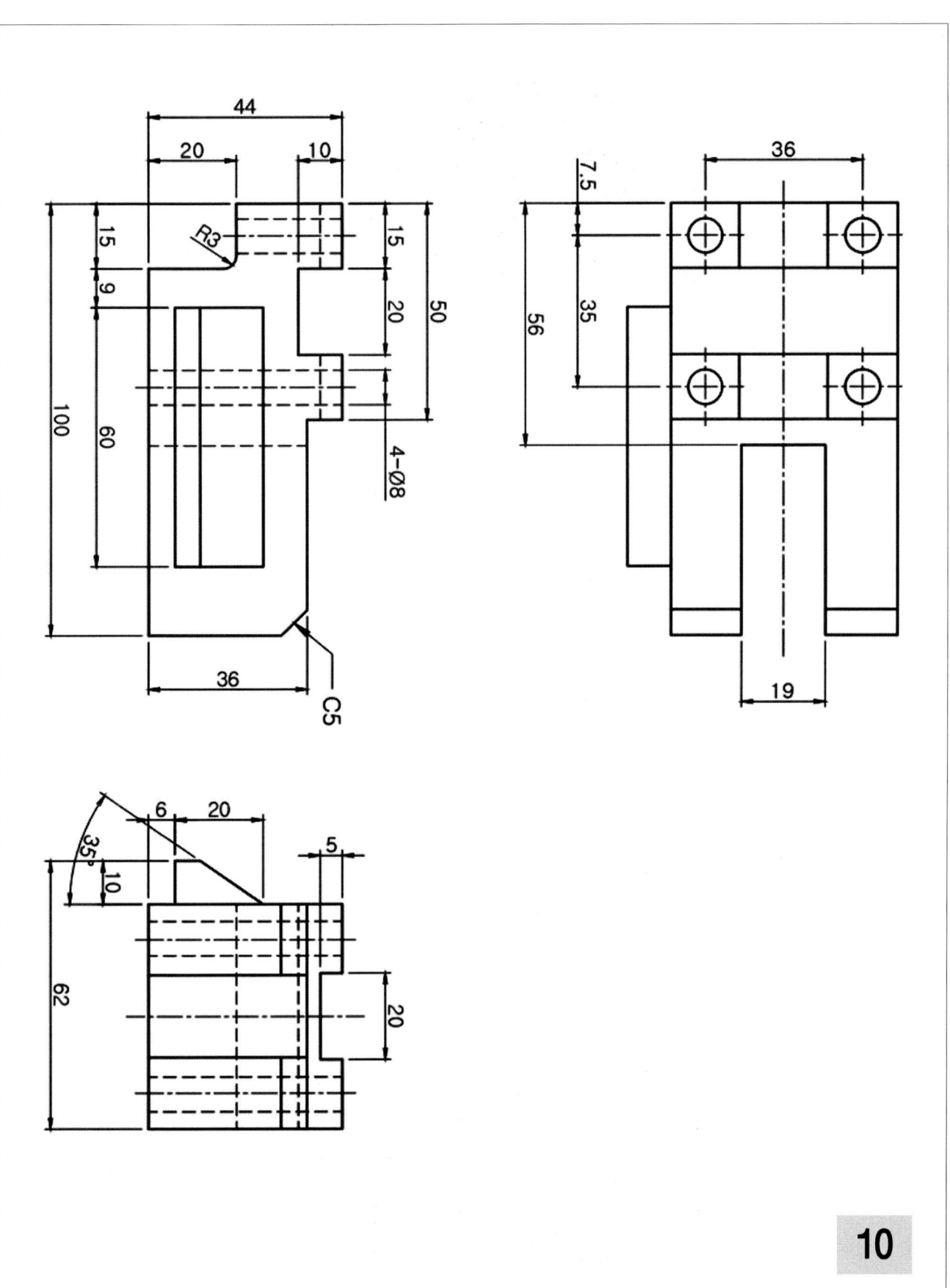

4-1. 응용형상모델링1

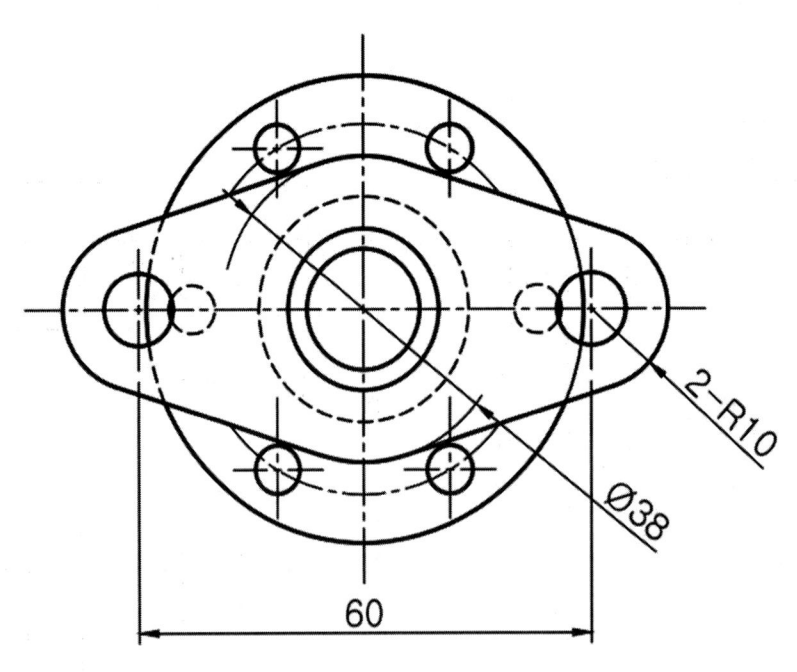

지시없는 모따기(C) 및 필렛(R) 1

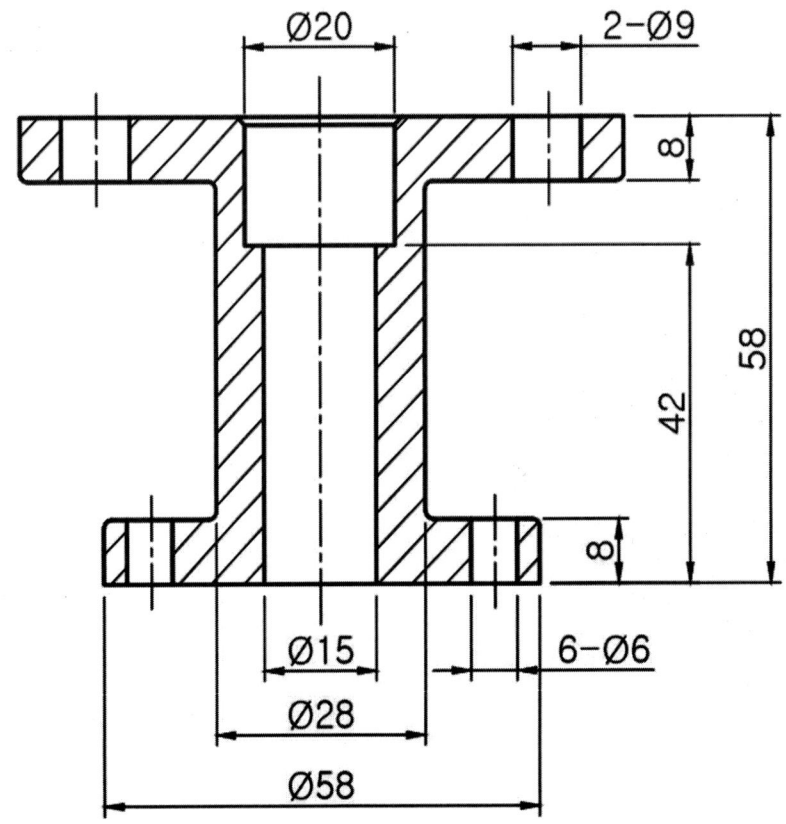

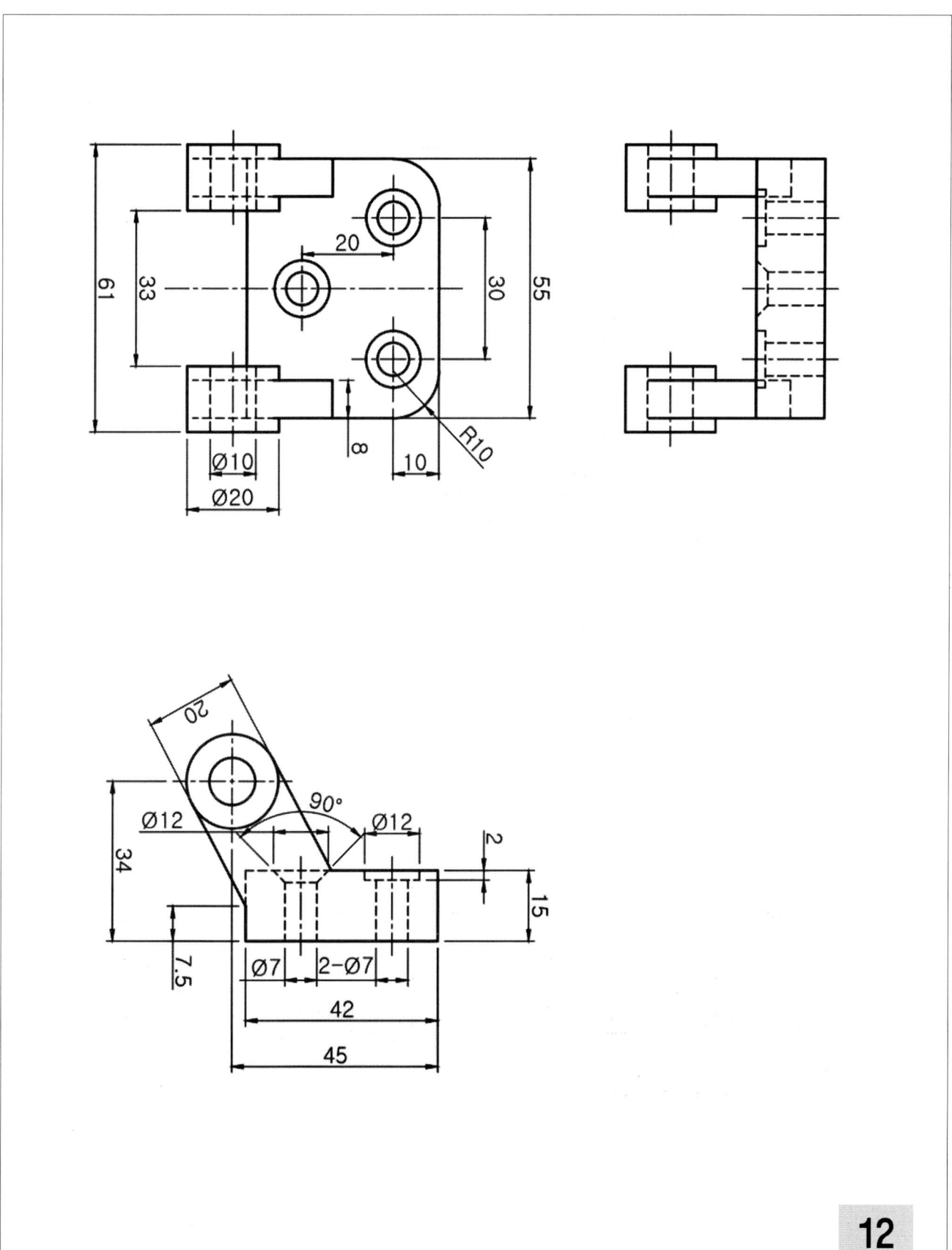

4-1. 응용형상모델링1

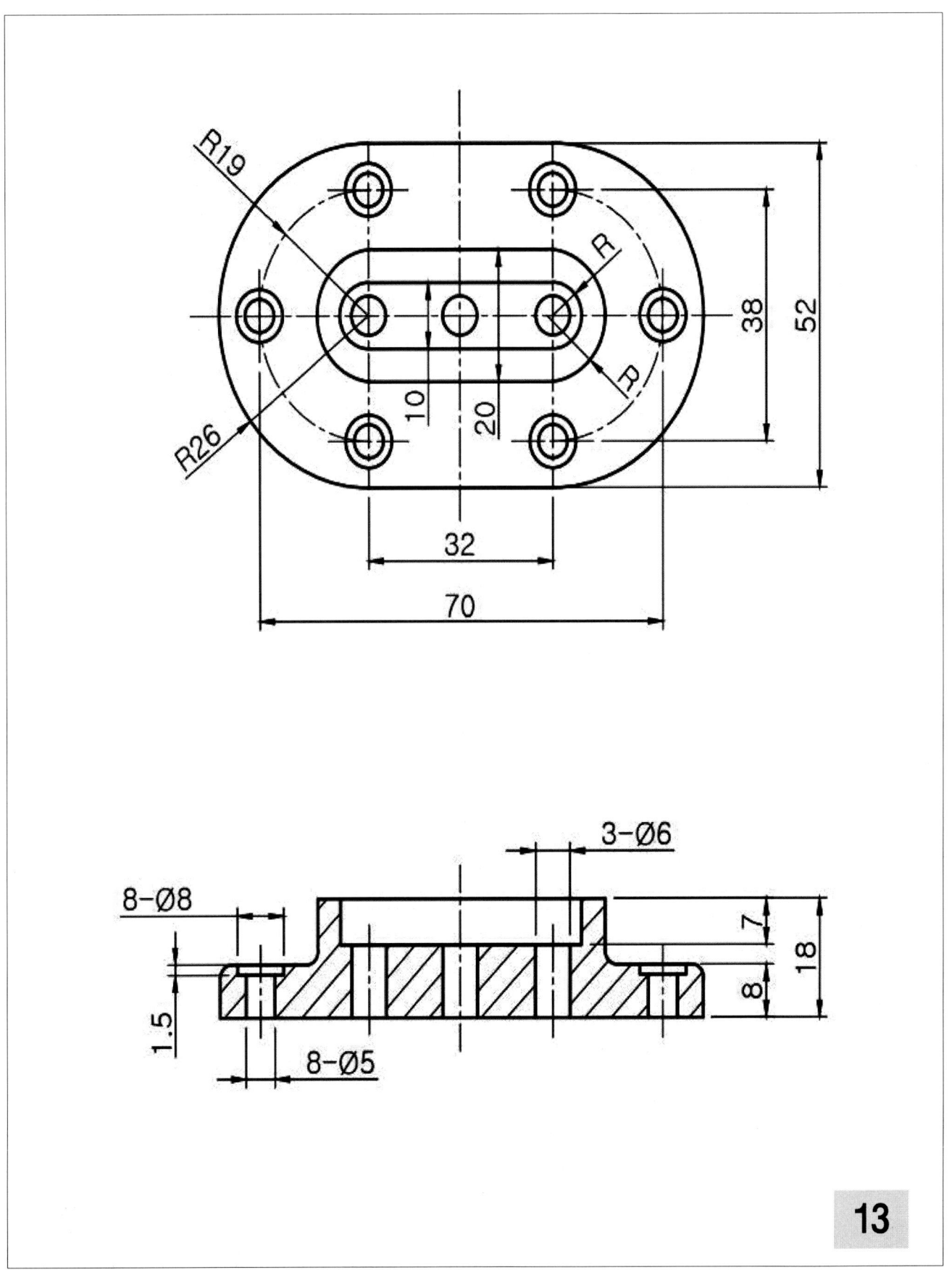

3D CAD

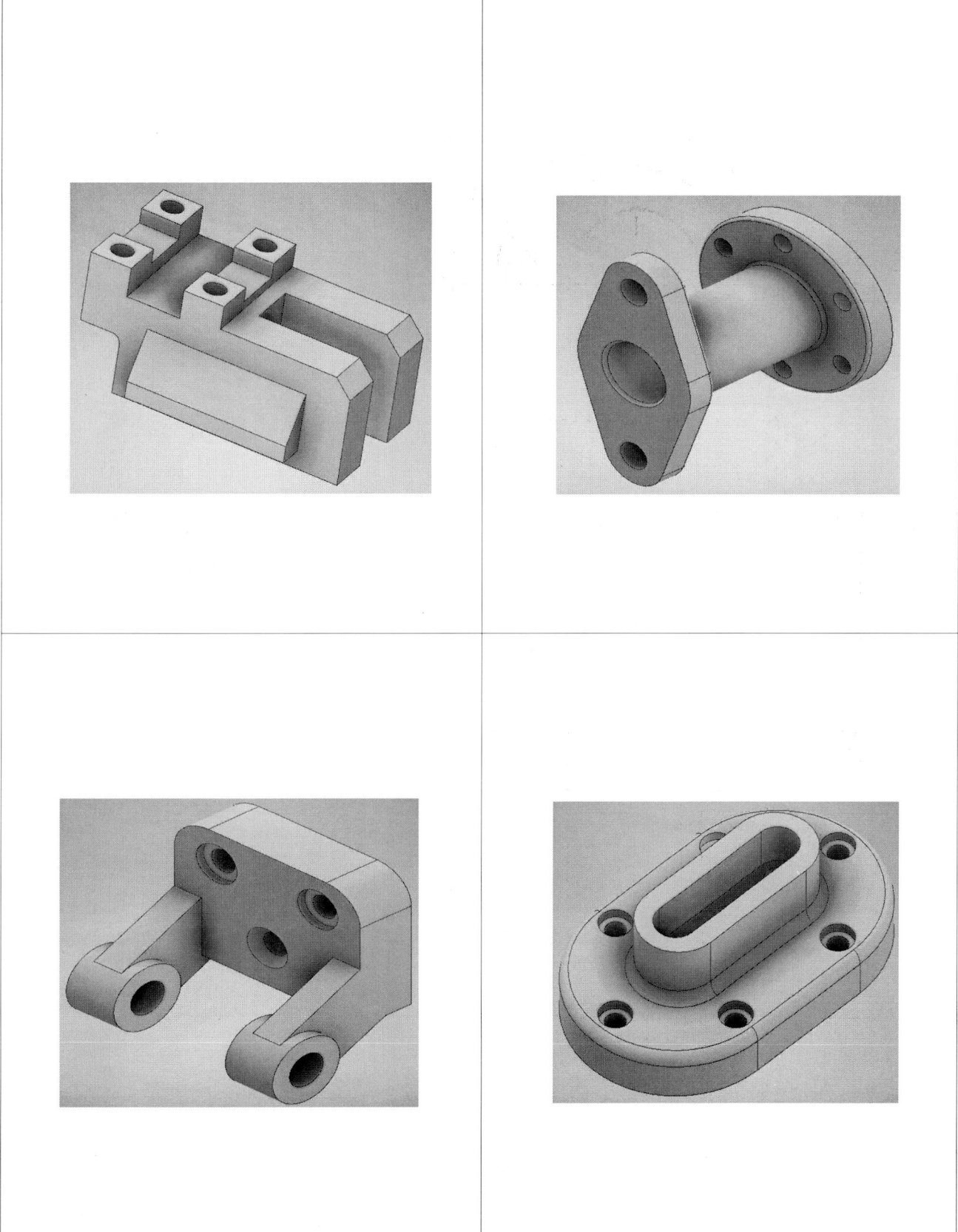

4-1. 응용형상모델링1

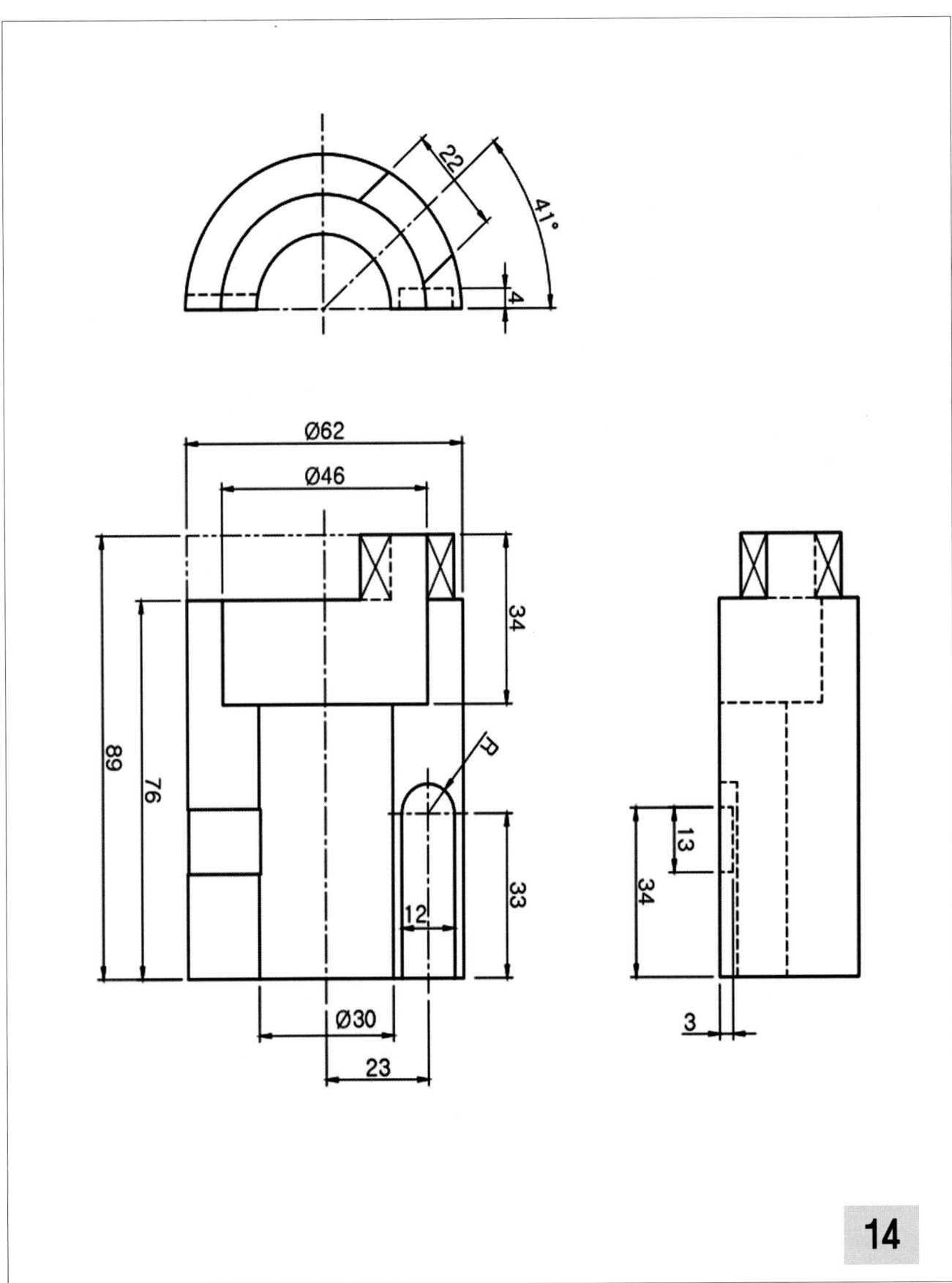

3D CAD

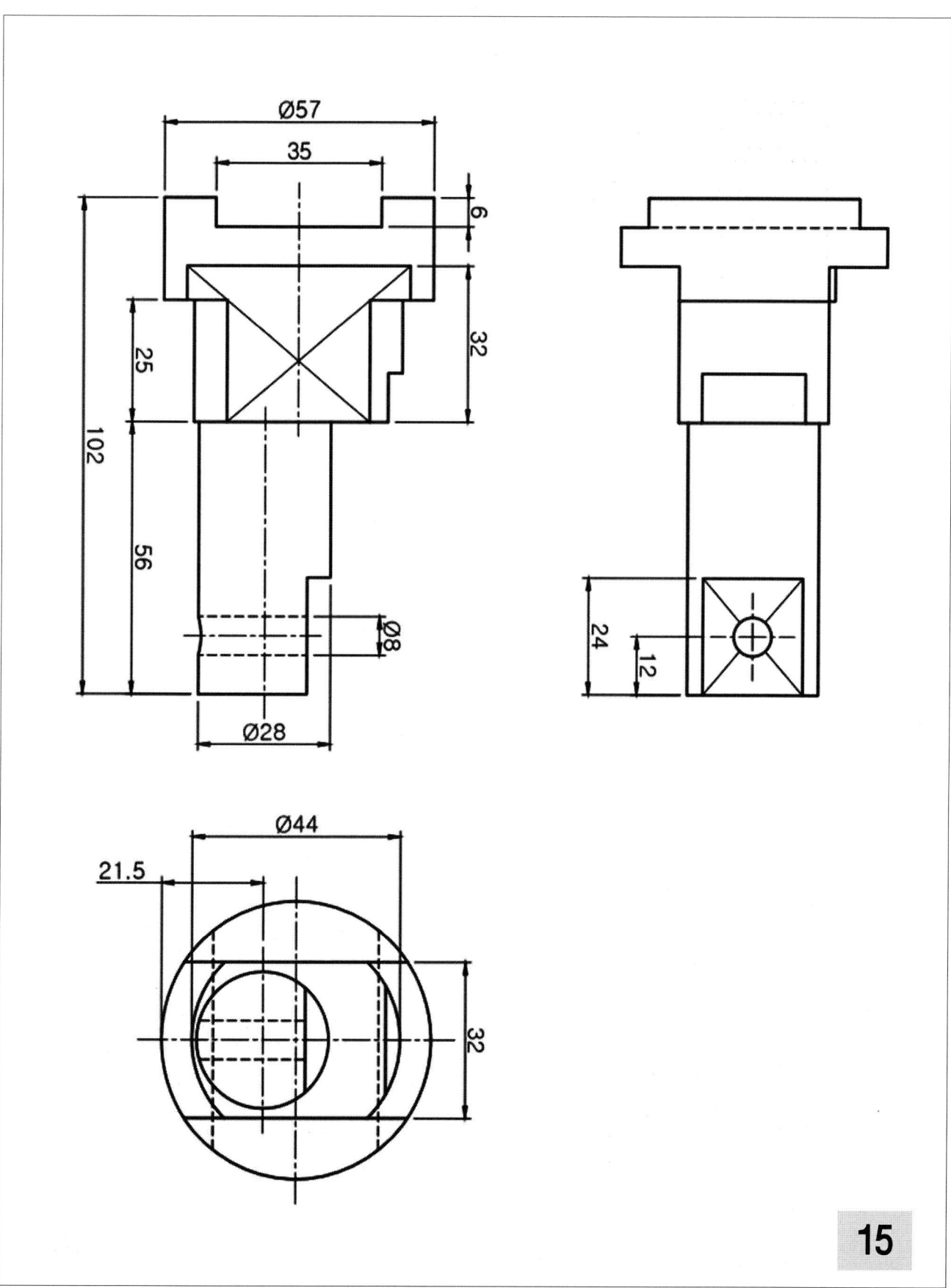

4-1. 응용형상모델링1

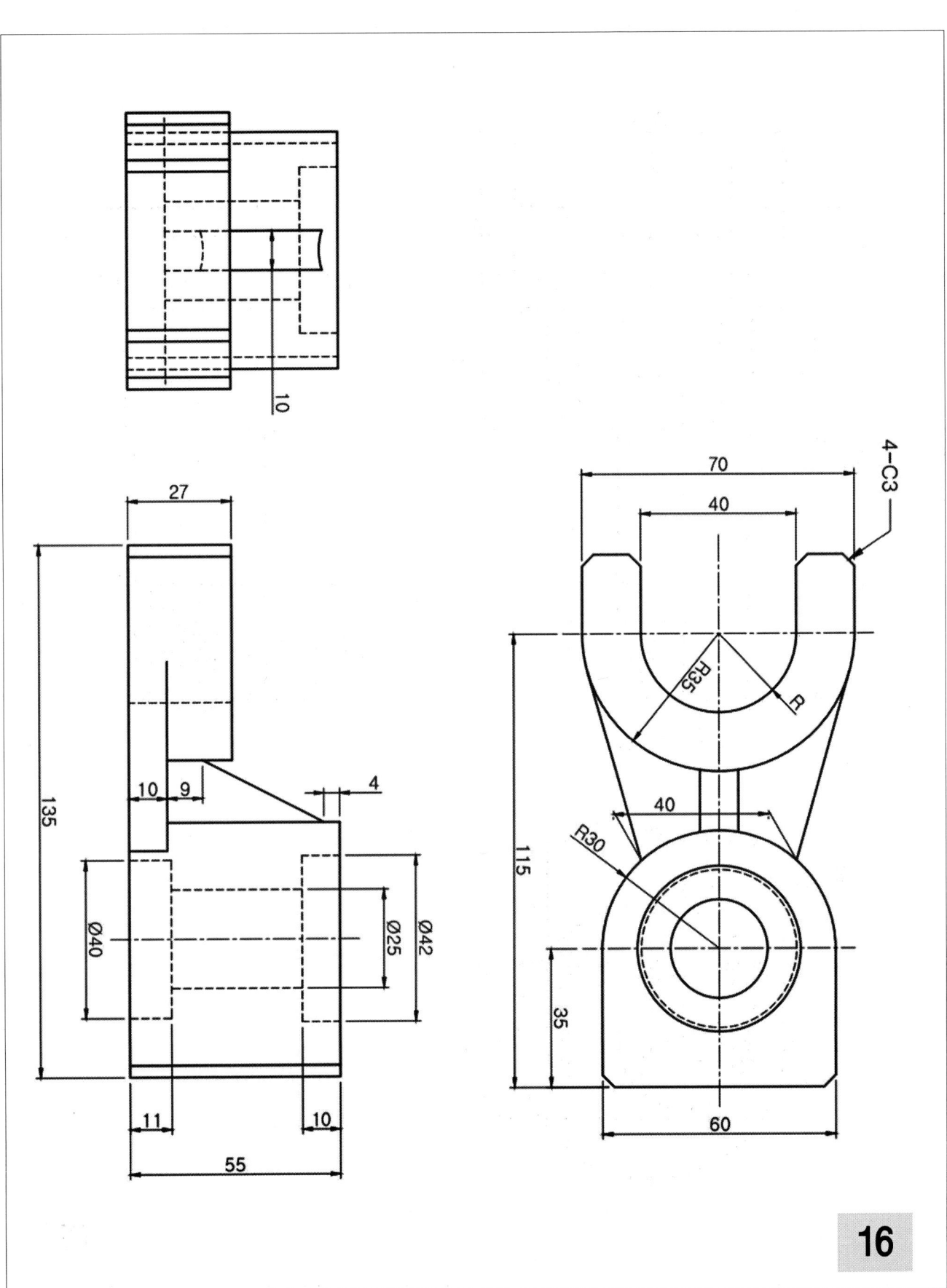

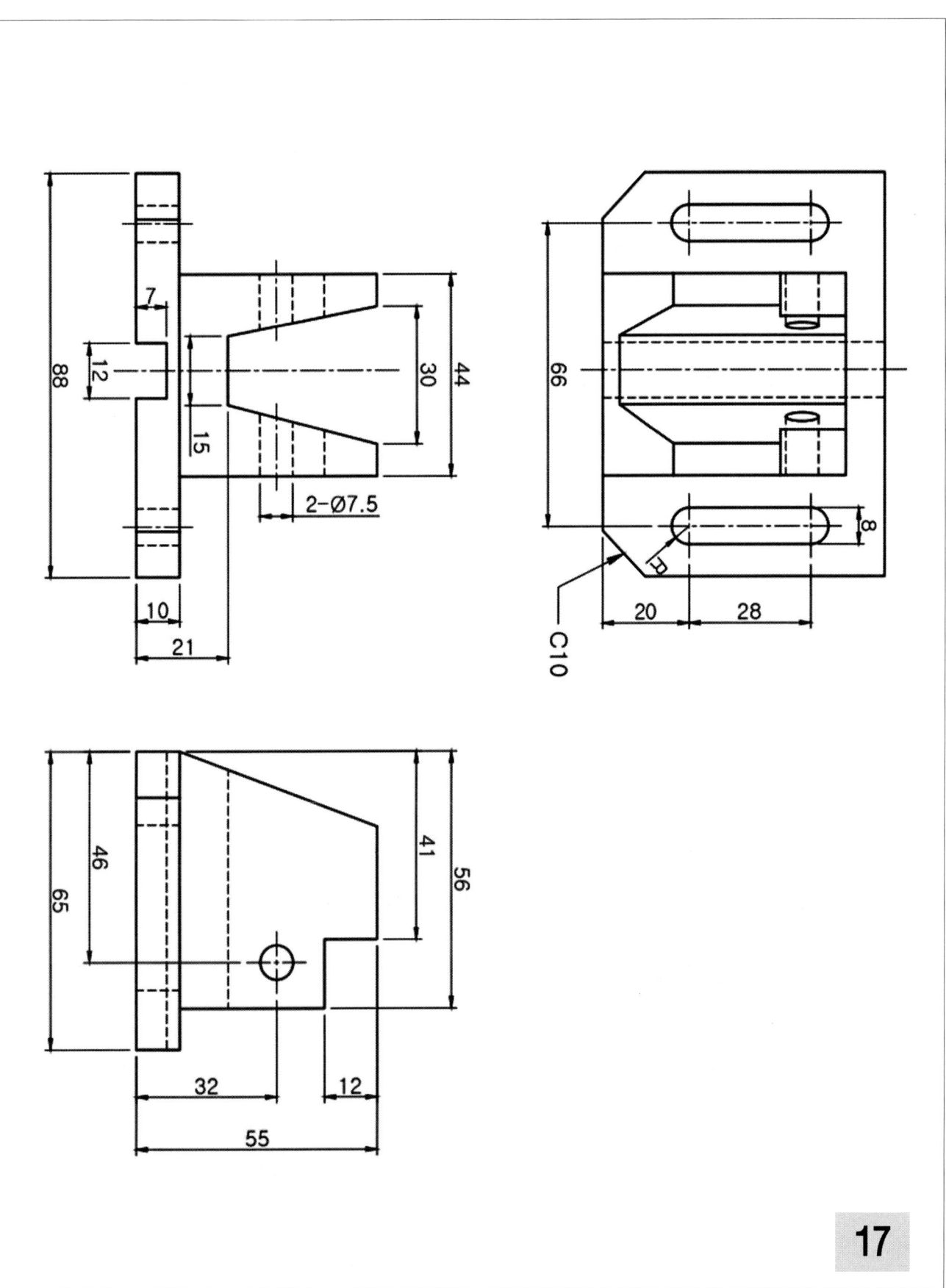

4-1. 응용형상모델링1

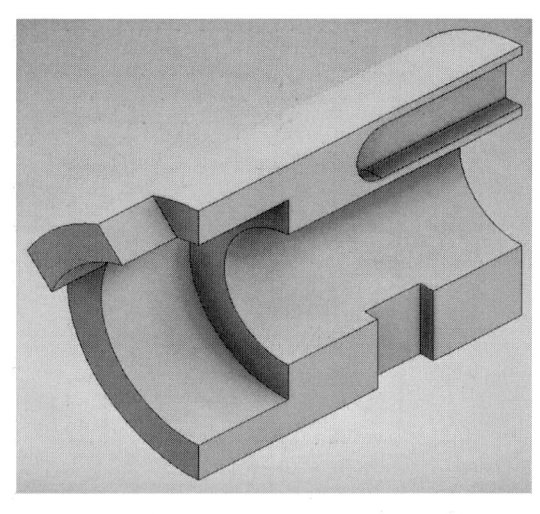
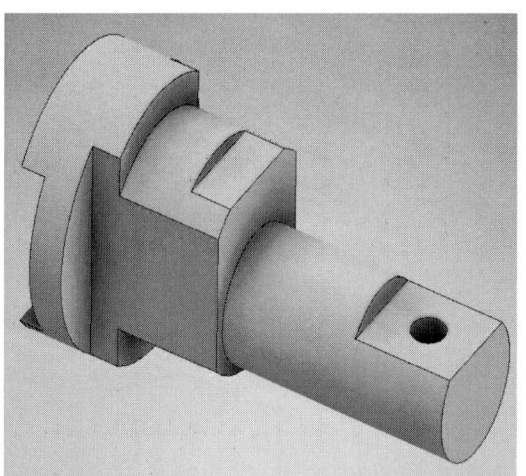
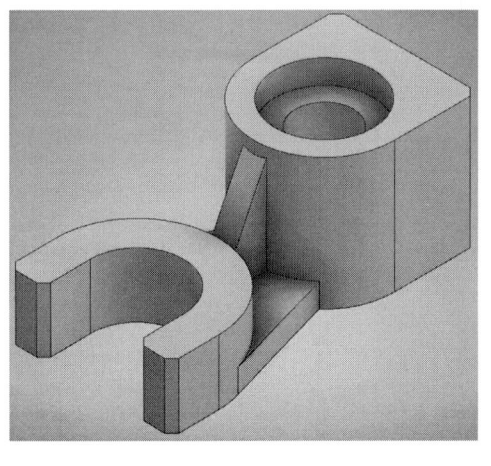
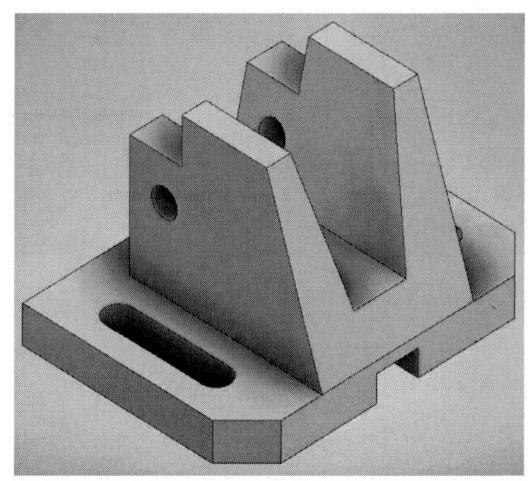

3D CAD

Summary

Inventor출력

표제란 불러오기

도면(Standard.idw) / ISO(삭제) / 기본경계(삭제) / 시트편집(A2) / 확인
도면자원 / 경계 / 오른쪽마우스 / 새경계정의 / ACAD선택
파일불러오기 / 다음(있는 그대로) / 마침
형식(선의 굵기 조정) / 스케치 마무리 / A2(이름 설정)
+경계 / A2 / 기준 / 각 부품을 불러오기 / 정렬

기호만들기

① 스케치기호 / 오른쪽마우스 / 새기호정의 / 프롬프트된 항목 / 굴림
   O원 ∅15, 문자7로 작성 / 스케치마무리 / 부품번호
② 부품번호(더블클릭) / 붙이기

4-2. 응용형상모델링2(스윕&로프트)

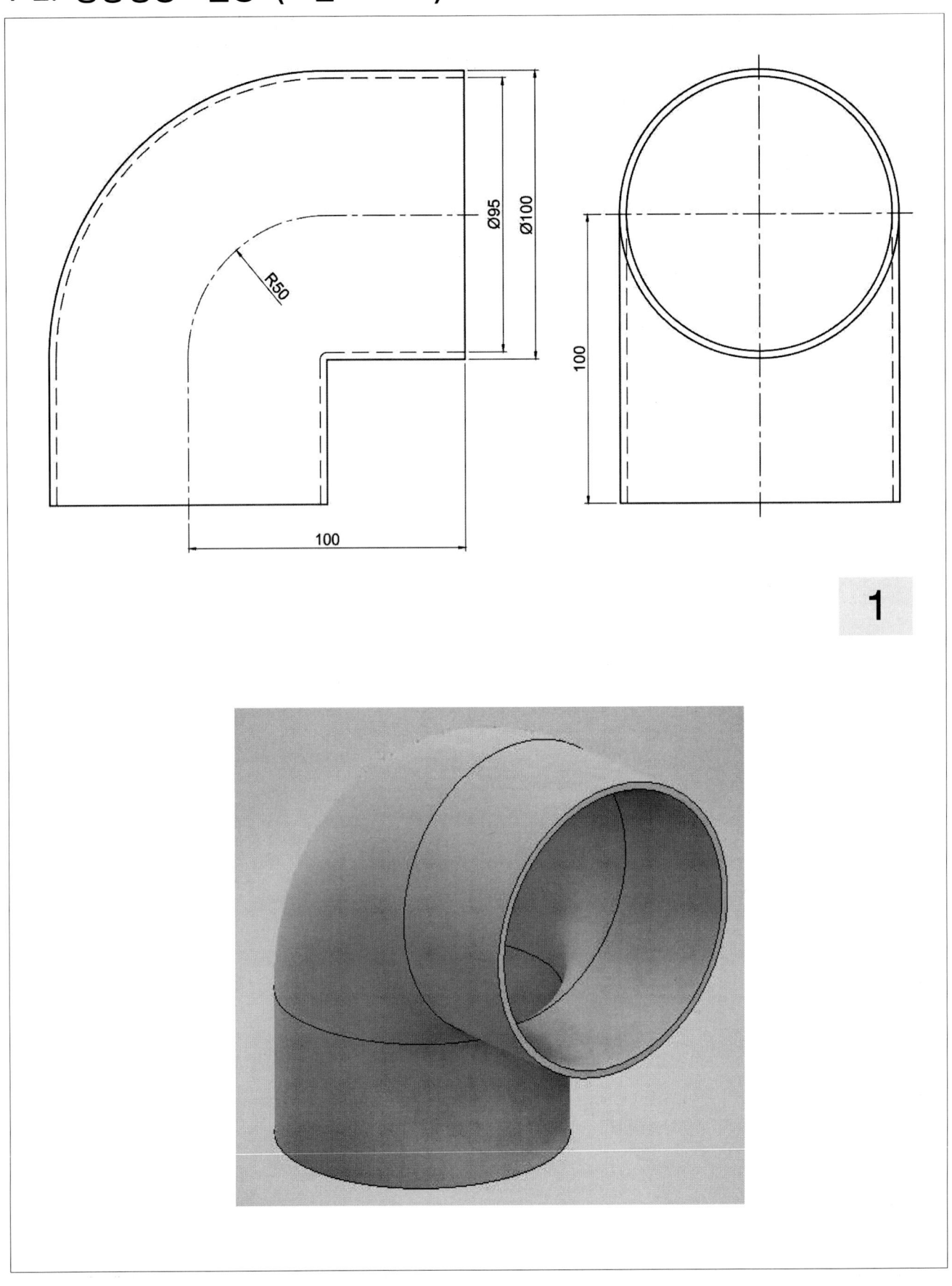

1

3D CAD

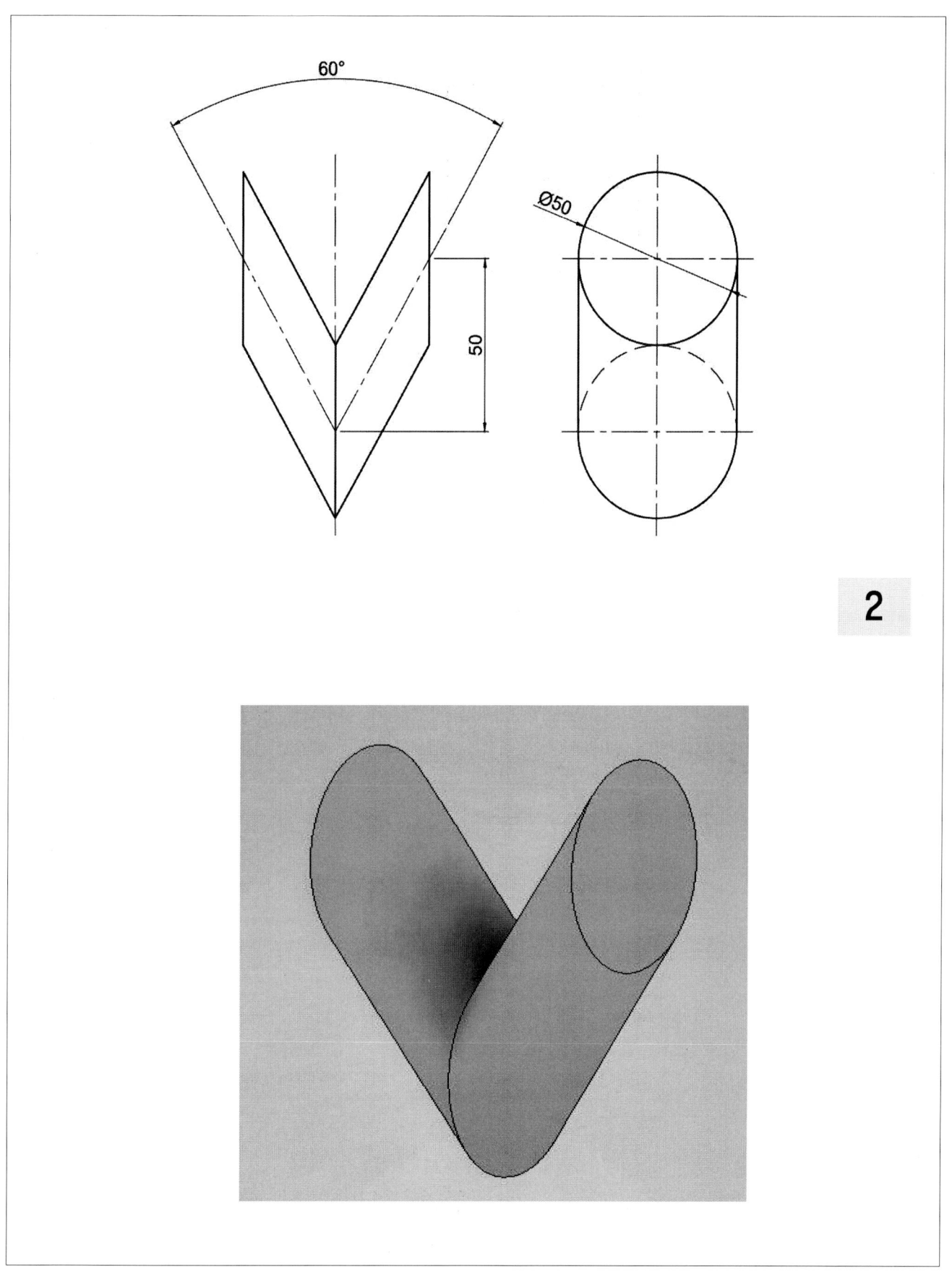

4-2. 응용형상모델링2(스윕&로프트)

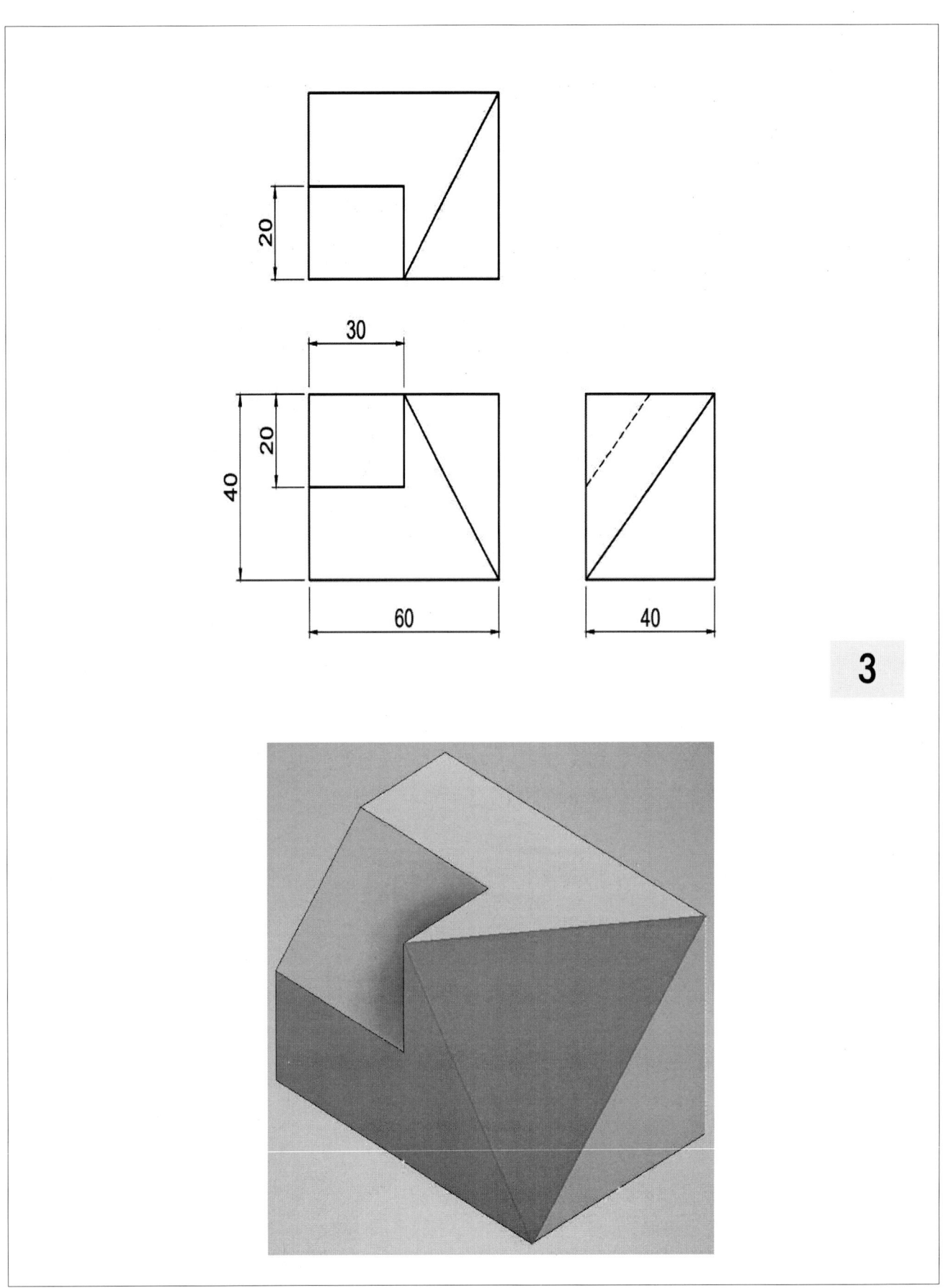

3D CAD

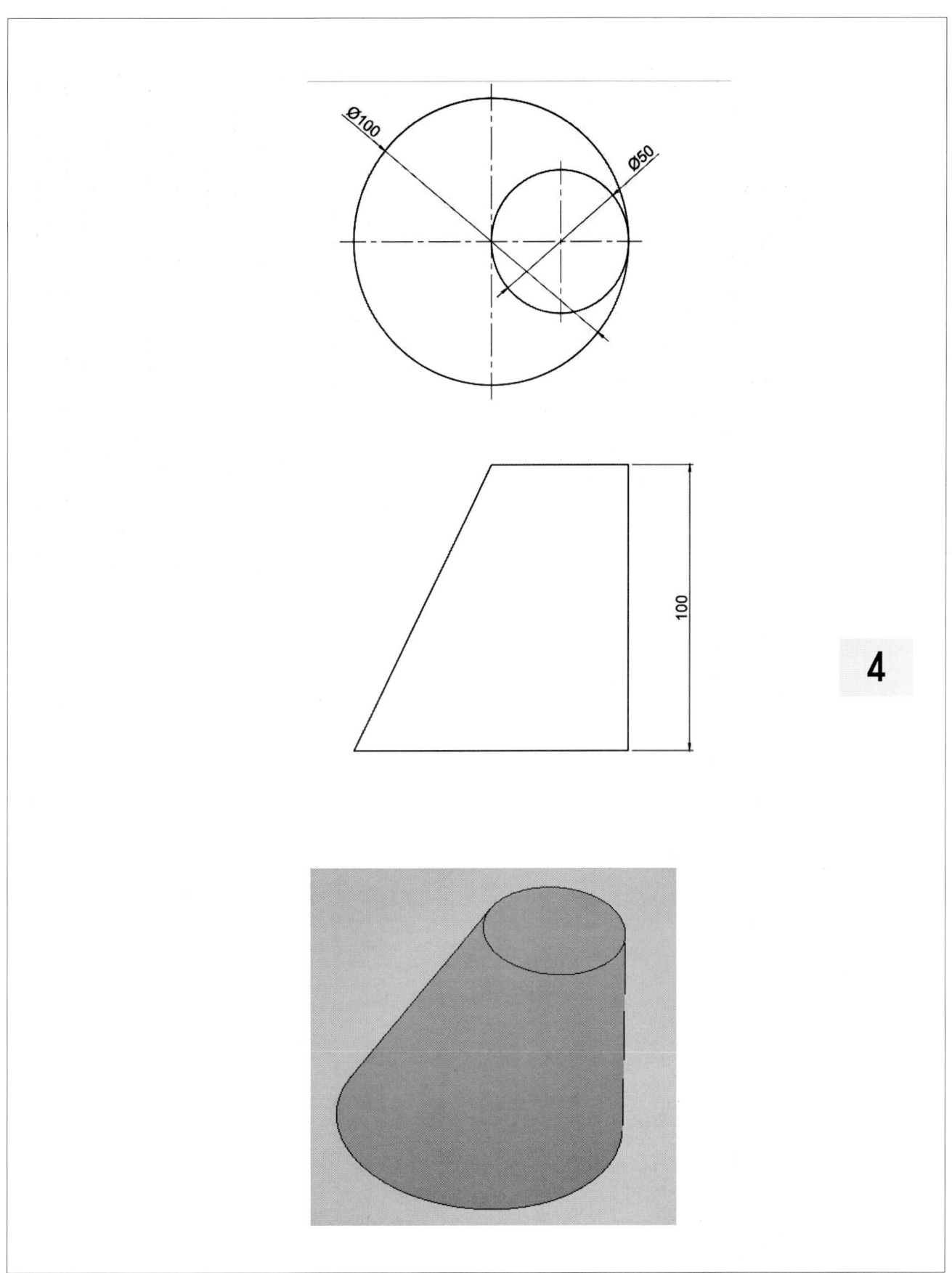

4-2. 응용형상모델링2(스윕&로프트)

5. 래크&피니언(스퍼기어)

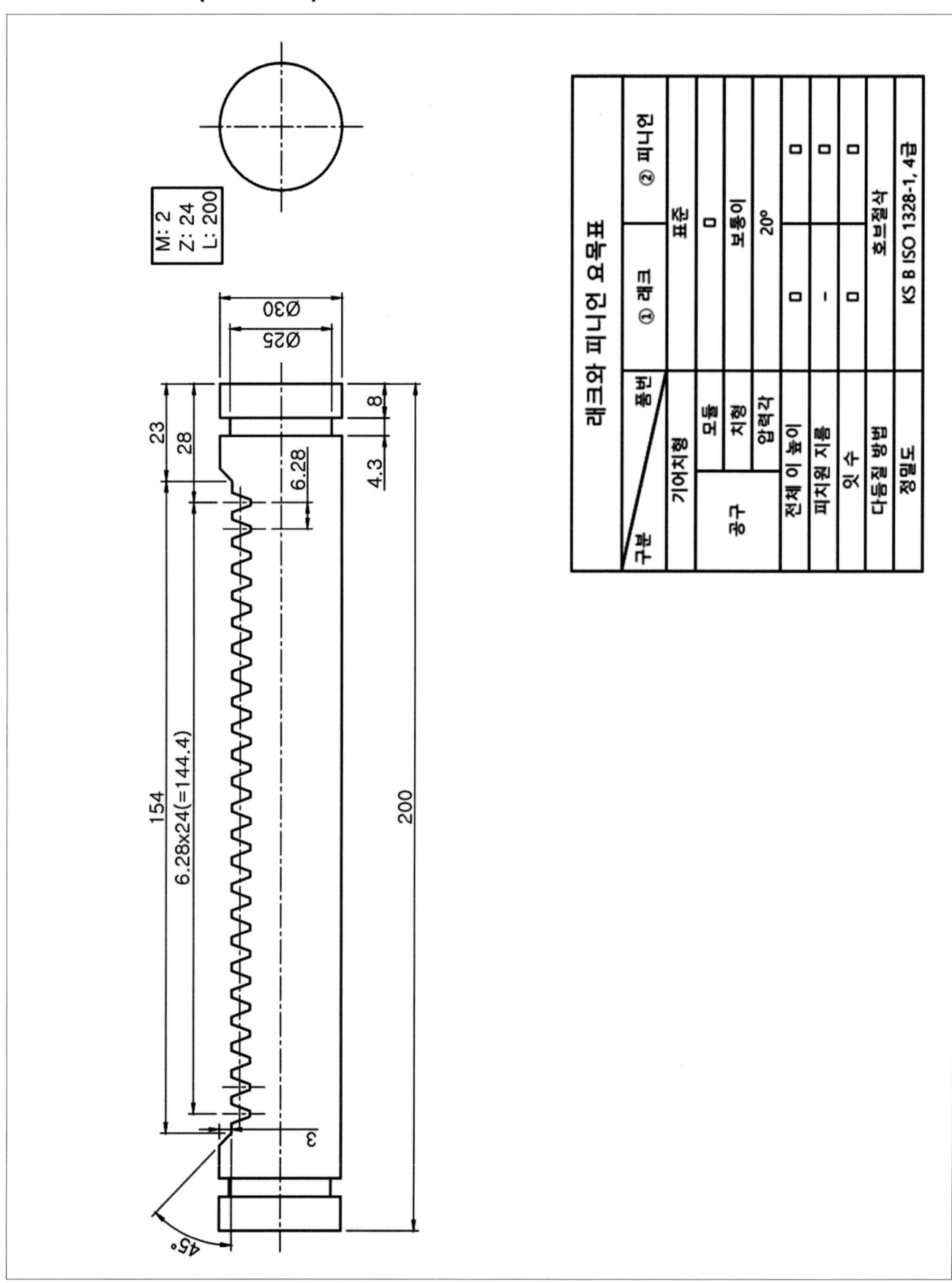

3D CAD

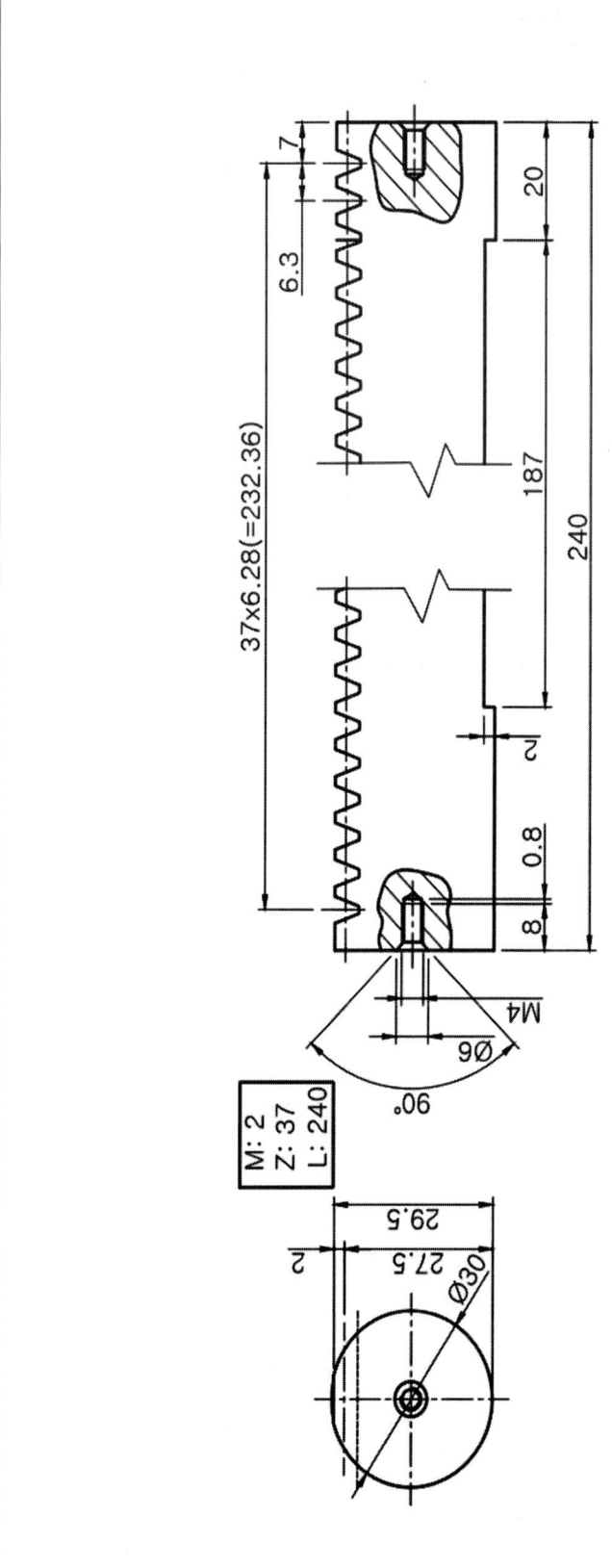

5. 레크&피니언(스퍼기어)

Rack 실기

실기: M: 2, L: 155

래크와 피니언 요목표		
구분 \ 품번	① 래크	② 피니언
기어치형	표준	
공구 - 모듈	□	
공구 - 치형	보통이	
공구 - 압력각	20°	
전체 이 높이	□	□
피치원 지름	-	□
잇 수	□	□
다듬질 방법	호브절삭	
정밀도	KS B ISO 1328-1, 4급	

전체 이 높이: h = 2.25 * M = 4.5
 - 중심선 간의 거리(원주피치):
  Cp = ∅*M = 3.14 * 2 = 6.28

① 잇수(Z): L / Cp= 155 / 6.28= 24.68
  Z: 24
  즉 (잇 거리계산): Z * 6.28 = 150.72

② 양단 띄우기: 155-150.72 = 4.28,
  단쪽 띄우기: 2.14

③ 끝단거리: 2.14 + (M/2)∅ = 5.28

④ de(중간값): (1/4)∅ * M = 1.57
   0.785 * M = 1.57

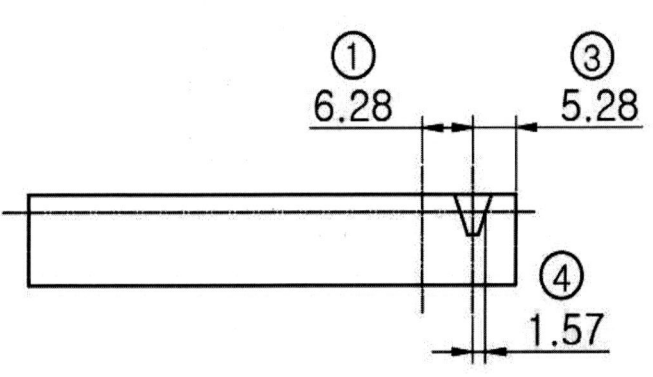

3D CAD

스퍼기어 요목표		
구분		품번 1
기어치형		표준
공구	치형	보통이
	모듈	2
	압력각	20°
잇수		40
피치원지름		Ø80
전체 이 높이		4.5
다듬질 방법		호브절삭
정밀도		KS B ISO 1328-1, 4급

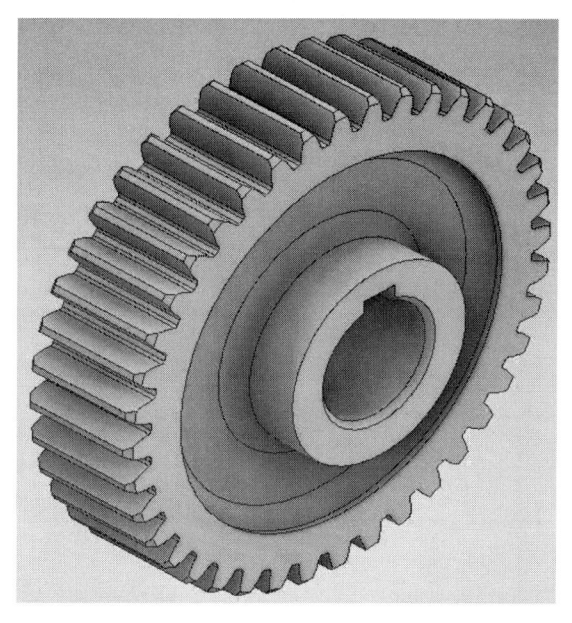

A-A (1 : 1)

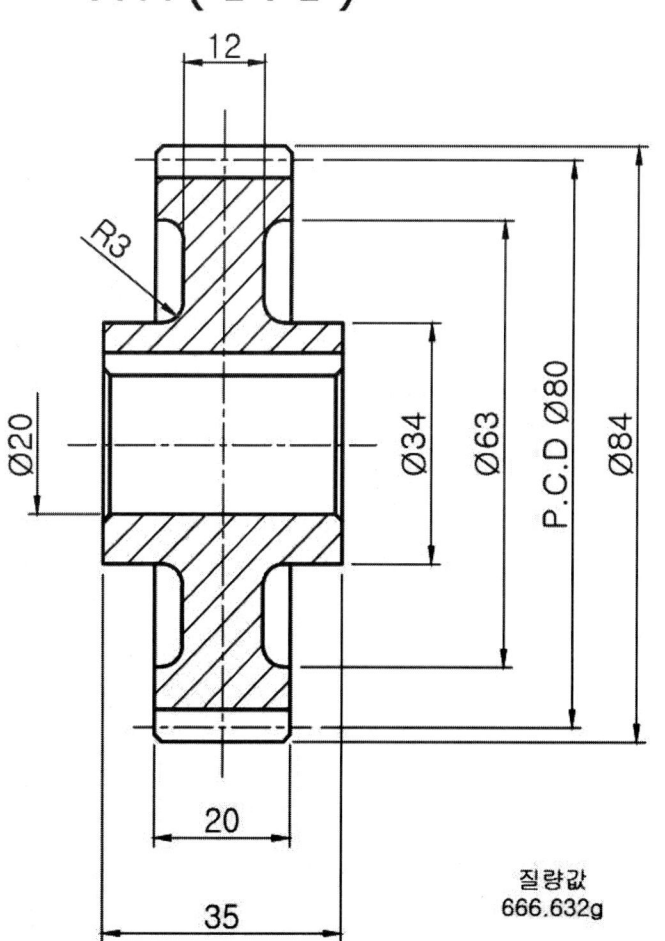

지시없는 모따기 1
지시없는 필렛 0.5

질량값
666.632g

5. 레크&피니언(스퍼기어)

스퍼기어 요목표	
구분 / 품번	2
기어치형	표준
공구 치형	보통이
공구 모듈	1
공구 압력각	20°
잇수	20
피치원지름	Ø40
전체 이 높이	4.5
다듬질 방법	호브절삭
정밀도	KS B ISO 1328-1, 4급

A-A (1 : 1)

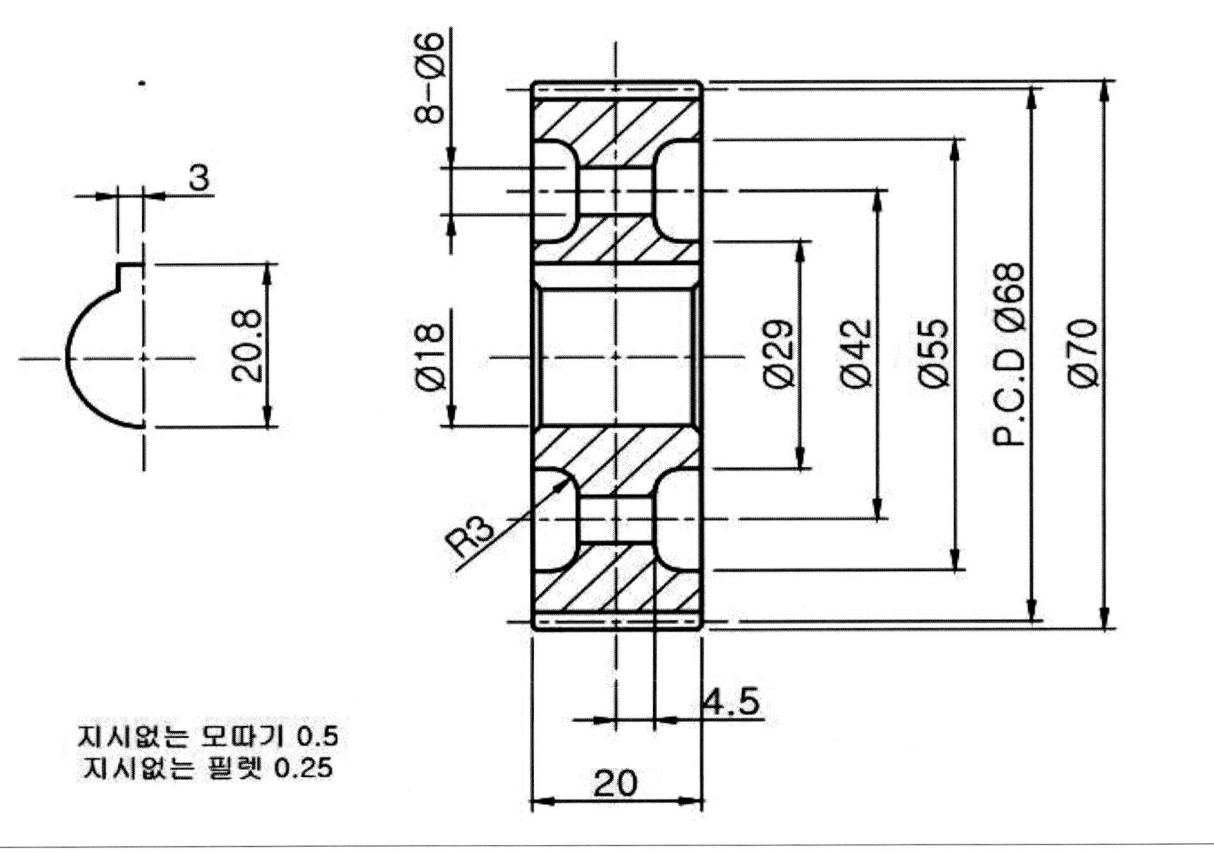

지시없는 모따기 0.5
지시없는 필렛 0.25

3D CAD

스퍼기어 요목표		
구분	품번	3
기어치형		표준
공구	치형	보통이
	모듈	2
	압력각	20°
잇수		68
피치원지름		Ø68
전체 이 높이		2.25
다듬질 방법		호브절삭
정밀도		KS B ISO 1328-1, 4급

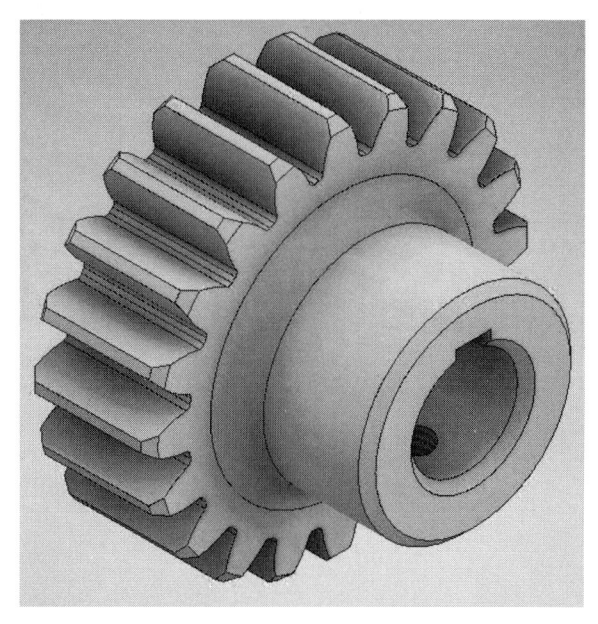

C-C (1 : 1)

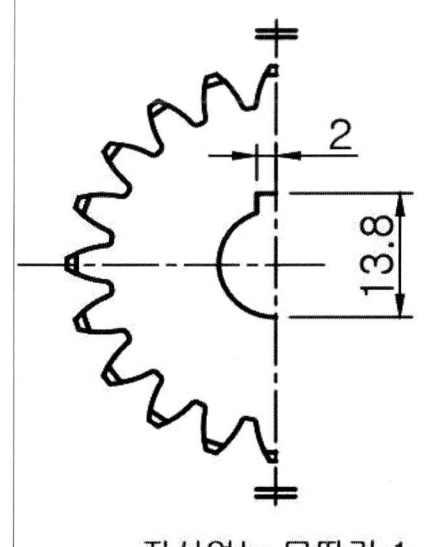

지시없는 모따기 1
지시없는 필렛 0.5

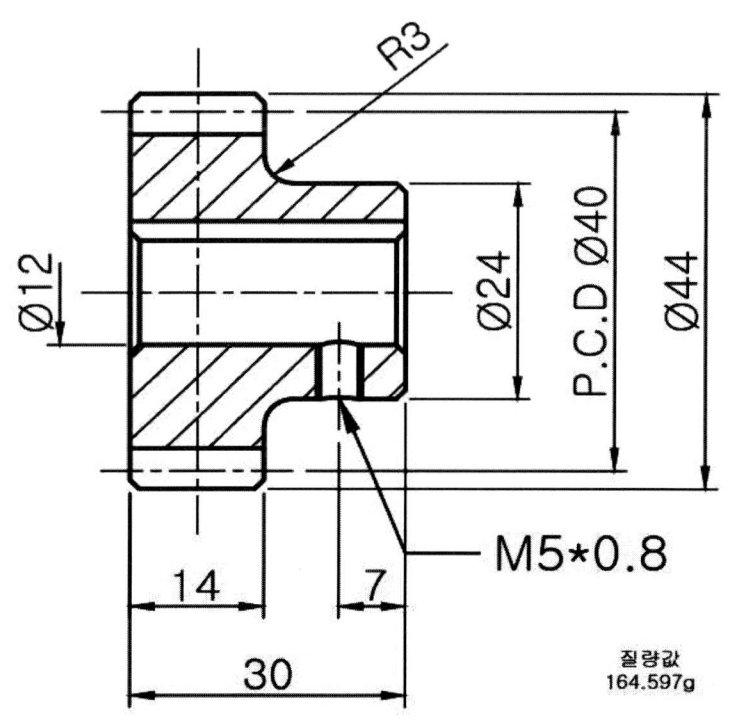

질량값
164.597g

5. 레크&피니언(스퍼기어)

Summary

M: 2 Z: H=2.25∗M = 4.5 L1 (① ~ ②)= M / 4 = 0.5 L2 (② ~ ③)= M / 2 = 1.0 L3 (② ~ C) = M ∗ 0.785 = 1.57	M:1 2.25 0.25 0.5 0.785

3D CAD

6. V-벨트와 스프로킷

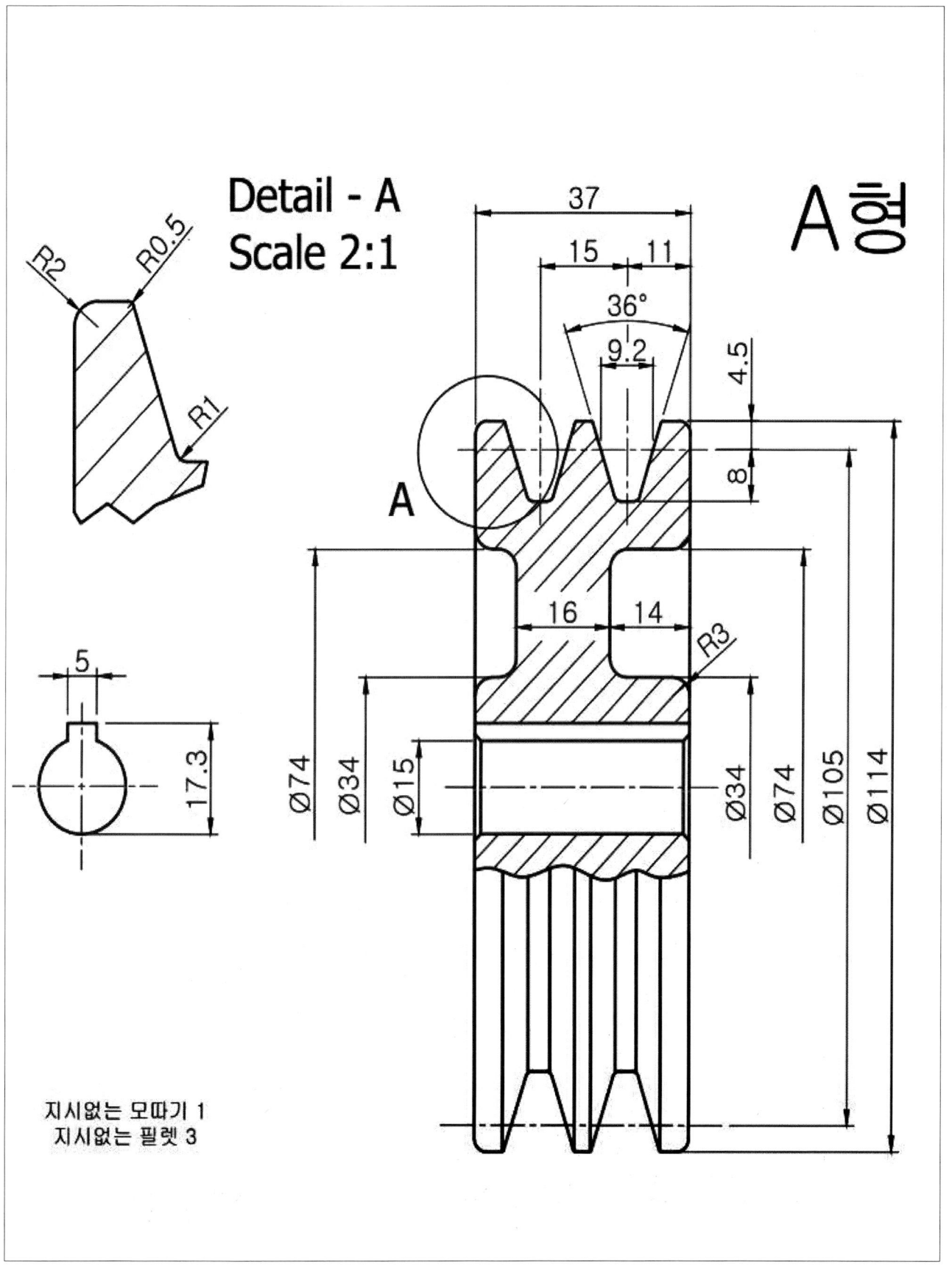

지시없는 모따기 1
지시없는 필렛 3

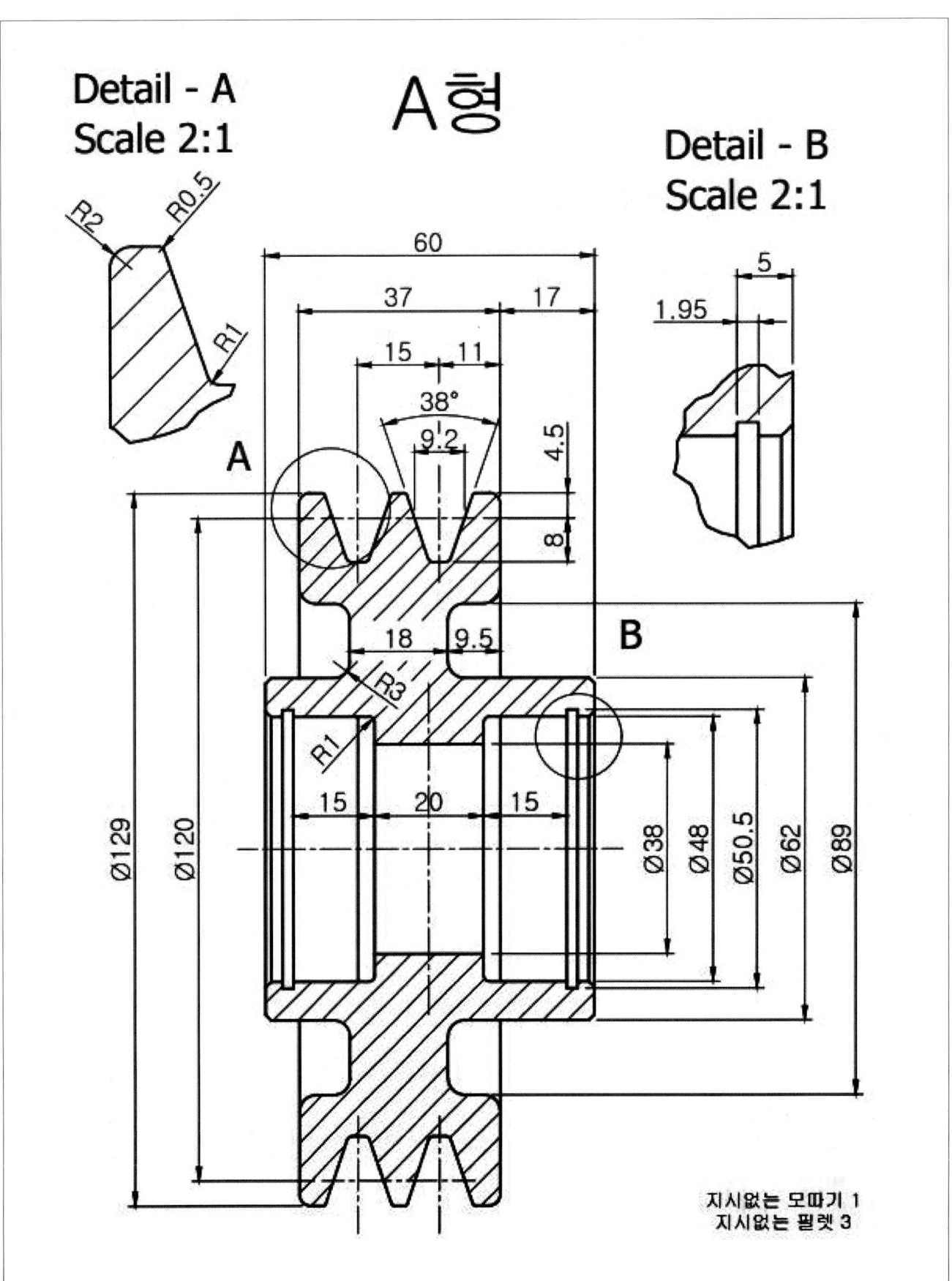

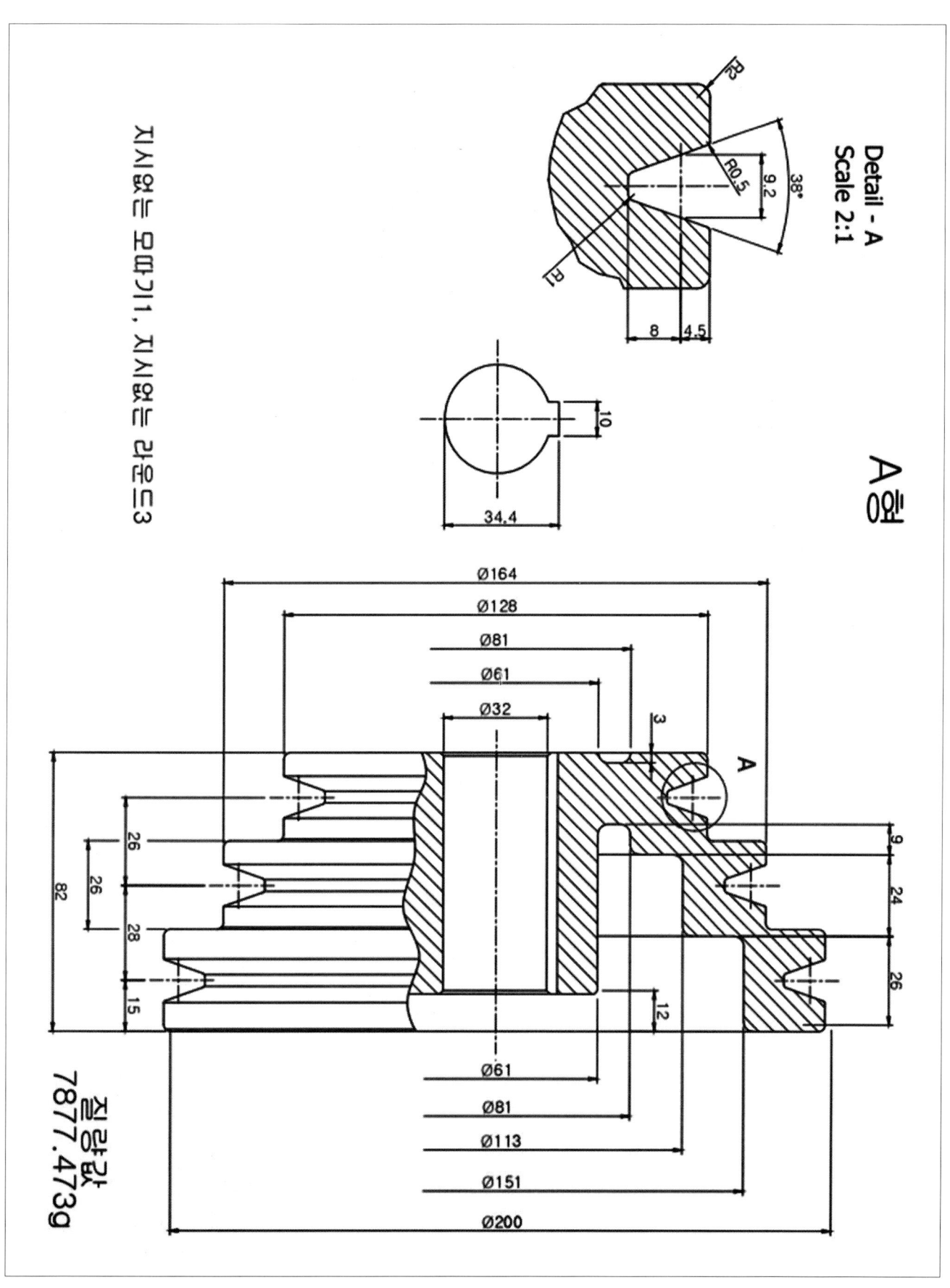

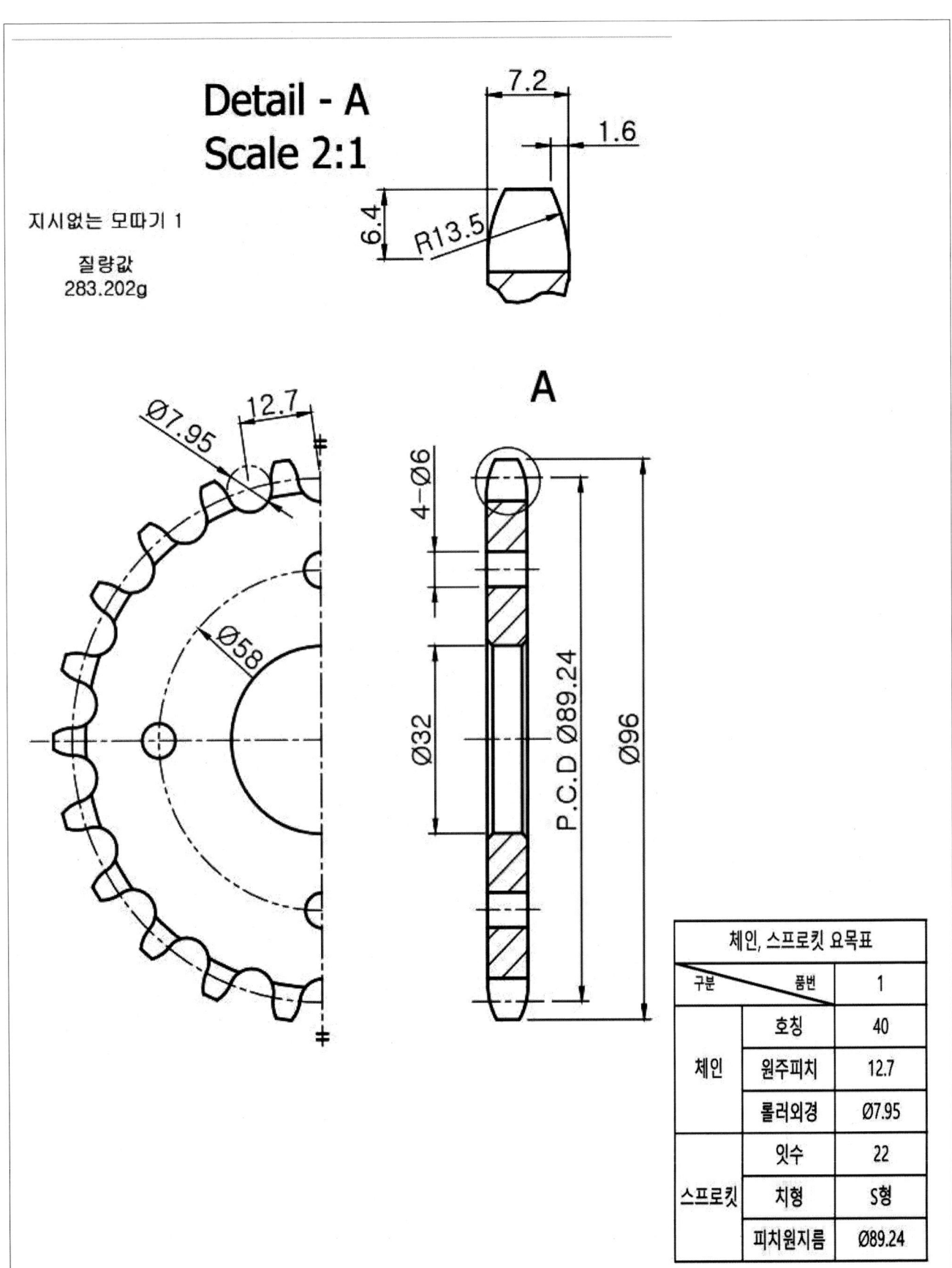

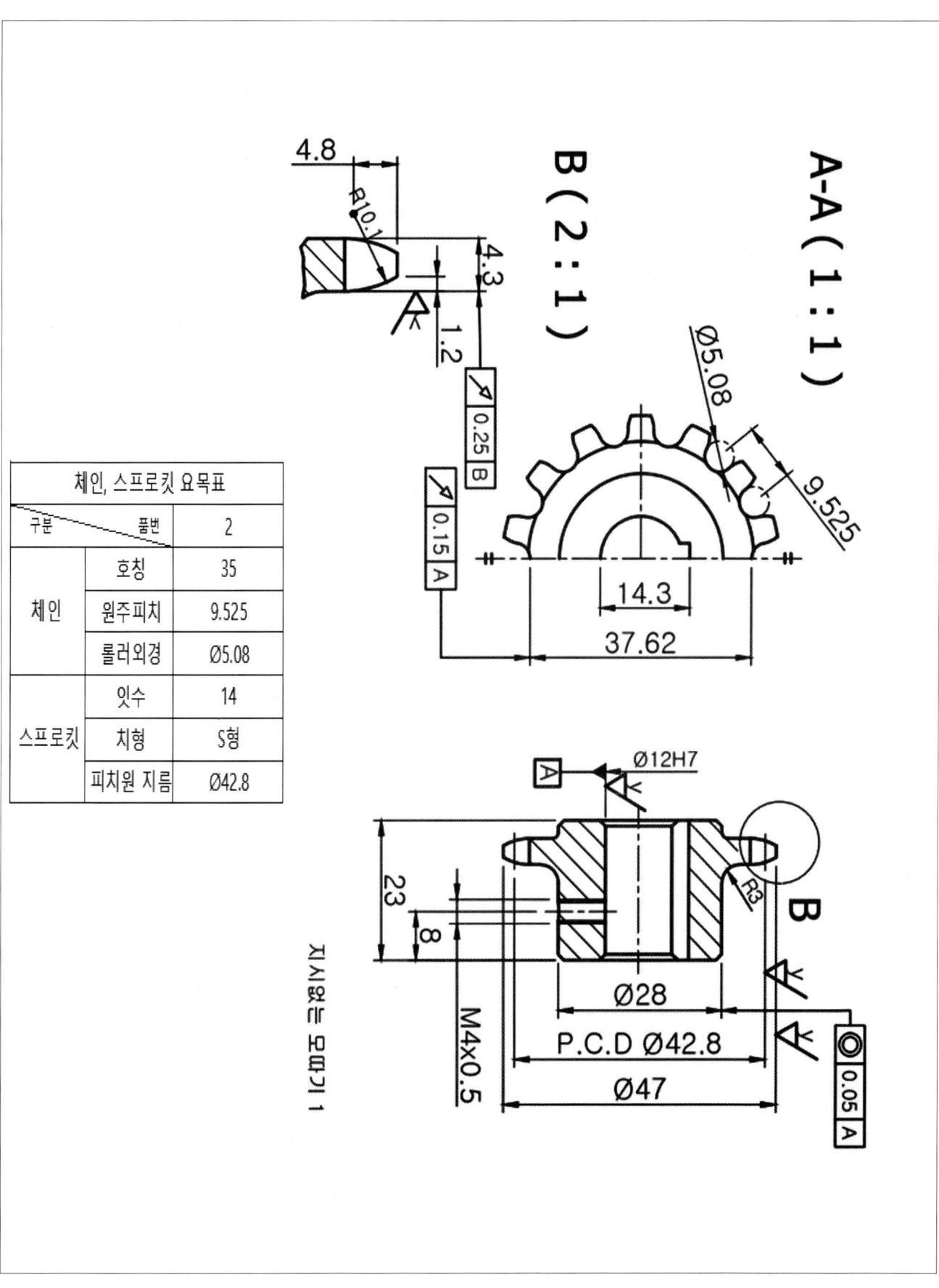

체인, 스프로킷 요목표		
구분	품번	2
체인	호칭	35
	원주피치	9.525
	롤러외경	Ø5.08
스프로킷	잇수	14
	치형	S형
	피치원 지름	Ø42.8

6. V-벨트와 스프로킷

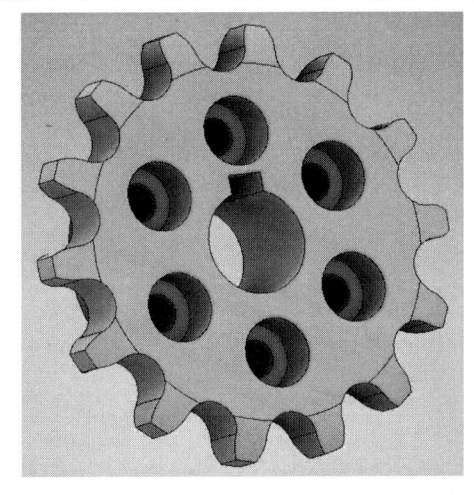

체인, 스프로킷 요목표		
구분	품번	3
체인	호칭	40
	원주피치	12.7
	롤러외경	Ø7.95
스프로킷	잇수	14
	치형	U형
	피치원 지름	Ø57.07

Detail - B
Scale 2:1

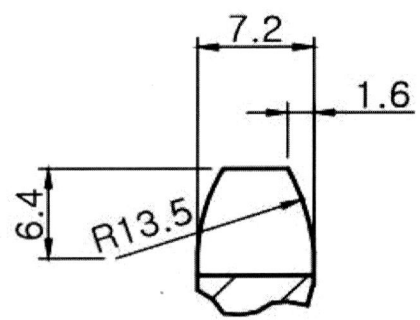

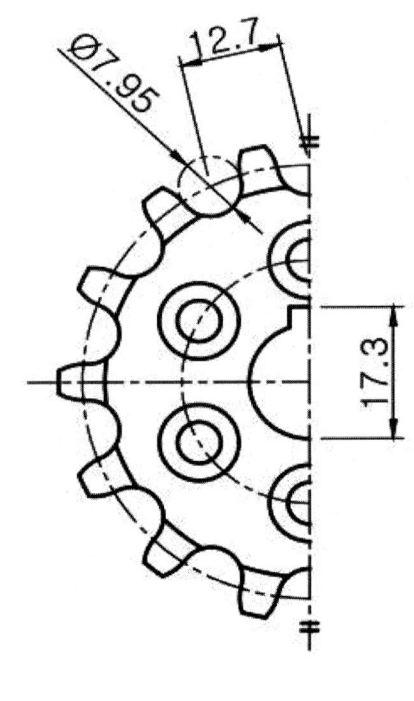

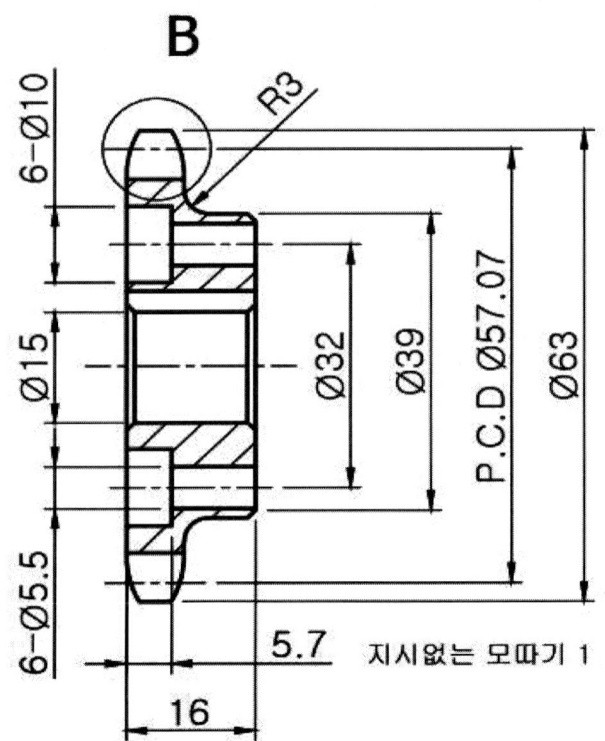

지시없는 모따기 1

Summary

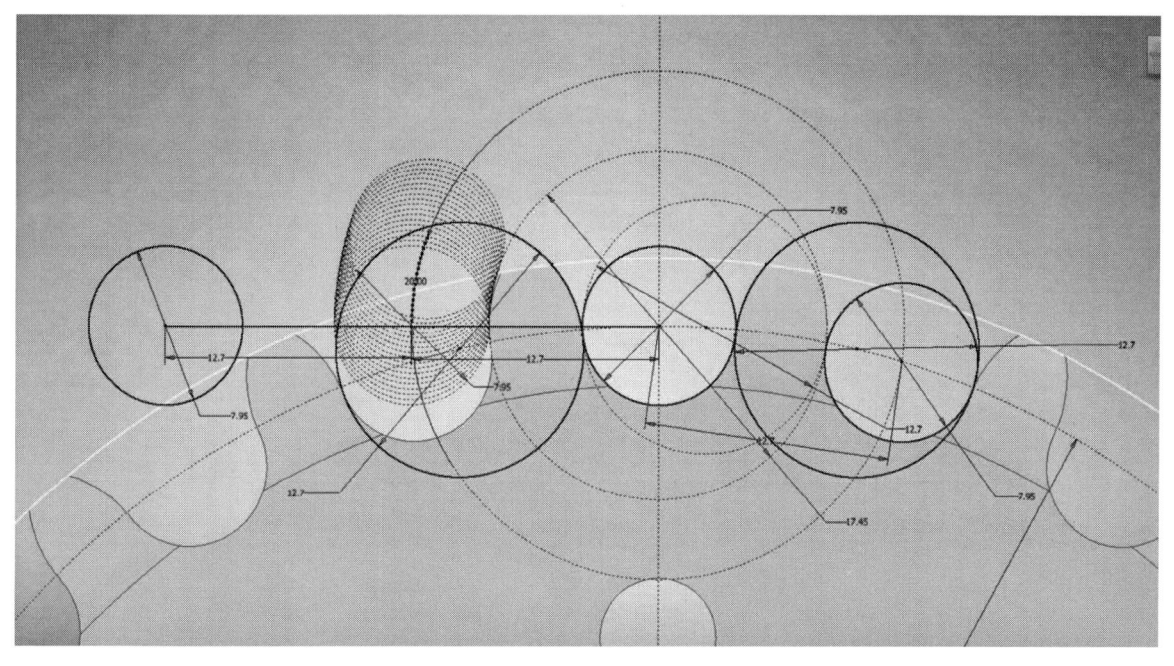

6. V-벨트와 스프로킷

7. 본체

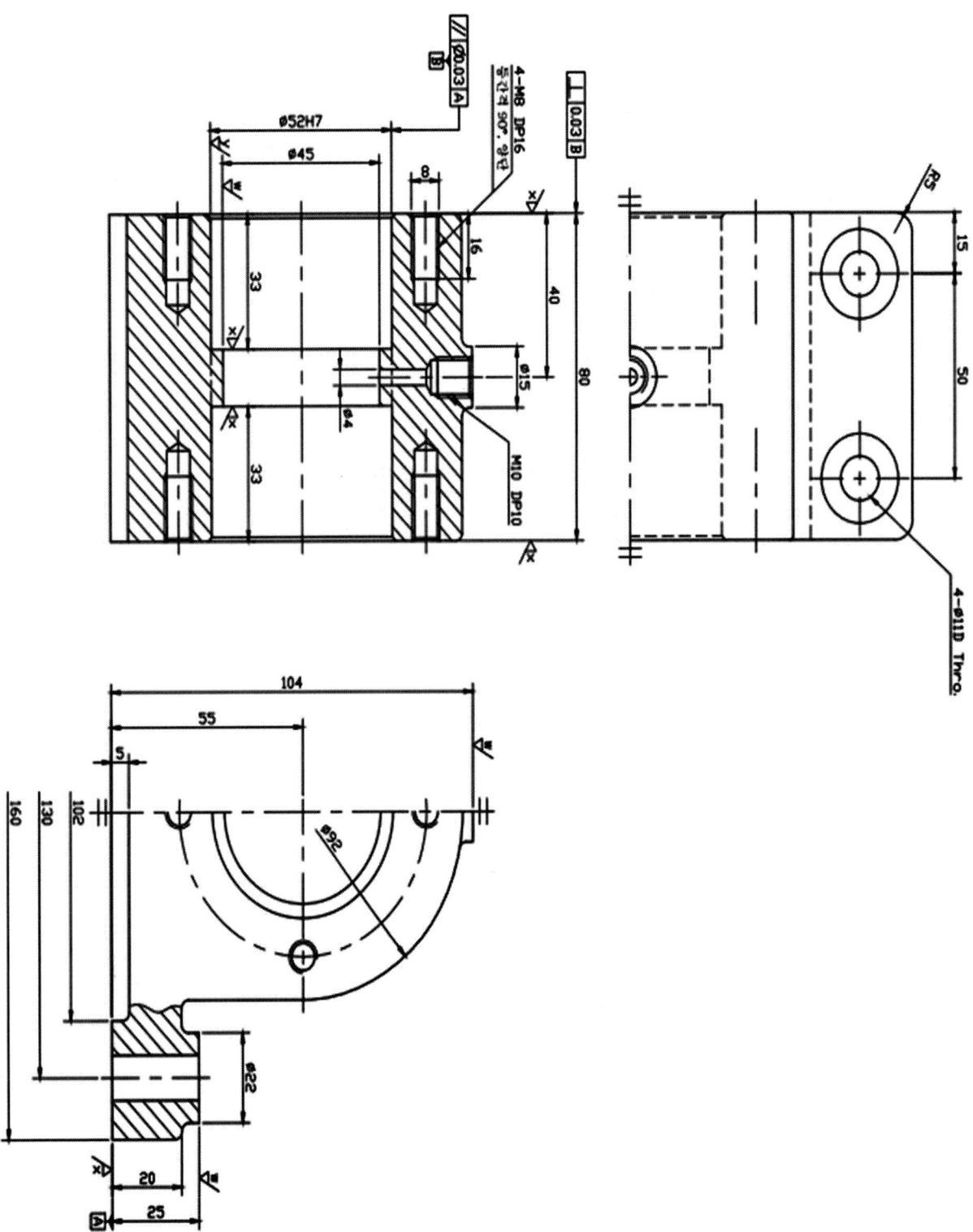

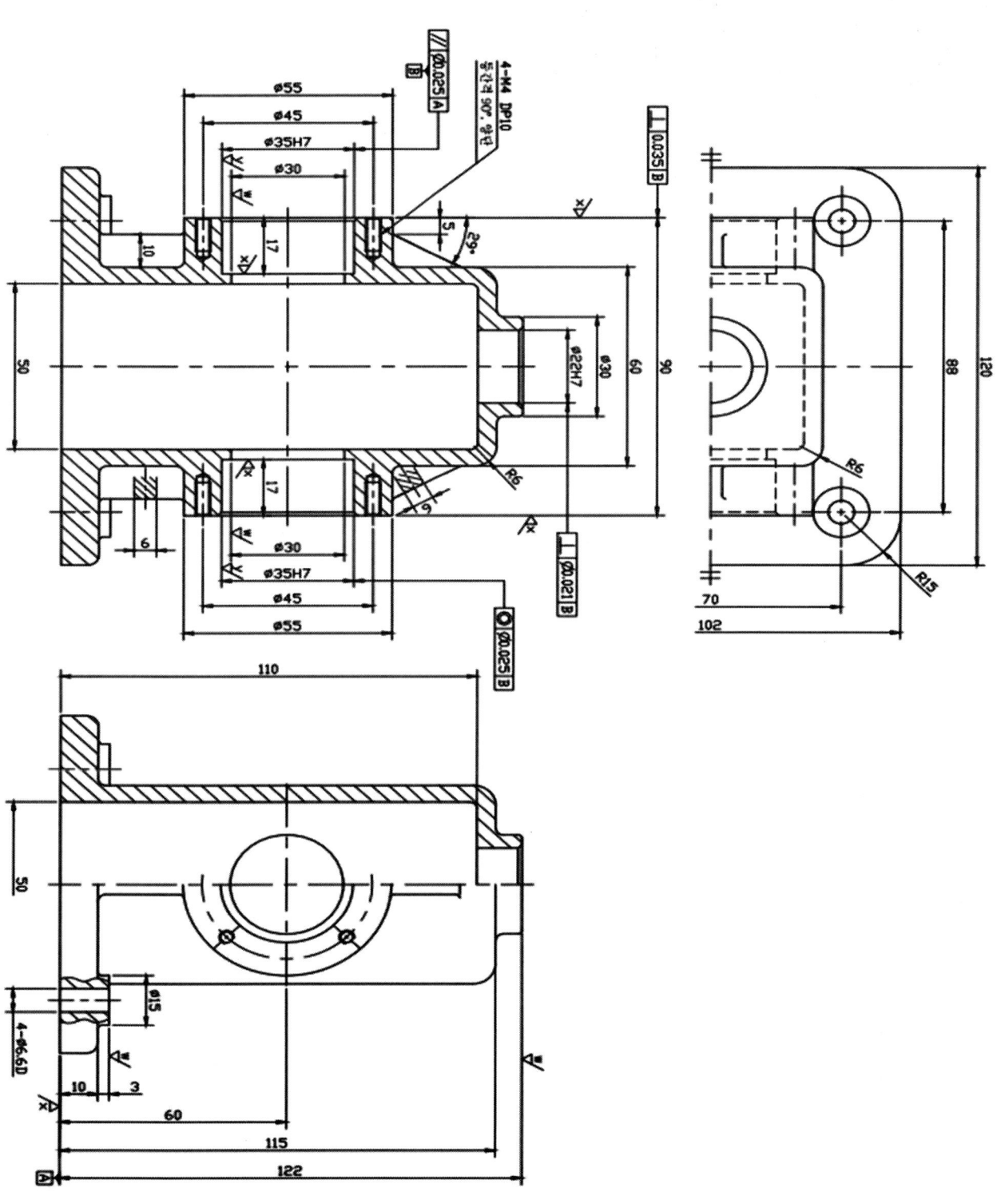

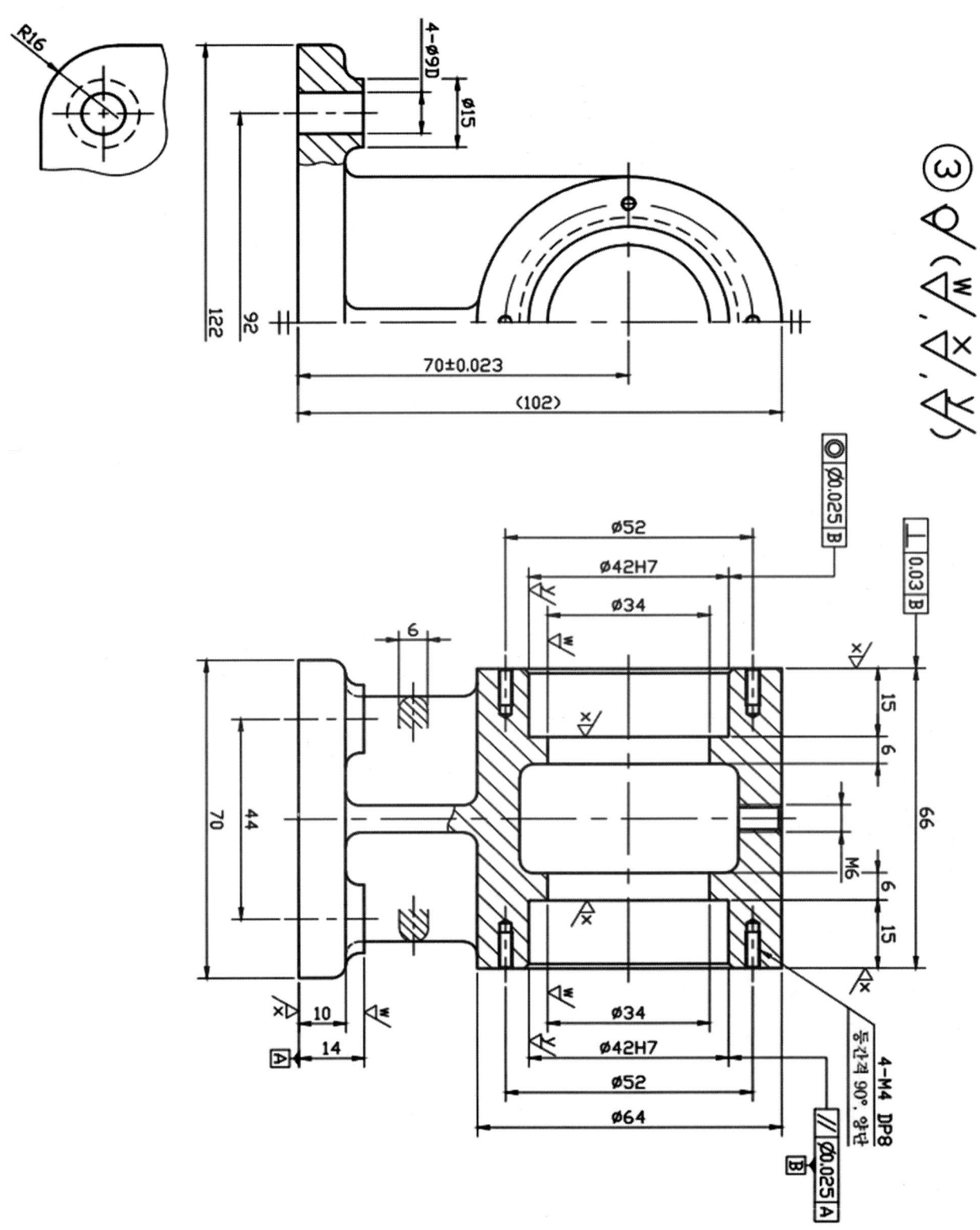

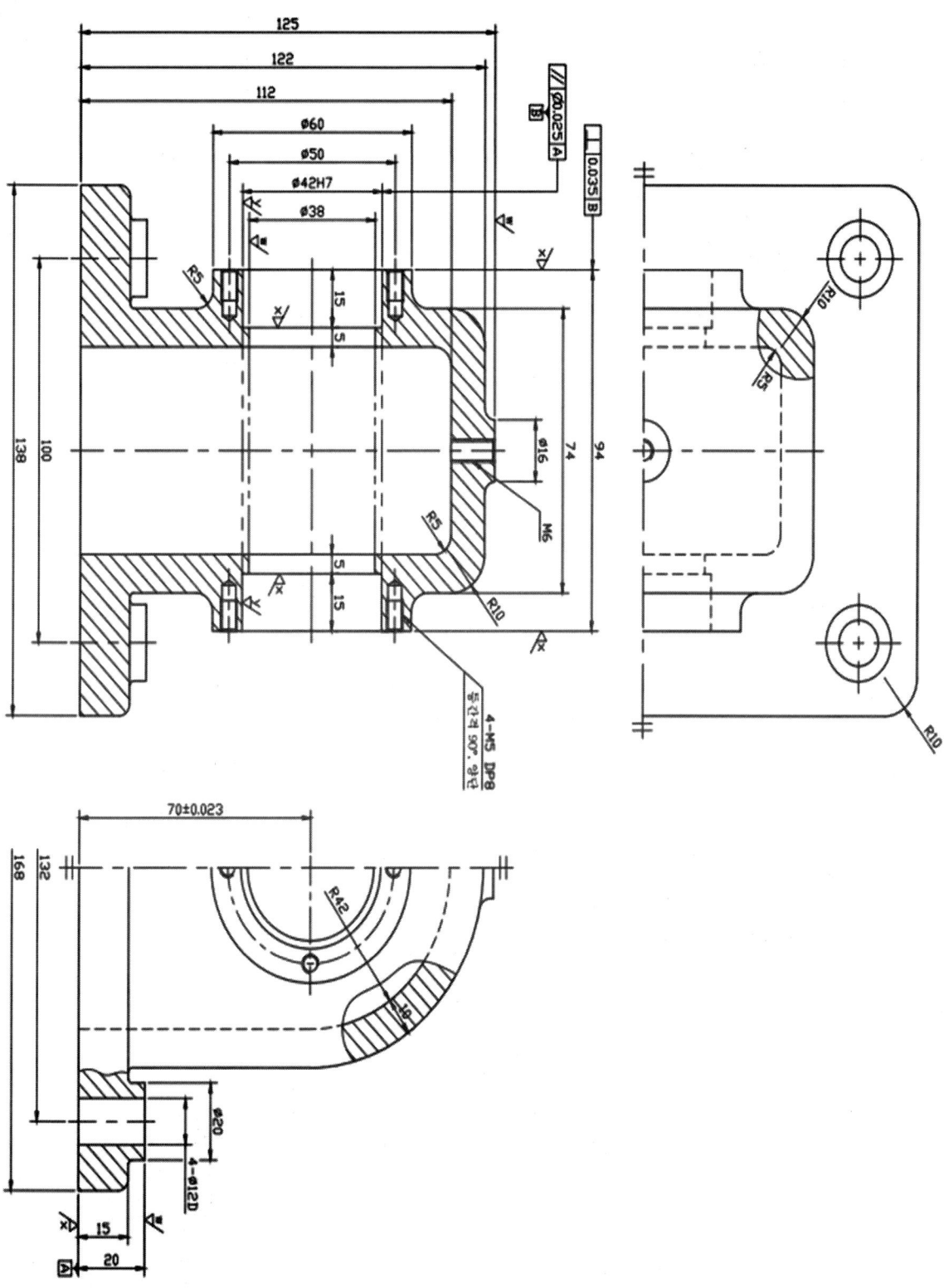

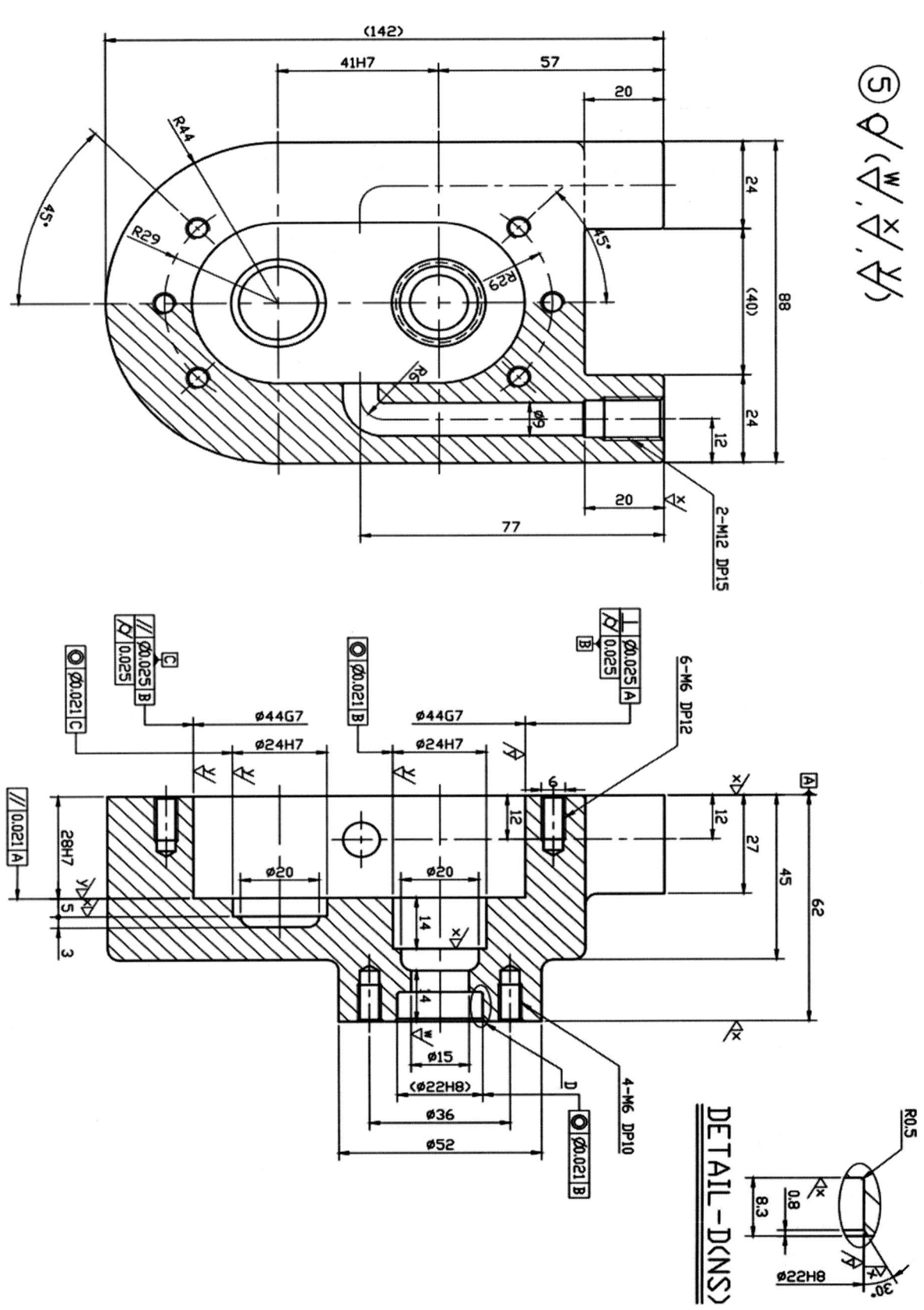

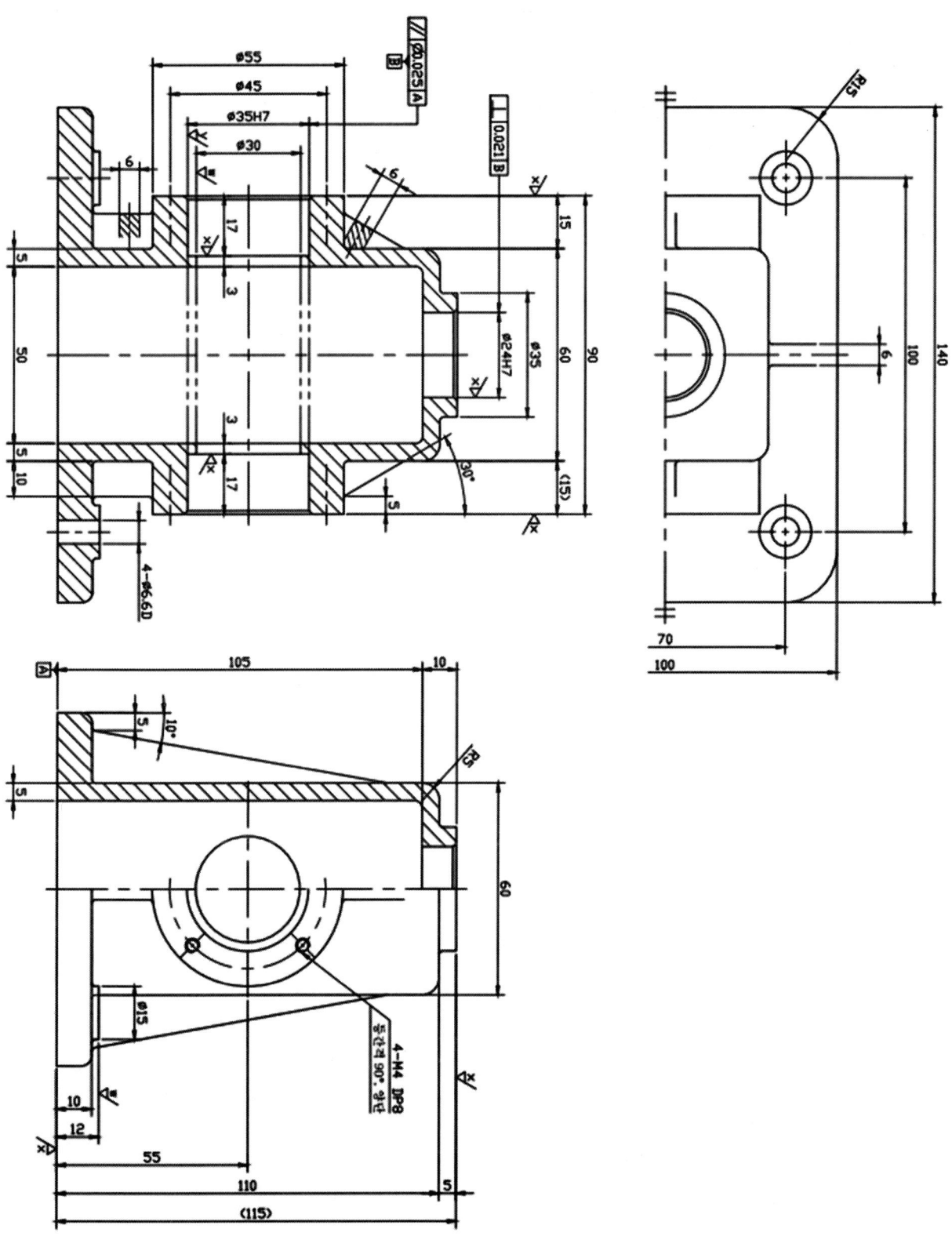

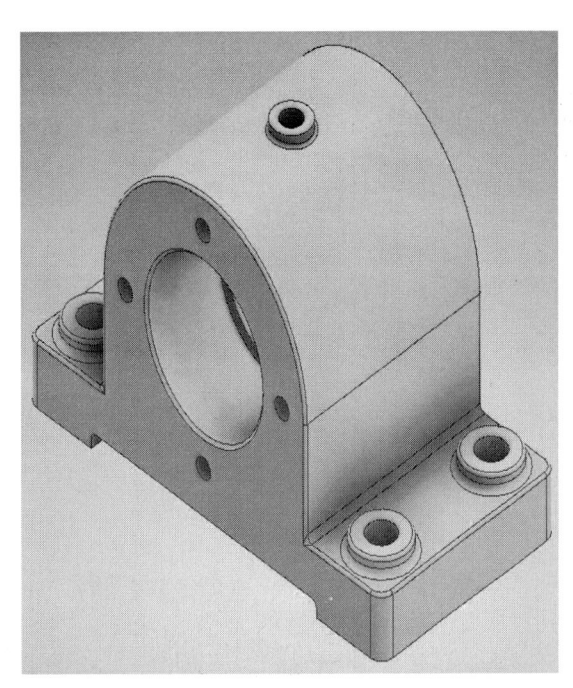
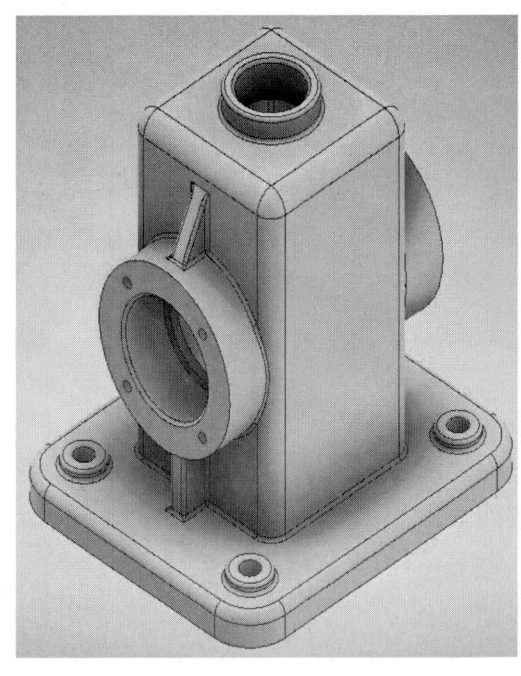
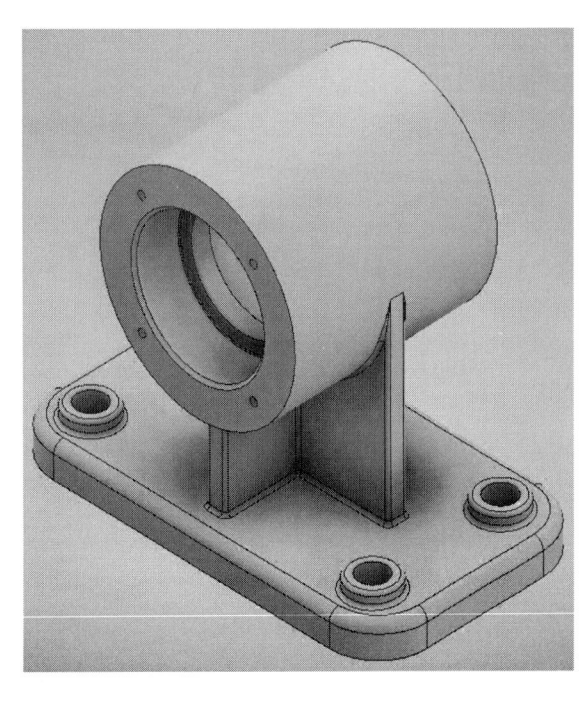

3D CAD

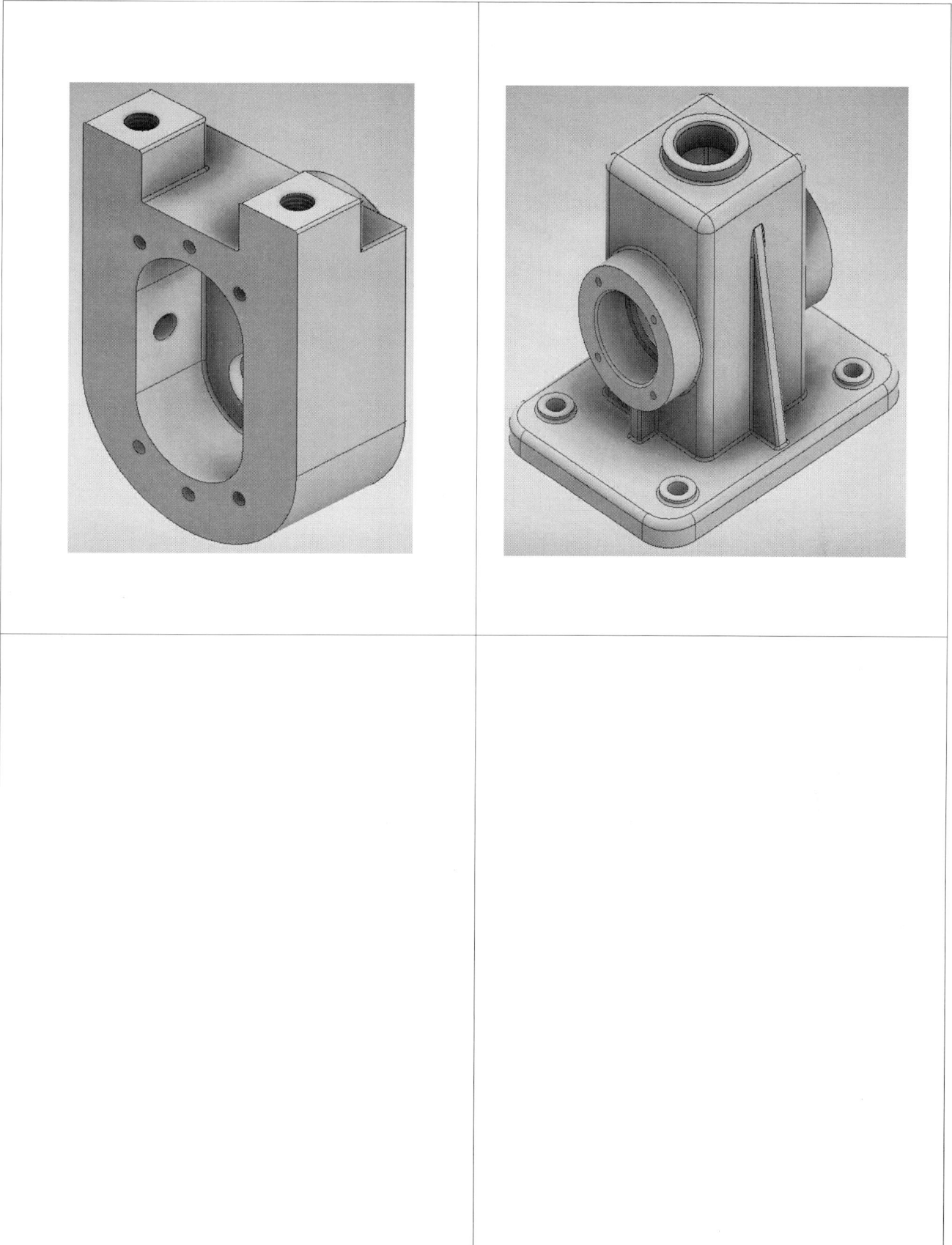

7. 본체

Summary

3D CAD

8. 일반기계기사 및 건설기계설비기사

| 자격종목 | 일반기계(건설기계설비)기사 | 작품명 | 동력변환장치1 | 척도 | 1 : 1 |

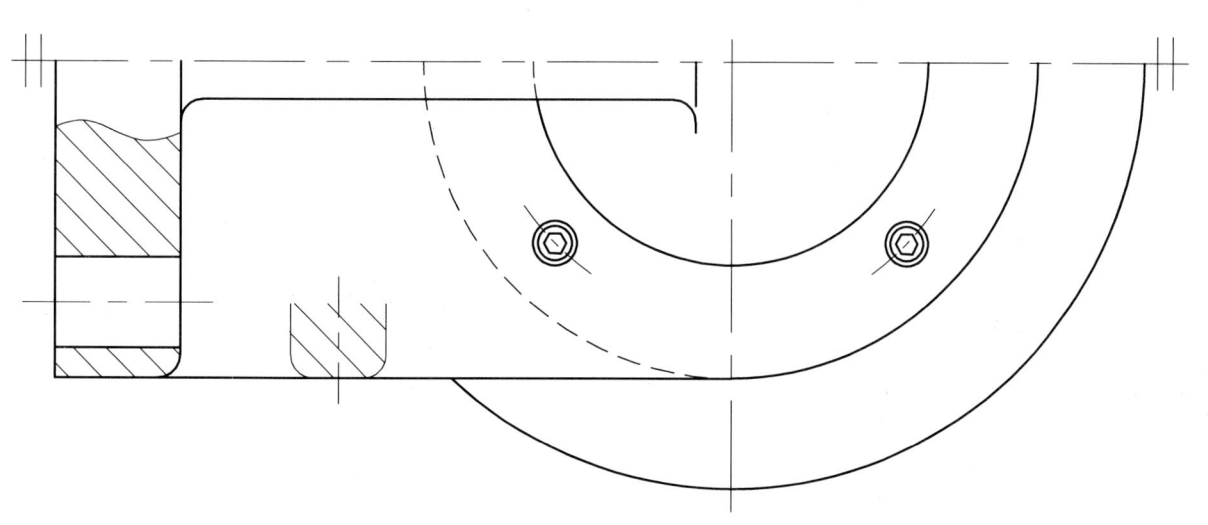

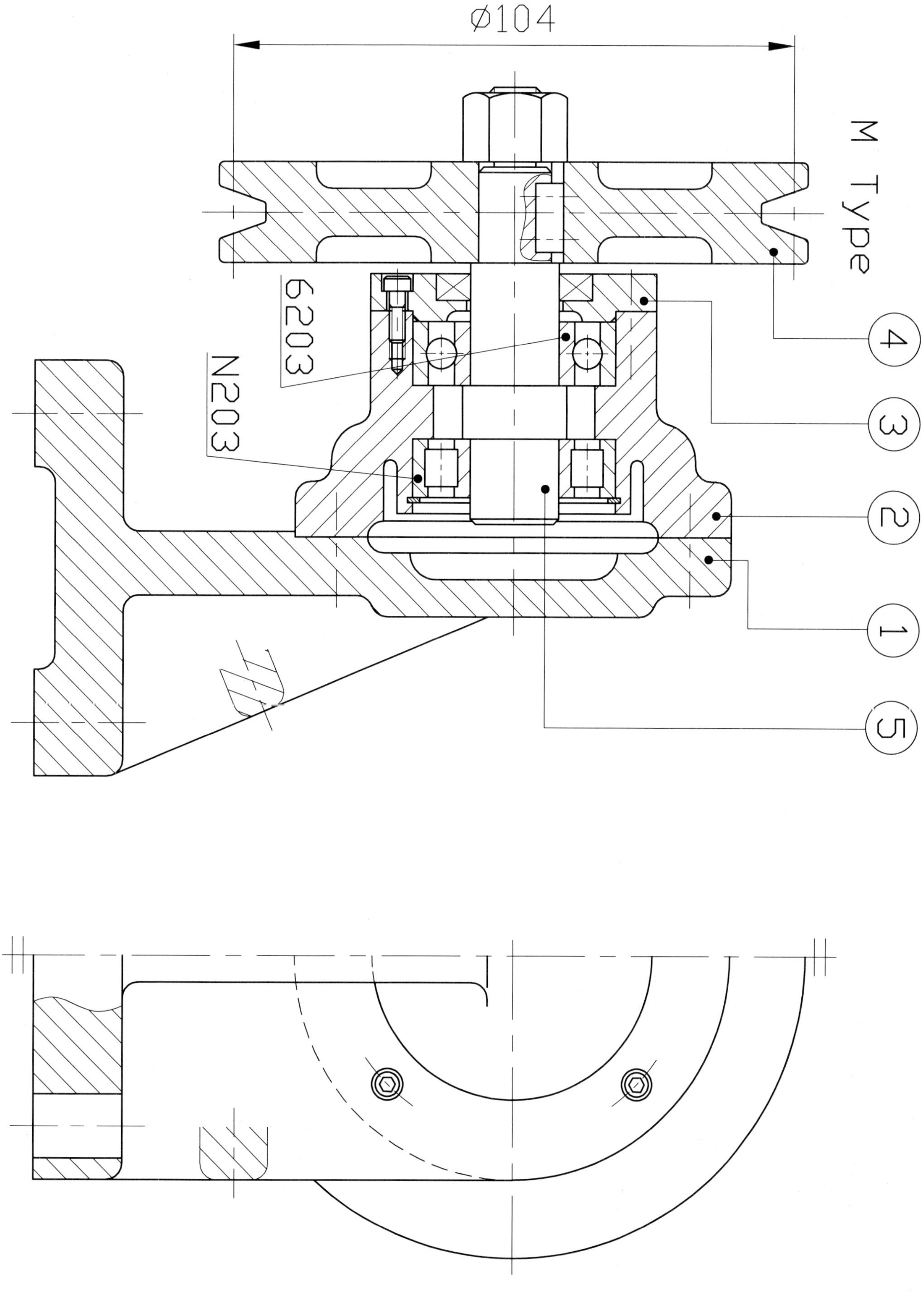

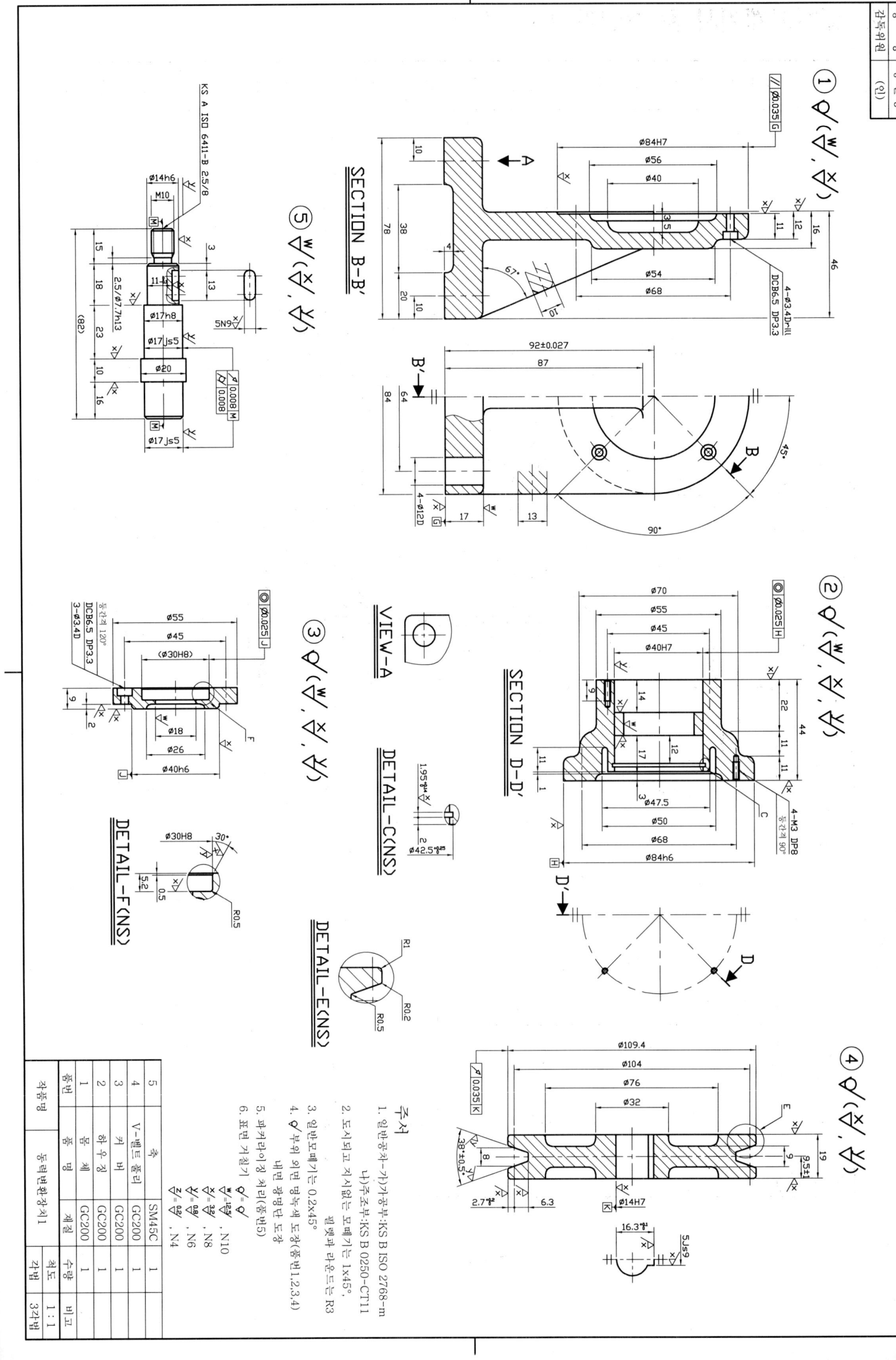

| 자격종목 | 일반기계(건설기계설비)기사 | 작품명 | 동력전달장치2 | 척도 | 1 : 1 |

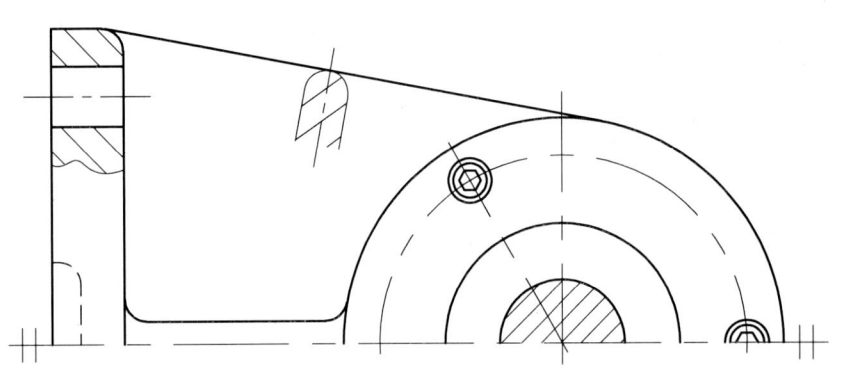

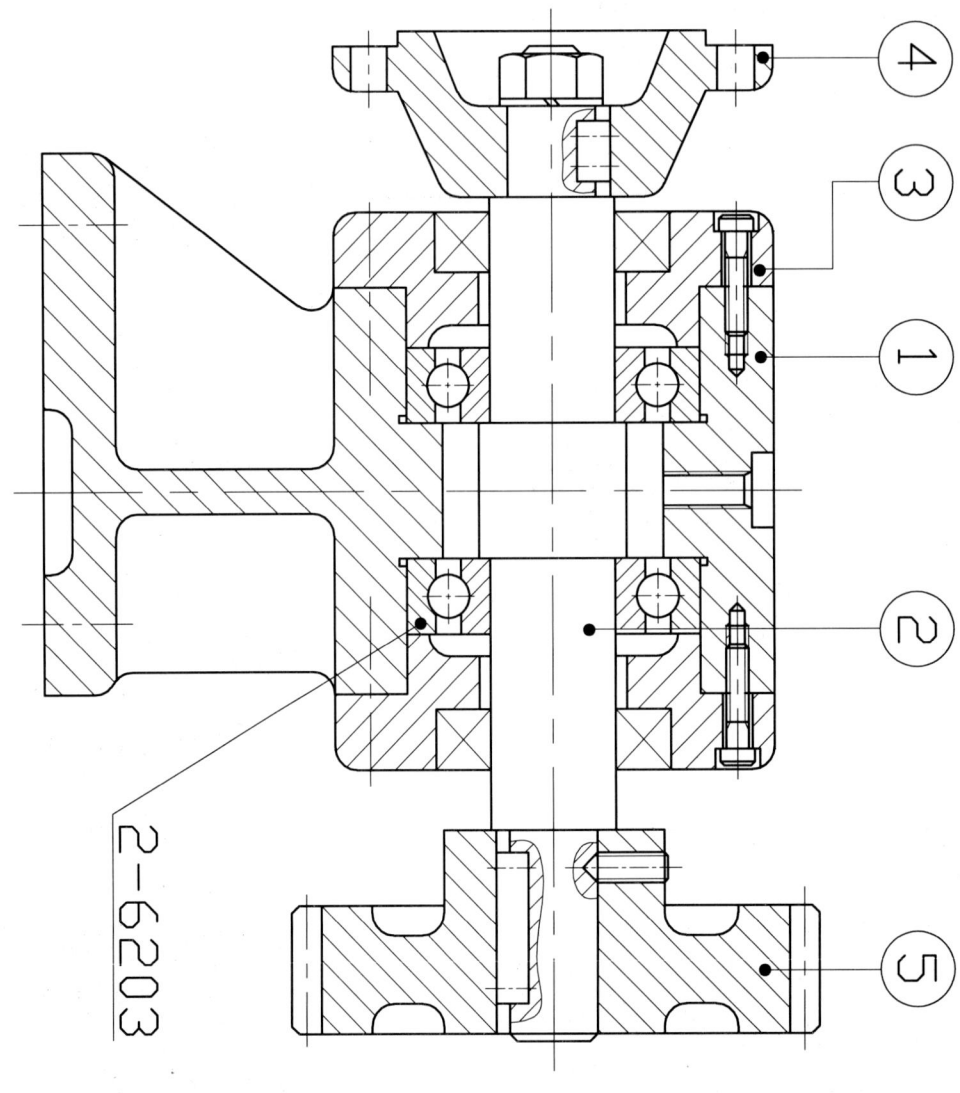

2-6203

M:2
Z:33

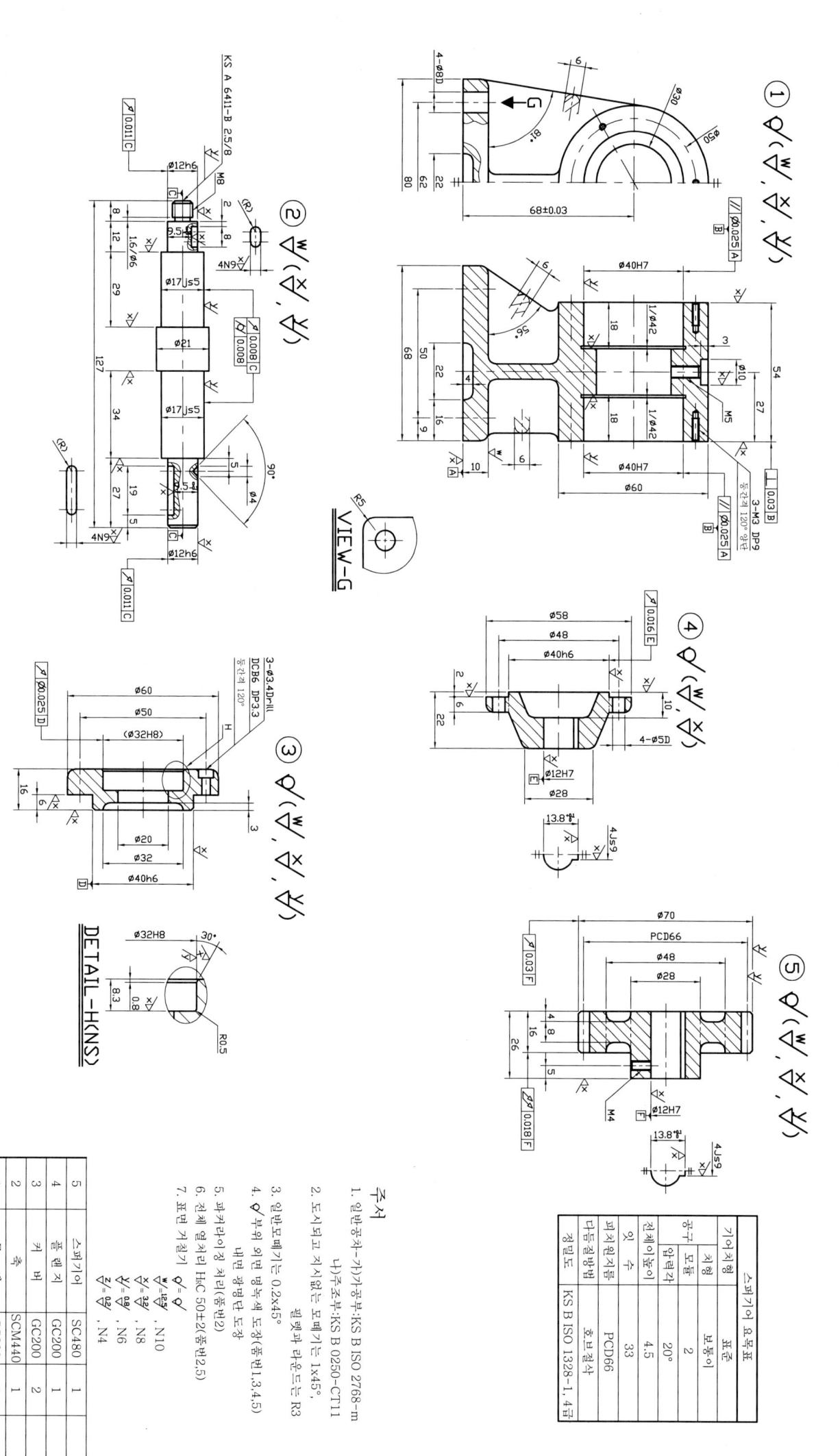

자격종목	일반기계(건설기계설비)기사	작품명	동력전달장치5	척도	1 : 1

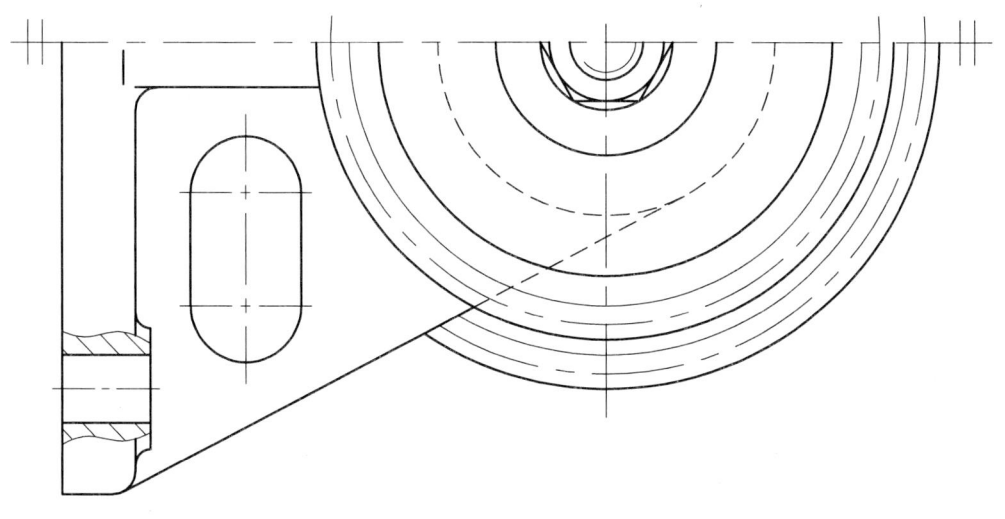

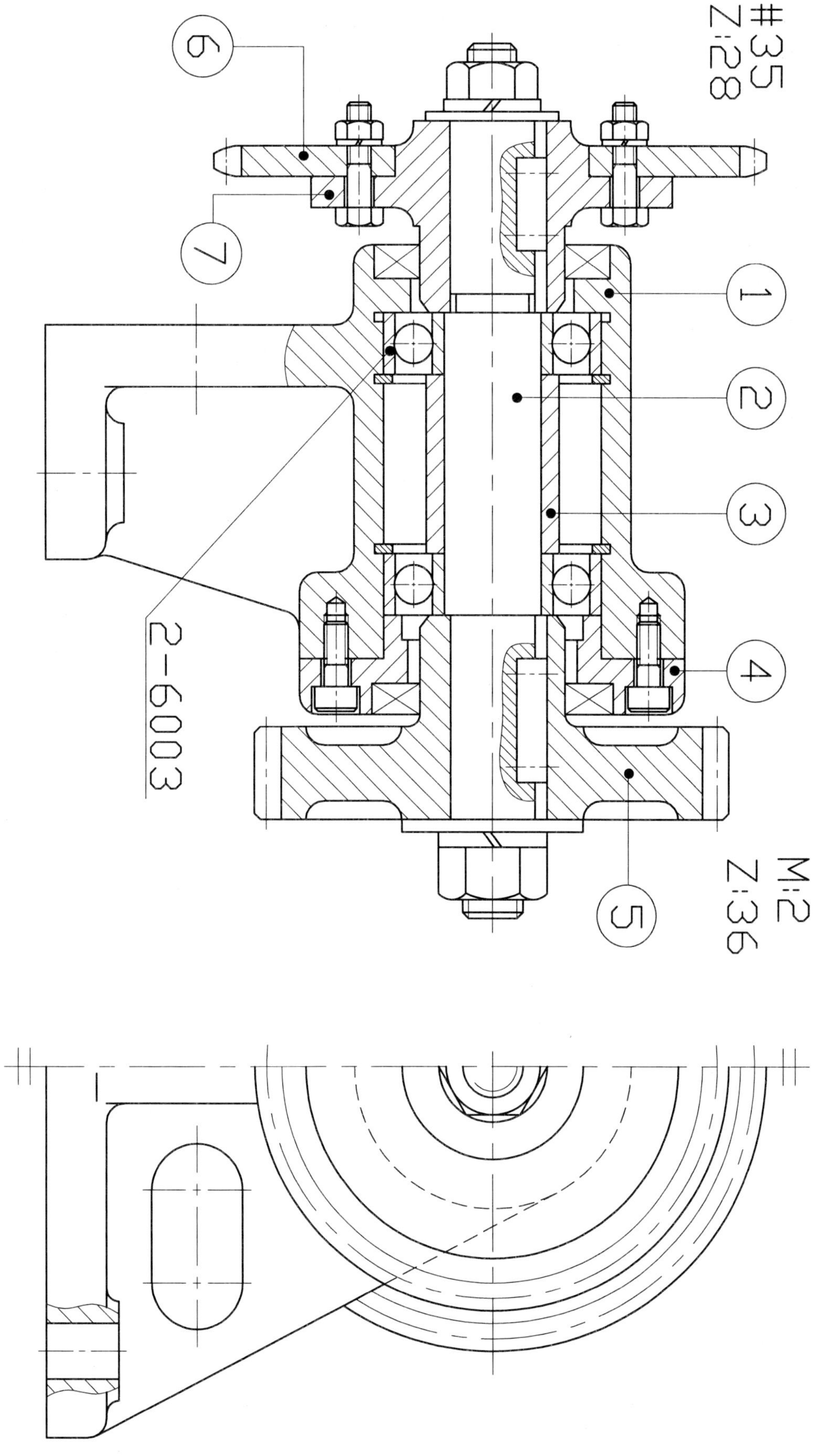

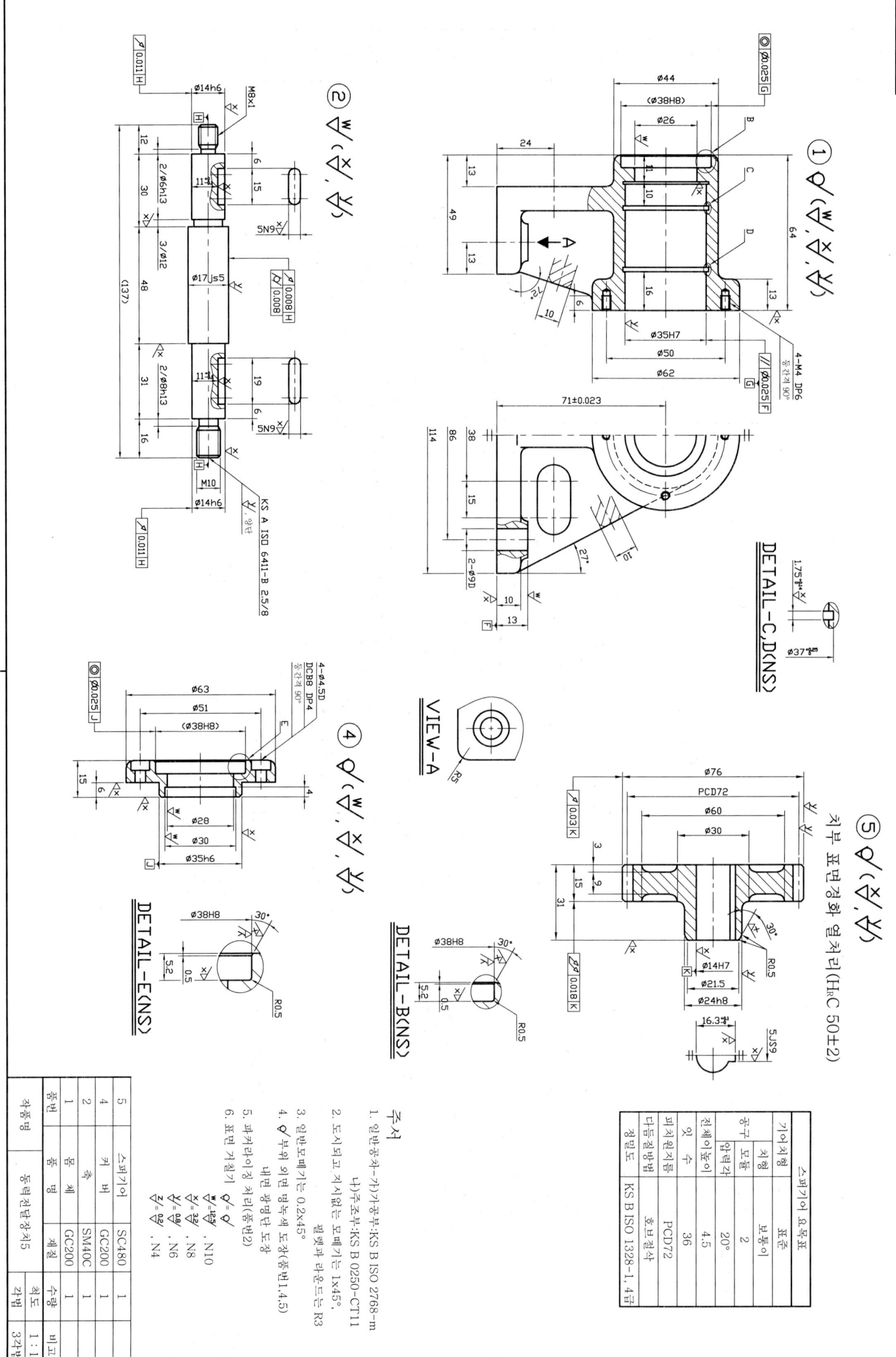

| 자격종목 | 일반기계(건설기계설비)기사 | 작품명 | 전동드라이브 | 척도 | 1:1 |

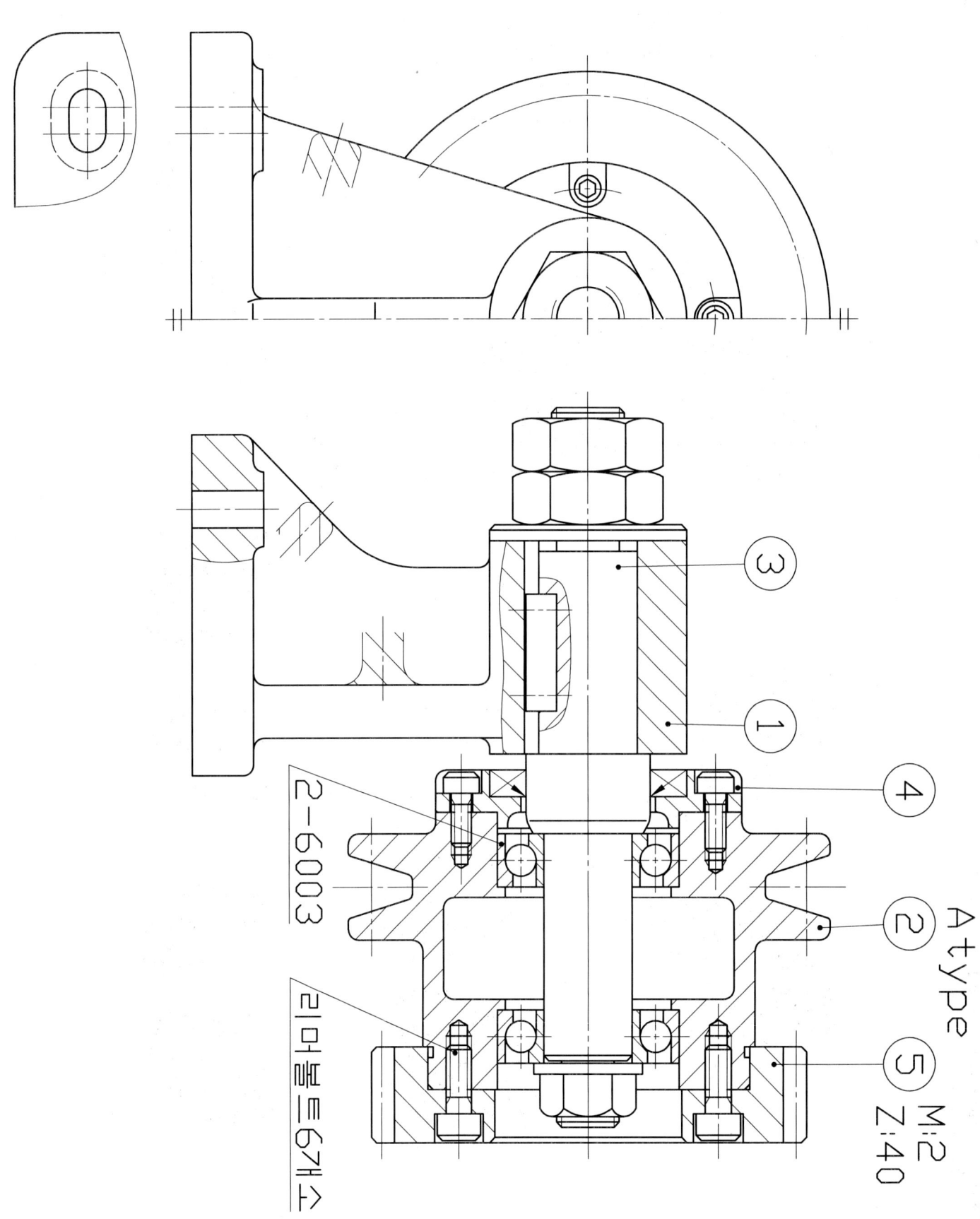

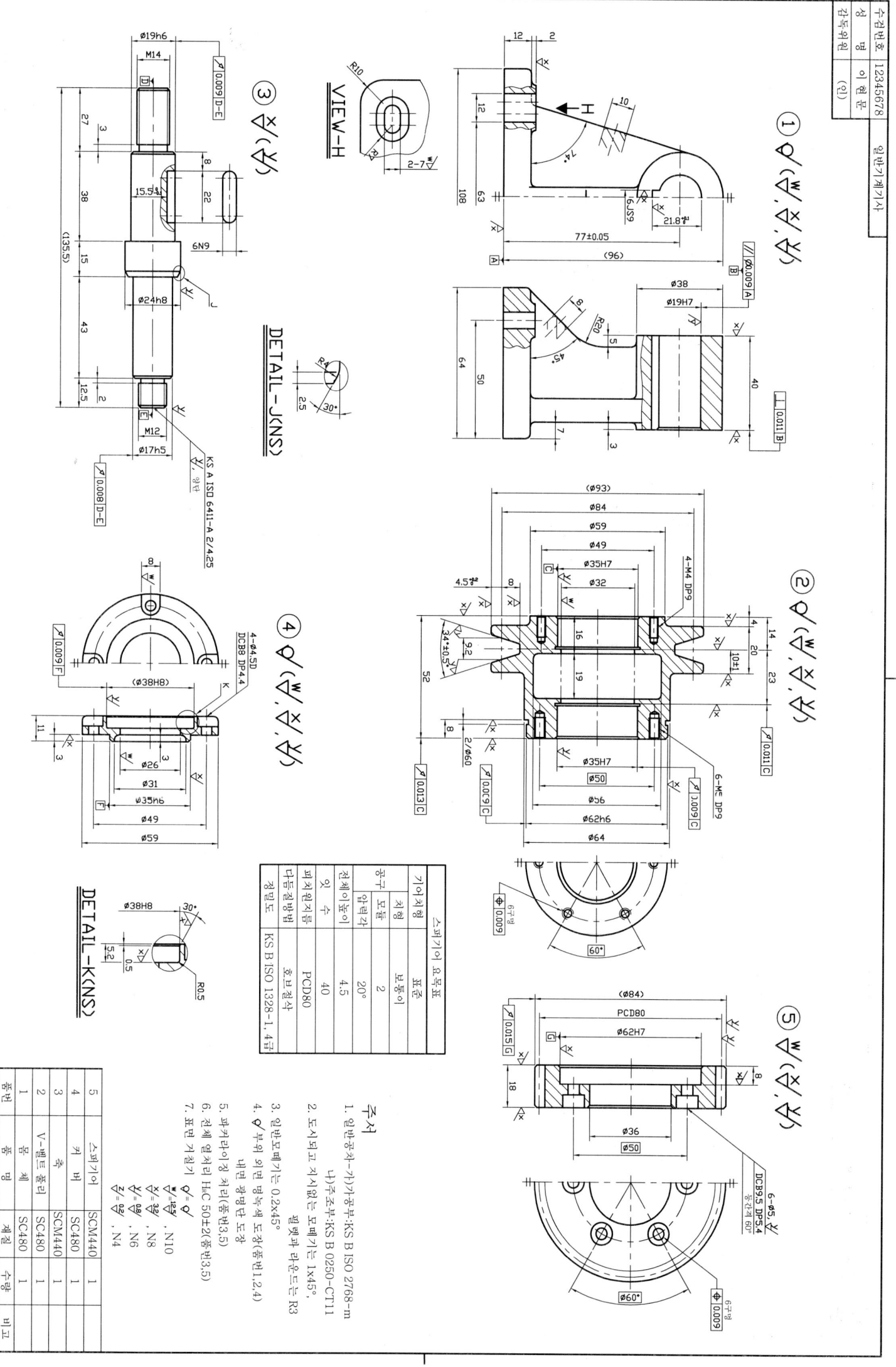

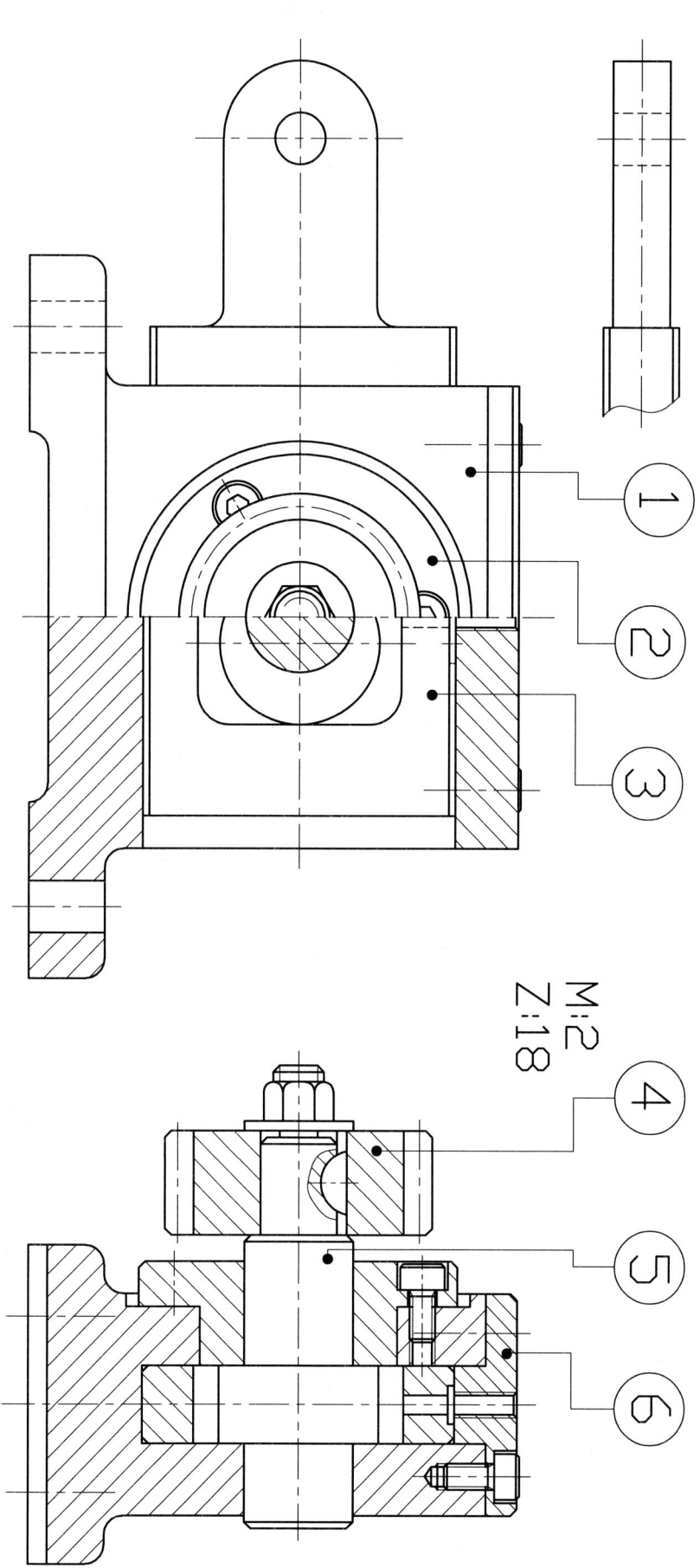

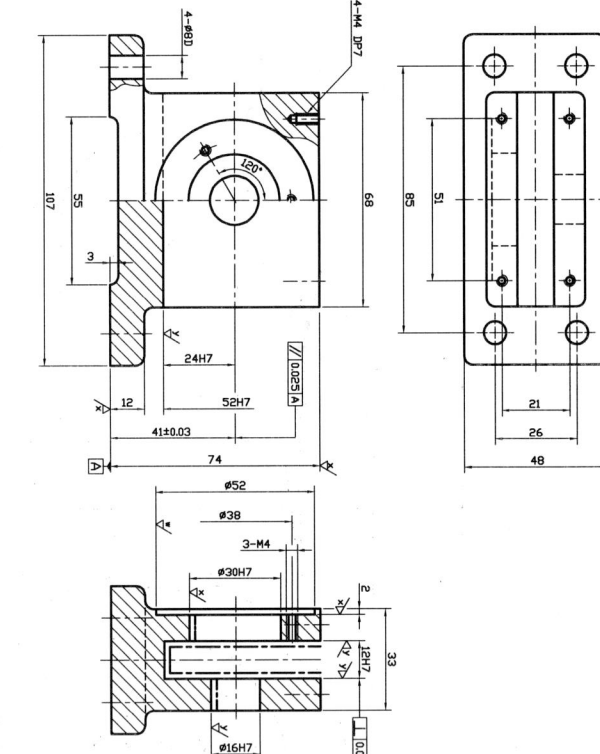
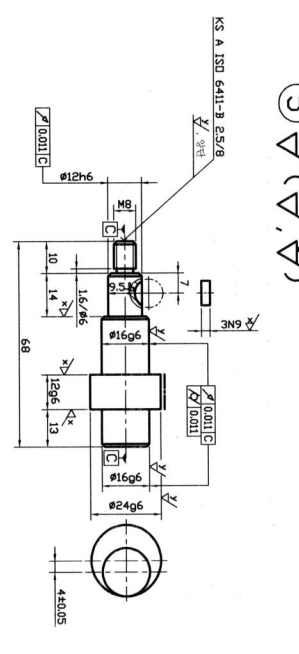
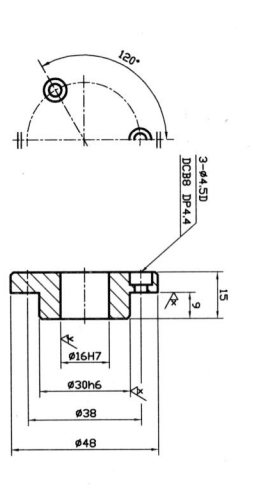
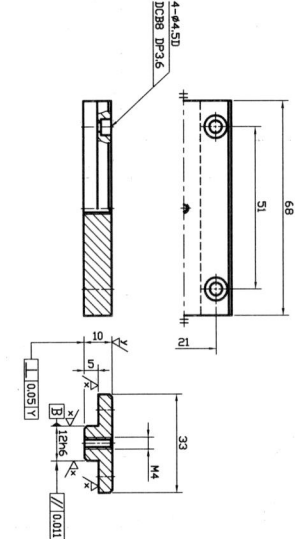
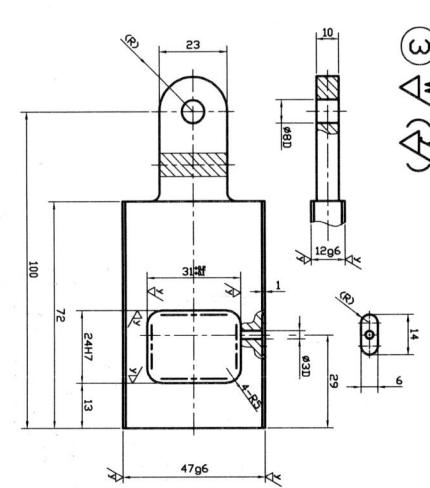

수험번호	12345678	건설기계설비기사
성 명	이 현 문	
감독위원	(인)	

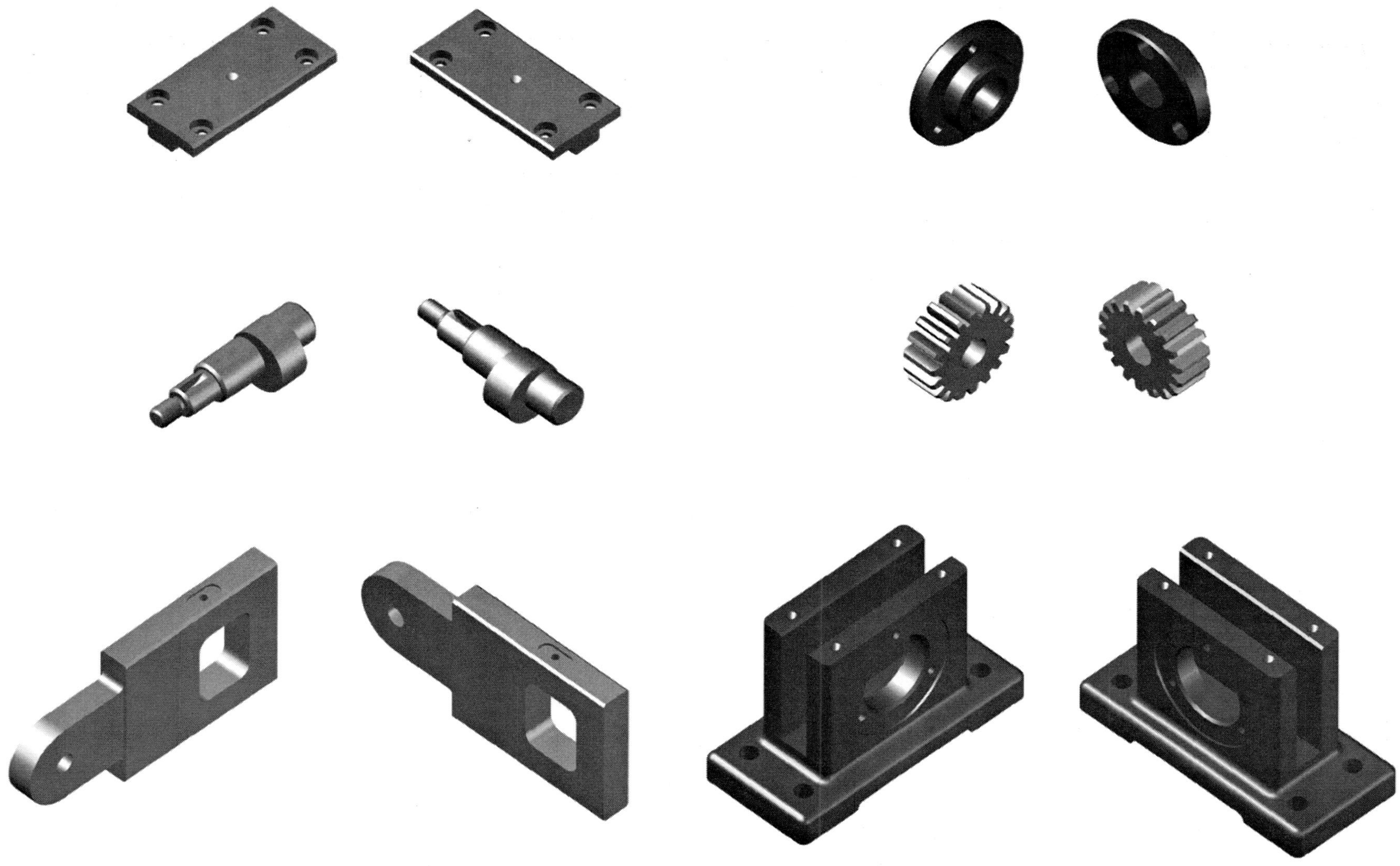

작품명	편심구동장치1	척도	NS

| 자격종목 | 일반기계(건설기계설비)기사 | 작품명 | 나사 바이스 | 척도 | 1:1 |

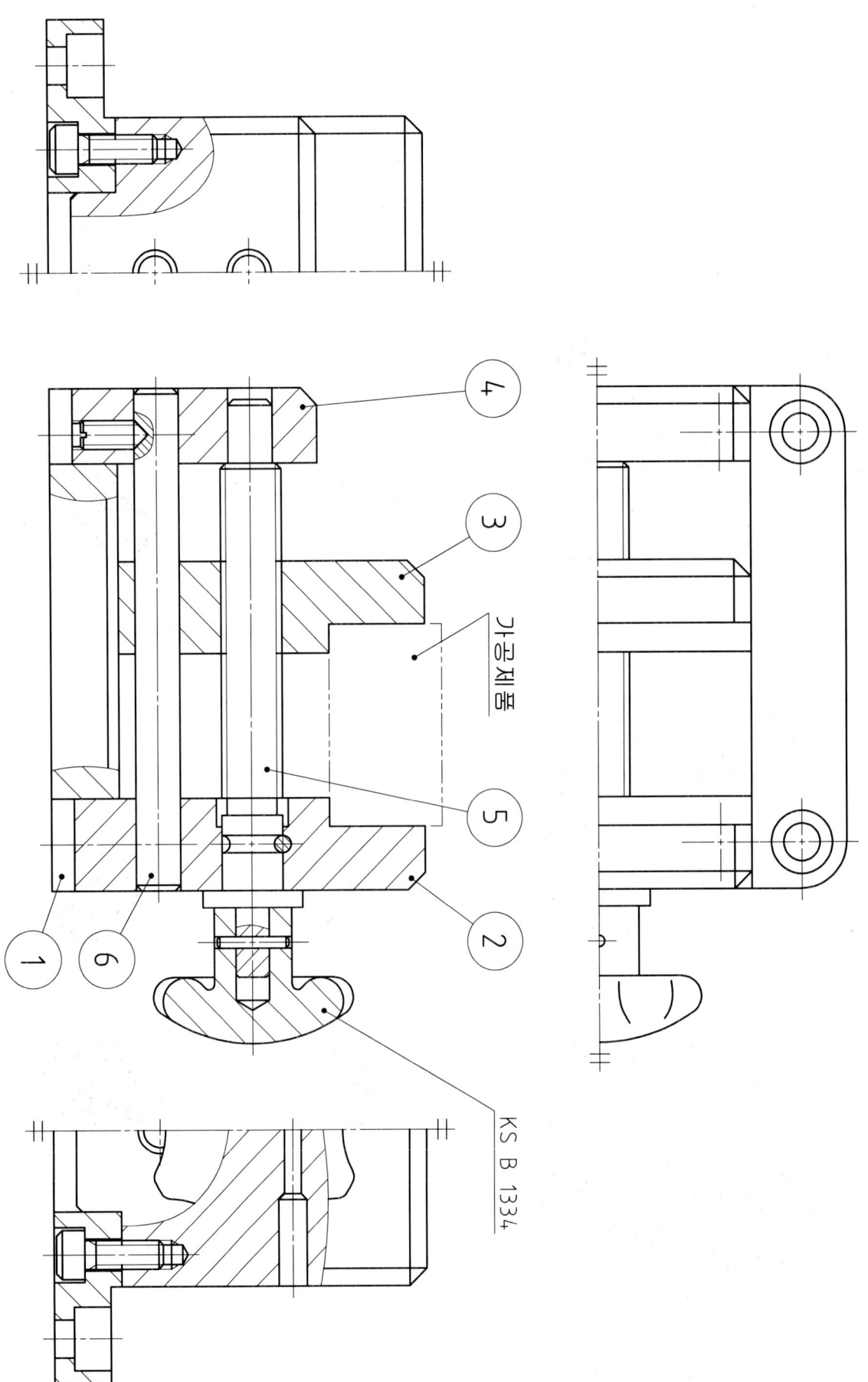

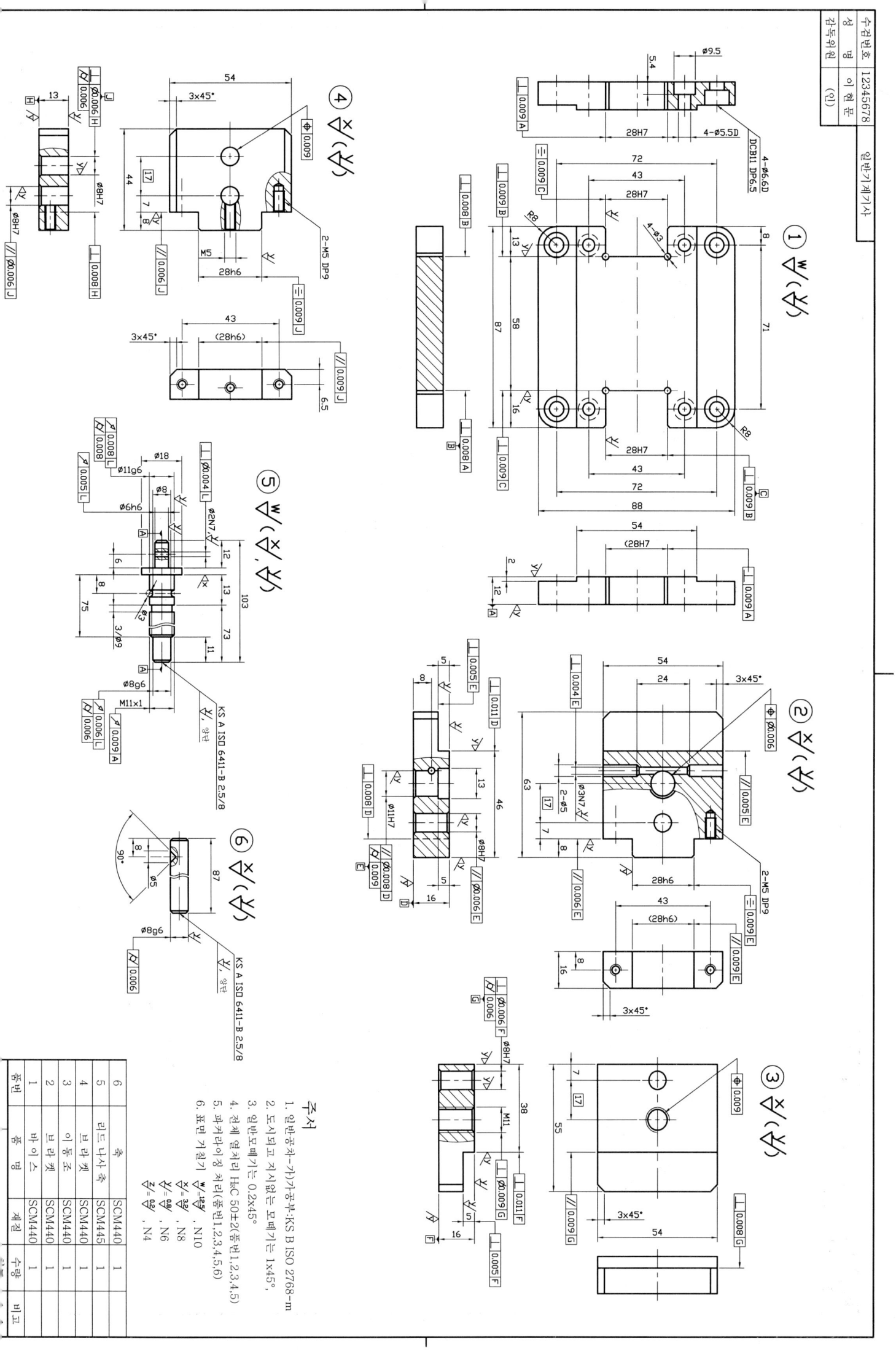

수험번호	[illegible]	[illegible]
성 명	이현문	
감독위원	(인)	

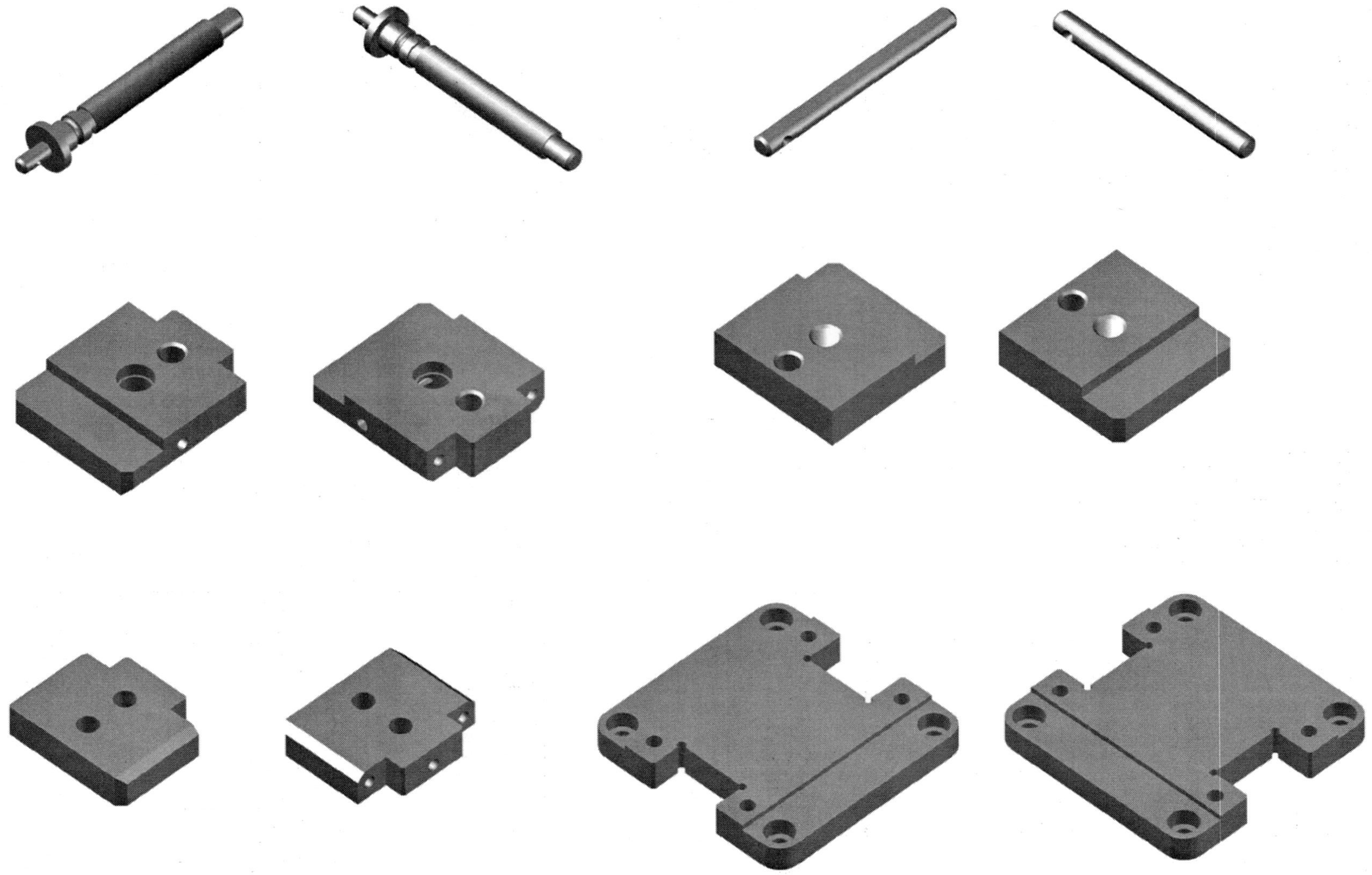

작품명	나사바이스	척도	NS
		각법	3각법

| 자격종목 | 일반기계(건설기계설비)기사 | 작품명 | 드릴지그 | 척도 | 1:1 |

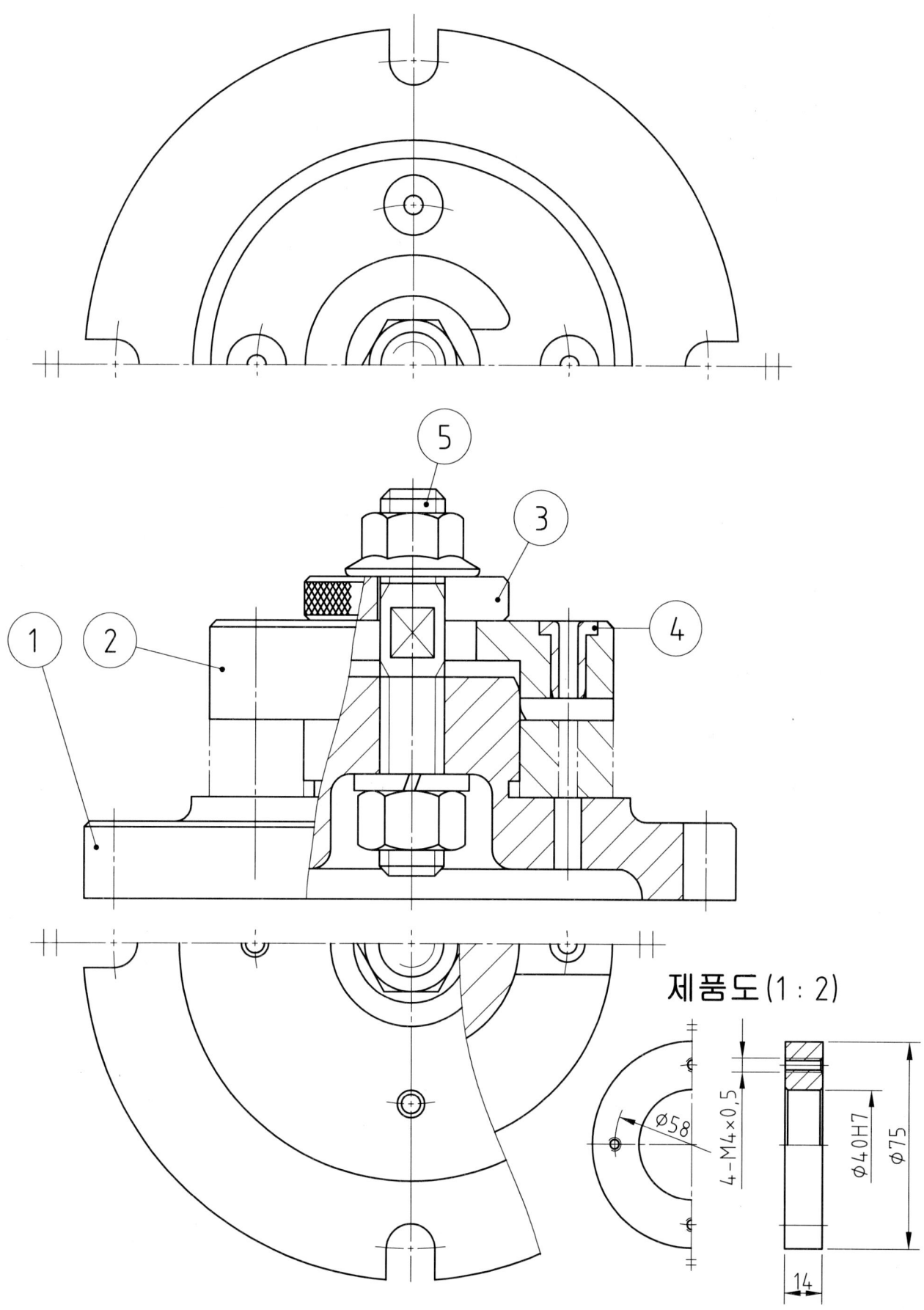

제품도(1:2)

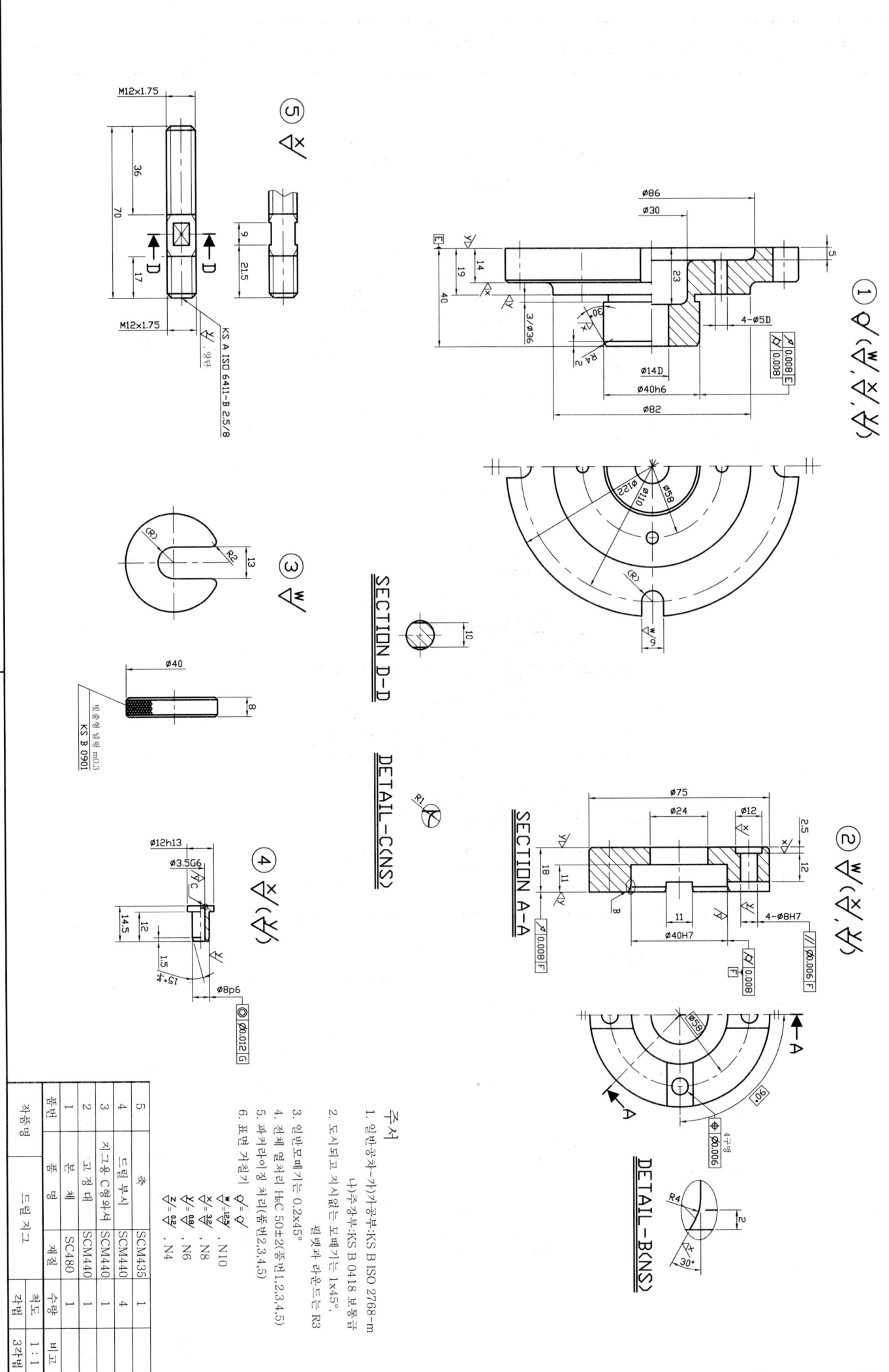

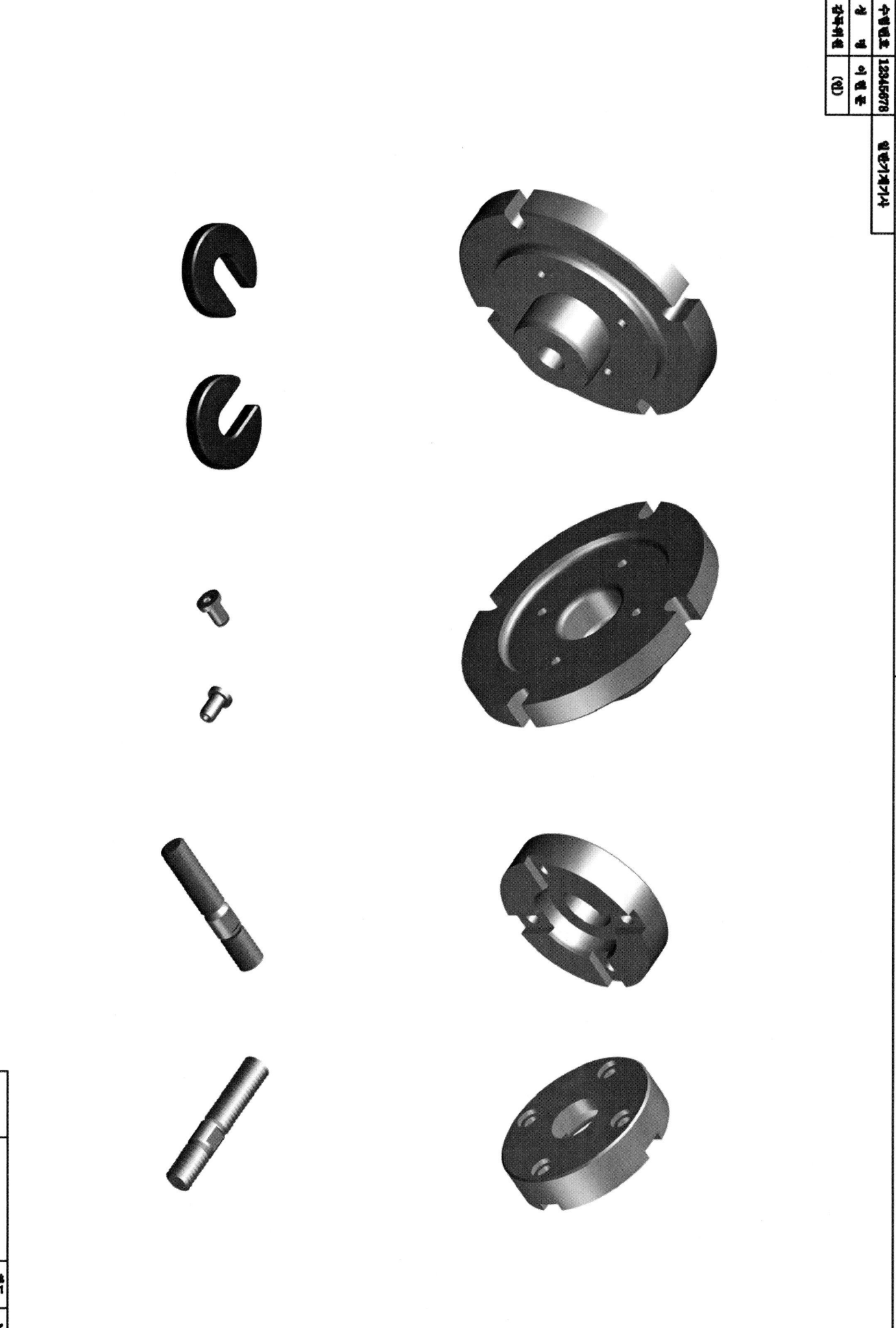

Summary

부록

1. KS 기계제도규격
2. 표제란 공개문제
3. 3D Assembly sample

1. KS 기계제도규격

[국가기술자격 실기시험용 KS 기계제도 규격]

1. 표면 거칠기
2. 끼워 맞춤 공차
3. IT공차
4. 중심 거리의 허용차
5. 모떼기 및 둥글기의 값
6. 널링
7. T홈
8. T홈 간격
9. T홈 간격 허용차
10. 미터 보통 나사
11. 미터 가는 나사
12. 미터 사다리꼴 나사
13. 관용 평행 나사
14. 관용 테이퍼 나사
15. 볼트 구멍 지름(2급 기준) 및 카운터 보어 지름의 치수
16. 불완전 나사부 길이
17. 나사의 틈새
18. 뾰족끝 홈붙이 멈춤 스크루
19. 멈춤링
    (1) C형 멈춤링
    (2) E형 멈춤 링
    (3) C형 동심 멈춤 링
20. 생크
21. 평행 키 (키 홈)
22. 반달 키 (키 홈)
23. 깊은 홈 볼 베어링
24. 앵귤러 볼 베어링
25. 자동 조심 볼 베어링
26. 원통 롤러 베어링
27. 테이퍼 롤러 베어링
28. 니들 롤러 베어링
29. 평면 자리형 스러스트 볼 베어링
30. 평면 자리형 스러스트 볼 베어링(복식)
31. 베어링 구석 홈 부 둥글기
32. 베어링의 끼워 맞춤
33. 그리스 니플
34. O링(원통면)
35. O링 부착 부의 예리한 모서리를 제거하는 설계 방법
36. O링(평면)
37. 오일 실
38. 오일 실 부착 관계 (축 및 하우징 구멍의 모떼기와 둥글기)
39. 롤러체인, 스프로킷
40. V 벨트 풀리
41. 지그용 부시 및 그 부속 부품 (고정 부시)
42. 삽입 부시
43. 지그용 부시 및 그 부속 부품 (고정 라이너)
44. 부시와 멈춤쇠 또는 멈춤나사의 중심 거리 및 부착 나사의 가공 치수
45. 분할 핀
46. 주서 (예)
47. 센터 구멍
48. 양끝 센터(예)
49. 기어 요목표
50. 기계재료 기호(KS D)
51. 구름베어링용 로크너트 와셔

1. 표면 거칠기

거칠기 구분치		0.025a	0.05a	0.1a	0.2a	0.4a	0.8a	1.6a	3.2a	6.3a	12.5a	25a	50a
산술 평균 거칠기의 표면 거칠기의 범위 (μmRa)	최소치	0.02	0.04	0.08	0.17	0.33	0.66	1.3	2.7	5.2	10	21	42
	최대치	0.03	0.06	0.11	0.22	0.45	0.90	1.8	3.6	7.1	14	28	56
거칠기 번호 (표준편 번호)		N1	N2	N3	N4	N5	N6	N7	N8	N9	N10	N11	N12

2. 끼워 맞춤 공차

기준 구멍	축의 공차역 클래스							
	헐거운			중간			억지		
H6		g5	h5	js5	k5	m5		
	f6	g6	h6	js6	k6	m6	n6	p6
H7	f6	g6	h6	js6	k6	m6	n6	p6	r6
	f7		h7	js7				
H8	f7		h7					
	f8		h8					

기준 축	구멍의 공차역 클래스							
	헐거운			중간			억지		
h5			H6	JS6	K6	M6	N6	P6	
h6	F6	G6	H6	JS6	K6	M6	N6	P6	
	F7	G7	H7	JS7	K7	M7	N7	P7	R7
h7			F7	H7					
			F8	H8					
h8			F8	H8					

3. IT 공차   단위 : μm

치수 등급		IT4 4급	IT5 5급	IT6 6급	IT7 7급
초과	이하				
-	3	3	4	6	10
3	6	4	5	8	12
6	10	4	6	9	15
10	18	5	8	11	18
18	30	6	9	13	21
30	50	7	11	16	25
50	80	8	13	19	30
80	120	10	15	22	35
120	180	12	18	25	40
180	250	14	20	29	46
250	315	16	23	32	52
315	400	18	25	36	57
400	500	20	27	40	63

4. 중심 거리의 허용차   단위 : μm

중심 거리 구분	등급	1급	2급
초과	이하		
-	3	±3	±7
3	6	±4	±9
6	10	±5	±11
10	18	±6	±14
18	30	±7	±17
30	50	±8	±20
50	80	±10	±23
80	120	±11	±27
120	180	±13	±32
180	250	±15	±36
250	315	±16	±41

5. 절삭가공부품 모떼기 및 둥글기의 값

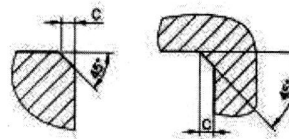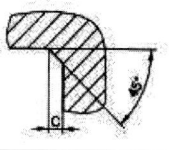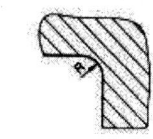

0.1	0.4	0.8	1.6	3 (3.2)	6	12	25	50
0.2	0.5	1.0	2.0	4	8	16	32	-
0.3	0.6	1.2	2.5 (2.4)	5	10	20	40	-

6. 널링

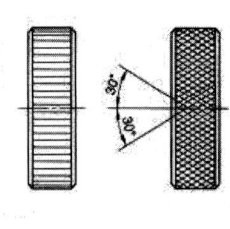

[보 기] : ☞ 바른 줄 m 0.5
☞ 빗 줄 m 0.3

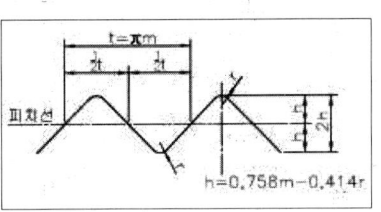

바른 줄 형			
모듈 m	0.2	0.3	0.5
피치 t	0.628	0.942	1.571
r	0.06	0.09	0.16
h	0.15	0.22	0.37

빗 줄 형			
모듈 m	0.5	0.3	0.2
cos 30°	0.577	0.346	0.230

7. T홈

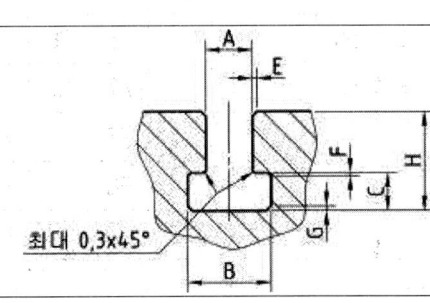

최대 0.3×45°

호칭 (볼트) 치수	기준 치수	A 허용차 기준 홈 H8	A 허용차 고정 홈 H12	B 기준 치수 최소	B 기준 치수 최대	C 기준 치수 최소	C 기준 치수 최대	H 최소	H 최대	E 최대 모떼기	F 최대 모떼기	G 최대 모떼기
M4	5	+0.018 / 0	+0.12 / 0	10	11	3.5	4.5	8	10	1	0.6	1
M5	6			11	12.5	5	6	11	13	1	0.6	1
M6	8	+0.022 / 0	+0.15 / 0	14.5	16	7	8	15	18	1	0.6	1
M8	10			16	18	7	8	17	21	1	0.6	1
M10	12	+0.027 / 0	+0.18 / 0	19	21	8	9	20	25	1	0.6	1
M12	14			23	25	9	11	23	28	1.6	0.6	1.6
M16	18			30	32	12	14	30	36	1.6	1	1.6
M20	22	+0.033 / 0	+0.21 / 0	37	40	16	18	38	45	1.6	1	2.5
M24	28			46	50	20	22	48	56	1.6	1	2.5
M30	36	+0.039 / 0	+0.25 / 0	56	60	25	28	61	71	2.5	1	2.5
M36	42			68	72	32	35	74	85	2.5	1.6	4
M42	48			80	85	36	40	84	95	2.5	2	6
M48	54	+0.046 / 0	+0.30 / 0	90	95	40	44	94	106	2.5	2	6

8. T홈 간격

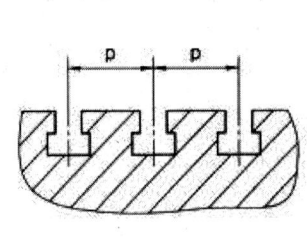

T홈의 폭 A	간격 p
5	20 25 32
6	25 32 40
8	32 40 50
10	40 50 63
12	(40) 50 63 80
14	(50) 63 80 100
18	(63) 80 100 125
22	(80) 100 125 160
28	100 125 160 200
36	125 160 200 250
42	160 200 250 320
48	200 250 320 400
54	250 320 400 500

( )호 치수는 되도록 피한다.

9. T홈 간격 허용차

간격 p	허용차
20~25	±0.2
32~100	±0.3
125~250	±0.5
320~500	±0.8

비 고 모든 T-홈의 간격에 대한 공차는 누적되지 않는다.

10. 미터 보통 나사

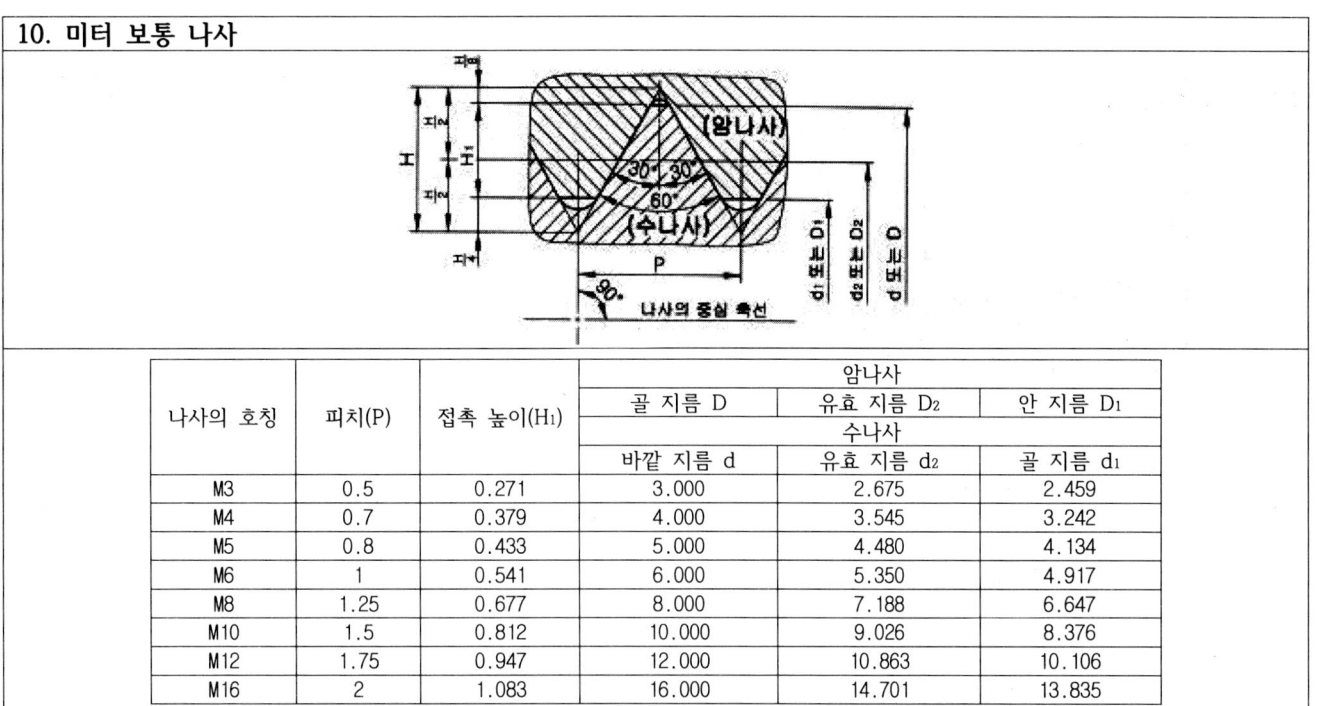

나사의 호칭	피치(P)	접촉 높이(H₁)	암나사 골 지름 D / 수나사 바깥 지름 d	암나사 유효 지름 D₂ / 수나사 유효 지름 d₂	암나사 안 지름 D₁ / 수나사 골 지름 d₁
M3	0.5	0.271	3.000	2.675	2.459
M4	0.7	0.379	4.000	3.545	3.242
M5	0.8	0.433	5.000	4.480	4.134
M6	1	0.541	6.000	5.350	4.917
M8	1.25	0.677	8.000	7.188	6.647
M10	1.5	0.812	10.000	9.026	8.376
M12	1.75	0.947	12.000	10.863	10.106
M16	2	1.083	16.000	14.701	13.835

11. 미터 가는 나사

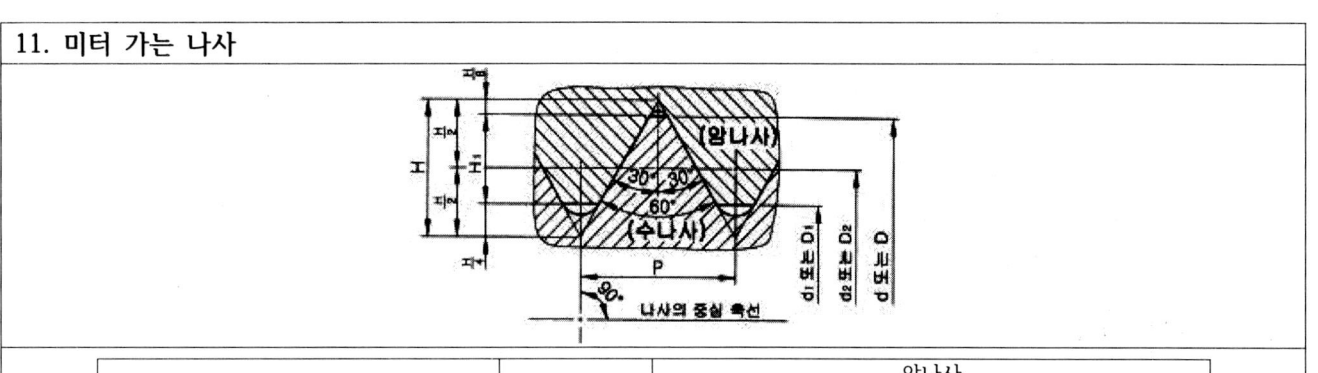

나사의 호칭	접촉 높이(H₁)	암나사 골 지름 D / 수나사 바깥 지름 d	암나사 유효 지름 D₂ / 수나사 유효 지름 d₂	암나사 안 지름 D₁ / 수나사 골 지름 d₁
M 1 × 0.2	0.108	1.000	0.870	0.783
M 1.1 × 0.2	0.108	1.100	0.970	0.883
M 1.2 × 0.2	0.108	1.200	1.070	0.983
M 1.4 × 0.2	0.108	1.400	1.270	1.183
M 1.6 × 0.2	0.108	1.600	1.470	1.383
M 1.8 × 0.2	0.108	1.800	1.670	1.583
M 2 × 0.25	0.135	2.000	1.838	1.729
M 2.2 × 0.25	0.135	2.200	2.038	1.929
M 2.5 × 0.35	0.189	2.500	2.273	2.121
M 3 × 0.35	0.189	3.000	2.773	2.621
M 3.5 × 0.35	0.189	3.500	3.273	3.121
M 4 × 0.5	0.271	4.000	3.675	3.459
M 4.5 × 0.5	0.271	4.500	4.175	3.959
M 5 × 0.5	0.271	5.000	4.675	4.459
M 5.5 × 0.5	0.271	5.500	5.175	4.959
M 6 × 0.75	0.406	6.000	5.513	5.188
M 7 × 0.75	0.406	7.000	6.513	6.188
M 8 × 1	0.541	8.000	7.350	6.917
M 8 × 0.75	0.406	8.000	7.513	7.188
M 9 × 1	0.541	9.000	8.350	7.917
M 9 × 0.75	0.406	9.000	8.513	8.188
M 10 × 1.25	0.677	10.000	9.188	8.647
M 10 × 1	0.541	10.000	9.350	8.917
M 10 × 0.75	0.406	10.000	9.513	9.188
M 11 × 1	0.541	11.000	10.350	9.917
M 11 × 0.75	0.406	11.000	10.513	10.188
M 12 × 1.5	0.812	12.000	11.026	10.376
M 12 × 1.25	0.677	12.000	11.188	10.647
M 12 × 1	0.541	12.000	11.350	10.917
M 14 × 1.5	0.812	14.000	13.026	12.376
M 14 × 1.25	0.677	14.000	13.188	12.647
M 14 × 1	0.541	14.000	13.350	12.917
M 15 × 1.5	0.812	15.000	14.026	13.376
M 15 × 1	0.541	15.000	14.350	13.917
M 16 × 1.5	0.812	16.000	15.026	14.376
M 16 × 1	0.541	16.000	15.350	14.917

[출처:큐넷 www.q-net.or.kr]

12. 미터 사다리꼴 나사

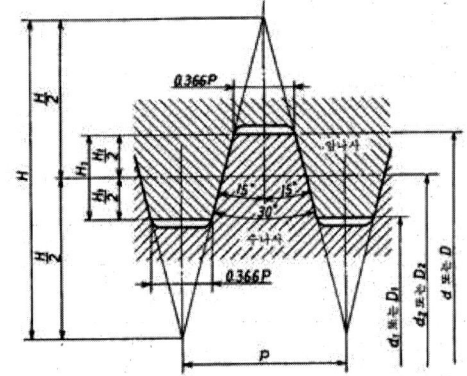

기준 공식

$H = 1.866P$ $d_2 = d - 0.5P$ $D = d$

$H_1 = 0.5P$ $d_1 = d - P$ $D_2 = d_2$

$D_1 = d_1$

나사의 호칭	피치 P	접촉 높이 H_1	암나사 골 지름 D / 수나사 바깥 지름 d	유효 지름 D_2 / 유효 지름 d_2	안 지름 D_1 / 골 지름 d_1
Tr 10×2	2	1	10.000	9.000	8.000
Tr 10×1.5	1.5	0.75	10.000	9.250	8.500
Tr 11×3	3	1.5	11.000	9.500	8.000
Tr 11×2	2	1	11.000	10.000	9.000
Tr 12×3	3	1.5	12.000	10.500	9.000
Tr 12×2	2	1	12.000	11.000	10.000
Tr 14×3	3	1.5	14.000	12.500	11.000
Tr 14×2	2	1	14.000	13.000	12.000
Tr 16×4	4	2	16.000	14.000	12.000
Tr 16×2	2	1	16.000	15.000	14.000
Tr 18×4	4	2	18.000	16.000	14.000
Tr 18×2	2	1	18.000	17.000	16.000
Tr 20×4	4	2	20.000	18.000	16.000
Tr 20×2	2	1	20.000	19.000	18.000

13. 관용 평행 나사

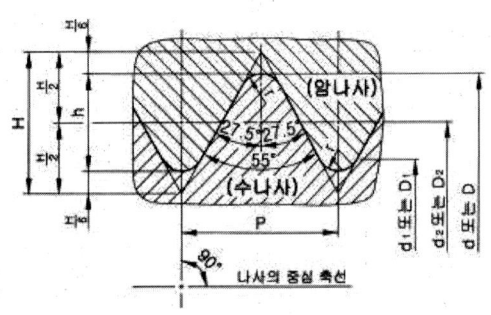

나사의 표시방법 : 수나사의 경우 G 1A, G 1B
암나사의 경우 G1

나사의 호칭	나사 산수 25.4mm 에 대하여 n	피치 P (참고)	나사 산의 높이 h	산의 봉우리 및 골의 둥글기 r	암나사 골 지름 D / 수나사 바깥 지름 d	유효 지름 D_2 / 유효 지름 d_2	안 지름 D_1 / 골 지름 d_1
G 1/8	28	0.9071	0.581	0.12	9.728	9.147	8.566
G 1/4	19	1.3368	0.856	0.18	13.157	12.301	11.445
G 3/8	19	1.3368	0.856	0.18	16.662	15.806	14.950
G 1/2	14	1.8143	1.162	0.25	20.955	19.793	18.631
G 5/8	14	1.8143	1.162	0.25	22.911	21.749	20.587
G 3/4	14	1.8143	1.162	0.25	26.441	25.279	24.117
G 7/8	14	1.8143	1.162	0.25	30.201	29.039	27.877
G 1	11	2.3091	1.479	0.32	33.249	31.770	30.291
G 1 1/8	11	2.3091	1.479	0.32	37.897	36.418	34.939
G 1 1/4	11	2.3091	1.479	0.32	41.910	40.431	38.952
G 1 1/2	11	2.3091	1.479	0.32	47.803	46.324	44.845
G 1 3/4	11	2.3091	1.479	0.32	53.746	52.267	50.788
G 2	11	2.3091	1.479	0.32	59.614	58.135	56.656
G 2 1/4	11	2.3091	1.479	0.32	65.710	64.231	62.752
G 2 1/2	11	2.3091	1.479	0.32	75.184	73.705	72.226

14. 관용 테이퍼 나사

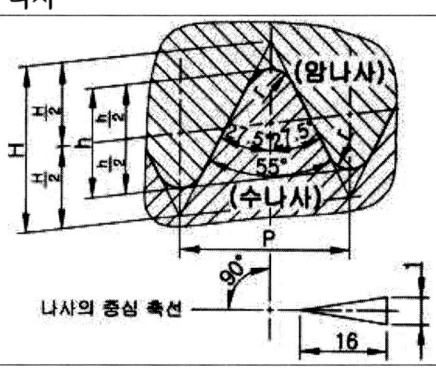

나사의 표시방법 : 수나사의 경우 R 1½
암나사의 경우 Rc 1½

나사의 호칭	나사 산수 25.4mm 에 대하여 n	피치 P (참고)	나사 산의 높이 h	둥글기 r 또는 r'	암나사			수나사 기본지름위치		암나사 기본지름 위치
					골 지름 D	유효 지름 D2	안 지름 D1	관 끝으로부터		관 끝부분
					수나사			기본길이 a	축선방향 의 허용차 ±b	축선방향 의 허용차 ±c
					바깥 지름 d	유효 지름 d2	골 지름 d1			
R 1/16	28	0.9071	0.581	0.12	7.723	7.142	6.561	3.97	0.91	1.13
R 1/8	28	0.9071	0.581	0.12	9.728	9.147	8.566	3.97	0.91	1.13
R 1/4	19	1.3368	0.856	0.18	13.157	12.301	11.445	6.01	1.34	1.67
R 3/8	19	1.3368	0.856	0.18	16.662	15.806	14.950	6.35	1.34	1.67
R 1/2	14	1.8143	1.162	0.25	20.955	19.793	18.631	8.16	1.81	2.27
R 3/4	14	1.8143	1.162	0.25	26.441	25.279	24.117	9.53	1.81	2.27
R1	11	2.3091	1.479	0.32	33.249	31.770	30.291	10.39	2.31	2.89
R1 1/4	11	2.3091	1.479	0.32	41.910	40.431	38.952	12.70	2.31	2.89
R1 1/2	11	2.3091	1.479	0.32	47.803	46.324	44.845	12.70	2.31	2.89
R2	11	2.3091	1.479	0.32	59.614	58.135	56.656	15.88	2.31	2.89
R2 1/2	11	2.3091	1.479	0.32	75.184	73.705	72.226	17.46	3.46	3.46
R3	11	2.3091	1.479	0.32	87.884	86.405	84.926	20.64	3.46	3.46
R4	11	2.3091	1.479	0.32	113.030	111.551	110.072	25.40	3.46	3.46
R5	11	2.3091	1.479	0.32	138.430	136.951	135.472	28.58	3.46	3.46
R6	11	2.3091	1.479	0.32	163.830	162.351	160.872	28.58	3.46	3.46

15. 볼트 구멍 지름(2급 기준) 및 카운터 보어 지름의 치수

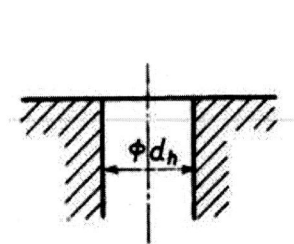 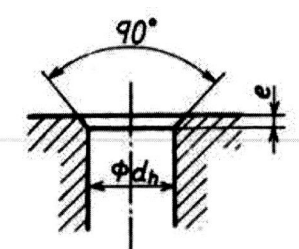 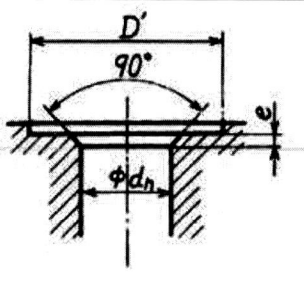

나사 호칭 지름	3	4	5	6	8	10	12	14	16
볼트 구멍 지름 ⌀d_h	3.4	4.5	5.5	6.6	9	11	13.5	15.5	17.5
모떼기 e	0.3	0.4	0.4	0.4	0.6	0.6	1.1	1.1	1.1
카운터보어 지름 D'	9	11	13	15	20	24	28	32	35

16. 불완전 나사부 길이

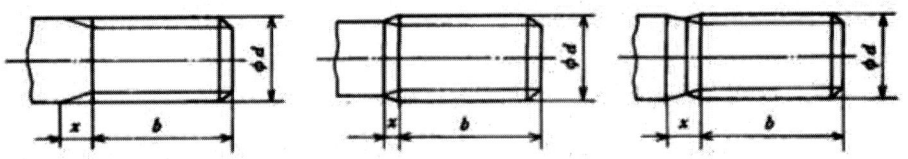

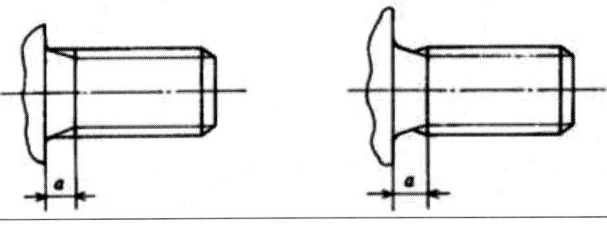

나사의 피치	x (최대)		a (최대)		
	보통 것	짧은 것	보통 것	짧은 것	긴 것
0.5	1.25	0.7	1.5	1	2
0.7	1.75	0.9	2.1	1.4	2.8
0.8	2	1	2.4	1.6	3.2
1	2.5	1.25	3	2	4
1.25	3.2	1.6	4	2.5	5
1.5	3.8	1.9	4.5	3	6
1.75	4.3	2.2	5.3	3.5	7
2	5	2.5	6	4	8

17. 나사의 틈새

나사의 피치	dg		g_1 최소	g_2 최대	r_g 약
	기준 치수	허용차			
0.5	d - 0.8	호칭지름이 3mm 이하는 h12, 호칭지름이 3mm 초과는 h13 적용	0.8	1.5	0.2
0.7	d - 1.1		1.1	2.1	0.4
0.8	d - 1.3		1.3	2.4	0.4
1	d - 1.6		1.6	3	0.6
1.25	d - 2		2	3.75	0.6
1.5	d - 2.3		2.5	4.5	0.8
1.75	d - 2.6		3	5.25	1
2	d - 3		3.4	6	1

18. 뾰족끝 홈붙이 멈춤 스크루

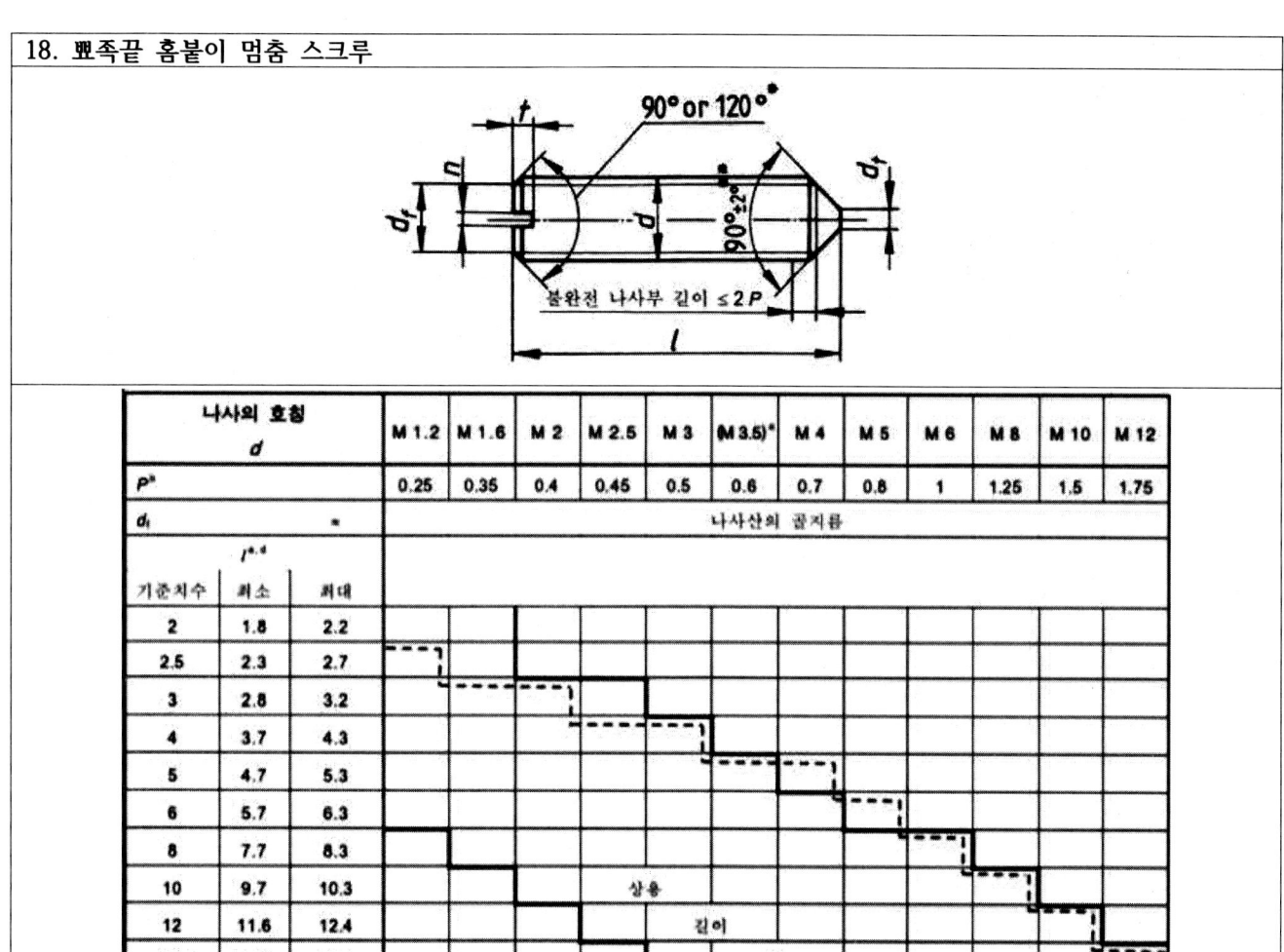

나사의 호칭 d			M 1.2	M 1.6	M 2	M 2.5	M 3	(M 3.5)*	M 4	M 5	M 6	M 8	M 10	M 12
P			0.25	0.35	0.4	0.45	0.5	0.6	0.7	0.8	1	1.25	1.5	1.75
d_f		≈	나사산의 골지름											
기준치수	l 최소	최대												
2	1.8	2.2												
2.5	2.3	2.7												
3	2.8	3.2												
4	3.7	4.3												
5	4.7	5.3												
6	5.7	6.3												
8	7.7	8.3												
10	9.7	10.3					상용							
12	11.6	12.4						길이						
(14)	13.6	14.4							의					
16	15.6	16.4									범위			
20	19.6	20.4												
25	24.6	25.4												
30	29.6	30.4												

19. 멈춤링

(1) C형 멈춤링

축용 멈춤링

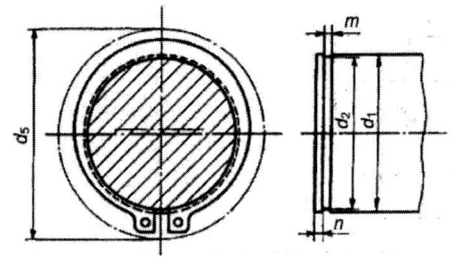

d_5는 축에 끼울 때의 바깥 둘레의 최대 지름

구멍용 멈춤링

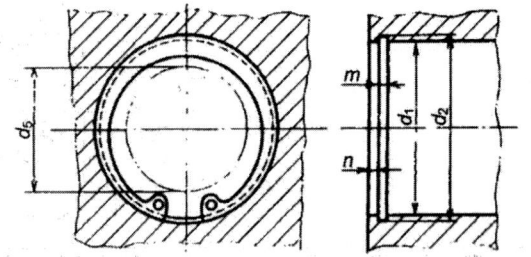

d_5는 구멍에 끼울 때의 안둘레의 최소 지름

축 치수 d1	d2 기준치수	허용차	m 기준치수	허용차	n 최소	멈춤링 두께 기준치수	허용차
10	9.6	0 / -0.09					
11	10.5						
12	11.5						
13	12.4		1.15		1		±0.05
14	13.4	0 / -0.11					
15	14.3						
16	15.2						
17	16.2						
18	17						
19	18				1.5		
20	19		1.35	+0.14 / 0		1.2	
21	20						
22	21						
24	22.9	0 / -0.21					±0.06
25	23.9						
26	24.9						
28	26.6						
29	27.6						
30	28.6		1.75			1.6	
32	30.3						
34	32.3	0 / -0.25					
35	33						
36	34		1.95		2	1.8	±0.07
38	36						

구멍 치수 d1	d2 기준치수	허용차	m 기준치수	허용차	n 최소	멈춤링 두께 기준치수	허용차
10	10.4						
11	11.4						
12	12.5						
13	13.6	+0.11 / 0					
14	14.6						
15	15.7						
16	16.8		1.15		1		±0.05
17	17.8						
18	19						
19	20				1.5		
20	21	+0.21 / 0		+0.14 / 0			
21	22						
22	23						
24	25.2						
25	26.2						
26	27.2		1.35			1.2	
28	29.4						±0.06
30	31.4						
32	33.7						
34	35.7	+0.25 / 0					
35	37		1.75		2	1.6	
36	38						
37	39						

(2) E형 멈춤링

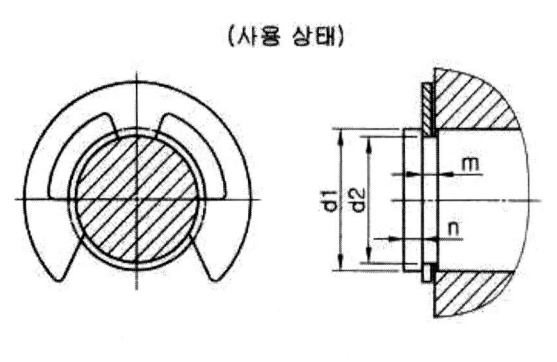

(사용 상태)

축 치수 d1		d2 기준치수	허용차	m 기준치수	허용차	n 최소	멈춤링 두께 기준치수	허용차
초과	이하							
1	1.4	0.8	+0.05 / 0	0.3		0.4	0.2	±0.02
1.4	2	1.2		0.4	+0.05 / 0	0.6	0.3	±0.025
2	2.5	1.5	+0.06 / 0			0.8		
2.5	3.2	2		0.5			0.4	±0.03
3.2	4	2.5				1		
4	5	3						
5	7	4	+0.075 / 0	0.7		0.6		
6	8	5			+0.1 / 0	1.2		±0.04
7	9	6						
8	11	7	+0.09 / 0	0.9		1.5	0.8	
9	12	8				1.8		
10	14	9				2		
11	15	10		1.15			1.0	±0.05
13	18	12	+0.11 / 0		+0.14 / 0	2.5		
16	24	15		1.75		3	1.6	±0.06
20	31	19	+0.13 / 0			3.5		
25	38	24		2.2		4	2.0	±0.07

(3) C형 동심 멈춤 링

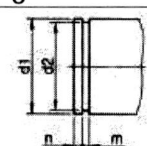

축 치수 d1	d2 기준치수	d2 허용차	m 기준치수	m 허용차	n 최소	멈춤 링 두께 기준치수	멈춤 링 두께 허용차
20	19	0 -0.21	1.35	+0.14 0	1.5	1.2	±0.07
22	21		1.35			1.2	
25	23.9		1.35			1.2	
28	26.6		1.35			1.2	
30	28.6		1.75			1.6	
32	30.3		1.75			1.6	
35	33	0 -0.25	1.75		2	1.6	±0.08
40	38		1.9			1.75	
45	42.5		1.9			1.75	
50	47		2.2			2	

구멍 치수 d1	d2 기준치수	d2 허용차	m 기준치수	m 허용차	n 최소	멈춤 링 두께 기준치수	멈춤 링 두께 허용차
20	21	+0.21 0	1.15	+0.14 0	1.5	1	±0.07
22	23		1.15			1	
25	26.2		1.15			1	
28	29.4		1.35			1.2	
30	31.4		1.35			1.2	
35	37		1.75			1.6	
40	42.5	+0.25 0	1.9		2	1.75	±0.08
45	47.5		1.9			1.75	
50	53		2.2			2	

20. 생크

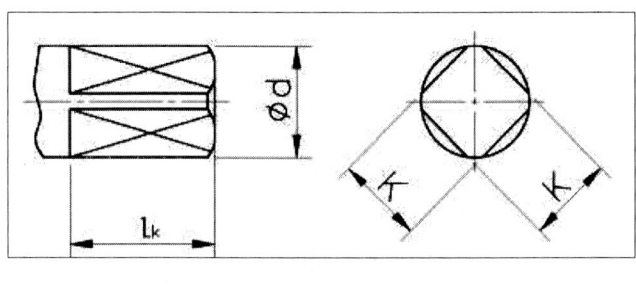

Φd 초과	Φd 이하	K 기준치수	K 허용차(h12)	lk
7.5	8.5	6.3	0 -0.15	9
8.5	9.5	7.1		10
9.5	10.6	8		11
10.6	11.8	9		12
11.8	13.2	10		13
13.2	15	11.2	0 -0.18	14
15	17	12.5		16
17	19	14		18
19	21.2	16		20
21.2	23.6	18		22
23.6	26.5	20		24
26.5	30	22.4	0 -0.21	26
30	33.5	25		28
33.5	37.5	28		31

21. 평행 키 (키 홈)

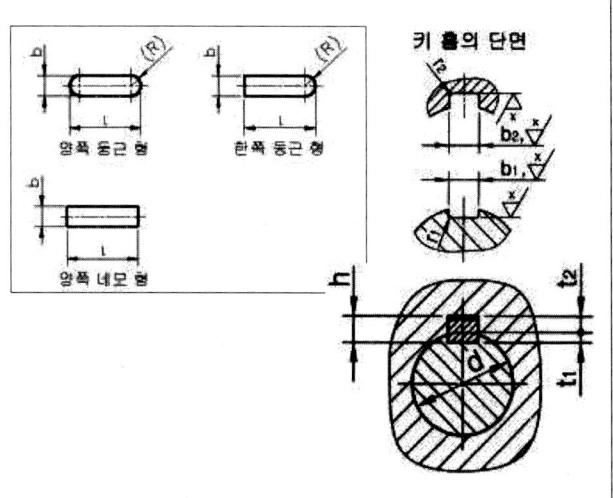

키 홈의 치수								
b1 및 b2의 기준치수	활동형		보통형		t1의 기준치수	t2의 기준치수	t1 및 t2의 허용차	적용하는 축 지름 d (초과~이하)
	b1	b2	b1	b2				
	허용차	허용차	허용차	허용차				
2	H9	D10	N9	JS9	1.2	1.0	+0.1 0	6~8
3					1.8	1.4		8~10
4					2.5	1.8		10~12
5					3.0	2.3		12~17
6					3.5	2.8		17~22
7					4.0	3.3	+0.2 0	20~25
8					4.0	3.3		22~30
10					5.0	3.3		30~38

22. 반달 키 (키 홈)

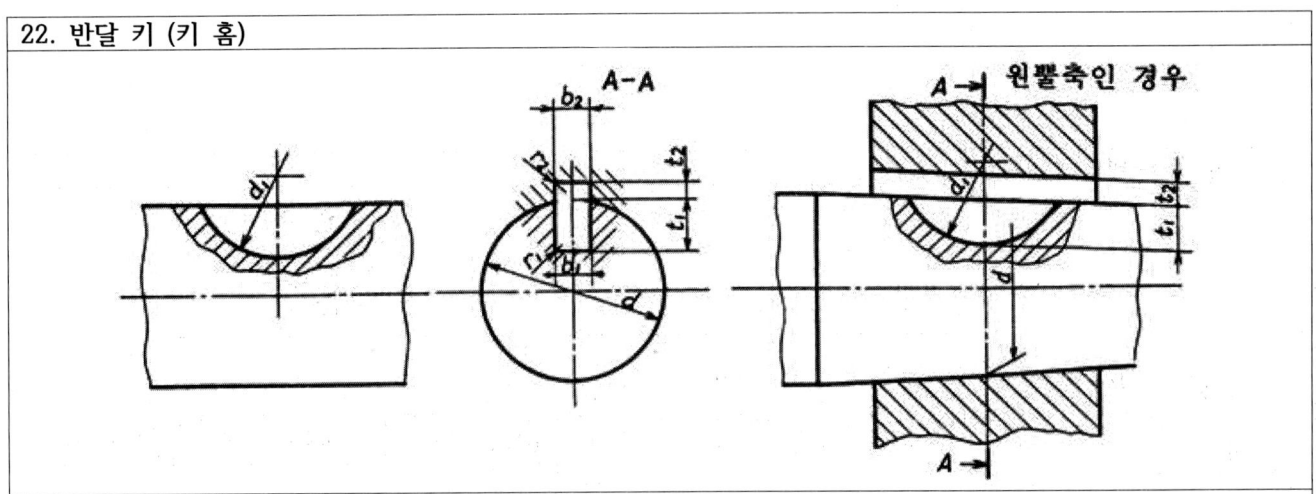

단위 : mm

키의 호칭 치수 $b \times d_0$	b_1 및 b_2의 기준 치수	보통형 b_1 허용차 (N9)	보통형 b_2 허용차 (Js9)	조립형 b_1 및 b_2 허용차 (P9)	t_1 기준 치수	t_1 허용차	t_2 기준 치수	t_2 허용차	r_1 및 r_2	d_1 기준 치수	d_1 허용차
1×4	1	−0.004 −0.029	±0.012	−0.006 −0.031	1.0	+0.1 0	0.6	+0.1 0	0.08〜0.16	4	+0.1 0
1.5×7	1.5				2.0		0.8			7	
2×7	2				1.8		1.0			7	
2×10					2.9					10	+0.2 0
2.5×10	2.5				2.7		1.2			10	
(3×10)	3				2.5		1.4			10	
3×13					3.8	+0.2 0				13	
3×16					5.3					16	
(4×13)	4	0 −0.030	±0.015	−0.012 −0.042	3.5	+0.1 0	1.7			13	
4×16					5.0	+0.2 0	1.8		0.16〜0.25	16	
4×19					6.0					19	+0.3 0
5×16	5				4.5		2.3			16	+0.2 0
5×19					5.5					19	+0.3 0
5×22					7.0	+0.3 0				22	
6×22	6				6.5		2.8			22	
6×25					7.5			+0.2 0		25	
(6×28)					8.6	+0.1 0	2.6	+0.1 0		28	
(6×32)					10.6					32	
(7×22)	7	0 −0.036	±0.018	−0.015 −0.051	6.4		2.8			22	
(7×25)					7.4					25	
(7×28)					8.4					28	
(7×32)					10.4					32	
(7×38)					12.4					38	
(7×45)					13.4					45	
(8×25)	8				7.2		3.0			25	
8×28					8.0	+0.3 0	3.3	+0.2 0	0.25〜0.40	28	
(8×32)					10.2	+0.1 0	3.0	+0.1 0	0.16〜0.25	32	
(8×38)					12.2					38	
10×32	10				10.0	+0.3 0	3.3	+0.2 0	0.25〜0.40	32	
(10×45)					12.8	+0.1 0	3.4	+0.1 0		45	
(10×55)					13.8					55	
(10×65)					15.8					65	+0.5 0
(12×65)	12	0 −0.043	±0.022	−0.018 −0.061	15.2		4.0			65	
(12×80)					20.2					80	

22. 반달 키 (키 홈) - 반달키에 적용하는 축지름

단위 : mm

키의 호칭 치수	계열 1	계열 2	계열 3	전단 단면적 mm^2
1×4	3~4	3~4	—	—
1.5×7	4~5	4~6	—	—
2×7	5~6	6~8	—	—
2×10	6~7	8~10	—	—
2.5×10	7~8	10~12	7~12	21
(3×10)	—	—	8~14	26
3×13	8~10	12~15	9~16	35
3×16	10~12	15~18	11~18	45
(4×13)	—	—	11~18	46
4×16	12~14	18~20	12~20	57
4×19	14~16	20~22	14~22	70
5×16	16~18	22~25	14~22	72
5×19	18~20	25~28	15~24	86
5×22	20~22	28~32	17~26	102
6×22	22~25	32~36	19~28	121
6×25	25~28	36~40	20~30	141
(6×28)	—	—	22~32	155
(6×32)	—	—	24~34	180
(7×22)	—	—	20~29	139
(7×25)	—	—	22~32	159
(7×28)	—	—	24~34	179
(7×32)	—	—	26~37	209
(7×38)	—	—	29~41	249
(7×45)	—	—	31~45	288
(8×25)	—	—	24~34	181
8×28	28~32	40~—	26~37	203
(8×32)	—	—	28~40	239
(8×38)	—	—	30~44	283
10×32	32~38	—	31~46	295
(10×45)	—	—	38~54	406
(10×55)	—	—	42~60	477
(10×65)	—	—	46~65	558
(12×65)	—	—	50~73	660
(12×80)	—	—	58~82	834

※ 계열 1 : 키에 의해 토크를 전달하는 결합에 사용
　계열 2 : 키에 의해 위치결정을 하는 경우 사용
　계열 3 : 표에 나타나는 전단 단면적에서의 키의 전단강도 대응에 사용

23. 깊은 홈 볼 베어링

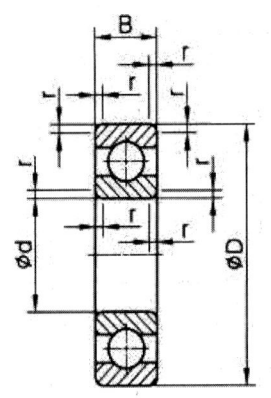

호칭 번호 (68계열)	치수			
	d	D	B	r
6800	10	19	5	0.3
6801	12	21		
6802	15	24		
6803	17	26		
6804	20	32		
6805	25	37		
6806	30	42		
6807	35	47	7	
6808	40	52		
6809	45	58		
6810	50	65		

호칭 번호 (64계열)	치수			
	d	D	B	r
6403	17	62	17	1.1
6404	20	72	19	1.1
6405	25	80	21	1.5
6406	30	90	23	1.5
6407	35	100	25	1.5
6408	40	110	27	2
6409	45	120	29	2
6410	50	130	31	2.1
6411	55	140	33	2.1
6412	60	150	35	2.1
6413	65	160	37	2.1

호칭 번호 (69계열)	치수			
	d	D	B	r
6900	10	22	6	0.3
6901	12	24		
6902	15	28	7	
6903	17	30		
6904	20	37	9	
6905	25	42		
6906	30	47		
6907	35	55	10	0.6
6908	40	62	12	

호칭 번호 (60계열)	치수			
	d	D	B	r
6000	10	26	8	0.3
6001	12	28		
6002	15	32	9	
6003	17	35	10	
6004	20	42	12	0.6
6005	25	47		
6006	30	55	13	1
6007	35	62	14	
6008	40	68	15	

호칭 번호 (62계열)	치수			
	d	D	B	r
6200	10	30	9	0.6
6201	12	32	10	0.6
6202	15	35	11	0.6
6203	17	40	12	0.6
6204	20	47	14	1
6205	25	52	15	1
6206	30	62	16	1
6207	35	72	17	1.1
6208	40	80	18	1.1

호칭 번호 (63계열)	치수			
	d	D	B	r
6300	10	35	11	0.6
6301	12	37	12	1
6302	15	42	13	1
6303	17	47	14	1
6304	20	52	15	1.1
6305	25	62	17	1.1

24. 앵귤러 볼 베어링

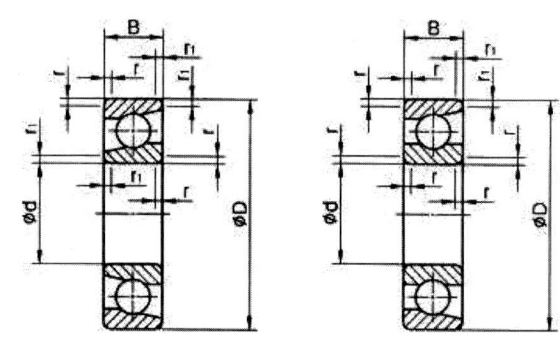

호칭 번호 (70계열)	치수				
	d	D	B	r	r_1
7000A	10	26	8	0.3	0.15
7001A	12	28	8	0.3	0.15
7002A	15	32	9	0.3	0.15
7003A	17	35	10	0.3	0.15
7004A	20	42	12	0.6	0.3
7005A	25	47	12	0.6	0.3
7006A	30	55	13	1	0.6
7007A	35	62	14	1	0.6
7008A	40	68	15	1	0.6
7009A	45	75	16	1	0.6

호칭 번호 (72계열)	치수				
	d	D	B	r	r_1
7200A	10	30	9	0.6	0.3
7201A	12	32	10	0.6	0.3
7202A	15	35	11	0.6	0.3
7203A	17	40	12	0.6	0.3
7204A	20	47	14	1	0.6
7205A	25	52	15	1	0.6
7206A	30	62	16	1	0.6

호칭 번호 (73계열)	치수				
	d	D	B	r	r_1
7300A	10	35	11	0.6	0.3
7301A	12	37	12	1	0.6
7302A	15	42	13	1	0.6
7303A	17	47	14	1	0.6
7304A	20	52	15	1.1	0.6
7305A	25	62	17	1.1	0.6
7306A	30	72	19	1.1	0.6

호칭 번호 (74계열)	치수				
	d	D	B	r	r_1
7404A	20	72	19	1.1	0.6
7405A	25	80	21	1.5	1
7406A	30	90	23	1.5	1

25. 자동 조심 볼 베어링

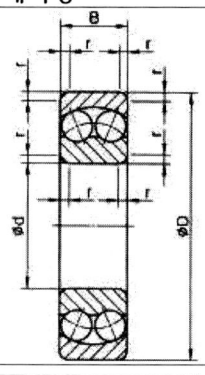

호칭 번호 (22계열)	치수			
	d	D	B	r
2200	10	30	14	0.6
2201	12	32	14	0.6
2202	15	35	14	0.6
2203	17	40	16	0.6
2204	20	47	18	1
2205	25	52	18	1
2206	30	62	20	1

호칭 번호 (12계열)	치수			
	d	D	B	r
1200	10	30	9	0.6
1201	12	32	10	0.6
1202	15	35	11	0.6
1203	17	40	12	0.6
1204	20	47	14	1
1205	25	52	15	1
1206	30	62	16	1

호칭 번호 (13계열)	치수			
	d	D	B	r
1300	10	35	11	0.6
1301	12	37	12	1
1302	15	42	13	1
1303	17	47	14	1
1304	20	52	15	1.1
1305	25	62	17	1.1

호칭 번호 (23계열)	치수			
	d	D	B	r
2300	10	35	17	0.6
2301	12	37	17	1
2302	15	42	17	1
2303	17	47	19	1
2304	20	52	21	1.1
2305	25	62	24	1.1

26. 원통 롤러 베어링

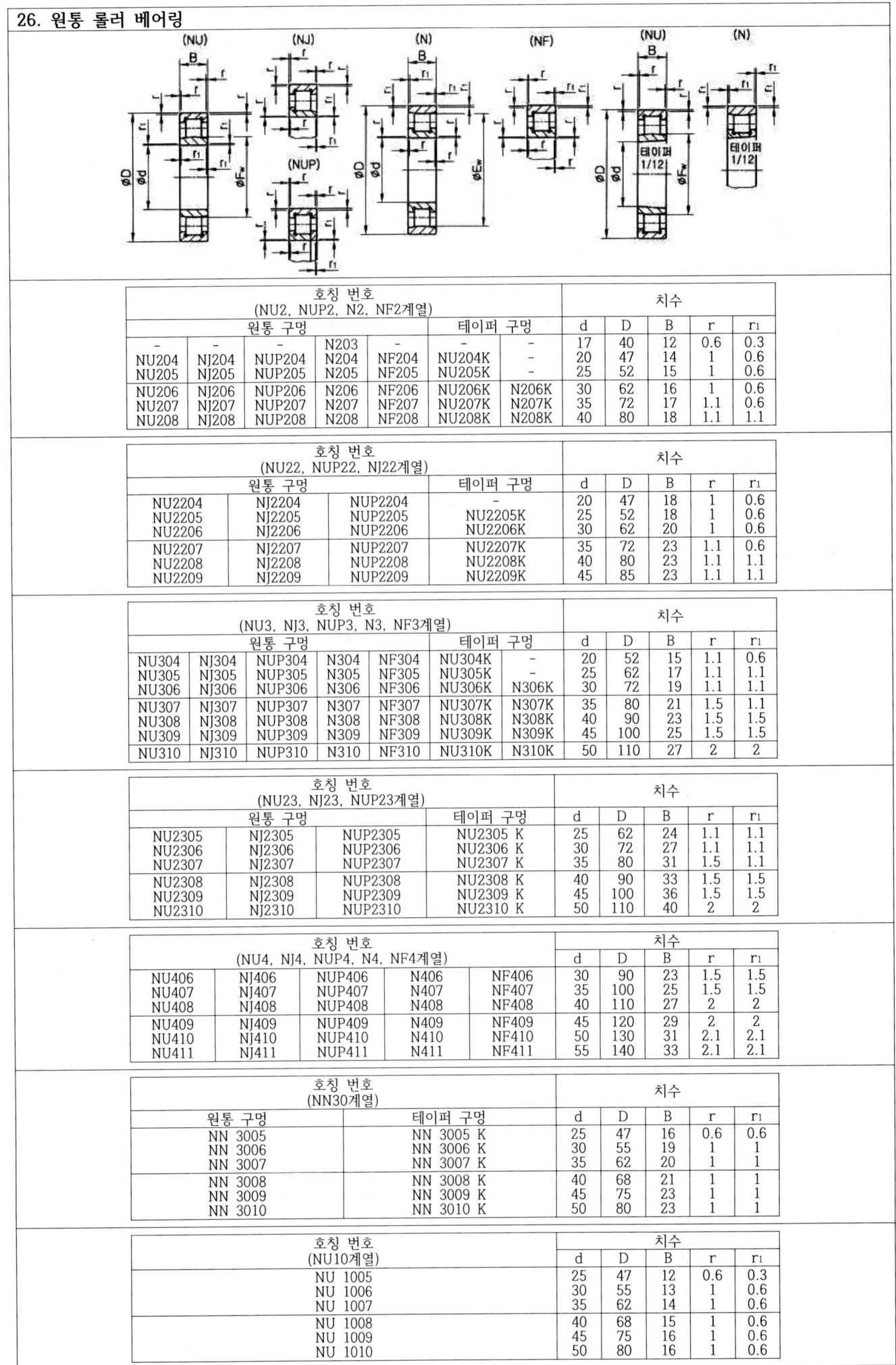

호칭 번호 (NU2, NUP2, N2, NF2계열)							치수				
원통 구멍					테이퍼 구멍		d	D	B	r	r₁
-	-	-	N203	-	-	-	17	40	12	0.6	0.3
NU204	NJ204	NUP204	N204	NF204	NU204K	-	20	47	14	1	0.6
NU205	NJ205	NUP205	N205	NF205	NU205K	-	25	52	15	1	0.6
NU206	NJ206	NUP206	N206	NF206	NU206K	N206K	30	62	16	1	0.6
NU207	NJ207	NUP207	N207	NF207	NU207K	N207K	35	72	17	1.1	0.6
NU208	NJ208	NUP208	N208	NF208	NU208K	N208K	40	80	18	1.1	1.1

호칭 번호 (NU22, NUP22, NJ22계열)					치수				
원통 구멍			테이퍼 구멍		d	D	B	r	r₁
NU2204	NJ2204	NUP2204	-		20	47	18	1	0.6
NU2205	NJ2205	NUP2205	NU2205K		25	52	18	1	0.6
NU2206	NJ2206	NUP2206	NU2206K		30	62	20	1	0.6
NU2207	NJ2207	NUP2207	NU2207K		35	72	23	1.1	0.6
NU2208	NJ2208	NUP2208	NU2208K		40	80	23	1.1	1.1
NU2209	NJ2209	NUP2209	NU2209K		45	85	23	1.1	1.1

호칭 번호 (NU3, NJ3, NUP3, N3, NF3계열)							치수				
원통 구멍					테이퍼 구멍		d	D	B	r	r₁
NU304	NJ304	NUP304	N304	NF304	NU304K	-	20	52	15	1.1	0.6
NU305	NJ305	NUP305	N305	NF305	NU305K	-	25	62	17	1.1	1.1
NU306	NJ306	NUP306	N306	NF306	NU306K	N306K	30	72	19	1.1	1.1
NU307	NJ307	NUP307	N307	NF307	NU307K	N307K	35	80	21	1.5	1.1
NU308	NJ308	NUP308	N308	NF308	NU308K	N308K	40	90	23	1.5	1.5
NU309	NJ309	NUP309	N309	NF309	NU309K	N309K	45	100	25	1.5	1.5
NU310	NJ310	NUP310	N310	NF310	NU310K	N310K	50	110	27	2	2

호칭 번호 (NU23, NJ23, NUP23계열)				치수				
원통 구멍			테이퍼 구멍	d	D	B	r	r₁
NU2305	NJ2305	NUP2305	NU2305 K	25	62	24	1.1	1.1
NU2306	NJ2306	NUP2306	NU2306 K	30	72	27	1.1	1.1
NU2307	NJ2307	NUP2307	NU2307 K	35	80	31	1.5	1.1
NU2308	NJ2308	NUP2308	NU2308 K	40	90	33	1.5	1.5
NU2309	NJ2309	NUP2309	NU2309 K	45	100	36	1.5	1.5
NU2310	NJ2310	NUP2310	NU2310 K	50	110	40	2	2

호칭 번호 (NU4, NJ4, NUP4, N4, NF4계열)					치수				
NU406	NJ406	NUP406	N406	NF406	30	90	23	1.5	1.5
NU407	NJ407	NUP407	N407	NF407	35	100	25	1.5	1.5
NU408	NJ408	NUP408	N408	NF408	40	110	27	2	2
NU409	NJ409	NUP409	N409	NF409	45	120	29	2	2
NU410	NJ410	NUP410	N410	NF410	50	130	31	2.1	2.1
NU411	NJ411	NUP411	N411	NF411	55	140	33	2.1	2.1

호칭 번호 (NN30계열)		치수				
원통 구멍	테이퍼 구멍	d	D	B	r	r₁
NN 3005	NN 3005 K	25	47	16	0.6	0.6
NN 3006	NN 3006 K	30	55	19	1	1
NN 3007	NN 3007 K	35	62	20	1	1
NN 3008	NN 3008 K	40	68	21	1	1
NN 3009	NN 3009 K	45	75	23	1	1
NN 3010	NN 3010 K	50	80	23	1	1

호칭 번호 (NU10계열)	치수				
	d	D	B	r	r₁
NU 1005	25	47	12	0.6	0.3
NU 1006	30	55	13	1	0.6
NU 1007	35	62	14	1	0.6
NU 1008	40	68	15	1	0.6
NU 1009	45	75	16	1	0.6
NU 1010	50	80	16	1	0.6

27. 테이퍼 롤러 베어링

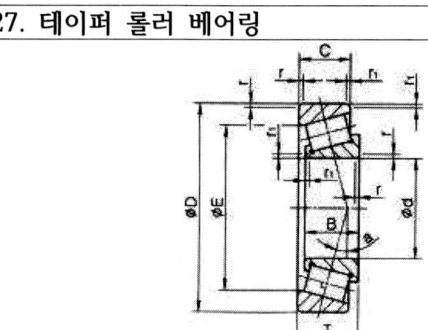

호칭 번호 (302계열)	치수						
	d	D	T	B	C	r 내륜	외륜	r₁
30203 K	17	40	13.25	12	11	1	1	0.3
30204 K	20	47	15.25	14	12	1	1	0.3
30205 K	25	52	16.25	15	13	1	1	0.3
30206 K	30	62	17.25	16	14	1	1	0.3
30207 K	35	72	18.25	17	15	1.5	1.5	0.6
30208 K	40	80	19.75	18	16	1.5	1.5	0.6

호칭 번호 (320계열)	d	D	T	B	C	r 내륜	외륜	r₁
32004K	20	42	15	15	12	0.6	0.6	0.15
32005K	25	47	15	15	11.5	0.6	0.6	0.15
32006K	30	55	17	17	13	1	1	0.3
32007K	35	62	18	18	14	1	1	0.3
32008K	40	68	19	19	14.5	1	1	0.3
32009K	45	75	20	20	15.5	1	1	0.3

호칭 번호 (322계열)	d	D	T	B	C	r 내륜	외륜	r₁
32203 K	17	40	17.25	16	14	1	1	0.3
32204 K	20	47	19.25	18	15	1	1	0.3
32205 K	25	52	19.25	18	16	1	1	0.3
32206 K	30	62	21.25	20	17	1	1	0.3
32207 K	35	72	24.25	23	19	1.5	1.5	0.6
32208 K	40	80	25.75	23	19	1.5	1.5	0.6

호칭 번호 (303계열)	d	D	T	B	C	r 내륜	외륜	r₁
30302 K	15	42	14.25	13	11	1	1	0.3
30303 K	17	47	15.25	14	12	1	1	0.3
30304 K	20	52	16.25	15	13	1.5	1.5	0.6
30305 K	25	62	18.25	17	15	1.5	1.5	0.6
30306 K	30	72	20.75	19	16	1.5	1.5	0.6
30307 K	35	80	22.75	21	18	2	1.5	0.6

호칭 번호 (303 D계열)	d	D	T	B	C	r 내륜	외륜	r₁
30305D K	25	62	18.25	17	13	1.5	1.5	0.6
30306D K	30	72	20.75	19	14	1.5	1.5	0.6
30307D K	35	80	22.75	21	15	2	1.5	0.6

호칭 번호 (323계열)	d	D	T	B	C	r 내륜	외륜	r₁
32303 K	17	47	20.25	19	16	1	1	0.3
32304 K	20	52	22.25	21	18	1.5	1.5	0.6
32305 K	25	62	25.25	24	20	1.5	1.5	0.6
32306 K	30	72	28.75	27	23	1.5	1.5	0.6
32307 K	35	80	32.75	31	25	2	1.5	0.6
32308 K	40	90	35.25	33	27	2	1.5	0.6

28. 니들 롤러 베어링

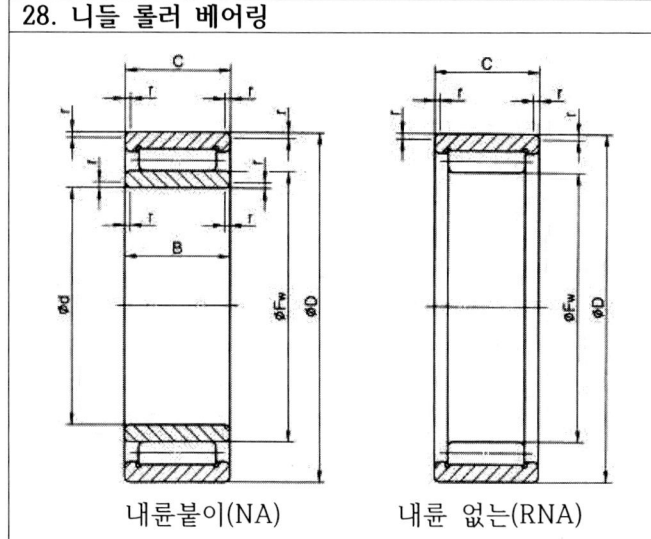

내륜붙이(NA)   내륜 없는(RNA)

호칭 번호 (NA49계열)	치수			
	d	D	B, C	r
NA498	8	19	11	0.2
NA499	9	20	11	0.3
NA4900	10	22	13	0.3
NA4901	12	24	13	0.3
NA4902	15	28	13	0.3
NA4903	17	30	13	0.3

호칭 번호 (RNA49계열)	치수			
	Fw	D	C	r
RNA493	5	11	10	0.15
RNA494	6	12	10	0.15
RNA495	7	13	10	0.15
RNA496	8	15	10	0.15
RNA497	9	17	10	0.15
RNA498	10	19	11	0.2
RNA499	12	20	11	0.3
RNA4900	14	22	13	0.3
RNA4901	16	24	13	0.3

29. 평면 자리형 스러스트 볼 베어링

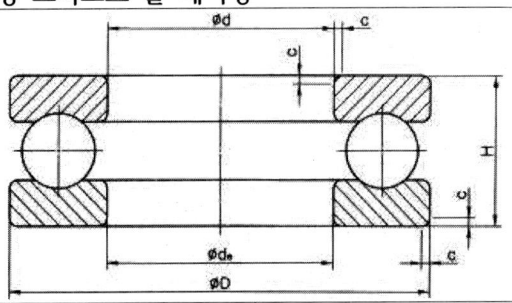

호칭 번호 (511계열)	치수				
	d	de	D	H	c
511 00	10	11	24	9	0.5
511 01	12	13	26	9	0.5
511 02	15	16	28	9	0.5
511 03	17	18	30	9	0.5
511 04	20	21	35	10	0.5
511 05	25	26	42	11	1

호칭 번호 (512계열)	치수				
	d	de	D	H	c
512 00	10	12	26	11	1
512 01	12	14	28	11	1
512 02	15	17	32	12	1
512 03	17	19	35	12	1
512 04	20	22	40	14	1
512 05	25	27	47	15	1

호칭 번호 (513계열)	치수				
	d	de	D	H	c
513 05	25	27	52	18	1.5
513 06	30	32	60	21	1.5
513 07	35	37	68	24	1.5
513 08	40	42	78	26	1.5
513 09	45	47	85	28	1.5
513 10	50	52	95	31	2

호칭 번호 (514계열)	치수				
	d	de	D	H	c
514 05	25	27	60	24	1.5
514 06	30	32	70	28	1.5
514 07	35	37	80	32	2
514 08	40	42	90	36	2
514 09	45	47	100	39	2
514 10	50	52	110	43	2.5

30. 평면 자리형 스러스트 볼 베어링(복식)

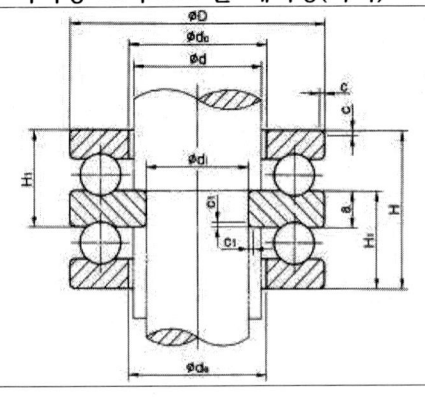

호칭 번호 (522계열)	치수								
	d	di	de	D	H	H_1	a	c	c_1
522 02	15	10	17	32	22	13.5	5	1	0.5
522 04	20	15	22	40	26	16	6	1	0.5
522 05	25	20	27	47	28	17.5	7	1	0.5
522 06	30	25	32	52	29	18	7	1	0.5
522 07	35	30	37	62	34	21	8	1.5	0.5
522 08	40	30	42	68	36	22.5	9	1.5	1

호칭 번호 (523계열)	치수								
	d	di	de	D	H	H_1	a	c	c_1
523 05	25	20	27	52	34	21	8	1.5	0.5
523 06	30	25	32	60	38	23.5	9	1.5	0.5
523 07	35	30	37	68	44	27	10	1.5	0.5
523 08	40	30	42	78	49	30.5	12	1.5	1
523 09	45	35	47	85	52	32	12	1.5	1
523 10	50	40	52	95	58	36	14	2	1

호칭 번호 (524계열)	치수								
	d	di	de	D	H	H_1	a	c	c_1
524 05	25	15	27	60	45	28	11	1.5	1
524 06	30	20	32	70	52	32	12	1.5	1
524 07	35	25	37	80	59	36.5	14	2	1
524 08	40	30	42	90	65	40	15	2	1
524 09	45	35	47	100	72	44.5	17	2	1
524 10	50	40	52	110	78	48	18	2.5	1

31. 베어링 구석 홈 부 둥글기

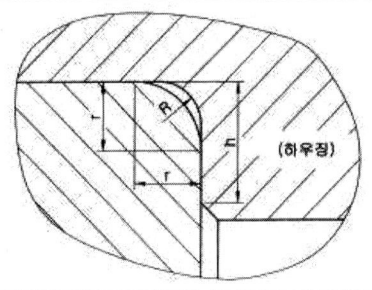 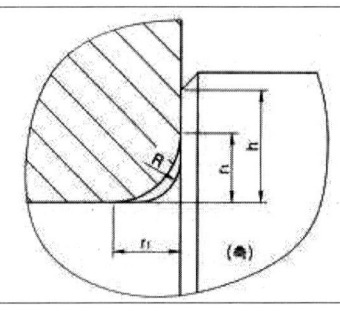

r 또는 r_1 (min)	R(max)	축 또는 하우징	
		레이디얼 베어링의 경우의 어깨 높이 h	
		일반	특수
0.1	0.1	0.4	
0.15	0.15	0.6	
0.2	0.2	0.8	
0.3	0.3	1.25	1
0.6	0.6	2.25	2
1.0	1.0	2.75	2.5

32. 베어링의 끼워 맞춤

내륜회전 하중 또는 방향 부정 하중(보통 하중)			
볼 베어링	원통, 테이퍼 롤러 베어링	자동조심 롤러 베어링	허용차 등급
축 지름			
18 이하	-	-	js5
18 초과 100 이하	40 이하	40 이하	k5
100 초과 200 이하	40 초과 100 이하	40 초과 65 이하	m5

내륜정지 하중			
볼 베어링	원통, 테이퍼 롤러 베어링	자동조심 롤러 베어링	허용차 등급
축 지름			
내륜이 축 위를 쉽게 움직일 필요가 있다.	전체 축 지름		g6
내륜이 축 위를 쉽게 움직일 필요가 없다.	전체 축 지름		h6

하우징 구멍 공차		
외륜 정지 하중	모든 종류의 하중	H7
외륜 회전 하중	보통하중 또는 중하중	N7

스러스트 베어링		
축 지름		
중심 축 하중	전체 축 지름	js6
합성 하중 (스러스트 자동 조심롤러 베어링)	내륜정지하중: 전체 축 지름	
	내륜회전하중 또는 방향 부정 하중: 200 이하	k6

스러스트 베어링		
	중심 축 하중	H8
합성 하중 (스러스트 자동 조심롤러 베어링)	내륜정지하중	H7
	내륜회전하중 또는 방향 부정 하중	K7

33. 그리스 니플

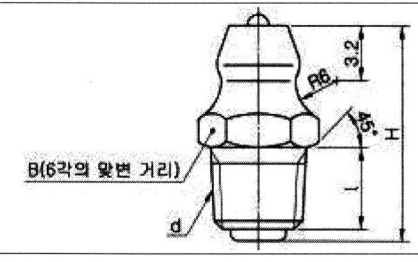

A형	
형식	나사의 호칭 지름
A-M6F	M6×0.75
A-MT6×0.75	MT6×0.75

34. O링(원통면)

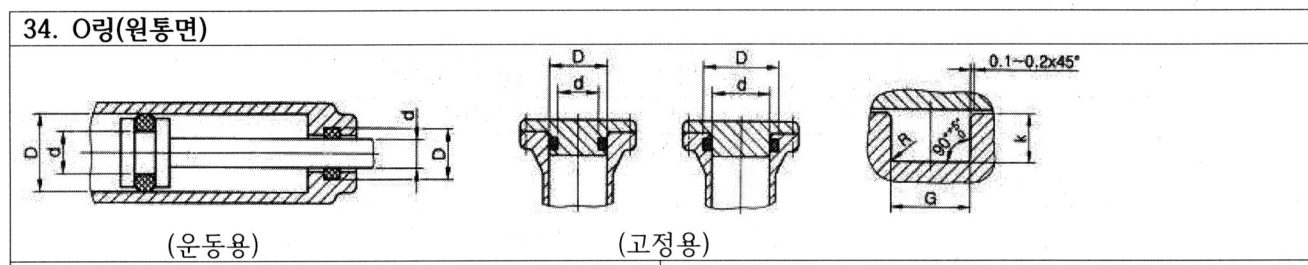

(운동용)　　　　　　　　(고정용)

O링의 호칭번호	d	d의 끼워맞춤	D	D의 끼워맞춤	G +0.25 0	R (최대)	O링의 호칭번호	d	d의 끼워맞춤	D	D의 끼워맞춤	G +0.25 0	R (최대)
P 3	3	0 -0.05 h9	6	H10 +0.05 0 H9	2.5	0.4	P40	40	0 -0.08 h9	46	+0.08 0 H9	4.7	0.8
P 4	4		7				P41	41		47			
P 5	5		8				P42	42		48			
P 6	6		9				P44	44		50			
P 7	7		10				P45	45		51			
P 8	8		11				P46	46		52			
P 9	9		12				P48	48		54			
P10	10		13				P49	49		55			
P10A	10	0 -0.06 h9	14	+0.06 0 H9	3.2	0.4	P50	50		56			
P11	11		15				P48A	48	0 -0.10 h9	58	+0.10 0 H9	7.5	0.8
P11.2	11.2		15.2				P50A	50		60			
P12	12		16				P52	52		62			
P12.5	12.5		16.5				P53	53		63			
P14	14		18				P55	55		65			
P15	15		19				P56	56		66			
P16	16		20				P58	58		68			
P18	18		22				P60	60		70			
P20	20		24				P62	62		72			
P21	21		25				P63	63		73			
P22	22		26				P65	65		75			
P22A	22	0 -0.08 h9	28	+0.08 0 H9	4.7	0.8	P67	67		77			
P22.4	22.4		28.4				P70	70		80			
P24	24		30				P71	71		81			
P25	25		31				P75	75		85			
P25.5	25.5		31.5				P80	80		90			
P26	26		32										
P28	28		34				O링의 호칭번호	d	d의 끼워맞춤	D	D의 끼워맞춤	G +0.25 0	R (최대)
P29	29		35				G 25	25	0 -0.10 h9	30	H10 H9	4.1	0.7
P29.5	29.5		35.5				G 30	30		35			
P30	30		36				G 35	35		40			
P31	31		37				G 40	40		45			
P31.5	31.5		37.5				G 45	45		50			
P32	32		38				G 50	50		55			
P34	34		40				G 55	55		60			
P35	35		41				G 60	60		65			
P35.5	35.5		41.5				G 65	65		70			
P36	36		42				G 70	70		75			
P38	38		44				G 75	75		80			
P39	39		45				G 80	80		85			
							G 85	85		90			
							G 90	90		95			
							G 95	95		100			
							G100	100		105			

35. O링 부착 부의 예리한 모서리를 제거하는 설계 방법

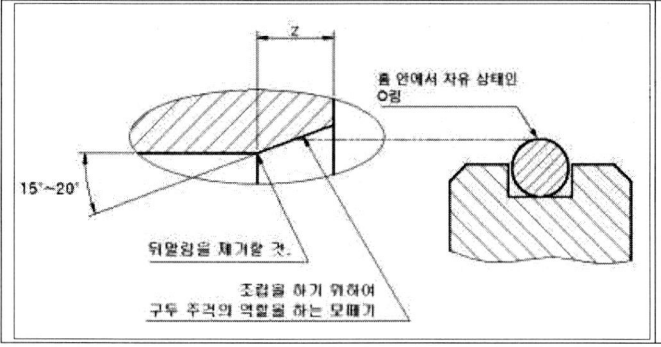

O링의 호칭 번호	O링의 굵기	Z(최소)
P 3 ~ P 10	1.9±0.08	1.2
P 10A ~ P 22	2.4±0.09	1.4
P 22A ~ P 50	3.5±0.10	1.8
P 48A ~ P 150	5.7±0.13	3.0
P 150A ~ P 400	8.4±0.15	4.3
G 25 ~ G 145	3.1±0.10	1.7
G150 ~ G 300	5.7±0.13	3.0

36. O링(평면)

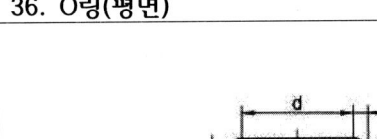
(외압용)

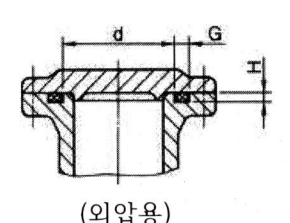
(내압용)　(내압용)

O링의 호칭 번호	d (외압용)	D (내압용)	G +0.25 0	H ±0.05	R (최대)
G25	25	30			
G30	30	35			
G35	35	40			
G40	40	45			
G45	45	50			
G50	50	55			
G55	55	60			
G60	60	65			
G65	65	70			
G70	70	75			
G75	75	80			
G80	80	85			
G85	85	90	4.1	2.4	0.7
G90	90	95			
G95	95	100			
G100	100	105			
G105	105	110			
G110	110	115			
G115	115	120			
G120	120	125			
G125	125	130			
G130	130	135			
G135	135	140			
G140	140	145			
G145	145	150			

O링의 호칭 번호	d (외압용)	D (내압용)	G +0.25 0	H ±0.05	R (최대)
P3	3	6.2			
P4	4	7.2			
P5	5	8.2			
P6	6	9.2			
P7	7	10.2	2.5	1.4	0.4
P8	8	11.2			
P9	9	12.2			
P10	10	13.2			
P10A	10	14			
P11	11	15			
P11.2	11.2	15.2			
P12	12	16			
P12.5	12.5	16.5			
P14	14	18	3.2	1.8	0.4
P15	15	19			
P16	16	20			
P18	18	22			
P20	20	24			
P21	21	25			
P22	22	26			
P22A	22	28			
P22.4	22.4	28.4			
P24	24	30			
P25	25	31			
P25.5	25.5	31.5			
P26	26	32			
P28	28	34			
P29	29	35			
P29.5	29.5	35.5			
P30	30	36			
P31	31	37	4.7	2.7	0.8
P31.5	31.5	37.5			
P32	32	38			
P34	34	40			
P35	35	41			
P35.5	35.5	41.5			
P36	36	42			
P38	38	44			
P39	39	45			
P40	40	46			
P41	41	47			
P42	42	48			

O링의 호칭 번호	d (외압용)	D (내압용)	G +0.25 0	H ±0.05	R (최대)
P44	44	50			
P45	45	51			
P46	46	52	4.7	2.7	0.8
P48	48	54			
P49	49	55			
P50	50	56			
P48A	48	58			
P50A	50	60			
P52	52	62			
P53	53	63			
P55	55	65			
P56	56	66			
P58	58	68			
P60	60	70			
P62	62	72			
P63	63	73			
P65	65	75			
P67	67	77			
P70	70	80			
P71	71	81			
P75	75	85			
P80	80	90			
P85	85	95	7.5	4.6	0.8
P90	90	100			
P95	95	105			
P100	100	110			
P102	102	112			
P105	105	115			
P110	110	120			
P112	112	122			
P115	115	125			
P120	120	130			
P125	125	135			
P130	130	140			
P132	132	142			
P135	135	145			
P140	140	150			
P145	145	155			
P150	150	160			

37. 오일 실

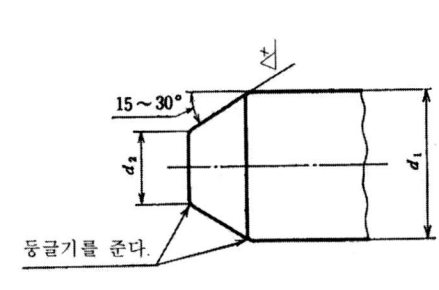

S, SM, SA, D, DM, DA 계열치수

호칭 안지름 d	D	B
7	18	7
7	20	7
8	18	7
8	22	7
9	20	7
9	22	7
10	20	7
10	25	7
11	22	7
11	25	7
12	22	7
12	25	7
*13	25	7
*13	28	7
14	25	7
14	28	7
15	25	7
15	30	7
16	28	7
16	30	7
17	30	8
17	32	8
18	30	8
18	35	8
20	32	8
20	35	8
22	35	8
22	38	8
24	38	8
24	40	8
25	38	8
25	40	8
*26	38	8
*26	42	8
28	40	8
28	45	8
30	42	8
30	45	8
32	52	11
35	55	11

G, GM, GA 계열치수

호칭 안지름 d	D	B
7	18	4
7	20	7
8	18	4
8	22	7
9	20	4
9	22	7
10	20	4
10	25	7
11	22	4
11	25	7
12	22	4
12	25	7
*13	25	4
*13	28	7
14	25	4
14	28	7
15	25	4
15	30	7
16	28	4
16	30	7
17	30	5
17	32	8
18	30	5
18	35	8
20	32	5
20	35	8
22	35	5
22	38	8
24	38	5
24	40	8
25	38	5
25	40	8
*26	38	5
*26	42	8
28	40	5
28	45	8
30	42	5
30	45	8
32	45	5
32	52	11
35	48	5
35	55	11

38. 오일 실 부착 관계 (축 및 하우징 구멍의 모떼기와 둥글기)

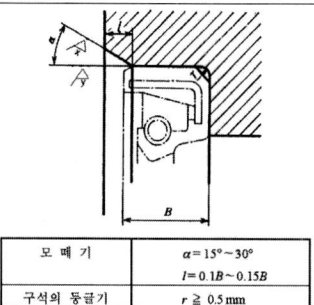

모 떼 기	$\alpha = 15° \sim 30°$
	$l = 0.1B \sim 0.15B$
구석의 둥글기	$r \geq 0.5$ mm

d_1	d_2(최대)	d_1	d_2(최대)	d_1	d_2(최대)
7	5.7	17	14.9	35	32
8	6.6	18	15.8	38	34.9
9	7.5	20	17.7	40	36.8
10	8.4	22	19.6	42	38.7
11	9.3	24	21.5	45	41.6
12	10.2	25	22.5	48	44.5
*13	11.2	*26	23.4	50	46.4
14	12.1	28	25.3		
15	13.1	30	27.3		
16	14	32	29.2		

비고 *을 붙인 것은 KS B 0406에 없다.
- 바깥지름에 대응하는 하우징의 **구멍** 지름의 허용차는 원칙적으로 KS B 0401의 **H8**로 한다.
- **축**의 호칭 지름은 오일시일에 적합한 지름과 같고 그 허용차는 원칙적으로 KS B 0401 h8로 한다.

39. 롤러체인, 스프로킷

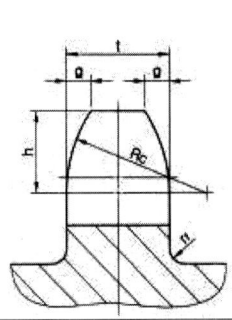
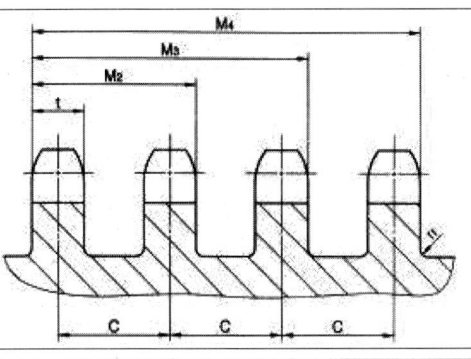

호칭번호	가로치형				이나비 t(최대)			가로피치 c	적용 롤러 체인(참고)		
	모떼기폭 g (약)	모떼기깊이 h (약)	모떼기반지름 Rc (최소)	둥글기 rf (최대)	단열	2열, 3열	4열 이상		피치 p	롤러 바깥지름 d_1 (최대)	안쪽 링크 안쪽 나비 b_1 (최소)
25	0.8	3.2	6.8	0.3	2.8	2.7	2.4	6.4	6.35	3.30	3.10
35	1.2	4.8	10.1	0.4	4.3	4.1	3.8	10.1	9.525	5.08	4.68
41	1.6	6.4	13.5	0.5	5.8	-	-	-	12.70	7.77	6.25
40	1.6	6.4	13.5	0.5	7.2	7.0	6.5	14.4	12.70	7.95	7.85
50	2.0	7.9	16.9	0.6	8.7	8.4	7.9	18.1	15.875	10.16	9.40
60	2.4	9.5	20.3	0.8	11.7	11.3	10.6	22.8	19.05	11.91	12.57
80	3.2	12.7	27.0	1.0	14.6	14.1	13.3	29.3	25.40	15.88	15.75
100	4.0	15.9	33.8	1.3	17.6	17.0	16.1	35.8	31.75	19.05	18.90
120	4.8	19.0	40.5	1.5	23.5	22.7	21.5	45.4	38.10	22.23	25.22
140	5.6	22.2	47.3	1.8	23.5	22.7	21.5	48.9	44.45	25.40	25.22
160	6.4	25.4	54.0	2.0	29.4	28.4	27.0	58.5	50.80	28.58	31.55
200	7.9	31.8	67.5	2.5	35.3	34.1	32.5	71.6	63.50	39.68	37.85
240	9.5	38.1	81.0	3.0	44.1	42.7	40.7	87.8	76.20	47.63	47.35

< 스프로킷 기준 치수 >

단위 : mm

항 목	계 산 식
피치원 지름(D_P)	$D_P = \dfrac{p}{\sin\dfrac{180°}{N}}$
바깥지름(D_O)	$D_O = p\left(0.6 + \cot\dfrac{180°}{N}\right)$
이뿌리원 지름(D_B)	$D_B = D_P - d_1$
이뿌리 거리(D_C)	$D_C = D_B$ (짝수 톱니) $D_C = D_P \cos\dfrac{90°}{N} - d_1$ (홀수 톱니) $\quad = p \cdot \dfrac{1}{2\sin\dfrac{180°}{2N}} - d_1$
최대 보스 지름 및 최대 홈지름(D_H)	$D_H = p\left(\cot\dfrac{180°}{N} - 1\right) - 0.76$
여기에서 P : 롤러 체인의 피치 d_1 : 롤러 체인의 롤러 바깥지름 N : 잇 수	

39. 롤러체인, 스프로킷

호칭번호 25

잇수 N	피치원지름 D_p	바깥지름 D_o	이뿌리원지름 D_B	이뿌리거리 D_C	최대보스지름 D_H
25	50.66	54	47.36	47.27	43
26	52.68	56	49.38	49.38	45
27	54.70	58	51.40	51.30	47
28	56.71	60	53.41	53.41	49
29	58.73	62	55.43	55.35	51
30	60.75	64	57.45	57.45	53
31	62.77	66	59.47	59.39	55
32	64.78	68	61.48	61.48	57
33	66.80	70	63.50	63.43	59
34	68.82	72	65.52	65.52	61
35	70.84	74	67.54	67.47	63
36	72.86	76	69.56	69.56	65
37	74.88	78	71.58	71.51	67
38	76.90	80	73.60	73.60	70
39	78.91	82	75.61	75.55	72
40	80.93	84	77.63	77.63	74
41	82.95	87	79.65	79.59	76
42	84.97	89	81.67	81.67	78
43	86.99	91	83.69	83.63	80
44	89.01	93	85.71	85.71	82
45	91.03	95	87.73	87.68	84
46	93.05	97	89.75	89.75	86
47	95.07	99	91.77	91.72	88
48	97.09	101	93.79	93.79	90
49	99.11	103	95.81	95.76	92
50	101.13	105	97.83	97.83	94
51	103.15	107	99.85	99.80	96
52	105.17	109	101.87	101.87	98
53	107.19	111	103.89	103.84	100
54	109.21	113	105.91	105.91	102
55	111.23	115	107.93	107.88	104
56	113.25	117	109.95	109.95	106
57	115.27	119	111.97	111.93	108
58	117.29	121	113.99	113.99	110
59	119.31	123	116.01	115.97	112
60	121.33	125	118.03	118.03	114
61	123.35	127	120.05	120.01	116
62	125.37	129	122.07	122.07	118
63	127.39	131	124.09	124.05	120
64	129.41	133	126.11	126.11	122
65	131.43	135	128.13	128.10	124

호칭번호 35

잇수 N	피치원지름 D_p	바깥지름 D_o	이뿌리원지름 D_B	이뿌리거리 D_C	최대보스지름 D_H
21	63.91	69	58.83	58.65	53
22	66.93	72	61.85	61.85	56
23	69.95	75	64.87	64.71	59
24	72.97	78	67.89	67.89	62
25	76.00	81	70.92	70.77	65
26	79.02	84	73.94	73.94	68
27	82.05	87	76.97	76.83	71
28	85.07	90	79.99	79.99	74
29	88.10	93	83.02	82.89	77
30	91.12	96	86.04	86.04	80
31	94.15	99	89.07	88.95	83
32	97.18	102	92.10	92.10	86
33	100.20	105	95.12	95.01	89
34	103.23	109	98.15	98.15	93
35	106.26	112	101.18	101.07	96
36	109.29	115	104.21	104.21	99
37	112.31	118	107.23	107.13	102
38	115.34	121	110.26	110.26	105
39	118.37	124	113.29	113.20	108
40	121.40	127	116.32	116.32	111
41	124.43	130	119.35	119.26	114
42	127.46	133	122.38	122.38	117
43	130.49	136	125.41	125.32	120
44	133.52	139	128.44	128.44	123
45	136.55	142	131.47	131.38	126
46	139.58	145	134.50	134.50	129
47	142.61	148	137.53	137.45	132
48	145.64	151	140.56	140.56	135
49	148.67	154	143.59	143.51	138
50	151.70	157	146.62	146.62	141

호칭번호 40

잇수 N	피치원지름 D_p	바깥지름 D_o	이뿌리원지름 D_B	이뿌리거리 D_C	최대보스지름 D_H
16	65.10	71	57.15	57.15	50
17	69.12	76	61.17	60.87	54
18	73.14	80	65.19	65.19	59
19	77.16	84	69.21	68.95	63
20	81.18	88	73.23	73.23	67
21	85.21	92	77.26	77.02	71
22	89.24	96	81.29	81.29	75
23	93.27	100	85.32	85.10	79
24	97.30	104	89.35	89.35	83
25	101.33	108	93.38	93.18	87
26	105.36	112	97.41	97.41	91
27	109.40	116	101.45	101.26	95
28	113.43	120	105.48	105.48	99
29	117.46	124	109.51	109.34	103
30	121.50	128	113.55	113.55	107
31	125.53	133	117.58	117.42	111
32	129.57	137	121.62	121.62	115
33	133.61	141	125.66	125.50	120
34	137.64	145	129.69	129.69	124
35	141.68	149	133.73	133.59	128
36	145.72	153	137.77	137.77	132
37	149.75	157	141.80	141.67	136
38	153.79	161	145.84	145.84	140
39	157.83	165	149.88	149.75	144
40	161.87	169	153.92	153.92	148

호칭번호 41

잇수 N	피치원지름 D_p	바깥지름 D_o	이뿌리원지름 D_B	이뿌리거리 D_C	최대보스지름 D_H
16	65.10	71	57.33	57.33	50
17	69.12	76	61.35	61.05	54
18	73.14	80	65.37	65.37	59
19	77.16	84	69.39	69.13	63
20	81.18	88	73.41	73.41	67
21	85.21	92	77.44	77.20	71
22	89.24	96	81.47	81.47	75
23	93.27	100	85.50	85.28	79
24	97.30	104	89.53	89.53	83
25	101.33	108	93.56	93.36	87
26	105.36	112	97.59	97.59	91
27	109.40	116	101.63	101.44	95
28	113.43	120	105.66	105.66	99
29	117.46	124	109.69	109.52	103
30	121.50	128	113.73	113.73	107
31	125.53	133	117.76	117.60	111
32	129.57	137	121.80	121.80	115
33	133.61	141	125.84	125.68	120
34	137.64	145	129.87	129.87	124
35	141.68	149	133.91	133.77	128
36	145.72	153	137.95	137.95	132
37	149.75	157	141.98	141.85	136
38	153.79	161	146.02	146.02	140
39	157.83	165	150.06	149.93	144
40	161.87	169	154.10	154.10	148

40. V 벨트 풀리

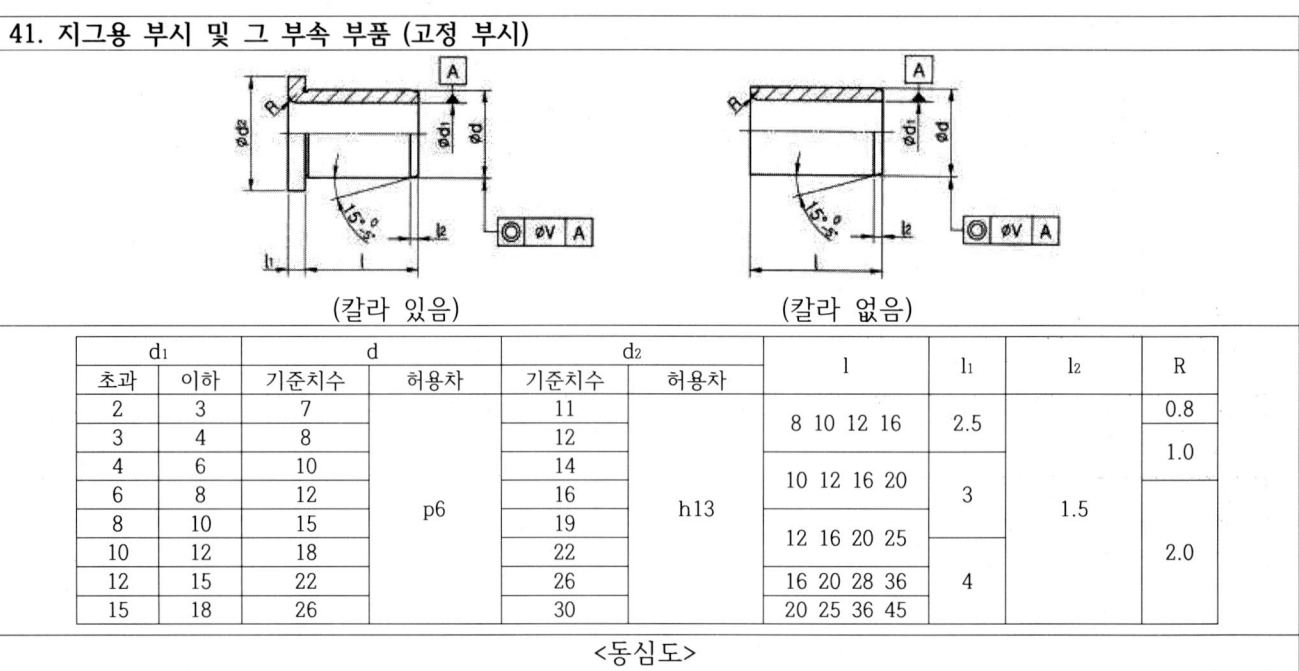

d_p=피치원 지름 (홈의 나비가 l_0인 곳의 지름)

V벨트의 형별	α의 허용차(°)	k의 허용차	e의 허용차	f의 허용차
M	±0.5	+0.2 0	—	±1.0
A	±0.5	+0.2 0	±0.4	±1.0
B	±0.5	+0.2 0	±0.4	±1.0

호칭지름 (mm)	바깥지름 de 허용차	바깥둘레 흔들림 허용값	림 측면 흔들림 허용값
75 이상 118 이하	±0.6	0.3	0.3
125 이상 300 이하	±0.8	0.4	0.4

V벨트 형별	호칭 지름	α(°)	l_0	k	k_0	e	f	r_1	r_2	r_3	비 고
M	50이상~71이하 71초과~90이하 90초과	34 36 38	8.0	2.7	6.3	—	9.5	0.2~0.5	0.5~1.0	1~2	M형은 원칙적으로 한 줄만 걸친다.(e)
A	71이상~100이하 100초과~125이하 125초과	34 36 38	9.2	4.5	8.0	15.0	10.0	0.2~0.5	0.5~1.0	1~2	
B	125이상~165이하 165초과~200이하 200초과	34 36 38	12.5	5.5	9.5	19.0	12.5	0.2~0.5	0.5~1.0	1~2	

41. 지그용 부시 및 그 부속 부품 (고정 부시)

(칼라 있음)   (칼라 없음)

d_1		d		d_2		l	l_1	l_2	R
초과	이하	기준치수	허용차	기준치수	허용차				
2	3	7	p6	11	h13	8 10 12 16	2.5	1.5	0.8
3	4	8	p6	12	h13	8 10 12 16	2.5	1.5	1.0
4	6	10	p6	14	h13	10 12 16 20	3	1.5	1.0
6	8	12	p6	16	h13	10 12 16 20	3	1.5	2.0
8	10	15	p6	19	h13	12 16 20 25	3	1.5	2.0
10	12	18	p6	22	h13	12 16 20 25	3	1.5	2.0
12	15	22	p6	26	h13	16 20 28 36	4	1.5	2.0
15	18	26	p6	30	h13	20 25 36 45	4	1.5	2.0

<동심도>

구멍지름 (d_1)	V(동심도)		단위 : mm
	고정 라이너	고정 부시	삽입 부시
18.0 이하	0.012	0.012	0.012
18.0초과 50.0이하	0.020	0.020	0.020
50.0초과 100.0이하	0.025	0.025	0.025

42. 삽입 부시

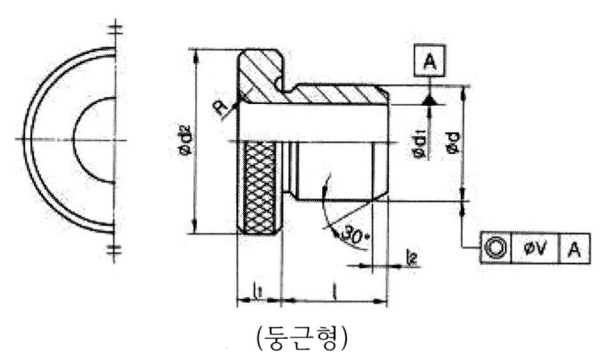

(둥근형)

d_1		d		d_2		l	l_1	l_2	R
초과	이하	기준치수	허용차	기준치수	허용차				
-	4	12	m5	16	h13	10 12 16	8	1.5	2
4	6	15		19		12 16 20 25			
6	8	18		22					
8	10	22		26		16 20 (25) 28 36	10		
10	12	26		30					
12	15	30		35		20 25 (30) 36 45	12		3
15	18	35		40					

*드릴용 구멍 지름 d_1의 허용차는 KS B 0401에 규정하는 G6으로 하고, 리머용 구멍지름 d_1의 허용차는 KS B 0401에 규정하는 F7로 한다.

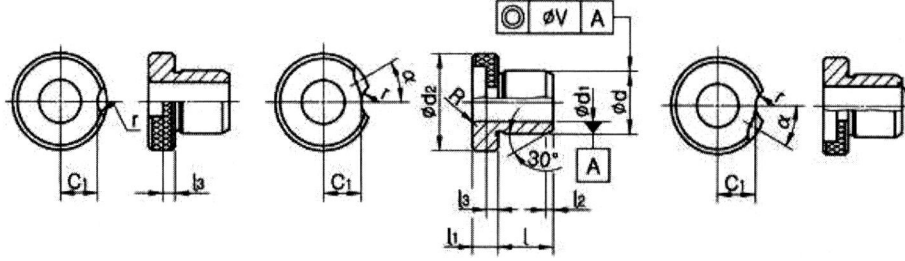

(노치형)　　　(우회전용 노치형)　　　(좌회전용 노치형)

d_1		d		d_2		l	l_1	l_2	R	l_3		C_1	r	a (°)
초과	이하	기준치수	허용차	기준치수	허용차					기준치수	허용차			
	4	8	m6	15	h13	10 12 16	8	1.5	1	3	-0.1 -0.2	4.5	7	65
4	6	10		18		12 16 20 25						6		
6	8	12		22					2	4		7.5	8.5	60
8	10	15		26		16 20 28 36	10					9.5		50
10	12	18		30								11.5		
12	15	22		34		20 25 36 45						13	10.5	35
15	18	26		39								15.5		
18	22	30		46		25 36 45 56	12		3	5.5		19		30
22	26	35		52								22		
26	30	42		59		30 35 45 56						25.5		
30	35	48		66								28.5		
35	42	55		74								32.5		
42	48	62		82		35 45 56 67	16		4	7		36.5	12.5	25
48	55	70		90								40.5		
55	63	78		100		40 56 67 78						45.5		
63	70	85		110								50.5		
70	78	95		120		45 50 67 89						55.5		20
78	85	105		130								60.5		

*드릴용 구멍 지름 d_1의 허용차는 KS B 0401에 규정하는 G6으로 하고, 리머용 구멍지름 d_1의 허용차는 KS B 0401에 규정하는 F7로 한다.

※ 동심도(V)는 **41. 지그용 부시 및 그 부속 부품** 항목 참조.

43. 지그용 부시 및 그 부속 부품 (고정 라이너)

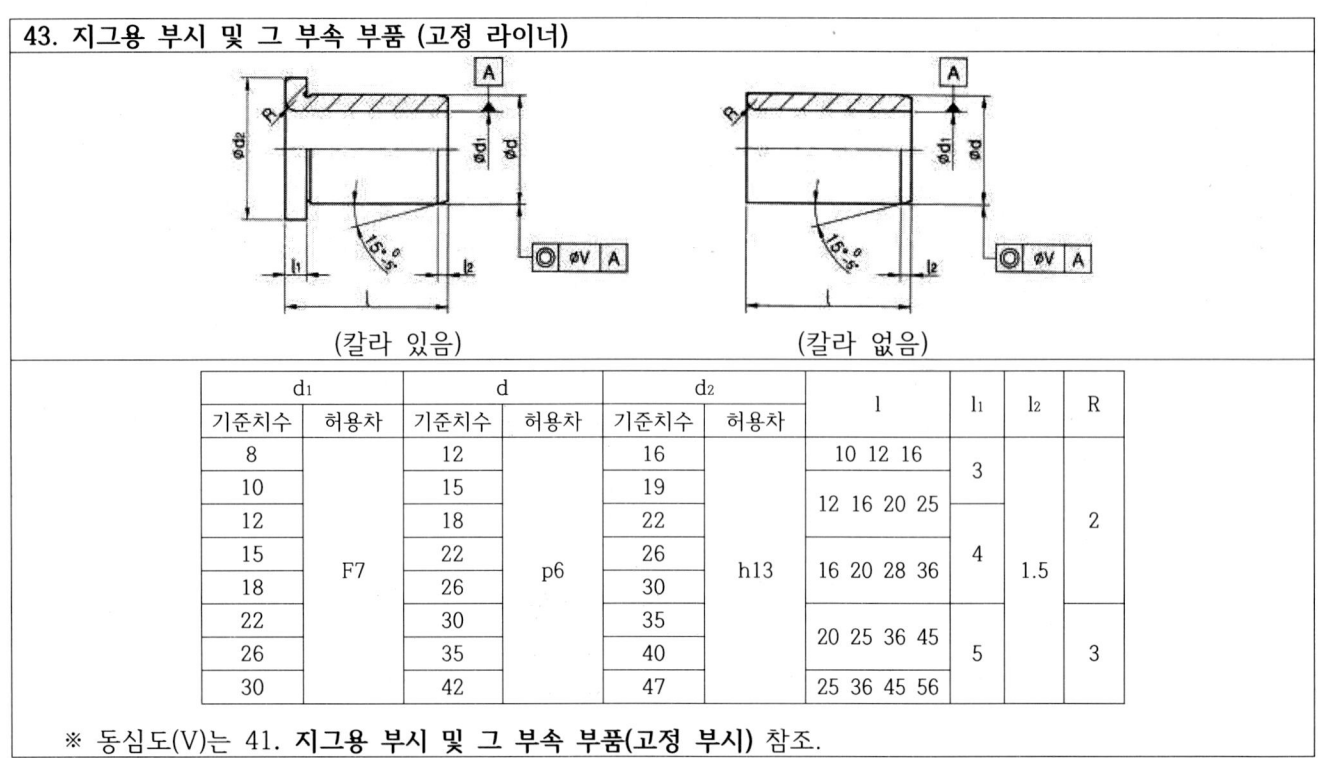

(칼라 있음) (칼라 없음)

d_1		d		d_2		l	l_1	l_2	R
기준치수	허용차	기준치수	허용차	기준치수	허용차				
8		12		16		10 12 16	3		
10		15		19		12 16 20 25			2
12		18		22					
15	F7	22	p6	26	h13	16 20 28 36	4	1.5	
18		26		30					
22		30		35		20 25 36 45			
26		35		40			5		3
30		42		47		25 36 45 56			

※ 동심도(V)는 41. **지그용 부시 및 그 부속 부품(고정 부시)** 참조.

44. 부시와 멈춤쇠 또는 멈춤나사의 중심 거리 및 부착 나사의 가공 치수

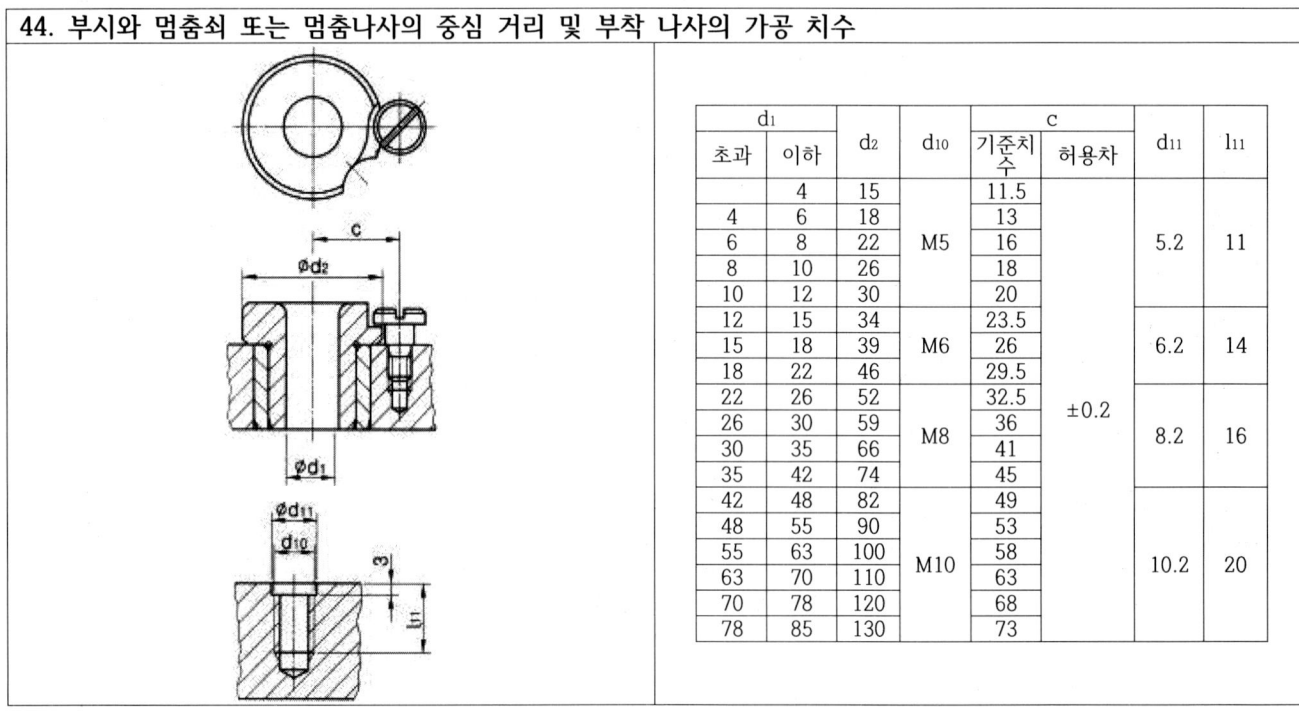

d_1		d_2	d_{10}	c		d_{11}	l_{11}
초과	이하			기준치수	허용차		
	4	15		11.5			
4	6	18		13			
6	8	22	M5	16		5.2	11
8	10	26		18			
10	12	30		20			
12	15	34		23.5			
15	18	39	M6	26		6.2	14
18	22	46		29.5			
22	26	52		32.5	±0.2		
26	30	59	M8	36		8.2	16
30	35	66		41			
35	42	74		45			
42	48	82		49			
48	55	90		53			
55	63	100	M10	58		10.2	20
63	70	110		63			
70	78	120		68			
78	85	130		73			

45. 분할 핀

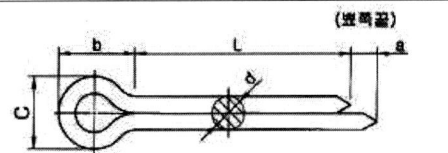

호칭 지름		1	1.2	1.6	2	2.5	3.2	4
d	기준 치수	0.9	1	1.4	1.8	2.3	2.9	3.7
	허용차	\multicolumn{4}{0 / -0.1}			0 / -0.2	
적용하는 볼트	초과	3.5	4.5	5.5	7	9	11	14
	이하	4.5	5.5	7	9	11	14	20

46. 주서 (예)

주서

1. 일반공차-가) 가공부 : KS B ISO 2768-m
   나) 주조부 : KS B 0250-CT11
2. 도시되고 지시없는 모떼기는 1x45° 필렛과 라운드는 R3
3. 일반 모떼기는 0.2x45°
4. ∇ 부위 외면 명녹색 도장
   내면 광명단 도장
5. 파커라이징 처리
6. 전체 열처리 HRC 50±2
7. 표면 거칠기 ∀ = ∇
   w/∇ = 12.5/∇ , N10
   x/∇ = 3.2/∇ , N8
   y/∇ = 0.8/∇ , N6
   z/∇ = 0.2/∇ , N4

47. 센터 구멍

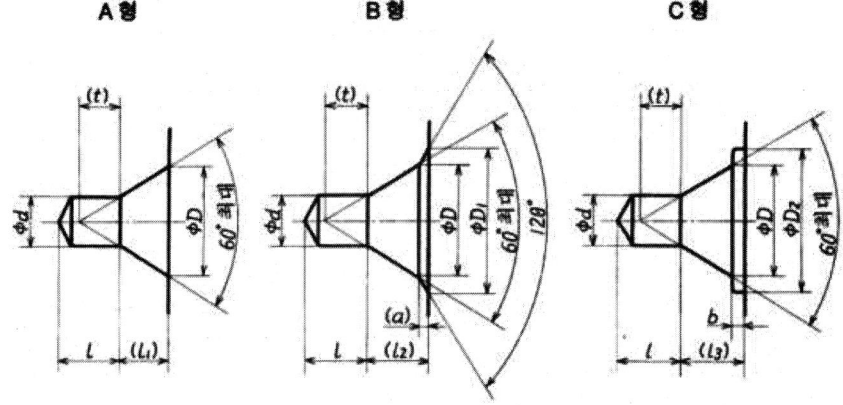

단위 : mm

호칭 지름 d	D	D_1	D_2 (최소)	l[²] (최대)	b (약)	참고				
						l_1	l_2	l_3	t	a
(0.5)	1.06	1.6	1.6	1	0.2	0.48	0.64	0.68	0.5	0.16
(0.63)	1.32	2	2	1.2	0.3	0.6	0.8	0.9	0.6	0.2
(0.8)	1.7	2.5	2.5	1.5	0.3	0.78	1.01	1.08	0.7	0.23
1	2.12	3.15	3.15	1.9	0.4	0.97	1.27	1.37	0.9	0.3
(1.25)	2.65	4	4	2.2	0.6	1.21	1.6	1.81	1.1	0.39
1.6	3.35	5	5	2.8	0.6	1.52	1.99	2.12	1.4	0.47
2	4.25	6.3	6.3	3.3	0.8	1.95	2.54	2.75	1.8	0.59
2.5	5.3	8	8	4.1	0.9	2.42	3.2	3.32	2.2	0.78
3.15	6.7	10	10	4.9	1	3.07	4.03	4.07	2.8	0.96
4	8.5	12.5	12.5	6.2	1.3	3.9	5.05	5.2	3.5	1.15
(5)	10.6	16	16	7.5	1.6	4.85	6.41	6.45	4.4	1.56
6.3	13.2	18	18	9.2	1.8	5.98	7.36	7.78	5.5	1.38
(8)	17	22.4	22.4	11.5	2	7.79	9.35	9.79	7	1.56
10	21.2	28	28	14.2	2.2	9.7	11.66	11.9	8.7	1.96

R 형

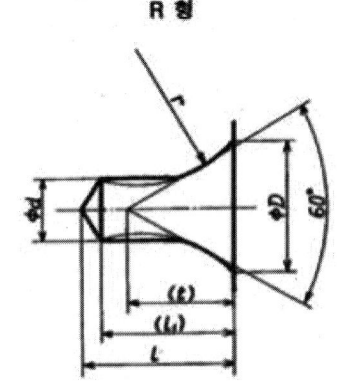

단위 : mm

호칭 지름 d	D	r		l[²] (최대)	참고			
		최대	최소		l_1		t	
					r이 최대일 때	r이 최소일 때	r이 최대일 때	r이 최소일 때
1	2.12	3.15	2.5	2.6	2.14	2.27	1.9	1.8
(1.25)	2.65	4	3.15	3.1	2.67	2.73	2.3	2.2
1.6	3.35	5	4	4	3.37	3.45	2.9	2.8
2	4.25	6.3	5	5	4.24	4.34	3.7	3.5
2.5	5.3	8	6.3	6.2	5.33	5.46	4.6	4.4
3.15	6.7	10	8	7.9	6.77	6.92	5.8	5.6
4	8.5	12.5	10	9.9	8.49	8.68	7.3	7
(5)	10.6	16	12.5	12.3	10.52	10.78	9.1	8.8
6.3	13.2	20	16	15.6	13.39	13.73	11.3	11
(8)	17	25	20	19.7	16.98	17.35	14.5	14
10	21.2	31.5	25	24.6	21.18	21.66	18.2	17.5

주([²]) l은 t보다 작은 값이 되면 안 된다.
비 고 ( )를 붙인 호칭의 것은 되도록 사용하지 않는다.

48. 센터 구멍의 표시방법

[센터 구멍의 도시 기호와 지시 방법] - 단 규격은 KS A ISO 6411-1 에 따른다.

센터 구멍 필요 여부 (도시된 상태로 다듬질되었을 때)	도시 기호	센터 구멍 규격 번호 및 호칭 방법을 지정하지 않는 경우	센터 구멍의 규격 번호 및 호칭 방법을 지정하는 경우 도시 방법
반드시 남겨둔다	<		규격번호, 호칭방법
남아 있어도 좋다			규격번호, 호칭방법
남아있어서는 안된다	K		규격번호, 호칭방법

호칭방법 예시) KS A ISO 6411 - B 2.5/8   혹은   KS A ISO 6411-1 - B 2.5/8 로 사용

49. 요목표(예)

스퍼기어 요목표

기어 치형		표준
공구	모듈	□
	치형	보통이
	압력각	20°
전체 이 높이		□
피치원 지름		□
잇 수		□
다듬질 방법		호브절삭
정밀도		KS B ISO 1328-1, 4급

베벨 기어 요목표

기어 치형	글리슨 식
모듈	□
치형	보통이
압력각	20°
축 각	90°
전체 이 높이	□
피치원 지름	□
피치원 추각	□
잇 수	□
다듬질 방법	절삭
정밀도	KS B 1412, 4급

헬리컬 기어 요목표

기어 치형		표준
공구	모듈	□
	치형	보통이
	압력각	20°
전체 이 높이		□
치형 기준면		치직각
피치원 지름		□
잇 수		□
리 드		□
방 향		□
비틀림 각		15°
다듬질 방법		호브절삭
정밀도		KS B ISO 1328-1, 4급

웜과 웜휠 요목표

구분 \ 품번	① (웜)	② (웜휠)
원주 피치	-	□
리 드	□	-
피치 원경	□	□
잇 수	-	□
치형 기준 단면	축직각	
줄 수, 방향	□	
압력각	20°	
진행각	□	
모 듈	□	
다듬질 방법	호브절삭	연삭

체인, 스프로킷 요목표

종류 \ 품번		□
체인	호칭	□
	원주피치	□
	롤러외경	□
스프로킷	잇수	□
	치형	□
	피치원경	□

래크와 피니언 요목표

구분 \ 품번		① (래크)	② (피니언)
기어 치형		표준	
공구	모듈	□	
	치형	보통이	
	압력각	20°	
전체 이 높이		□	□
피치원 지름		—	□
잇 수		□	□
다듬질 방법		호브절삭	
정밀도		KS B ISO 1328-1, 4급	

래칫 휠

종류 \ 품번	
잇 수	□
원주 피치	□
이 높이	□

50. 기계재료 기호 예시 (KS D)
- 본 예시 이외에 해당 부품에 적절한 재료라 판단되면, 다른 재료기호를 사용해도 무방함

명 칭	기 호	명 칭	기 호
회 주철품[*1]	GC100, GC150 GC200, GC250	구상흑연 주철품[*1]	GCD 350-22, GCD 400-18, GCD 450-10, GCD 500-7
탄소강 주강품[*1]	SC360, SC410 SC450, SC480	탄소강 단강품	SF390A, SF440A SF490A
인청동 주물[*1]	CAC502A CAC502B	청동 주물[*1]	CAC402
침탄용 기계구조용 탄소강재	SM9CK, SM15CK SM20CK	알루미늄 합금주물	AC4C, AC5A
탄소공구강 강재	STC85, STC95 STC105, STC120	기계구조용 탄소강재	SM25C, SM30C, SM35C, SM40C, SM45C
합금공구강 강재	STS3, STD4	화이트메탈	WM3, WM4
크로뮴 몰리브데넘 강	SCM415, SCM430 SCM435	니켈 크로뮴 몰리브데넘 강	SNCM415, SNCM431
니켈 크로뮴 강	SNC415, SNC631	크로뮴 강	SCr415, SCr420, SCr430, SCr435
스프링강재	SPS6, SPS10	스프링용 냉간압연강대	S55C-CSP
피아노선	PW-1	일반 구조용 압연강재	SS235, SS275 SS315
다이캐스팅용 알루미늄 합금	ALDC5, ALDC6	용접 구조용 주강품[*1]	SCW410, SCW450
인청동 봉	C5102B	인청동 선	C5102W

*1 : 해당 재료 기호는 KS 규격이 아닌 단체 표준으로 이관

51. 구름 베어링용 로크너트 와셔

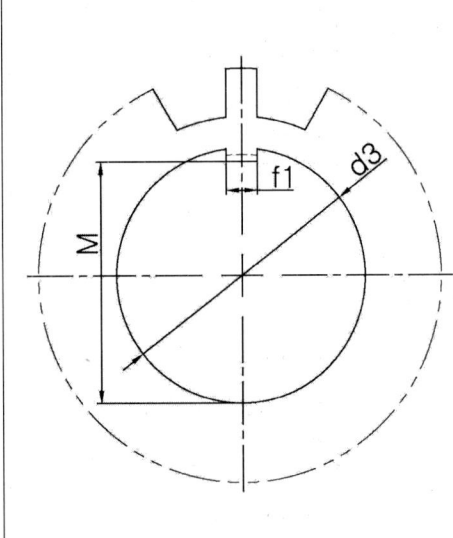

(A형, X형 동일하게 적용)

호칭번호	d3	M	f1	호칭번호	d3	M	f1
AW00X	10	8.5	3	AW07X	35	32.5	6
AW01X	12	10.5	3	AW08X	40	37.5	6
AW02X	15	13.5	4	AW09X	45	42.5	6
AW03X	17	15.5	4	AW10X	50	47.5	6
AW04X	20	18.5	4	AW11X	55	52.5	8
AW/22X	22	20.5	4	AW12X	60	57.5	8
AW05X	25	23	5	AW13X	65	62.5	8
AW/28X	28	26	5	AW14X	70	66.5	8
AW06X	30	27.5	5	AW15X	75	71.5	8
AW/32X	32	29.5	5	AW16X	80	76.5	10

[비고]

(1) 다음 항목은 KS 규격이 폐지되었거나 혹은 변경되었으나 기계설계 실무에서 유용하게 적용하는 데이터이므로 국가기술자격 실기시험에서 이 규격을 적용함
  - 1. 표면거칠기
  - 20. 생크
  - 27. 테이퍼 롤러 베어링
  - 31. 베어링 구석 홈 부 둥글기
  - 32. 베어링의 끼워 맞춤

2. 표제란 공개문제

[공개]
국가기술자격 실기시험문제

자격종목		과제명	도면참조

※ 문제지는 시험종료 후 반드시 반납하시기 바랍니다.

비번호		시험일시		시험장명	

※ 시험시간 : 5시간

1. 요구사항

※ 지급된 재료 및 시설을 사용하여 아래 작업을 완성하시오.

가. 부품도(2D) 제도

1) 주어진 문제의 조립도면에 표시된 부품번호 (○, ○, ○, ○, ○)의 부품도를 CAD 프로그램을 이용하여 A2용지에 척도는 1:1로 하여, 투상법은 제3각법으로 제도하시오.

2) 각 부품들의 형상이 잘 나타나도록 투상도와 단면도 등을 빠짐없이 제도하고, 설계 목적에 맞는 기능 및 작동을 할 수 있도록 치수 및 치수공차, 끼워 맞춤 공차와 기하공차 기호, 표면거칠기 기호, 표면처리, 열처리, 주서 등 부품 제작에 필요한 모든 사항을 기입하시오.

3) 제도 완료 후 지급된 A3(420x297) 크기의 용지(트레이싱지)에 수험자가 직접 흑백으로 출력하여 확인하고 제출하시오.

나. 렌더링 등각 투상도(3D) 제도

1) 주어진 문제의 조립도면에 표시된 부품번호 (○, ○, ○, ○, ○)의 부품을 파라메트릭 솔리드 모델링을 하고, 모양과 윤곽을 알아보기 쉽도록 뚜렷한 음영, 렌더링 처리를 하여 A2용지에 제도하시오.

2) 음영과 렌더링 처리는 예시 그림과 같이 형상이 잘 나타나도록 등각 축 2개를 정해 척도는 NS로 실물의 크기를 고려하여 제도하시오.(단, 형상은 단면하여 표시하지 않습니다.)

3) 부품란 "비고"에는 모델링한 부품 중 (○, ○, ○) 부품의 질량을 g 단위로 소수점 첫째자리에서 반올림하여 기입하시오.
 - 질량은 렌더링 등각 투상도(3D) 부품란의 비고에 기입하며, 반드시 재질과 상관없이 비중을 7.85 로 하여 계산하시기 바랍니다.

4) 제도 완료 후, 지급된 A3(420x297) 크기의 용지(트레이싱지)에 수험자가 직접 흑백으로 출력하여 확인하고 제출하시오.

[공개]

자격종목		과 제 명	도면참조

다. 도면 작성 기준 및 양식

1) 제공한 KS 데이터에 수록되지 않은 제도규격이나 데이터는 과제로 제시된 도면을 기준으로 하여 제도하거나 ISO규격과 관례에 따라 제도하시오.
2) 문제의 조립도면에서 표시되지 않은 제도규격은 지급한 KS규격 데이터에서 선정하여 제도하시오.
3) 문제의 조립도면에서 치수와 규격이 일치하지 않을 때는 해당규격으로 제도하시오.
   (단, 과제도면에 치수가 명시되어 있을 때는 명시된 치수로 작성하시오.)
4) 도면 작성 양식과 3D 렌더링 등각 투상도는 아래 그림을 참고하여 나타내고, 좌측상단 A부에 수험번호, 성명을 먼저 작성하고, 오른쪽 하단에 B부에는 표제란과 부품란을 작성한 후 제도작업을 하시오.
   (단, A부와 B부는 부품도(2D)와 렌더링 등각 투상도(3D)에 모두 작성하시오.)

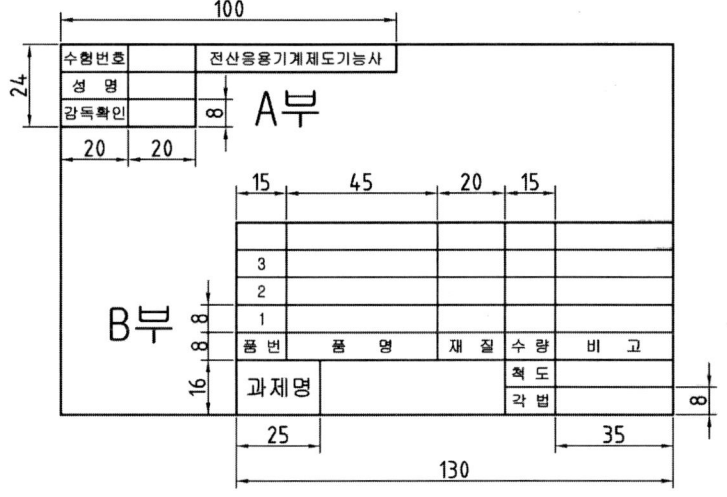

< 도면 작성 양식 (부품도 및 등각 투상도) >

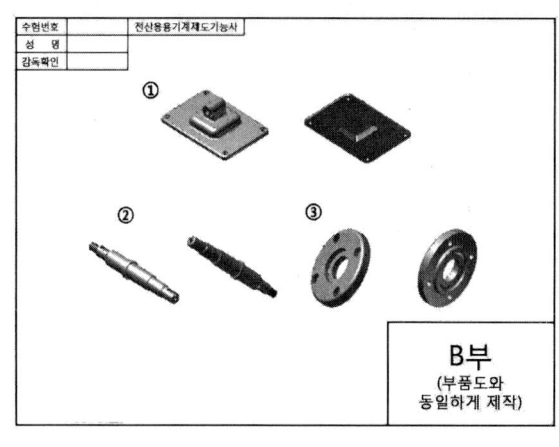

< 3D 렌더링 등각 투상도 예시 >

[공개]

자격종목		과 제 명	도면참조

5) 도면의 크기 및 한계설정(Limits), 윤곽선 및 중심마크 크기는 다음과 같이 설정하고, a와 b의 도면의 한계선(도면의 가장자리 선)이 출력되지 않도록 하시오.

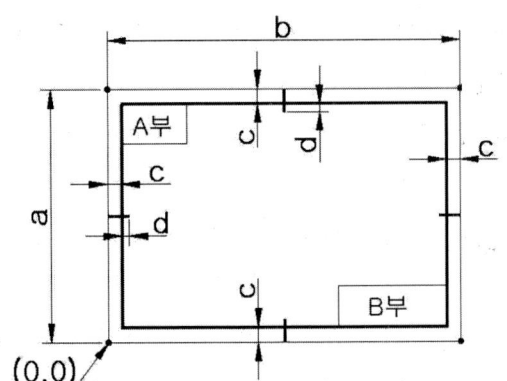

구분	도면의 한계		중심마크	
기호 도면크기	a	b	c	d
A2(부품도)	420	594	10	5

< 도면의 크기 및 한계설정, 윤곽선 및 중심마크 >

6) 선 굵기에 따른 색상은 다음과 같이 설정하시오.

선 굵기	색 상	용 도
0.70 mm	하늘색(Cyan)	윤곽선, 중심 마크
0.50 mm	초록색(Green)	외형선, 개별주서 등
0.35 mm	노란색(Yellow)	숨은선, 치수문자, 일반주서 등
0.25 mm	빨강(Red), 흰색(White)	치수선, 치수보조선, 중심선, 해칭선 등

※ 위 표는 Autocad 프로그램 상에서 출력을 용이하게 위한 설정이므로 다른 프로그램을 사용할 경우 위 항목에 맞도록 문자, 숫자, 기호의 크기, 선 굵기를 지정하시기 바랍니다.

7) 문자, 숫자, 기호의 높이는 7.0㎜, 5.0㎜, 3.5㎜, 2.5㎜ 중 적절한 것을 사용하시오.

8) 아라비아 숫자, 로마자는 컴퓨터에 탑재된 ISO표준을 사용하고, 한글은 굴림 또는 굴림체를 사용하시오.

[공개]

자격종목		과제명	도면참조

2. 수험자 유의사항

※ 다음 유의사항을 고려하여 요구사항을 완성하시오.

1) 시작 전 감독위원이 지정한 곳에 본인 비번호로 폴더를 생성한 후 이 폴더에서 비번호를 파일명으로 작업 내용을 저장하고, 작업이 끝나면 비번호 폴더 전체를 감독위원에게 제출하시오. (파일제출 후에는 도면(파일) 수정 불가) 그리고 시험 종료 후 PC의 작업내용은 삭제합니다.
2) 수험자에게 주어진 문제는 비번호, 시험일시, 시험장명을 기재하여 반드시 제출합니다.
3) 마련한 양식의 A부 내용을 기입하고 감독위원의 확인 서명을 받아야 하며, B부는 수험자가 작성합니다.
4) 정전 또는 기계고장으로 인한 자료손실을 방지하기 위하여 수시로 저장합니다.
   - 이러한 문제 발생 시 "작업정지시간 + 5분"의 추가시간을 부여합니다.
5) 수험자는 제공된 장비의 안전한 사용과 작업 과정에서 안전수칙을 준수합니다.
6) 연속적인 컴퓨터 작업 시에는 신체에 무리가 가지 않도록 적절한 몸 풀기(스트레칭) 동작을 취하여야 합니다.
7) 도면에는 문제와 관련 없는 불필요한 낙서나 특이한 기록사항 등을 기재하여서는 안되며, 인적사항 기재란 외의 부분에 도면과 관련 없는 특수한 표시를 하거나 특정인임을 암시하는 경우 전체를 0점 처리합니다.
8) 다음 사항에 대해서는 채점 대상에서 제외하니 특히 유의하시기 바랍니다.
   가) 기권
      (1) 수험자 본인이 수험 도중 기권 의사를 표시한 경우
   나) 실격
      (1) 시험 시작 전 program 설정을 조정하거나 미리 작성된 Part program(도면, 단축키 셋업 등) 또는 LISP 등과 같은 Block(도면양식, 표제란, 부품란, 요목표, 주서 및 표면 거칠기 등)을 사용한 경우
      (2) 채점 시 도면 내용이 다른 수험자와 일부 또는 전부가 동일한 경우
      (3) 파일로 제공한 KS 데이터에 의하지 않고 지참한 노트나 서적을 열람한 경우
      (4) 수험자의 장비조작 미숙으로 파손 및 고장을 일으킨 경우

[공개]

자격종목		과 제 명	도면참조

다) 미완성
 (1) 시험시간 내에 부품도(1장), 렌더링 등각투상도(1장)를 하나라도 제출하지 아니한 경우
 (2) 수험자의 직접 출력시간이 10분을 초과한 경우
   (다만, 출력시간은 시험시간에서 제외하며, 출력된 도면의 크기 또는 색상 등이 채점하기 어렵다고 판단될 경우에는 감독위원의 판단에 의해 1회에 한하여 재출력이 허용됩니다.)
   - 단, 재출력 시 출력 설정만 변경해야 하며 도면 내용을 수정하거나 할 수는 없습니다.
 (3) 요구한 부품도, 렌더링 등각 투상도 중에서 1개라도 투상도가 제도되지 않은 경우
   (지시한 부품번호에 대하여 모두 작성해야 하며 하나라도 누락되면 미완성 처리)

라) 오작
 (1) 요구한 도면 크기에 제도되지 않아 제시한 출력용지와 크기가 맞지 않는 작품
 (2) 투상법이나 척도가 요구사항과 전혀 맞지 않은 도면
 (3) 전반적으로 KS 제도규격에 의해 제도되지 않았다고 판단된 도면
 (4) 지급된 용지(트레이싱지)에 출력되지 않은 도면
 (5) 끼워 맞춤공차 기호를 부품도에 기입하지 않았거나 아무 위치에 지시하여 제도한 도면
 (6) 끼워 맞춤 공차의 구멍 기호(대문자)와 축 기호(소문자)를 구분하지 않고 지시한 도면
 (7) 기하공차 기호를 부품도에 기입하지 않았거나 아무 위치에 지시하여 제도한 도면
 (8) 표면거칠기 기호를 부품도에 기입하지 않았거나 아무 위치에 지시하여 제도한 도면
 (9) 조립상태(조립도 혹은 분해조립도)로 제도하여 기본지식이 없다고 판단되는 도면

※ 출력은 수험자 판단에 따라 CAD 프로그램 상에서 출력하거나 PDF 파일 또는 출력 가능한 호환성 있는 파일로 변환하여 출력하여도 무방합니다.
 - 이 경우 폰트 깨짐 등의 현상이 발생될 수 있으니 이점 유의하여 CAD 사용 환경을 적절히 설정하여 주시기 바랍니다.

[공개]

3. 지급재료 목록

자격종목	

일련번호	재료명	규격	단위	수량	비고
1	프린터 용지	트레이싱지 A3(297×420)	장	2	1인당

※ 국가기술자격 실기시험 지급재료는 시험종료 후(기권, 결시자 포함) 수험자에게 지급하지 않습니다.

[공개]

| 자격종목 | | 과제명 | ○○○○○○ | 척도 | 1:1 |

4. 도면

도면 생략

※ 동력전달장치, 치공구장치, 그 외 기계조립도면이 문제로 제시되며, 이 부분은 공개 시 변별력 저하가 우려되기 때문에 공개될 수 없음을 알려드립니다.

3. 3D Assembly sample

Assembly of the parts

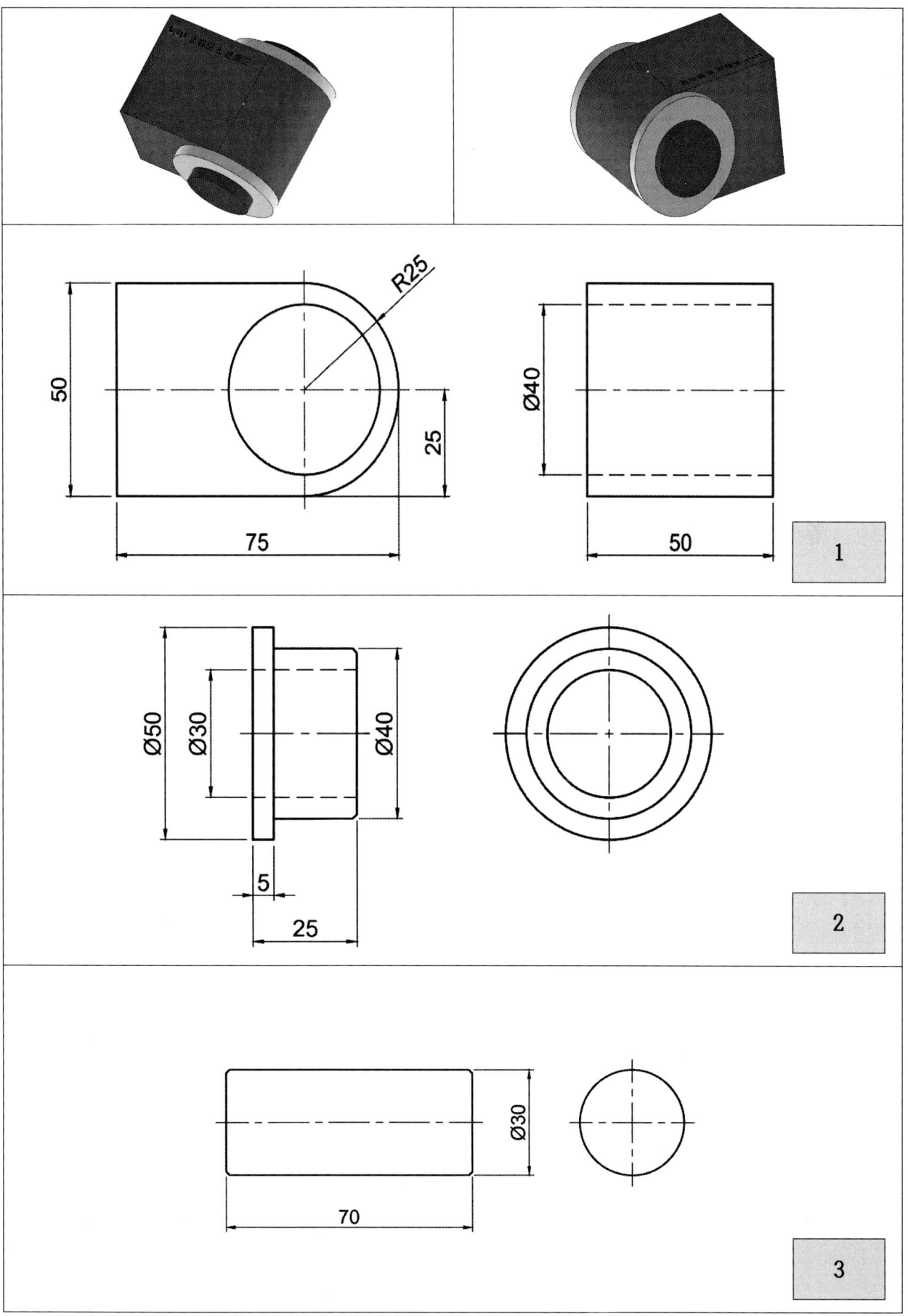